机器人仿真、控制与应用

王　磊　刘海涛　编著

机械工业出版社

本书主要内容包括绪论、机器人仿真工具基础、机器人学的数学基础、机器人正向运动学分析、机器人逆向运动学分析、机器人速度分析、机器人静力学分析、机器人动力学分析、机器人轨迹规划、机器人控制、机器人力的控制、机器人先进控制、基于视觉的机器人控制、机器人高级应用、空间机器人。本书在机器人学理论的内容中，加入了先进的仿真内容，由浅入深，使读者从繁重的公式计算中脱离出来，便于读者学懂弄通；本书还给出了典型多自由度机器人的公式推导结果，如 SCARA 机器人、斯坦福机械手、PUMA560 、ABB 机器人等，便于读者在实际应用时参考；本书后半部分对机器人视觉、双臂机器人、人形机器人、机器人增材制造、空间机器人进行了分析和讲解，便于读者在相关前沿领域开发应用时参考。

本书可供从事机器人研究、开发和应用的技术人员使用，也可作为普通高等院校机械、自动化、人工智能等相关专业的教材。

图书在版编目（CIP）数据

机器人仿真、控制与应用 / 王磊，刘海涛编著.
北京：机械工业出版社，2025. 4. -- ISBN 978-7-111-77704-5

Ⅰ. TP242

中国国家版本馆 CIP 数据核字第 2025MF9297 号

机械工业出版社（北京市百万庄大街 22 号　邮政编码 100037）
策划编辑：陈保华　　　　责任编辑：陈保华　卜旭东
责任校对：王荣庆　张　征　　封面设计：马精明
责任印制：张　博
北京雁林吉兆印刷有限公司印刷
2025 年 4 月第 1 版第 1 次印刷
184mm×260mm · 20.25 印张 · 496 千字
标准书号：ISBN 978-7-111-77704-5
定价：79.00 元

电话服务　　　　　　　　　　　网络服务
客服电话：010-88361066　　机　工　官　网：www.cmpbook.com
　　　　　010-88379833　　机　工　官　博：weibo.com/cmp1952
　　　　　010-68326294　　金　　书　　网：www.golden-book.com
封底无防伪标均为盗版　　机工教育服务网：www.cmpedu.com

前言

当前新一轮科技革命和产业变革加速演进，新一代人工智能技术、生物技术、新能源、新材料等与机器人技术深度融合，机器人技术和产业迎来升级换代、跨越发展的窗口期。机器人学是一门涉及机械、电子、电气、计算机、控制等的交叉学科。在学习过程中，机器人学的核心概念，如位姿描述、齐次坐标变换、D-H 法、运动学、雅可比、静力学、动力学、轨迹规划、先进控制等涉及大量的数学运算，随着机器人自由度数的增加，经理论推导得到的公式越来越庞大，对于一般读者来说较为抽象。而机器人仿真技术可以使读者从繁杂的机器人理论中脱离出来，对机器人知识有更感性的认识，不至于使机器人理论学习过于枯燥，能增强学习效果。

本书可供从事机器人研究、开发和应用的技术人员阅读使用，也可作为普通高等院校机械、自动化、人工智能等相关专业的教材。全书共有 15 章，主要内容包括：绪论、机器人仿真工具基础、机器人学的数学基础、机器人正向运动学分析、机器人逆向运动学分析、机器人速度分析、机器人静力学分析、机器人动力学分析、机器人轨迹规划、机器人控制、机器人力的控制、机器人先进控制、基于视觉的机器人控制、机器人高级应用、空间机器人。针对本科生和低年级研究生，本书的一大特色就是在机器人学理论的内容中，加入了先进的仿真内容，主要是基于 MATLAB/Simulink 和 ADAMS 软件，从而使读者从繁重的公式计算中脱离出来，以一个具体的二连杆机器人作为对象进行计算，将数学推导和仿真建模过程一一展开，结果以图形、动画的形式展示，便于读者学懂弄通。针对研究生、企业开发人员和应用人员，为接近实际的应用，本书还给出了典型多自由度机器人的公式推导结果，如 SCARA 机器人、斯坦福机械手、PUMA560 、ABB 机器人等，以便于读者在其他场合应用参考。本书的另一大特色就是在后半部分，对机器人高端应用领域的机器人视觉、双臂机器人、人形机器人、机器人增材制造、空间机器人进行了分析和讲解，以便于读者在相关前沿领域开发应用时参考。

本书由王磊和刘海涛编著。其中，王磊负责搭建全书框架，并参加了第 1、2、14 和 15 章的编写工作；其余章由刘海涛负责编写。书中涉及大量的方程推导和程序代码编写，由刘海涛负责在计算机上做了运行验证，读者在学习机器人过程可以直接联系作者（刘海涛微信号：heitaoliu19811001）进行答疑和交流。

在本书编写过程中，得到了中国工程院卢秉恒院士等诸多专家的指导和支持，听取了西安交通大学、西安工业大学、西北工业大学、清华大学、北京理工大学、哈尔滨工业大学、北京航空航天大学、华中科技大学、浙江大学、上海交通大学、西安科技大学、大连理工大学、燕山大学、西安电子科技大学、中国空间技术研究院、中国航天科技创新研究院、国家增材制造创新中心、中国机器人产业联盟等众多高校、科研院所和企业领域专家的宝贵意见和建议，得到了军科委“173 计划”项目、科技部国家重点研发计划项目和中国工程院战略研究与咨询项目的资助。在此，作者一并表示衷心的感谢！

由于本书内容涉及的知识较广，限于作者时间和水平，书中难免有一些疏漏和不足之处，恳请广大读者和专家批评指正。

作　者

目录

第1章 绪论

1.1 机器人与机器人学

机器人被誉为“制造业皇冠顶端的明珠”，其研发、制造、应用是衡量一个国家科技创新和高端制造业水平的重要标志。当前，机器人正极大地改变着人类生产和生活方式。

1922 年，机器人——“Robota”一词首先由捷克斯洛伐克剧作家卡雷尔·恰佩克使用并推荐给全世界，之后“Robota”词汇被后世沿用至今。1942 年，科幻作家艾萨克·阿西莫夫在短篇小说《转圈圈》中，第一次明确提出了“机器人学三定律”：①机器人不得伤害人类，或者故意不作为，让人类受到伤害；②机器人必须服从人类下达的指令，除非这种命令会与第一定律冲突；③机器人必须尽力保全自身，只要不与第一或第二定律冲突。1985 年，在《机器人与帝国》一书中，艾萨克·阿西莫夫将三大定律扩充为四大定律（扩充的第四条定律也称“第零定律”）：机器人不得伤害人类，或目睹人类将遭受危险而袖手不管。

机器人概念和机器人定律的提出在机器人发展史上产生了巨大影响力，但也存在一定时代局限性，如无法适应复杂的现实情景。目前，各个国家或者国际组织给出的机器人的定义如下：

1）国际标准化组织（ISO）：机器人是具有一定程度的自主能力的可编程执行机构，能进行运动、操纵或定位（ISO 8373：2021 *Robotics-Vocabulary*）。

2）我国发布的 GB/T 39405—2020《机器人分类》：机器人是具有两个或两个以上可编程的轴，以及一定程度的自主能力，可在其环境内运动以执行预定任务的执行机构。

3）美国机器人工业协会（RIA）：机器人是一种用于移动各种材料、零件、工具或专用装置的，通过程序动作来执行各种任务，并具有编程能力的多功能操作机。

4）日本工业机器人协会（JIRA）：工业机器人是一种装备有记忆装置和末端执行装置的、能够完成各种移动来代替人类劳动的通用机器。

机器人学是在设计和应用机器人过程中的艺术、知识和技巧。机器人学是一门交叉科学，机器人学的发展得益于机械工程、电气电子工程、控制论、计算机科学、认知科学、生物学等诸多学科的进步。

随着机器人学的发展，机器人相关产品及服务在工业生产、水下作业、空间探测、军事战场、医疗手术、家庭陪护、教育娱乐等方面获得广泛应用，机器人的重要性越来越高，正在成为人类社会不可缺少的帮手。

1.2 机器人的分类

国际机器人联盟（IFR）根据应用环境，将机器人分为工业机器人和服务机器人两大类。其中，工业机器人是指应用于生产过程和环境的机器人；服务机器人是指除工业机器人以外，用于非制造业并服务于人类的各种机器人，分为个人/家用服务机器人及专业服务机器人。

根据 GB/T 39405—2020，按应用领域将机器人分为：工业机器人、个人/家用服务机器人、公共服务机器人、特种机器人和其他应用领域机器人五个类别，如图 1-1 所示。

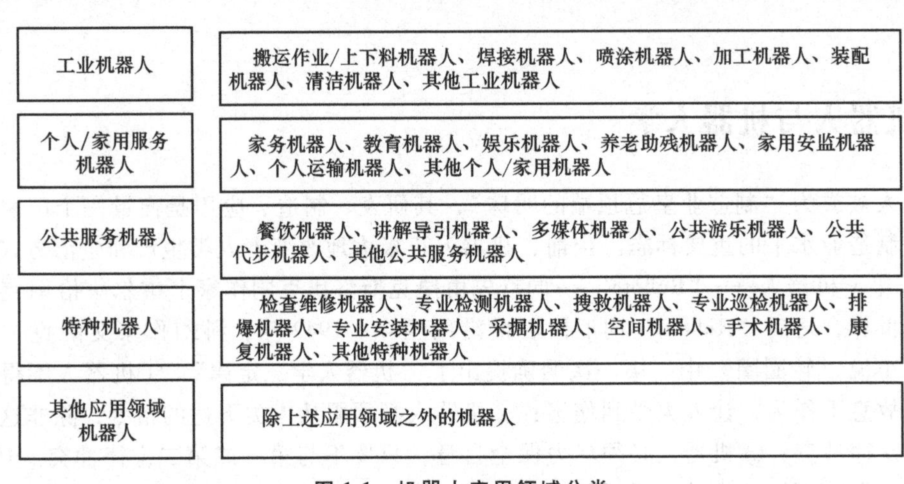

图 1-1 机器人应用领域分类

日本工业机器人协会将机器人分成 6 种不同类型：

第 1 类：人工操作机，由操作者控制的多自由度装置。

第 2 类：固定顺序机器人，能依据既定程序，执行某一任务的相应阶段。

第 3 类：可变顺序机器人，能依据既定但可编程的程序，执行某一任务的相应阶段。

第 4 类：示教再现机器人，操作者通过人工引导机器人执行任务，这个执行任务的运动过程能被记录下来，并用于后面的示教再现。依据所记录的信息机器人能重复相同的运动。

第 5 类：数字控制机器人，操作者给机器人提供运动程序，而不是人工教授机器人完成任务。

第 6 类：智能机器人，机器人能够理解其周围环境，即使所执行任务的周围环境发生变化，也能够成功完成任务。

而美国机器人工业协会将机器人分成上面的第 3~6 类，法国机器人技术协会将第 2、3、4 类合成同一类型，将机器人分成 4 类。

除了上述这些分类外，为便于工程师深入理解和创新研发，还可通过例如几何结构、坐标系统、冗余度、受控方式、驱动方式、移动方式等其他标准对机器人进行分类。

1. 按几何结构分类

如果机器人的运动结构不构成闭链，即机器人每一个连杆与前面和后面的杆只通过一个关节连接在一起，那么可称为开链机器人或者串联机器人（见图 1-2a）；如果连杆或者平台通过至少两个独立的运动链相连接，机构具有两个或两个以上自由度，以并联方式驱动的一种闭链机构，则称为闭链机器人或者并联机器人（见图 1-2b）；如果结构中既有开链又有闭链则称为混联机器人。

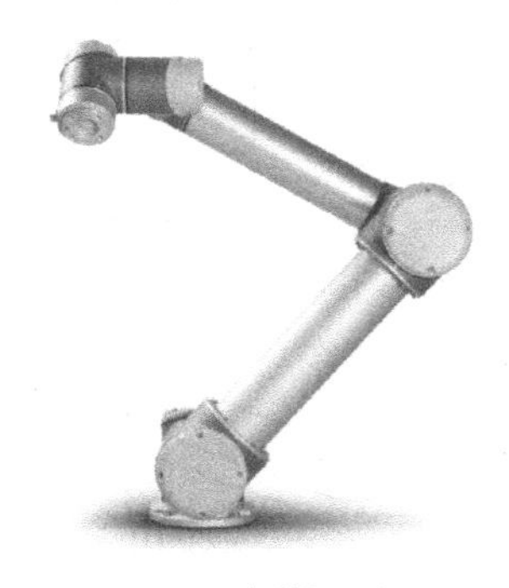
a) 串联机器人

b) 并联机器人

图 1-2 机器人按几何结构分类

串联机器人是由各个关节串联在一起组成的机械系统，其工作空间大、运动学求解正解简单，但逆解求解复杂，由于结构的限制，运动轴驱动电动机位于运动构件上，造成惯量较大，需要减速装置增加转矩输出。串联机器人广泛应用于各种工业领域，如搬运、码垛、焊接、装配等。

并联机器人是由动平台、静平台，以及连接着它们的若干运动分支（或称为腿）组成的机械系统，其动力性能好，承载能力强，刚性和精度较高，逆解求解简单，易于实时控制，但有效工作空间较小。并联机器人主要用于精密紧凑的应用场合，如食品分拣、宇宙飞船对接、并联机床、飞行员模拟器等。

2. 按坐标系统分类

机器人有许多不同类型的关节，如平动关节（用符号 P 表示）、旋转关节（用符号 R 表示）、球关节（用符号 S 表示）。这些关节根据需要组合成不同的构型，如图 1-3 所示。根据其构型，坐标形式机器人一般可分为以下几类：

（1）直角坐标机器人（3P） 由 3 个相互垂直的平动关节构成。

（2）圆柱坐标机器人（PRP） 由 2 个平动关节和 1 个旋转关节构成。

（3）球坐标机器人（P2R） 由 1 个平动关节和 2 个旋转关节构成。

（4）关节坐标机器人（3R） 3 个关节均是旋转关节，是工业机器人中最常见的形式。

（5）平面关节机器人（SCARA） 选择性柔性装配机器人臂，由 3 个旋转关节和 1 个平动环节构成，所有关节的轴线均平行。由于沿 z 方向（轴线方向）具有很高的刚度，所以该机器人主要用于垂直方向的装配作业。

3. 按冗余度分类

机器人机构能够独立运动的关节数目称为机器人的自由度。如果机器人拥有的自由度数刚好等于达到所需位姿所需的自由度数，则称为非冗余度机器人；如果机器人拥有的自由度数多于达到所需位姿所需的自由度数，增加的自由度对末端执行器的定向和定位不再起作用时，则称为冗余度机器人。

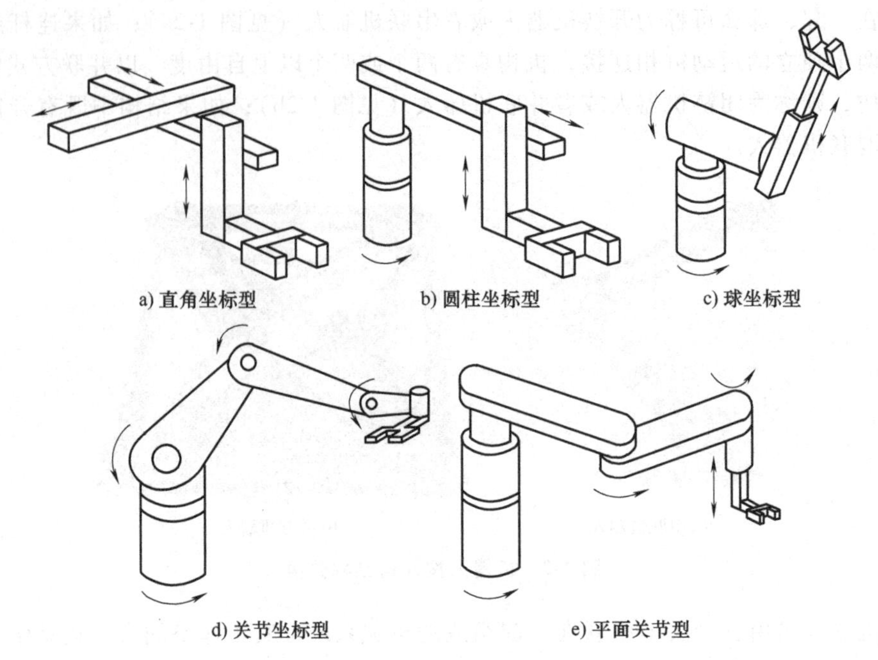

图 1-3 各种构型

由于在三维空间中描述一个物体需要 6 个自由度，所以绝大部分工业机器人都设计成具有 6 个自由度，其中，3 个自由度用于期望位置的实现，另外 3 个自由度用于调整末端执行器的姿态以达到期望的姿态。需要注意：一个两个自由度的机械手，在平面内无法在保持末端器位置不变的情况下从一个构型变换到另一个构型；一个 6 个自由度的机械手，在空面内无法在保持末端器位置不变的情况下从一个构型变换到另一个构型。

以图 1-4 中两个自由度的机械手为例，能否把机器人在保持末端执行器在平面上位置不变的情况下，从“上肘位”这个构型扭到“下肘位”这个构型？答案是否定的，不管怎么动这两个关节，移动过程中末端执行器的位置肯定是要变化的。要达到这一目的就必须设计额外的自由度。

冗余度机器人具有更大的工作空间、更高的灵活敏捷性。如图 1-5 所示，人的手臂具有 7 个自由度：肩关节 3 个，肘关节 1 个，腕关节 3 个，所以人的手臂非常灵活，能完成各种

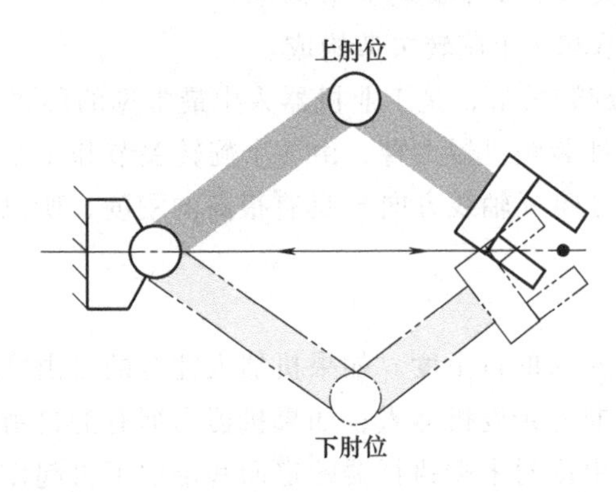

图 1-4 两个自由度的机械手由上肘位运动到下肘位

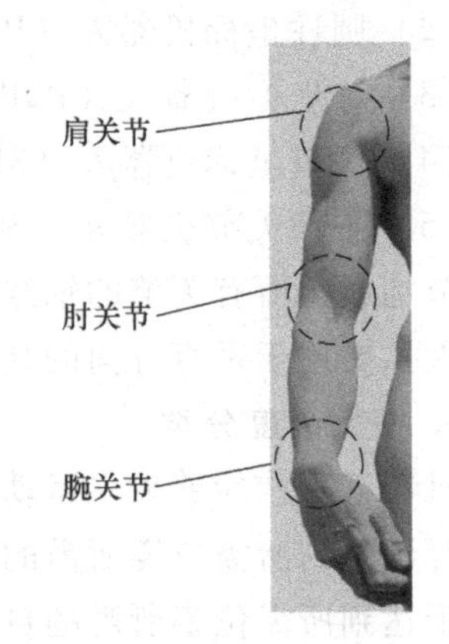

图 1-5 人体手臂自由度分布

复杂的高难度动作。但自由度越多，机械手刚性会越差，如果人的手臂有8个自由度，那么受伤的概率会增加很多。在控制上，尤其是逆向运动学、动力学的解算，冗余度机器人也比非冗余机器人更为复杂。

4. 按受控方式分类

按照受控方式不同，机器人可分为点位控制型、连续轨迹控制型、力（力矩）控制型、智能控制型。

（1）点位控制型　点位控制型机器人只对末端执行器在作业空间中某些规定的离散点上的位姿进行控制。在控制时，只要求机器人能够快速、准确地在相邻各点之间运动，对达到目标点的运动轨迹则不做任何规定。

机器人定位精度和运动所需的时间是这种控制方式的两个主要技术指标。这种控制方式具有实现容易、定位精度要求不高的特点，因此常被应用在上下料、搬运、点焊和在电路板上安插元件等只要求目标点处保持末端执行器位姿准确的作业中。

（2）连续轨迹控制型　连续轨迹控制型机器人要求对末端执行器在作业空间中的位姿进行连续的控制，要严格按照预定的轨迹和速度在一定的精度范围内运动，而且速度可控，轨迹光滑，运动平稳，以完成作业任务。机器人各关节必须连续、同步地进行相应的运动，其末端执行器才可形成连续的轨迹。

这种控制方式的主要技术指标是机器人末端执行器位姿的轨迹跟踪精度及平稳性，通常电弧焊、喷漆、去毛边和检测作业机器人都采用这种控制方式。

（3）力（力矩）控制型　力（力矩）控制型机器人在进行装配、抓放物体等工作时，除了要求准确定位之外，还要求所使用的力或力矩必须合适，这时必须要使用力（力矩）控制方式。

这种控制方式的原理与点位伺服控制原理基本相同，只不过输入量和反馈量不是位置信号，而是力（力矩）信号，所以该系统中必须有力（力矩）传感器。

（4）智能控制型　通过传感器获得周围环境的信息，并根据自身内部的知识库做出相应的决策。采用智能控制技术，使机器人具有较强的环境适应性及自学习能力。

智能控制技术的发展有赖于近年来人工神经网络、基因算法、遗传算法、专家系统、机器学习等人工智能技术的迅速发展。

5. 按驱动方式分类

机器人的驱动方式主要有气压驱动、液压驱动和电动机驱动。气压驱动的方式结构简单，价格低廉，但稳定性较差，输出力较小，一般用于负载较小、对精度稳定性要求不高的场合；液压驱动运动平稳，输出力较大，但需要配液压站，对密封要求较高；电动机驱动主要有直流伺服电动机驱动和交流伺服电动机驱动，精度高，成本低，应用最广，工业级机器人主要采用电动机驱动方式。

6. 按移动方式分类

根据机器人的移动性可分为固定式机器人和移动式机器人，移动式机器人又分为轨道式、轮式、履带式、足腿式（双足、四足、六足、八足）。工业机器人配上轨道式移动轴（又称机器人外部轴）或自动导引车（简称AGV）后，工作空间大大拓展，在生产线上具有更高的灵活性。移动式机器人如图1-6所示。

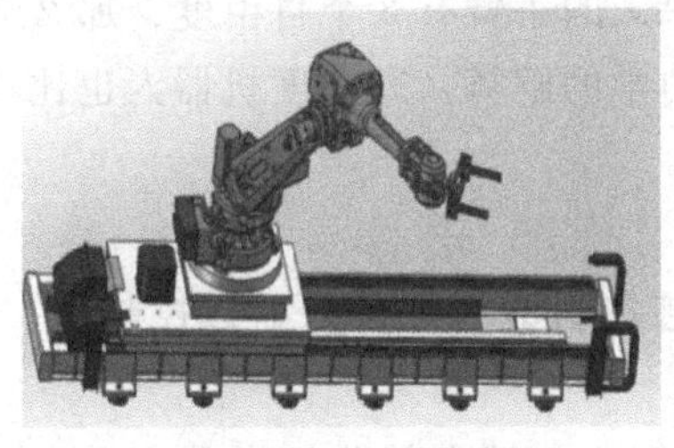

a) 配有导轨的工业机器人　　b) 配有AGV的工业机器人　　c) 足腿式机器人

图 1-6　移动式机器人

1.3　工业机器人的组成

相比于服务机器人和特种机器人，工业机器人在生产制造领域广泛应用，其组成方式相对稳定。工业机器人作为一个系统，主要由机械系统（机械臂/机械手腕、减速器、末端执行器）、驱动系统（电动机、驱动马达）、感知系统（传感器）和控制系统（控制器、处理器和软件）四大部分组成。

1. 机械臂/机械手腕

机械臂一般由底座、大小臂连杆和其他结构零部件构成，是机器人主体，主要起支撑作用。机械臂要求在满足高刚性的前提下，设计得尽量轻质，以减小惯量，从而提高机器人的响应速度。图 1-7 所示为某型工业机器人的主要结构。

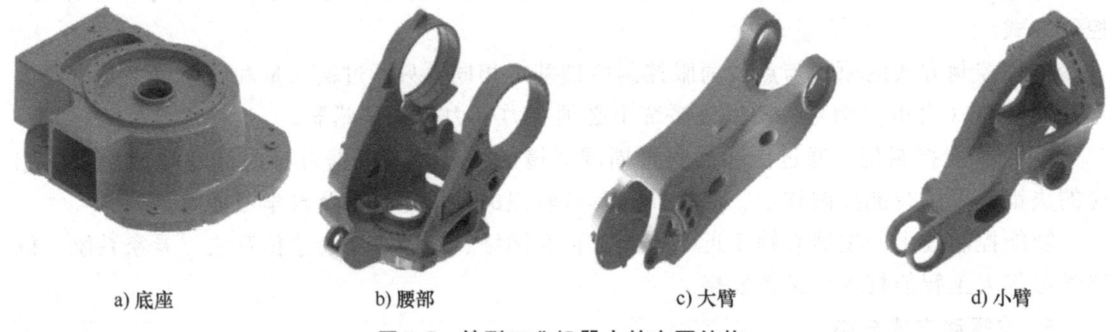

a) 底座　　b) 腰部　　c) 大臂　　d) 小臂

图 1-7　某型工业机器人的主要结构

机械手腕是机械臂与末端执行器相连接的部分，大多采用球关节设计，这意味着在球关节处 3 个旋转关节轴线交于一点，如图 1-8 所示。球形腕关节极大地简化了运动学分析，这是因为手腕处 3 个旋转关节的运动不会改变三腕轴线交点处的位置，从而能够解耦末端执行器的位置和姿态，后面介绍的欧拉腕和 RPY 手腕都属于该类手腕。

2. 减速器

工业上常用的关节减速器主要有两类：谐波减速器和 RV 减速器。此外，机器人还采用齿轮传动、链条（带）传动、直线运动单元等。

在工业机器人整体结构布局上，谐波减速器由于尺寸小巧，通常将其放置在小臂、腕部等轻负载的位置。谐波减速器主要由波发生器、柔轮、刚轮和交叉滚子轴承等部分组成，如图 1-9 所示。其工作原理是：由波发生器（由一个椭圆盘和一个柔性球轴承组成）使柔轮产

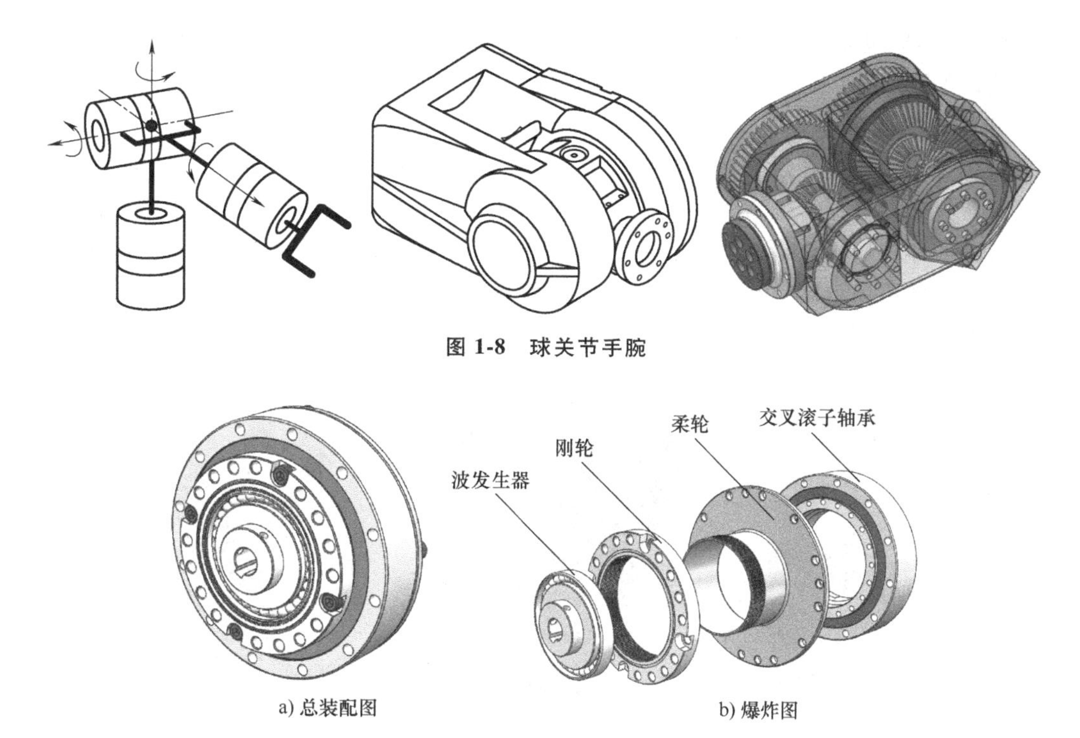

图 1-8 球关节手腕

a) 总装配图 b) 爆炸图

图 1-9 谐波减速器

生可控的弹性变形，靠柔轮与刚轮的周期性啮入/啮出来传递动力，并达到减速的目的。

RV 减速器具有传动刚度高、传动比大（通常为 30~260）、传动平稳、惯量小、输出转矩大、体积小、抗冲击力强等特点，一般放置在工业机器人的基座、腰部、大臂等较大负载的位置。RV 减速器如图 1-10 所示。RV 减速器一般是两级减速结构：第 1 级减速是直齿轮减速机构，输入轴的旋转从输入齿轮传递到直齿轮，按齿数比进行减速；第 2 级减速是差动齿轮减速机构，直齿轮与曲柄轴相连接，是第 2 级减速的输入，在曲柄轴的偏心部分，通过滚动轴承安装 RV 齿轮。由于外壳内侧仅比 RV 齿轮多一个针齿，如果固定外壳转动直齿轮，则 RV 齿轮由于曲柄轴的偏心运动也进行偏心运动。此时如果曲柄轴转动一周，则 RV 齿轮就会沿与曲柄轴相反的方向转动一个齿，这个转动被输出到第 2 级减速的输出轴。

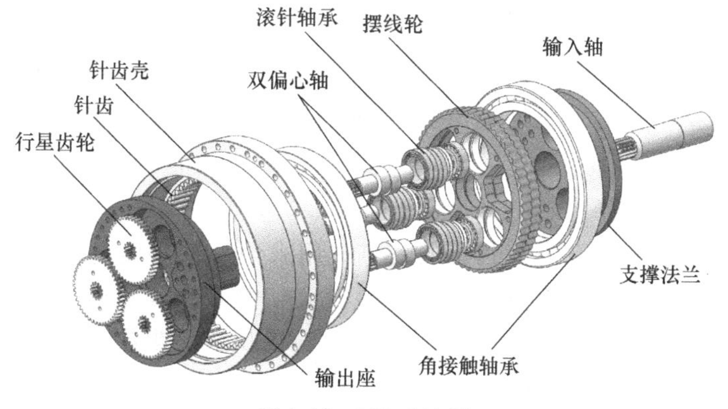

图 1-10 RV 减速器

结构上，RV 减速机具有较高的疲劳强度和刚度，以及较长的寿命，回差精度稳定等优点，因此，RV 减速器有逐渐取代谐波减速器的趋势。

3. 末端执行器

末端执行器是安装在手腕法兰处的工具器件，用于完成机器人所要求的工作。最简单的末端执行器就是夹持器，通常只能完成张开和闭合动作。还有一些能够完成指定功能的末端执行装备，如焊枪用于机器人焊接，吸盘用于玻璃、钢板等的搬运码垛等。目前大量的研究主要致力于特殊用途末端执行器和机具的设计和开发，如开发仿人机械手用于工业现场的高级修复工作。图 1-11 所示为几种典型的末端执行器。

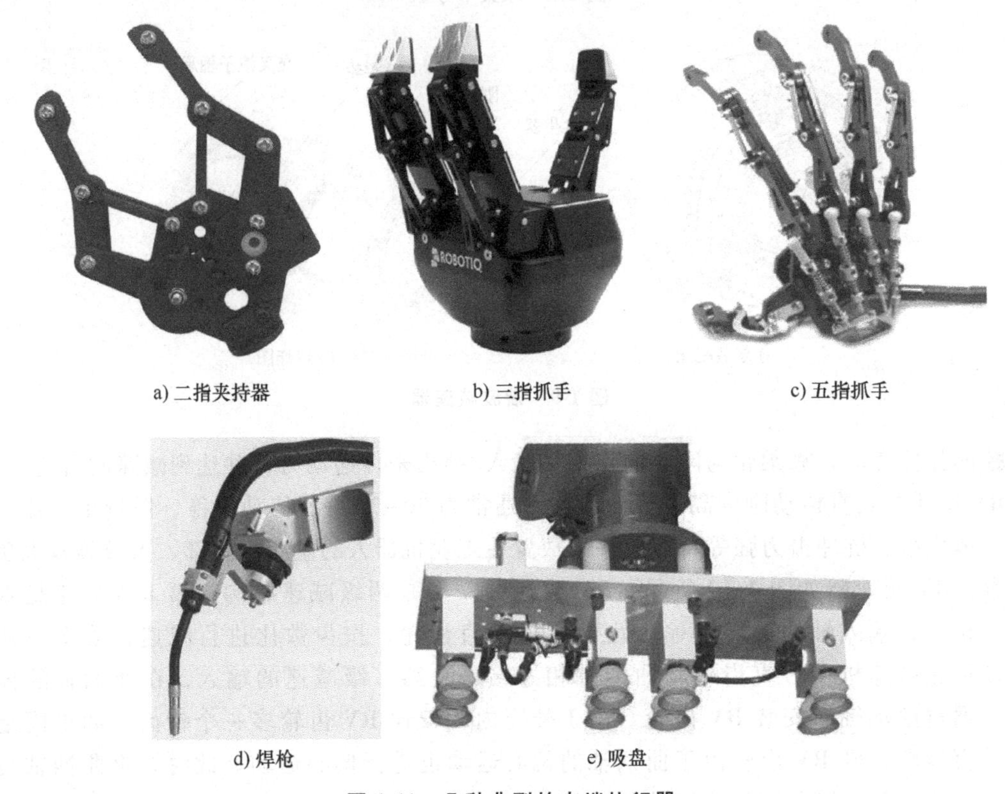

a) 二指夹持器　b) 三指抓手　c) 五指抓手

d) 焊枪　e) 吸盘

图 1-11　几种典型的末端执行器

4. 驱动器

驱动器是机器人动力的提供者，相当于机器人的“肌肉”，用于抵制重力、惯性和负载等。驱动器根据接收到的控制信号控制机器人的关节和连杆运动，达到期望信号所要求的位置、速度、加速度等。常见的驱动方式有直流/交流伺服电动机、液压马达、气缸等，如图 1-12 所示。

5. 传感器

传感器是用来收集机器人内部状态的信息或用来与外部环境进行通信的。就像人有视觉、触觉一样，机器人也常配有许多外部传感器（如测量位移、速度、加速度、力/力矩、温度等），以使机器人能感知外界环境并能做出相应的反应。集成在机器人内的传感器将每个关节和连杆的信息发送给控制器，例如，驱动每个旋转关节的伺服电动机利用其旋转编码器反馈关节的转角信息，于是控制器就能确定机器人的当前构型状态。机器人关节旋转编码

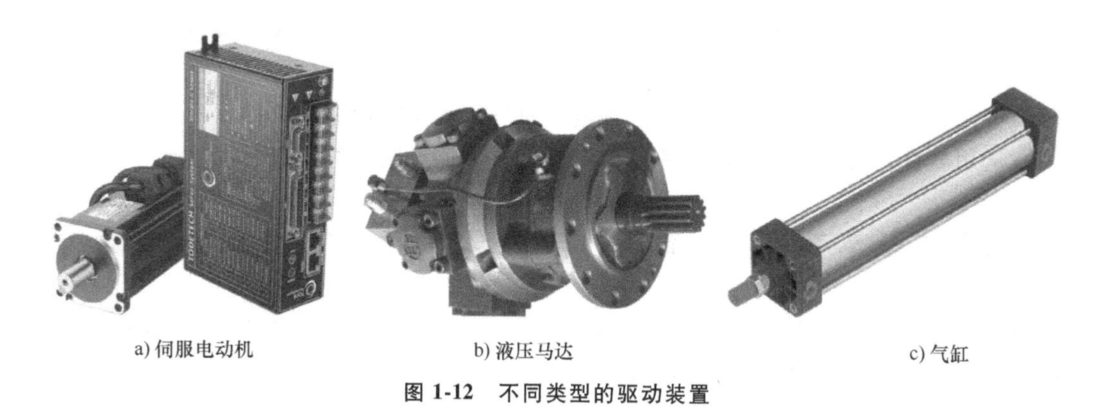
a) 伺服电动机　　b) 液压马达　　c) 气缸

图 1-12　不同类型的驱动装置

器如图 1-13a 所示，机器人触觉感知传感器如图 1-13b 所示。

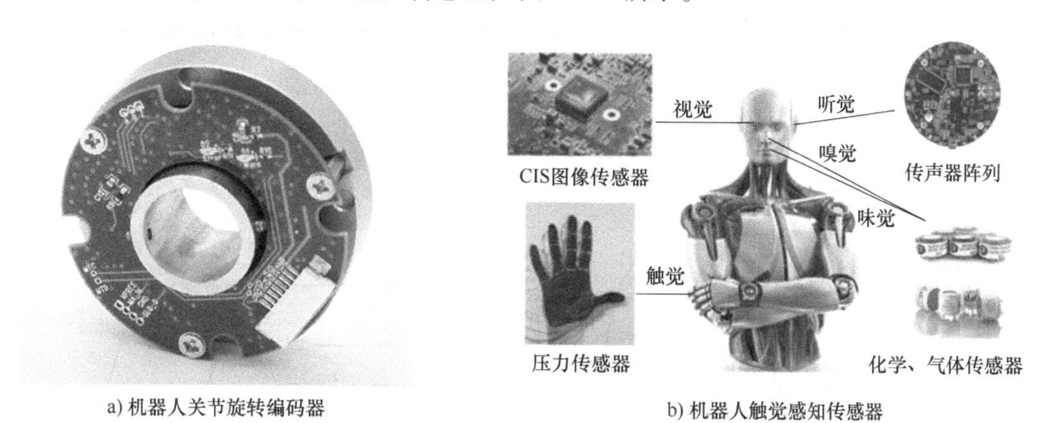

a) 机器人关节旋转编码器　　b) 机器人触觉感知传感器

图 1-13　机器人传感器

6. 控制器

机器人控制器从计算机（系统的大脑）获取数据，控制驱动器的动作，并与传感器反馈信息一起协调机器人的运动。它如同人的小脑一样，功能没有人的大脑功能强大，但它却控制着人的运动。假如要求机器人从箱柜里取出一个零件，它的第 1 个关节角度必须是 35°，固定在关节上的传感器（电位器或旋转编码器等）实时测量关节的角度，如果关节没有达到这个角度，控制器就会继续发送信号给驱动器，驱使它运动。当关节达到了指定的值，信号就会停止。在更复杂的机器人中，机器人的速度和受力也都由控制器控制。

7. 处理器

处理器是机器人的大脑，用来计算机器人关节的运动，确定每个关节应转动多少或移动多远才能达到预定的速度和位置，并且监督控制器与传感器协调动作。处理器通常就是一台计算机，需要有操作系统、程序和像监视器那样的外部设备等，在一些系统中，控制器和处理器集中在一个单元中。

8. 机器人软件

工业机器人软件大致包括四层架构：

1）操作系统：包括适用于工业环境的实时操作系统（RTOS）和基于 PC 的操作系统，例如 Windows。

2）驱动软件：与机器人硬件相关的驱动软件，包括电动机驱动器、传感器和接口板的驱动程序。

3）控制软件：包括运动控制、任务规划、机器人视觉等功能的软件。

4）应用软件：用于实现特定任务的应用软件，例如点胶、拧螺钉、焊接等。

1.4 机器人基本参数和性能指标

机器人基本参数和性能指标主要有：工作空间、有效负载、运动精度、运动特性、动态特性等，这也是选择和应用机器人的依据。

1. 工作空间

工作空间是指机器人臂杆的特定部位在一定条件下所能到达空间的位置集合，如图 1-14 所示。工作空间的形状和大小反映了机器人工作能力的大小。理解机器人的工作空间时，一般应注意以下两点：

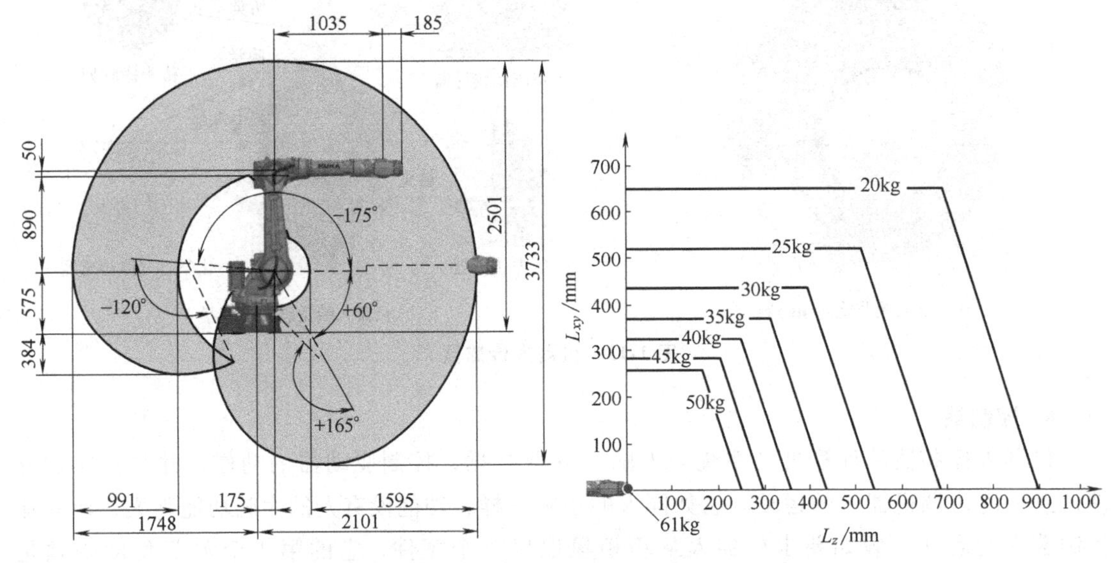

图 1-14 某型 KUKA 机器人的工作空间及负载图

1）工业机器人说明书中表示的工作空间指的是手腕上机械接口坐标系的原点在空间能达到的范围，即手腕端部法兰的中心点在空间所能到达的范围，而不是末端执行器端点所能达到的范围。因此，在设计和选用时，要注意安装末端执行器后，机器人实际所能达到的工作空间。

2）机器人说明书上提供的工作空间往往要小于运动学意义上的最大空间。原因有三点：一是在可达空间范围内，机器人手臂处于不同位姿时，其有效负载、允许达到的最大速度和最大加速度都不一样，在臂杆最大位置允许的极限值通常要比其他位置的小些。二是机器人在最大可达空间边界上可能存在自由度退化的问题，此时的位姿称为奇异位形。在这种情形下，机器人并不能以任意的姿态到达该工作区域（称之为非灵巧点，反之则称为灵巧点），这部分工作空间在机器人工作时不能被利用。三是实际应用中的工业机器人还可能由于受到机械结构的限制，除了在工作空间边缘，在工作空间的内部也存在着臂端不能达到的区域。

2. 有效负载

有效负载是指机器人在工作时臂端可能搬运的物体质量或所能承受的力或力矩，用以表示机器人的负荷能力。机器人在不同位姿时，允许的最大可搬运质量是不同的，如图 1-14 所示。因此，机器人的额定可搬运质量是指其臂杆在工作空间中任意位姿时腕关节端部都能搬运的最大质量。

3. 精度/重复精度

机器人精度是指机器人末端执行器到达指定点的精确程度，它与各轴的驱动器分辨率和反馈装置的精度有关。大多数工业机器人具有 0.05mm 或者更高的精度。精度是机器人的位置、姿态、运动速度及载荷量的函数，是机器人的一个重要的性能指标。

重复精度是指机器人重复多次到达同一点的精确程度。由于许多因素会影响机器人的位置精度，机器人不可能每次都能准确地到达同一点，但应在以该点为圆心的圆周范围内，该圆的半径是由一系列重复动作形成的，这个半径即为重复精度。

精度和重复精度的差别可用图 1-15 来说明。机器人重复精度比精度更为重要，如果一个机器人定位不够精确，通常会显示一个固定的误差，这个误差称为系统误差，是可以预测和补偿的。然而，如果误差是随机的，那就无法预测它，因此也就无法通过补偿消除。重复精度规定了这种随机误差的范围，它通常通过一定次数地重复运行机器人来测定。测试次数越多，得出的重复精度范围越大也越接近于实际情况。

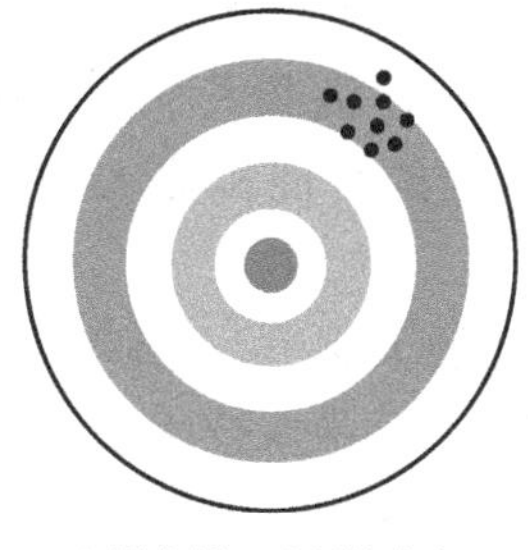
a) 精度低，重复精度高

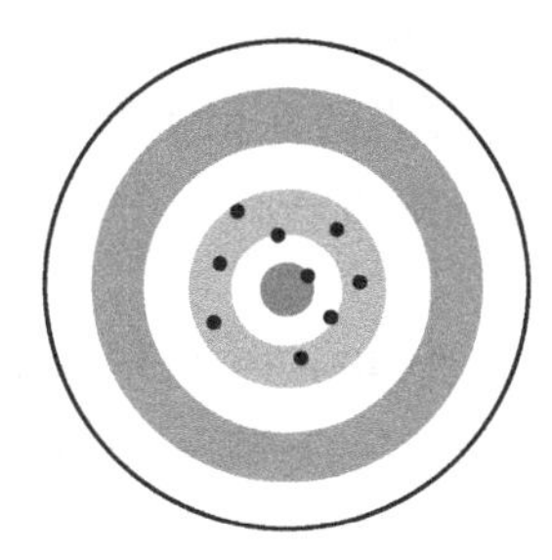
b) 精度高，重复精度低

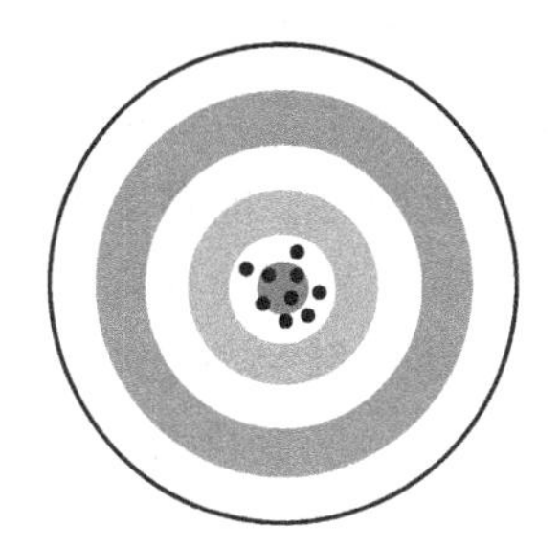
c) 精度高，重复精度高

图 1-15 精度和重复精度的区别

在选用机器人时，机器人生产商除了给出重复精度，须同时给出测试次数、测试过程中所加负载及手臂的姿态。

4. 运动特性

速度和加速度是表明机器人运动特性的主要指标。在机器人说明书中，通常提供了主要运动自由度的最大稳定速度，但在实际应用中单纯考虑最大稳定速度是不够的，还应注意其最大允许加速度。机器人最大加速度要受到驱动功率的限制。

5. 动态与动力学特性

机器人的动态特性参数主要包括质量、惯性矩、刚度、阻尼系数、固有频率和振动模态等。设计时应该尽量减小质量和惯量，可以提高机器人的响应速度，还可以减小驱动器的功率，降低成本。

若机器人的刚度较低，机器人的位姿精度和系统固有频率将下降，从而导致系统动态不稳定。而对于某些作业（如装配操作），适当地增加柔顺性是有利的，最理想的情况是希望机器人臂杆的刚度可调，但这在结构设计上又是比较难实现的。在机器人设计时，增加系统的阻尼对于缩短振荡的衰减时间、提高系统的动态稳定性是有利的；提高系统的固有频率，避开工作频率范围，也有利于提高系统的稳定性。

机器人动力学一般涉及力、位移、速度和加速度。机器人在某种意义上是一个多体动力学系统，需要计算力与加速度、力矩与转动角加速度之间的关系。一般多体系统的动力学需要涉及各个刚体的连体坐标系、质心位置、转动惯量以及连杆矢量等动力学参数。在机器人动力学建模过程中，通常将各个机械结构考虑为刚体，然而，在很多应用场景，需要考虑机器人结构的柔性，因此将涉及机器人刚柔耦合动力学建模和仿真。根据研究问题的角度，多体系统动力学可以分为动力学正问题、动力学逆问题以及动力学混合问题，见表 1-1。

表 1-1　动力学三个基本问题

动力学正问题	已知关节驱动力和力矩，求解关节运动状况
动力学逆问题	已知关节运动状况，求解关节驱动力和力矩
动力学混合问题	已知部分关节运动状况和部分驱动力和力矩，求解未知运动和力

1.5　机器人的发展趋势

随着机器人技术的不断发展，以人形机器人、多足机器人、仿生机器人、无人机（包括无人车、无人艇等）、外骨骼装备为代表的新型机器人不断涌现，机器人学的应用领域不断扩展。与此同时，能够实现“感知—决策—行为—反馈”流程的智能机器人的概念被提出，其内涵和外延不断深化。

机器人发展脉络如图 1-16 所示。1940—1950 年：工业机器人诞生，依赖人的操作；1960—1970 年：工业机器人可以进行编程；1980—2010 年：工业机器人技术快速发展，引入新的控制方法和结构设计；2010—2020 年：机器人技术不断完善，引入数字化网络化技术和自主控能功能，大批量涌入生产线；2020 年以后：智能机器人和人机协同成为重要发展方向。

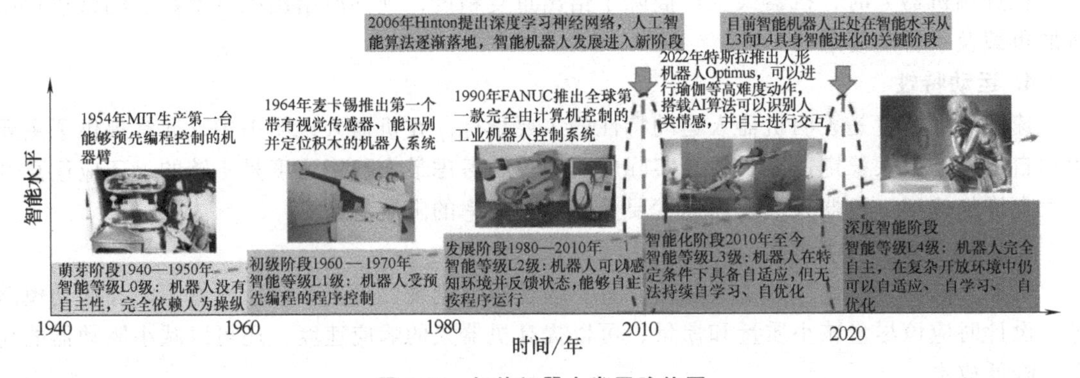

图 1-16　智能机器人发展脉络图

智能机器人是在机器人基础上，具备更强的感知、学习和自主能力，可以适应更复杂的环境和任务需求。智能机器人是机器人技术发展的一个新阶段。国际上对智能机器人的定义尚未形成统一共识，根据科技词典 *McGraw-Hill Dictionary of Scientific & Technical Terms* 的定义：智能机器人是一种智能机器，可基于编程程序根据传感器的输入信息做出决策与采取行动。

机器人前沿技术和共性关键技术是推动机器人技术不断发展的保障。机器人前沿技术包括：仿生感知与认知技术、电子皮肤技术、生机电融合技术、人机自然交互技术、情感识别技术、技能学习与发育进化技术、材料-结构-功能一体化技术、微纳操作技术、软体机器人技术、机器人制造技术、空间机器人技术等。机器人共性关键技术包括：机器人系统开发技术、机器人模块化与重构技术、机器人操作系统技术、机器人轻量化设计技术、信息感知与导航技术、多任务规划与智能控制技术、人机交互与自主编程技术、机器人云-边-端技术、机器人安全性与可靠性技术、快速标定与精度维护技术、机器人自诊断技术等。

提高机器人单体智能化水平将是机器人技术的重要发展方向。随着人工智能技术的快速发展，智能机器人在复杂环境中的自适应、自学习和协同化能力得到显著的增强。基于深度学习和强化学习技术的快速发展，机器人的结构更加紧凑和多元，单体智能将得以大大提升。

机器人的多元感知交互是机器人的重要发展方向。机器人多元感知技术包括可以实现全息感知、全面理解的多模态感知融合技术，以及可以与人高效沟通、自然交互的多样化交互技术。通过融合自然语言大模型与多元感知技术，智能机器人将获得对外界全面且深入的理解的能力，从而增强了感知能力和人机交互体验。借助多元感知交互技术，智能机器人将完成从传感层到交互层的自主贯通，实现多元化的感知交互。

多机器人协作以及集群机器人的智能协同正在成为重要的发展方向。例如，在智能工厂内部，集群机器人将通过机器人集群智能协同算法，自主完成特定的制造和装配任务。还有一个典型的应用就是智能机器人蚁群或机器人蜂群，可以在非结构化环境中进行独立思考和自主导航飞行或开展协同工作，适应不同复杂任务和情景。

智能机器人的数字孪生技术同样是机器人技术的重要发展方向。该技术的基础是机器人仿真建模技术，将可以在虚拟空间内构建机器人高保真模型和场景，通过深入的分析优化、大规模的虚拟训练，将全面、快速增强机器人本体的性能，实现机器人全生命周期监控、仿真、预测、优化等。在深空探测领域，构建基于空间环境的机器人在轨制造、在轨大规模建造和装配等应用场景的数字孪生模型，将用于模拟和训练空间机器人。未来，进一步利用数字孪生技术构建空间环境机器人的多应用场景模型，通过网络通信连接物理和虚拟世界，实现智能机器人在太空资源开发和训练阶段的虚实融合功能，将能够以高效、低成本和高可靠的方式推动深空探测领域智能机器人的技术迭代。

基础模型与大模型是近年来人工智能领域的重要突破，在自然语言处理和计算机视觉等领域取得了显著成果。在机器人感知方面，视觉转换和视觉-语言模型将实现开放词汇的物体识别、语义分割和交互感知；在机器人决策与规划方面，大模型展示了从自然语言指令生成行动计划和策略的能力；在机器人控制方面，扩散模型和视觉-语言模型将实现从语言指令生成平滑轨迹和模仿复杂技能的能力。基础模型与大模型为机器人系统注入了语言理解、视觉泛化、常识推理等关键能力，有望推动机器人技术的新一轮发展。

1.6 小结

本章首先从机器人学的定义出发，概述了机器人分类、组成，然后从机器人设计和应用角度出发，详细介绍了机器人的基本参数和性能指标；在此基础上，简单梳理了智能机器人发展脉络，介绍了智能机器人是机器人技术发展的一个新阶段，提出了智能机器人技术的发展方向。

当前，在全球范围内，新一轮科技革命和产业变革加速演进，机器人技术在人工智能在“大模型+大数据+大算力”的加持下突飞猛进。与此同时，智能传感、新材料、增材制造、空间技术、定位导航、大宽带通信、仿生技术、脑机接口等前沿技术快速发展，机器人作为前沿技术的载体和平台，正在加快与前沿技术深度融合，将对机器人的形态、功能和应用场景带来深远影响。世界主要工业发达国家均将机器人作为抢占科技产业竞争的前沿和焦点，加紧谋划布局和加快发展。

未来 10 年乃至更长一段时间，将是我国机器人产业自立自强、换代跨越的战略机遇期。在机器人前沿技术方面，我国将打造全球机器人技术创新策源地、高端制造集聚地和集成应用新高地。在产业应用方面，我国拥有广阔的机器人应用市场，随着“机器人+”行动稳步实施，机器人应用领域正加速拓展。机器人正在成为新兴技术的重要载体和现代产业的关键装备，并在空天海装备制造、轨道交通、能源动力、医疗手术、电力巡检、新能源汽车等领域的应用不断走深向实，将有力支撑各行业的数字化转型、智能化升级。

第2章 机器人仿真工具基础

在机器人学理论中，相关机器人运动和动力学模型的数学表达如微分方程、偏微分方程等较为复杂和抽象。例如，一个简单的二连杆动力学方程的推导过程，就不利于初学者接受，仅仅是阅读公式本身是枯燥乏味的，因此引入计算机软件进行可视化建模和仿真就非常必要。本章主要针对数学仿真工具 MATLAB、MATLAB/Simulink 软件在机器人学中常用到的编程语法、模块应用做基本的讲解，从而使读者在体验冗长公式的同时，能够针对一个具体的机器人学公式、机器人对象进行计算、仿真分析，做到理论联系实际。与此同时，应用机构运动与动力学仿真软件 ADAMS 虚拟样机技术创建单连杆、二连杆和拟人臂机器人的模型对象，结合 MATLAB/Simulink 等控制软件，建立一个虚拟的机器人物理样机，从而方便读者更直观地对机器人进行设计、控制、优化等。

2.1 数学建模仿真工具基础

2.1.1 MATLAB 软件介绍

目前，科学和工程界开发和使用的数学建模仿真工具有很多种，以 Maple、MATLAB、MathCAD 和 Mathematica 四个软件比较流行和著名。其中，MATLAB 是美国 MathWorks 公司出品的商业数学软件，在数据分析、无线通信、深度学习、图像处理与计算机视觉、信号处理、量化金融与风险管理、机器人、控制系统等领域有着非常广泛的应用。本章以 MATLAB 软件为代表进行介绍。

MATLAB 是 matrix 和 laboratory 两个词的组合，意为“矩阵实验室”。MATLAB 将数值分析、矩阵计算、科学数据可视化以及非线性动态系统的建模和仿真等诸多强大功能集成在一个易于使用的视窗环境中，为科学研究、工程设计等众多科学领域提供了一种全面的解决方案，并在很大程度上摆脱了传统非交互式程序设计语言的编辑模式。MATLAB 的基本数据单位是向量和矩阵，它的指令表达式与数学、工程中常用的标准形式十分相似，因而用 MATLAB 来解算数学问题要比用 C、FORTRAN 等语言完成相同的事情简捷，使得 MATLAB 成为一个强大的、应用十分广泛的数学软件。

MATLAB 对许多专门的领域都开发了功能强大的模块集和工具箱，用户可以直接使用工具箱学习、应用和评估不同的方法而不需要自己编写代码。其应用领域主要涉及数据采集、数据库接口、概率统计、样条拟合、优化算法、偏微分方程求解、神经网络、小波分析、信号处理、图像处理、系统辨识、控制系统设计、LMI 控制、鲁棒控制、模型预测、模糊逻辑、金融分析、地图工具、非线性控制设计、实时快速原型及半物理仿真、嵌入式系统开发、定点仿真、电力系统仿真等。

2.1.2 Simulink 仿真工具箱简介

Simulink 是 MATLAB 的仿真工具箱，它是面向框图的仿真软件。Simulink 能用绘制方框图代替程序，结构和流程清晰；利用 Simulink 可智能化地建立和运行仿真，仿真精细、贴近实际。Simulink 适应面广，可应用于线性、非线性系统，连续、离散及混合系统，以及单任务、多任务离散事件系统。采用 Simulink 模块库能够方便地进行模型的编辑和仿真构建。

本书中常用的 Simulink 模块主要包括以下几类：

（1）Continuous（连续模块组） 该模块组用于连续控制系统的仿真分析。主要模块有 Derivative［微分（求导）模块］、Integrator（积分模块）、Transfer Fcn（传递函数模块）、Zero-Pole（零极点模块）、State-Space（状态空间模块）等，如图 2-1 所示。

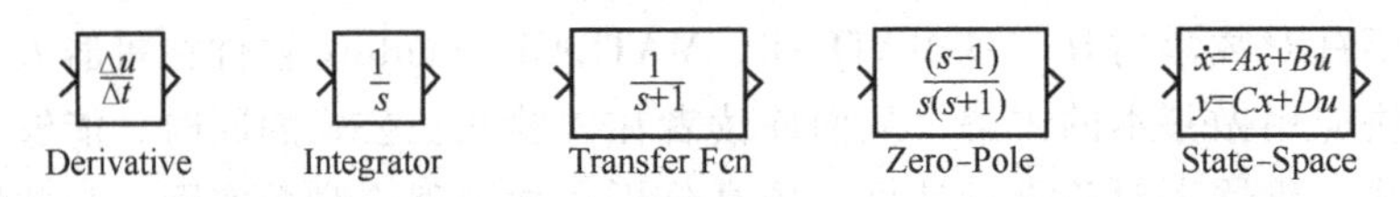

图 2-1 连续模块组

（2）Discontinuous（非连续模块组） 该模块组用于实际系统中的各类非连续、非线性特性的仿真分析，主要有 Backlash（迟滞模块）、Coulomb & Viscous Friction（库仑和黏性摩擦模块）、Dead Zone（死区模块）、Quantizer（量化输入模块）、Saturation（饱和模块）等，如图 2-2 所示。

图 2-2 非连续模块组

（3）Math Operation（数学运算模块组） 该模块组用于信号的基本数学运算。主要模块有 Abs（绝对值模块）、Add（加减运算模块）、Divide（乘除运算模块）、Dot Product（点乘运算模块）、Sum（求和/差模块）、Gain（增益模块）、Bias（信号偏置模块）等，如图 2-3 所示。

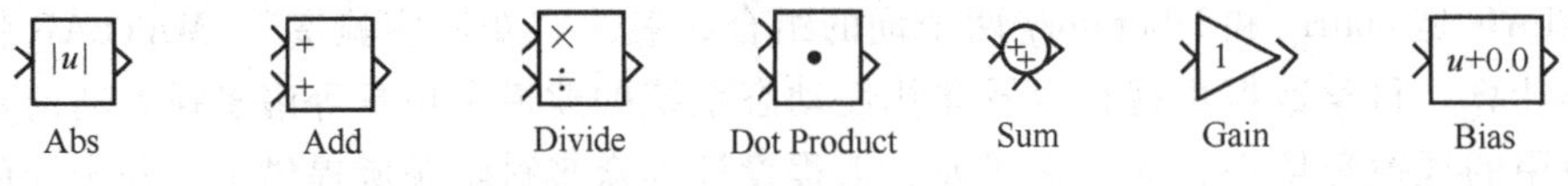

图 2-3 数学运算模块组

（4）Signals Routing（信号传送模块组） 该模块组针对信号传送进行仿真运算。主要模块有 Mux（信号合成模块）、Demux（信号分拆模块）、Manual Switch（信号开关模块）、Merge（信号融合模块）等，如图 2-4 所示。

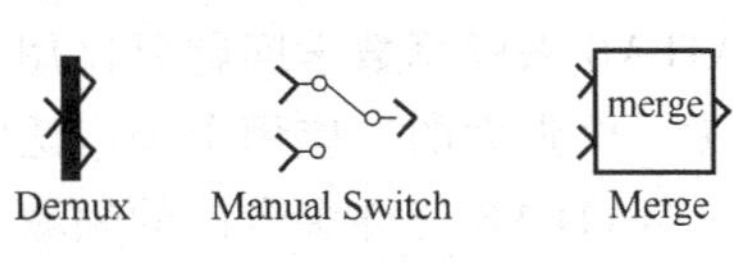

图 2-4 信号传送模块组

（5）Port & Subsystems（端口和子系统模块

组） 该模块组用于封装子系统，方便搭建仿真模型的重用。主要模块有 In1（输入端口模块）、Subsystem（子系统模块）、Out1（输出端口模块）、Variant Subsystem（可变子系统模块）、Variant Model（可变模型模块）等，如图 2-5 所示。

图 2-5 端口和子系统模块组

（6）Sinks（信号接收器模块组） 该模块组用于各类仿真信号的接收、显示。主要模块有 Display（数字显示模块）、Scope（示波器模块）、XY Graph（二维图形显示模块）、To File（数据写入文件模块）、To Workspace（数据写入工作区模块）等，如图 2-6 所示。

图 2-6 信号接收器模块组

（7）Sources（信号源模块组） 该模块组用于提供仿真分析所需的各种信号源。主要模块有 Clock（时钟模块）、Constant（常数输入模块）、From File（从文件读入信号模块）、From Workspace（从工作区读入信号模块）、Step（阶跃信号模块）、Ramp（斜坡信号模块）、Sine Wave（正弦波模块）、Signal Generator（信号发生器模块）等，如图 2-7 所示。

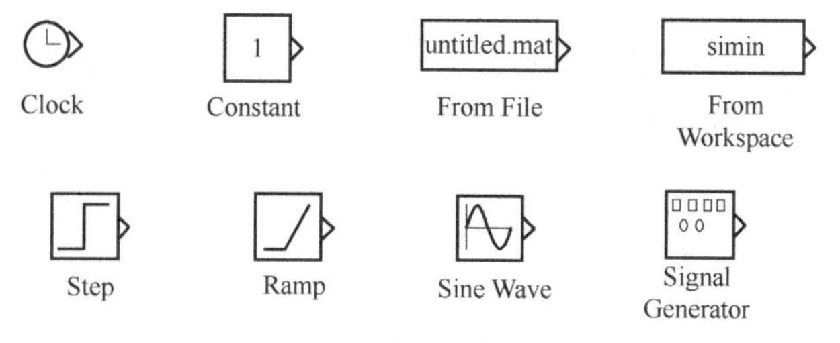

图 2-7 信号源模块组

（8）User Define Function（用户自定义模块组） 该模块组提供了各类用户自定义函数，方便用户设计自己的仿真模型。主要模块有 Fcn（数学函数表达式模块）、MATLAB Function（自定义函数模块）、S-Function（系统函数模块）等，如图 2-8 所示。S-Function 主要用在复杂的、不适合用普通的 Simulink 模块来搭建的算法设计，如控制算法等，在本书后续的仿真模型中用得较多。如果恰当地使用 S-Function，理论上可以在 Simulink 下对任意复杂的系统进行仿真。

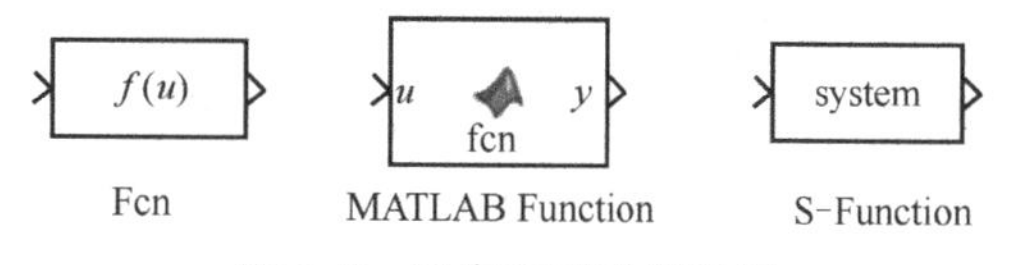

图 2-8 用户自定义模块组

本节通过 4 个实例来简要说明 Simulink 仿真模型的建立方法。

【例 2-1】 某一连续系统可看成是二阶欠阻尼振荡系统，其传递函数为 $G(s)=\dfrac{2}{s^2+s+2}$，该系统输入单位阶跃信号，采用 PID［PID 是 Proportional（比例）、Integral（积分）、Differential（微分）的缩写，是应用最为广泛的一种自动控制器］闭环控制策略，在 Simulink 中建立其仿真模型，仿真不同 PID 参数下系统的响应。

解：在 Simulink 中建立的仿真模型如图 2-9 所示，不同 PID 参数下系统的响应如图 2-10 所示。

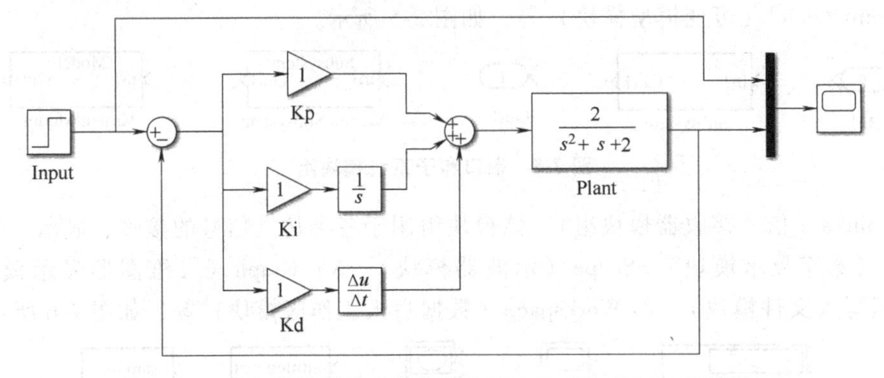

图 2-9　二阶欠阻尼振荡系统单位阶跃响应 PID 控制仿真模型 Ⅰ

注：Input 为阶跃输入模块；Plant 为被控对象传递函数模块；Kp、Ki 和 Kd（即 K_p、K_i 和 K_d）分别为比例（P）、积分（I）和微分（D）的控制因子；$\frac{1}{s}$为积分模块；$\frac{\Delta\mu}{\Delta t}$为微分模块。

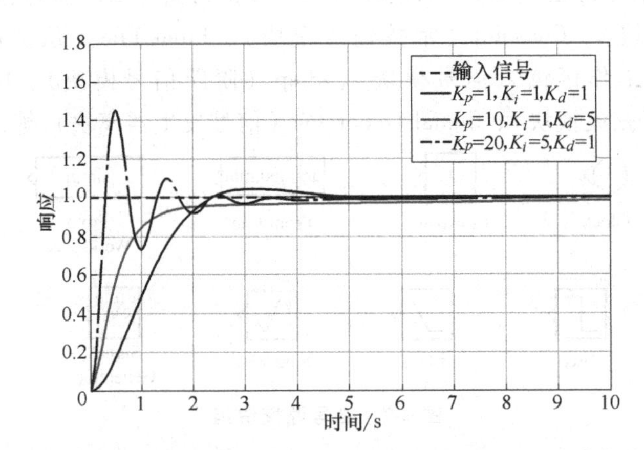

图 2-10　二阶欠阻尼振荡系统单位阶跃响应 PID 控制响应曲线 Ⅰ

【例 2-2】　针对例 2-1 中的二阶欠阻尼振荡系统，系统输入单位阶跃信号，采用 PID 闭环控制策略，控制系统采用 S-Function 模块实现。

解：在 Simulink 中建立的仿真模型如图 2-11 所示，读者可以仔细阅读 S-Function 代码中

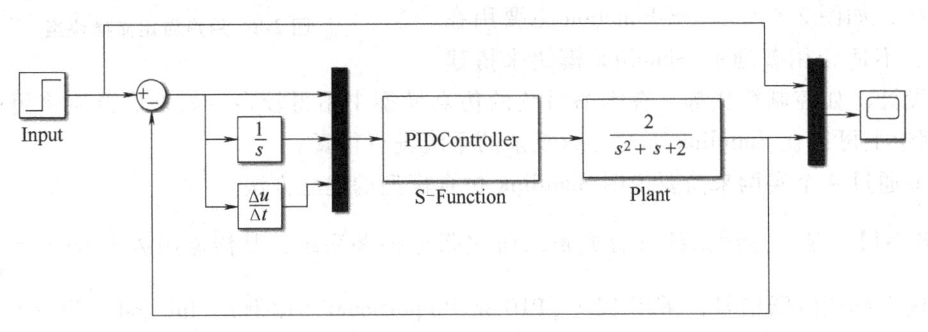

图 2-11　二阶欠阻尼振荡系统单位阶跃响应 PID 控制仿真模型 Ⅱ

注：控制器 PIDController 采用 S-Function 模块。其他说明见图 2-9 注。

的注释，体会 S-Function 模块的用法。图 2-12 所示为 $K_p=20$，$K_i=5$，$K_d=1$ 时系统的响应曲线。

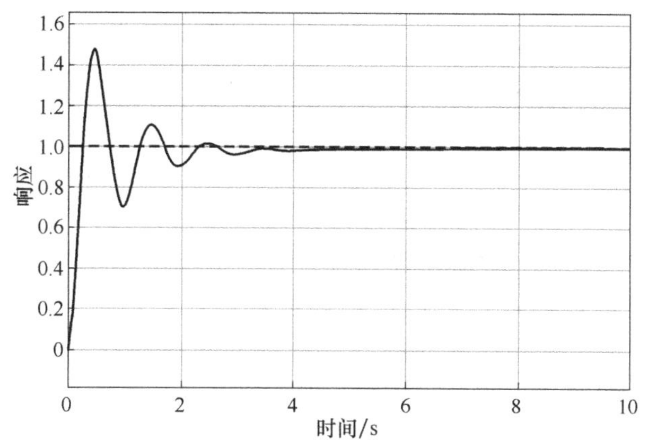

图 2-12 二阶欠阻尼振荡系统单位阶跃响应 PID 控制响应曲线 Ⅱ

注：$K_p=20$，$K_i=5$，$K_d=1$

其 MATLAB 代码如下：

```
% 函数的总入口,包含一个 switch 语句,根据标志位 flag 进入不同的子函数
function [sys,x0,str,ts] = PIDController(t,x,u,flag)
    switch flag
      case 0
        [sys,x0,str,ts] = mdlInitializeSizes;
      case 1
        sys = mdlDerivatives(t,x,u);
      case 3
        sys = mdlOutputs(t,x,u);
      case {2,4,9}
        sys = [];
      otherwise
        error('Simulink:blocks:unhandledFlag', num2str(flag));
    end
% S-function 基本设置,定义 S 函数的基本特性,包括采样时间、连续或者离散状态的初始条件和 Sizes 数组
function [sys,x0,str,ts]=mdlInitializeSizes
    sizes = simsizes;                  % 调用构造函数,生成一个默认类
    sizes.NumContStates  = 0;          % 设置系统连续状态的数量
    sizes.NumDiscStates  = 0;          % 设置系统离散状态的数量
    sizes.NumOutputs     = 1;          % 设置系统输出的数量
    sizes.NumInputs      = 3;          % 设置系统输入的数量
    sizes.DirFeedthrough = 1;          % 设置系统直接通过量的数量
```

```
    sizes.NumSampleTimes = 1;          % 采样时间个数,1 表示只有一个采样周期
    sys = simsizes(sizes);             % 将 sizes 结构体中的信息传递给 sys
    x0  = [];                          % 系统初始状态
    str = [];                          % 保留变量
    ts  = [-1 0];                      % 采样时间
function sys=mdlDerivatives(t,x,u)
    sys = [];
function sys = mdlUpdate(t,x,u)
    sys = [];
% 产生系统输出
function sys=mdlOutputs(t,x,u)
    kp=20;
    ki=5;
    kd=1;
    sys=kp* u(1)+ki* u(2)+kd* u(3);
```

【例 2-3】 针对例 2-1 中的二阶欠阻尼振荡系统，系统输入单位阶跃信号，采用 PID 闭环控制策略，控制系统采用 S-Function 模块实现，而二阶欠阻尼振荡系统采用 fcn 自定义函数模块定义。

解： 二阶欠阻尼振荡系统的传递函数为

$$G(s)=\frac{X(s)}{U(s)}=\frac{2}{s^2+s+2}$$

即

$$s^2X(s)+sX(s)+2X(s)=2U(s) \tag{2-1}$$

假设初始条件为 0，上式对应的微分方程为

$$\mathrm{dd}x(t)+\mathrm{d}x(t)+2x(t)=2u(t) \tag{2-2}$$

假设是零初始条件，将上式略做变形：

$$\mathrm{dd}x(t)=2u(t)-\mathrm{d}x(t)-2x(t) \tag{2-3}$$

结合式（2-3），在 Simulink 中建立的仿真模型如图 2-13 所示。图中的 fcn 模块的输入有

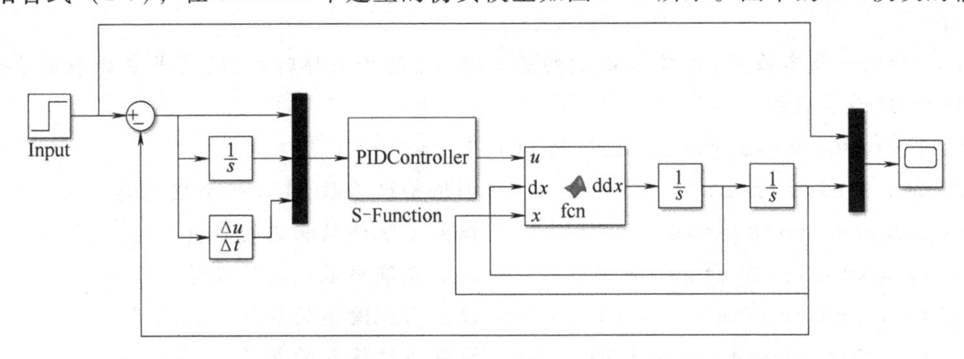

图 2-13　二阶欠阻尼振荡系统单位阶跃响应 PID 控制仿真模型Ⅲ

注：控制器 PIDController 采用 S-Function 模块，被控对象采用 fcn 自定义函数模块。其他说明见图 2-9。

3 个，分别为 u、dx 和 x，1 个输出为 dd$x$，输出经两次积分后变为 x，即系统的输出。图 2-14 为 $K_p=1$，$K_i=1$，$K_d=1$ 时（在 PIDController 模块中修改）系统的响应曲线。

其 MATLAB 代码如下：

```
function ddy = fcn(u,dx,x)
  ddx = -dx-2* x+2* u;
```

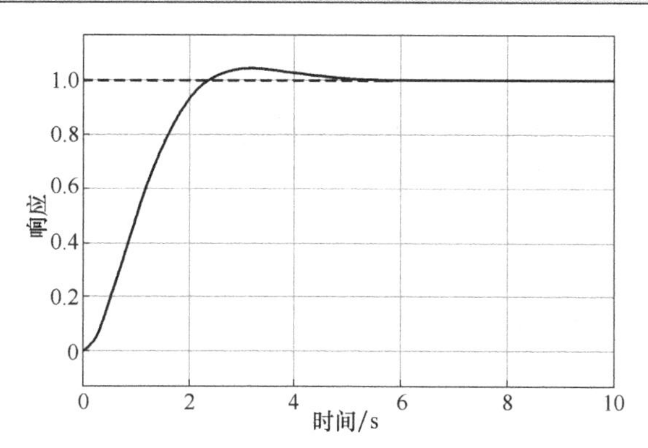

图 2-14 二阶欠阻尼振荡系统单位阶跃响应 PID 控制响应曲线Ⅲ

注：$K_p=1$，$K_i=1$，$K_d=1$。

【例 2-4】 针对例 2-1 中的二阶欠阻尼振荡系统，系统输入单位阶跃信号，采用 PID 闭环控制策略，控制系统和二阶欠阻尼振荡系统均采用 S-Function 模块实现。

解： 控制系统的 S-Function 模块设置如例 2-2 所示，这里不再赘述。要想采用 S-Function 模块建立二阶欠阻尼振荡系统的模型，则首先要将其传递函数转化为状态方程的形式。

取状态变量：

$$x=\begin{bmatrix}x_1\\x_2\end{bmatrix}$$

式中，$x_1=x$，$x_2=\dot{x}$，则有：

$$\begin{cases}\dot{x}_1=\dot{y}=x_2\\ \dot{x}_2=\ddot{y}=-\dot{y}-2y+2u=-x_2-2x_1+2u\end{cases} \tag{2-4}$$

$$y=x_1 \tag{2-5}$$

将式（2-4）和式（2-5）写成矩阵的形式为

$$\begin{bmatrix}\dot{x}_1\\ \dot{x}_2\end{bmatrix}=\begin{bmatrix}0 & 1\\ -2 & -1\end{bmatrix}\begin{bmatrix}x_1\\x_2\end{bmatrix}+\begin{bmatrix}0\\2\end{bmatrix}u \tag{2-6}$$

$$y=[1\quad 0]\begin{bmatrix}x_1\\x_2\end{bmatrix} \tag{2-7}$$

结合式（2-4）和式（2-5），在 Simulink 中建立的仿真模型如图 2-15 所示，图中 Plant 模块即为采用 S-Function 模块代表二阶欠阻尼振荡系统。

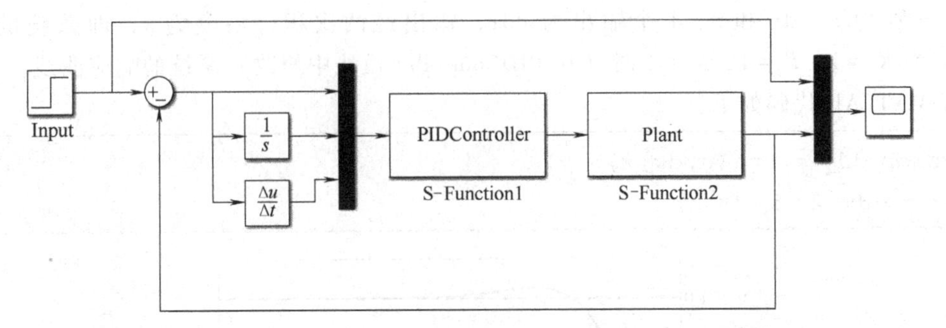

图 2-15　二阶欠阻尼振荡系统单位阶跃响应 PID 控制仿真模型Ⅳ

注：控制器 PIDController 和被控对象 Plant 均采用 S-Function 模块。其他说明见图 2-9。

其 MATLAB 代码如下：

```
function [sys,x0,str,ts] = Plant(t,x,u,flag)
  switch flag
    case 0
      [sys,x0,str,ts] = mdlInitializeSizes;
    case 1
      sys = mdlDerivatives(t,x,u);
    case 3
      sys = mdlOutputs(t,x,u);
    case {2,4,9}
      sys = [];
    otherwise
      error('Simulink:blocks:unhandledFlag', num2str(flag));
  end
function [sys,x0,str,ts]=mdlInitializeSizes
  sizes = simsizes;
  sizes.NumContStates  = 2;     % 设置系统连续状态的数量,2 个
  sizes.NumDiscStates  = 0;
  sizes.NumOutputs     = 1;     % 设置系统输出的数量,1 个
  sizes.NumInputs      = 1;     % 设置系统输入的数量,1 个
  sizes.DirFeedthrough = 0;
  sizes.NumSampleTimes = 1;
  sys = simsizes(sizes);
  x0  = [0,0];       % 状态变量的初始值
  str = [];
  ts  = [-1 0];
% 该函数在连续系统中被调用,计算连续状态变量的微分方程
function sys=mdlDerivatives(~,x,u)
```

```
    sys(1)=x(2);
    sys(2)=-2* x(1)-x(2)+2* u;
% 系统输出
function sys=mdlOutputs(~,x,~)
    sys=x(1);
```

2.2 多体系统建模仿真工具基础

2.2.1 ADAMS 软件介绍

在研究处于运动状态的物体（运动学和动力学）时，需要考虑各种量，包括力、位置、速度、加速度和时间。多体动力学仿真软件通过自动形成微分方程来描述机械系统的运动和动力学特性，然后用数值方法求出物体间的运动和相互作用力。多体动力学仿真软件可计算这些方程，能够帮助工程师研究运动部件的动力学以及载荷和力在整个机械系统中的分布。目前，市面上流行的多体动力学仿真软件包括 ADAMS、RecurDyn、SIMPACK、SAMCEF、Simcenter 3DMotion、ANSYS Motion、Altair MotionSolve 等。本节以 ADAMS 软件为代表进行介绍。

ADAMS 是美国 MSC 公司推出的一款多体动力学仿真分析软件，是实现虚拟样机技术的一个先进的、广泛应用的平台。该软件功能齐全、建模快捷、仿真简便，受到工程技术人员的青睐。ADAMS 软件最常用的模块有前处理模块 ADAMS/View、CAD 接口模块 ADAMS/Exchange、后处理模块 ADAMS/PostProcessor、求解器模块 ADAMS/Solver、控制模块 ADAMS/Controls 等。

1. 前处理模块

ADAMS/View 模块是使用 ADAMS 软件建立机械系统功能化数字样机的可视化前处理环境，如图 2-16 所示。采用该模块可以很方便地采用人机交互的方式建立模型中的相关对象，如定义运动部件、定义部件之间的约束关系或力的连接关系、施加强制驱动或外部载荷激励。

ADAMS/View 模块提供快速建立参数化模型的能力，便于改进设计；具有方便、实用的试验研究策略——单变量、多变量试验设计研究及优化分析功能；提供二次开发功能，可以重新定制界面，包括功能操作区、菜单、图标等，便于实现设计流程自动化或满足用户的个性化需求，以提高仿真效率。

2. CAD 接口模块

ADAMS/Exchange 模块为 ADAMS 软件与其他 CAD/CAM/CAE 软件之间的几何数据交换提供了工业标准的接口。通过 ADAMS/Exchange 模块，用户可以将标准格式的几何模型进行数据传输，标准格式包括 IGES、UTEP、DWG/DXF、Parasolid 等。无论用户是用网格、面，还是实体等几何图形来表示所设计的机构，都能够通过 ADAMS/Exchange 模块很容易地实现该几何图形在 CAD 软件与 ADAMS 软件之间的数据传输。

3. 后处理模块

ADAMS/PostProcessor 模块是显示 ADAMS 软件仿真结果的可视化图形界面，界面除了

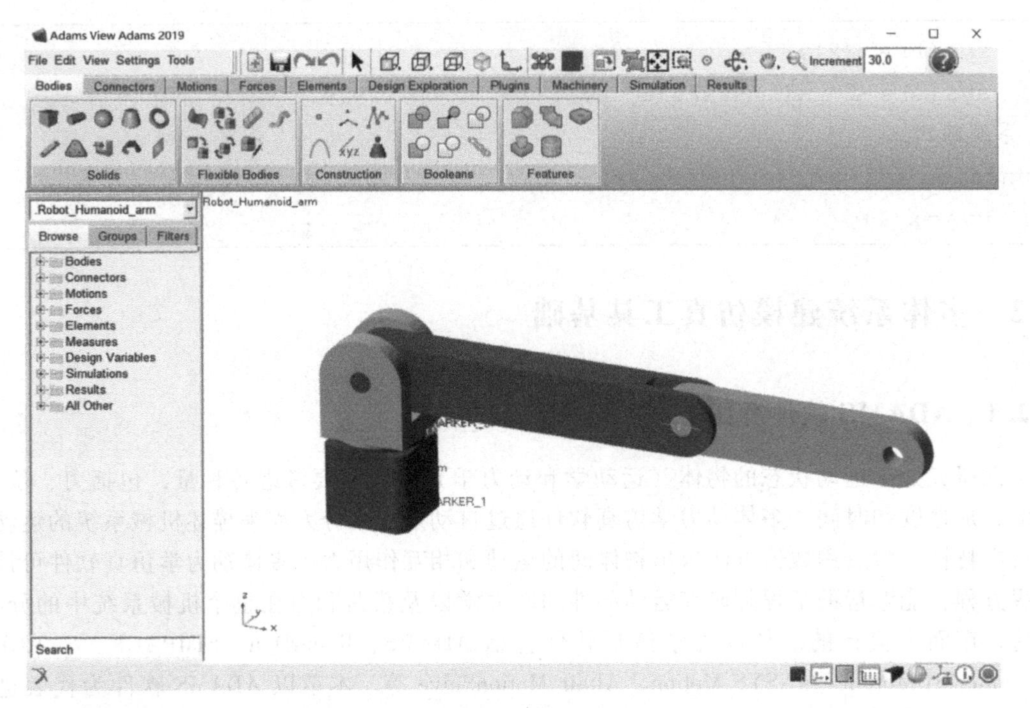

图 2-16　前处理模块 ADAMS/View 界面

主窗口外，还有一个树形目录窗口、一个属性编辑窗口和一个数据选取窗口，如图 2-17 所示。后处理的结果既可以显示为动画，也可以显示为数据曲线（对于振动分析结果，可以显示 3D 数据曲线），还可以显示报告文档。主窗口可同时显示仿真的结果动画，以及数据曲线，可方便地叠加显示多次仿真的结果，以便比较。

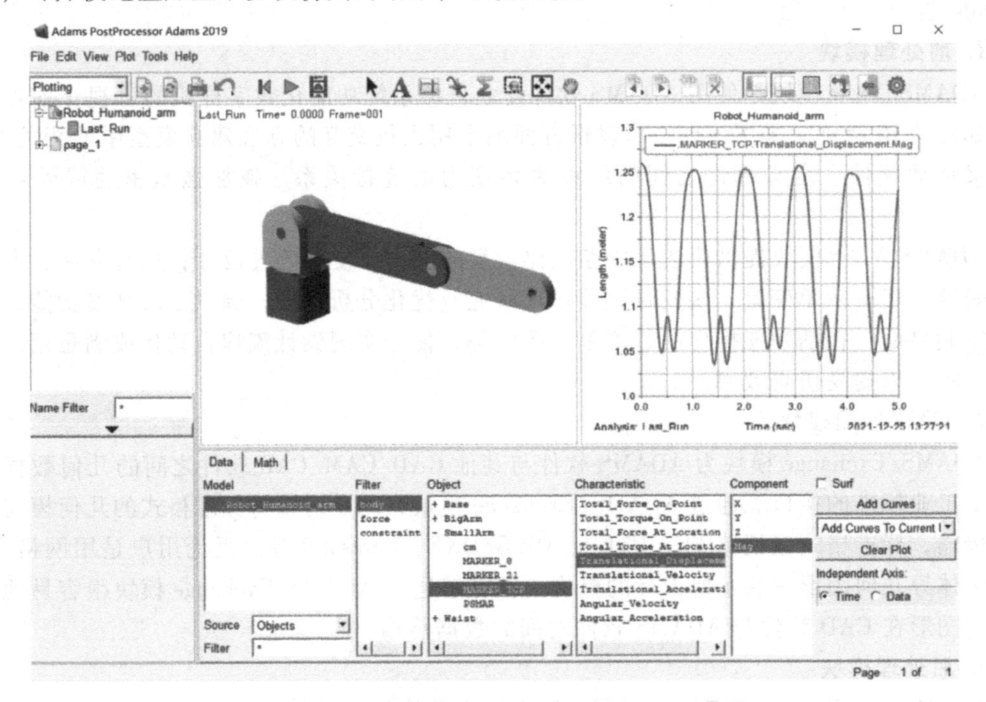

图 2-17　后处理模块 ADAMS/PostProcessor 界面

4. 求解器模块

ADAMS/Solver 模块是 ADAMS 的求解器，包括稳定可靠的 Fortran 求解器和功能更为强大的 C 求解器。该模块既可以集成在 ADAMS 前处理模块下使用，也可以从外配直接调用；既可以进行交互方式的解算过程，也可以进行批处理方式的解算过程。求解器导入模型后自动校验模型，再进行初始条件分析，然后进行后续的各种解算过程。

ADAMS/Solver 模块借助空间笛卡儿坐标系及欧拉角描述空间刚体的运动状态，使用欧拉-拉格朗日方程自动形成系统的运动学或动力学方程；采用牛顿-拉夫森迭代算法求解模型，包含多种显式、隐式积分算法，如刚性积分方法（Gear's 和 Modified Gear's）、非刚性积分方法（Runge-Kutta 和 ABAM）、固定步长方法（ConUTant_BDF）以及二阶 HHT 和 New-Mark 等积分方法；具有多种积分修正方法，如 3 阶指数法、稳定 2 阶指数法和稳定 1 阶指数法；支持柔性体-刚性体、柔性体-柔性体接触碰撞的计算；支持原生几何外形，如球、椭球体、四柱体、长方体等直接进行碰撞载荷的计算，借助简单几何形状特征尺寸的优势，采用侦测接触碰撞的分析方法进行渗入体积和接触碰撞力的计算，以提高计算的精度并减少计算时间。

ADAMS/Solver 模块能进行静力学、准静力学、运动学和非线性瞬态动力学的求解，并支持用户自定义的 Fortran 或 C 子程序。

5. 控制模块

一个完整的系统必然是机械系统与控制系统的有机结合，ADAMS/Controls 模块可以将控制系统与机械系统集成在一起进行联合仿真，实现一体化仿真。主要的集成方式有两种：一种是将 ADAMS 软件建立的机械系统模型集成到控制系统仿真环境中，组成完整的机-电-液耦合系统模型进行联合仿真；另一种方式是将控制软件中建立的控制系统导入到 ADAMS 模型中，利用 ADAMS 软件的求解器进行仿真分析。常见的控制软件有 Matlab/Simulink、Easy 5 等。

ADAMS/Controls 模块能够让机构和控制两个系统共享模型信息，把机构的控制问题同时包含在分析中，建立完整的机电系统模型。一方面，可以使控制工程师获得与实际工况相符的机构运动规律；另一方面，利用整合的虚拟样机对机械系统和控制系统进行反复的联合测试，直到获得满意的设计效果。

本书假定读者具有一定的 ADAMS 的入门知识，只讲解与本书相关的单连杆机器人、两连杆机器人、拟人臂机器人的建模、与 MATLAB 交互的 Control 模块的操作等。

2.2.2　单连杆机器人建模仿真案例

1. 问题描述

建立一个单连杆机器人机构模型，该模型由基座和连杆构成，连杆长度为 1000mm，厚度为 50mm，其他尺寸如图 2-18 所示，密度为 1000kg/m^3。在基座与大地之间建立固定副，基座和连杆处建立一个旋转副，重力加速度沿 y 轴负方向。为了输出控制模型与 MATLAB 交互仿真，创建

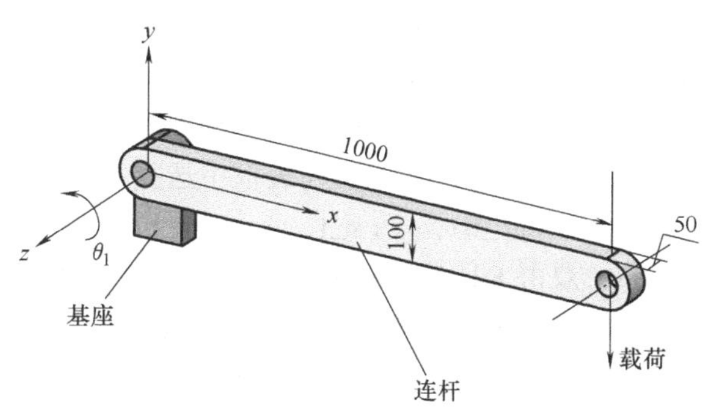

图 2-18　单连杆机器人模型

状态变量，可以输出连杆的转角、角速度和角加速度，以及接受外部施加的力矩。

2. ADAMS 软件工作环境

启动 ADAMS/View→New Model，设置好模型名称、重力方向（沿 y 轴负方向）、单位制和工作目录，单击 OK 按钮进入工作界面，如图 2-19 所示。选择菜单命令 Settings→View Background color...，取消渐变色 Gradient，并选择白色背景。选择菜单命令 Settings→Working Grid...，在 Set Orientation... 下拉列表框中选择 Global XZ，将工作网格改成 xz 平面。

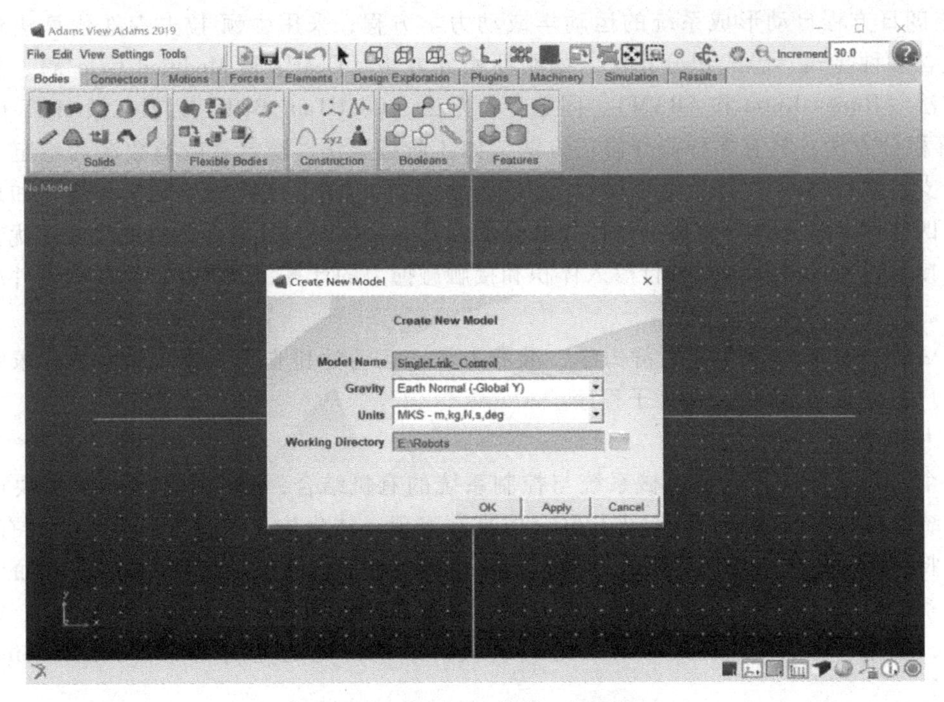

图 2-19　ADAMS 软件工作环境

3. 模型导入

虽然 ADAMS 具备一定的建模能力，但功能受限，一般需要在专业的 CAD 软件（如 Solidworks、UG、PROE 等）中创建机器人各部件的模型，并以其初始位形装配好，保存成推荐的 Parasolid 格式（扩展名 *.x_t）。建模时，尽量使各关节轴线方向与期望的全局坐标系方向一致，如果不一致后续还应进行旋转等操作调整。选择菜单命令 File→Import...，从 File Type 下拉列表框中选择 Parasolid（*.xmt_txt，*.x_t，*.xmt_bin，*.x_b），双击 File To Read 的空白文本框，选择 CAD 环境导出的机器人模型，双击 Model Name 的空白文本框，选择 .SingleLink_Control，单击 OK 按钮，如图 2-20 所示。

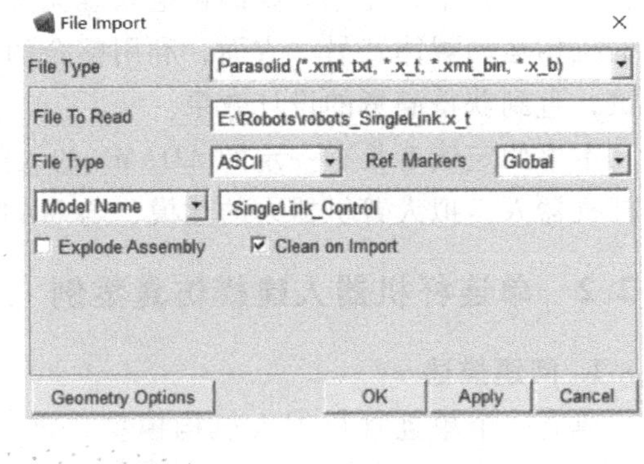

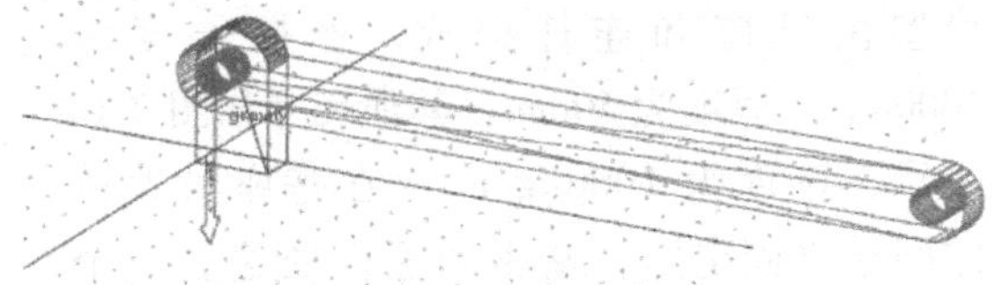

图 2-20　单连杆机器人模型导入

4. 创建固定副和旋转副

在工具栏中选择 Connector→Create a Fix Joint，构建方式为 2 Bodies-1 Location，方向为 Normal To Grid，分别单击 base（1st Body）和 ground（2nd Body），并选择 base 模型的下部角点，即可在基座与大地之间创建固定副，如图 2-21 所示。

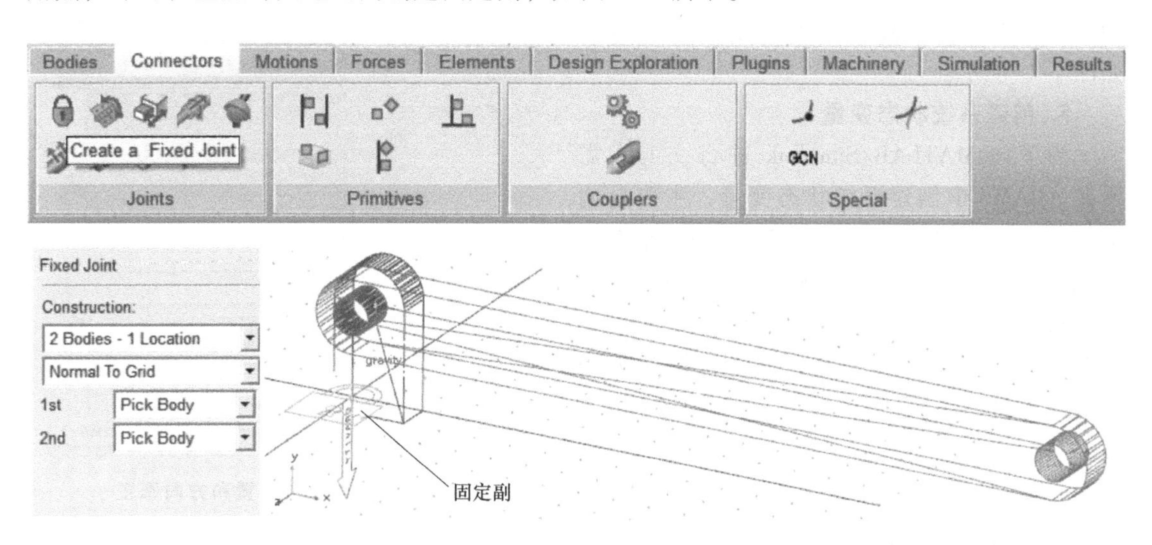

图 2-21　创建固定副

在工具栏中选择 Connector→Create a Revolute Joint，构建方式为 2 Bodies-1 Location，方向为 Pick Geometry Feature，分别单击 Link1（1st Body）和 base（2nd Body），选择 base 模型圆孔中心作为旋转副轴线的位置，沿 z 方向拖动指针，当某一特征的箭头方向与全局坐标系的 z 轴一致时单击确定，确定旋转副的轴线方向，从而在基座与连杆之间创建旋转副，如图 2-22 所示。

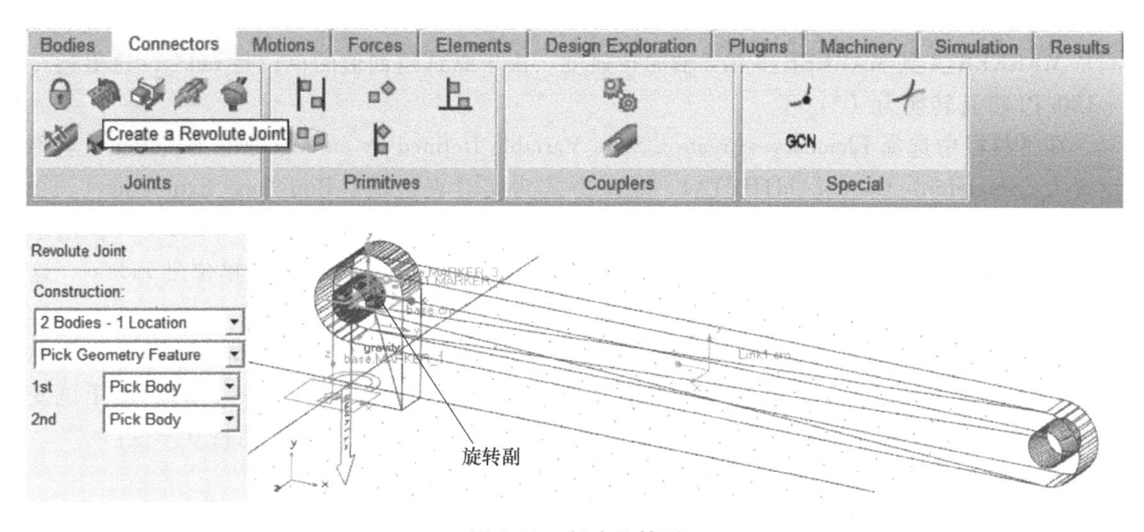

图 2-22　创建旋转副

由于固定副和旋转副的创建，系统自动创建了 MARKER_1、MARKER_2、MARKER_3 和 MARKER_4 四个标记点，其中 MARKER_1 和 MARKER_4 位于 base 模型下，MARKER_2

位于 ground 模型下，MARKER_3 位于 Link1 模型下，MARKER_3 和 MARKER_4 用于后面创建系统状态变量。如果 MARKER 的位置（Location）或方向（Orientation）不正确，可以在左侧模型导航树中找到该 MARKER 双击，在弹出的对话框中进行修改。在 ADAMS 中，默认使用 zxz 欧拉角来描述方向，也就是先绕 z 轴旋转，再绕 x 轴旋转，最后再绕 z 轴旋转，如图 2-23 所示。

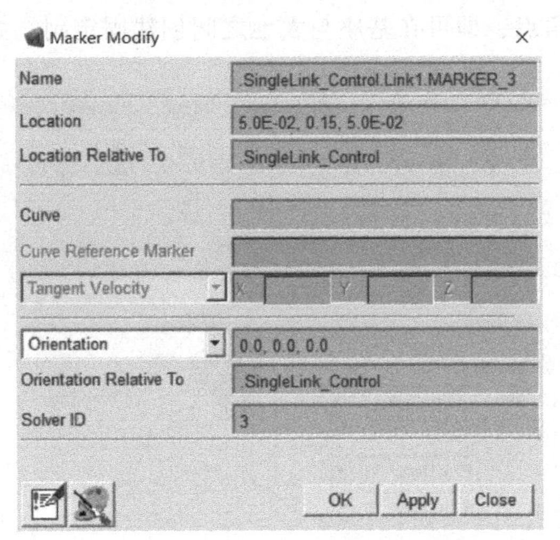

图 2-23　MARKER 位置和方向修正

5. 创建系统状态变量

为了与 MATLAB/Simulink 进行交互，需要在 ADAMS 中创建系统状态变量，主要是输出旋转副的实时转角、角速度、角加速度［注：由于格式原因，本书在 MATLAB/Simulink 软件中采用 theta（或 THETA）、dtheta（或 dTHETA）和 ddtheta（或 ddTHETA）分别表示转角 θ、角速度 $\dot{\theta}$ 和角加速度 $\ddot{\theta}$］，以及接受 MATLAB/Simulink 输出的控制力矩。

在工具栏中选择 Elements→Create a State Variable Defined by an Algebraic Equation，名称设置为 .SingleLink_Control. THETA1，定义方式为实时表达式（Run-Time Expression）。在“F（time，...）=”文本框中输入“AZ（MARKER_3，MARKER_4）＊180/PI”，用于观测从 MARKER_4 到 MARKER_3 沿 z 轴的转角。由于默认返回值的单位是 rad，这里通过＊180/PI 将其转换为（°）。

在工具栏中选择 Elements→Create a State Variable Defined by an Algebraic Equation，名称设置为 .SingleLink_Control. dTHETA1，定义方式为实时表达式（Run-Time Expression）。在“F（time，...）=”文本框中输入“WZ（MARKER_3，MARKER_4）＊180/PI”，用于观测从 MARKER_4 到 MARKER_3 沿 z 轴的角速度。由于默认返回值的单位是 rad/s，这里通过＊180/PI 将其转换为（°）/s。

在工具栏中选择 Elements→Create a State Variable Defined by an Algebraic Equation，名称设置为 .SingleLink_Control. ddTHETA1，定义方式为实时表达式（Run-Time Expression）。在“F（time，...）=”文本框中输入“WDTZ（MARKER_3，MARKER_4）＊180/PI”，用于观测从 MARKER_4 到 MARKER_3 沿 z 轴的角加速度。由于默认返回值的单位是 rad/s^2，这里通过＊180/PI 将其转换为 $(°)/s^2$。

在工具栏中选择 Elements→Create a State Variable Defined by an Algebraic Equation，名称设置为 .SingleLink_ Control. T1，定义方式为实时表达式（Run-Time Expression）。由于该变量用于接收外部输入的实时变量，所以在“F（time，...）=”文本框中保持 0 不变。

创建的四个系统状态变量如图 2-24 所示。

6. 创建输出/输入对象

需要创建与 5 中的状态变量对应的输出/输入对象。在工具栏中选择 Elements→Create an Adams Plant Output，Plant Output Name 设置为“.SingleLink_Control. POUTPUT_THETA1”，Variable Name 设置为“THETA1”，也可以双击文本框从数据库导航树中选取，从而创建

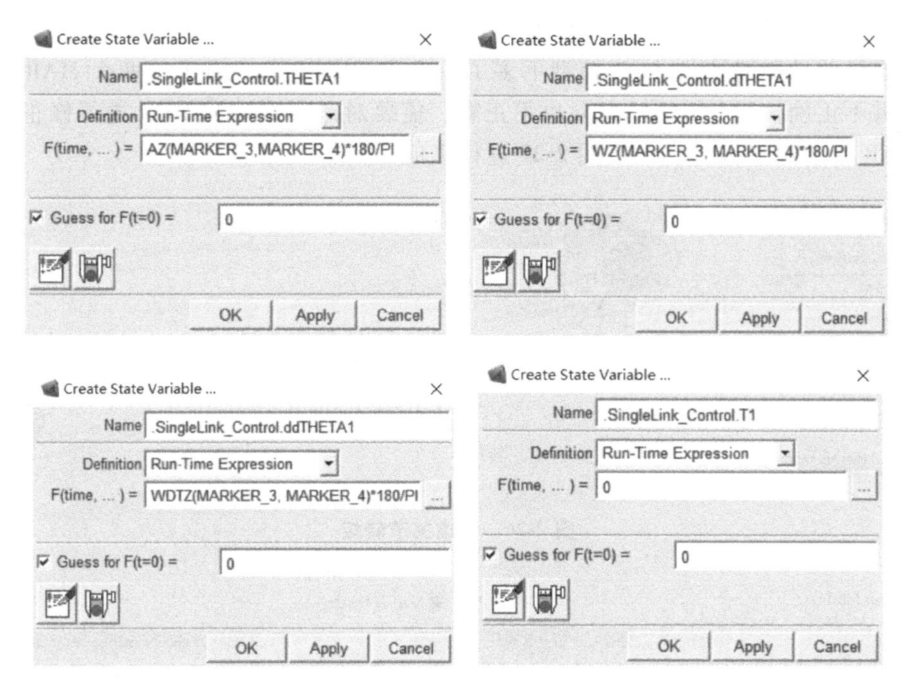

图 2-24　创建系统状态变量

THETA1 对应的输出对象。同样的方法可以创建 dTHETA1 和 ddTHETA1 对应的输出对象。在工具栏中选择 Elements → Create an Adams Plant Input，Plant Output Name 设置为“.SingleLink_Control.PINPUT_T1”，Variable Name 设置为“T1”，创建 T1 对应的输入对象，如图 2-25 所示。

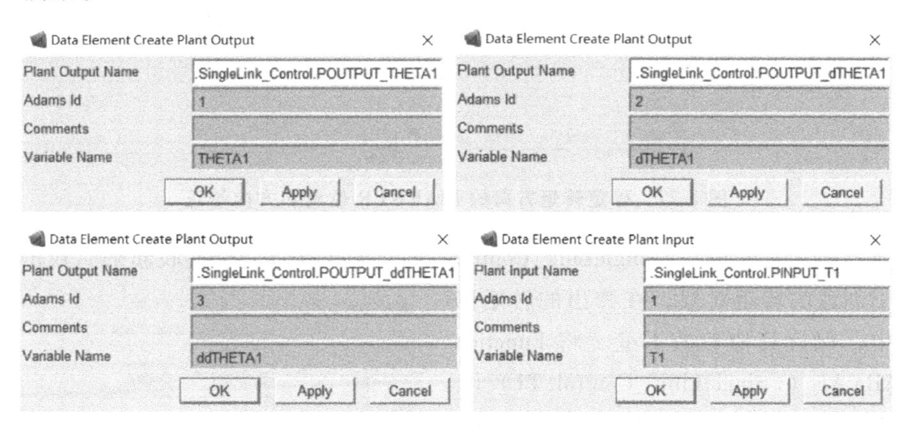

图 2-25　创建输出/输入对象

7. 创建关节转矩

需要创建一个作用在 Link1 上的转矩，该转矩的大小由外部第三方软件（MATLAB 等）输入对象关联的变量 T1 实时确定。在工具栏中选择 Forces→Create a Torque（Single-Component）Applied Force，实时方向（Run-time Direction）选择为 Two Bodies，在视图区先单击选择 Link1 作为作用（Action）对象，再选择 base 作为反作用（Reaction）对象，分别选择 Link1 上特征一点和 base 上特征一点作为作用点，创建一个转矩，如图 2-26 所示。从左侧树形模型导航栏可以发现，Link1 模型下多了一个 MARKER_5（也可能是其他编号，读者可自己对应自己的模型编号），base 模型下多了一个 MARKER_6，由于这两个 MARKER 的位置和方位并不正确，因此转矩的方向也不正确，需要对这两个 MARKER 进行修正，分别双击 MARKER_5 和 MARKER_6，按图 2-27 进行修正。

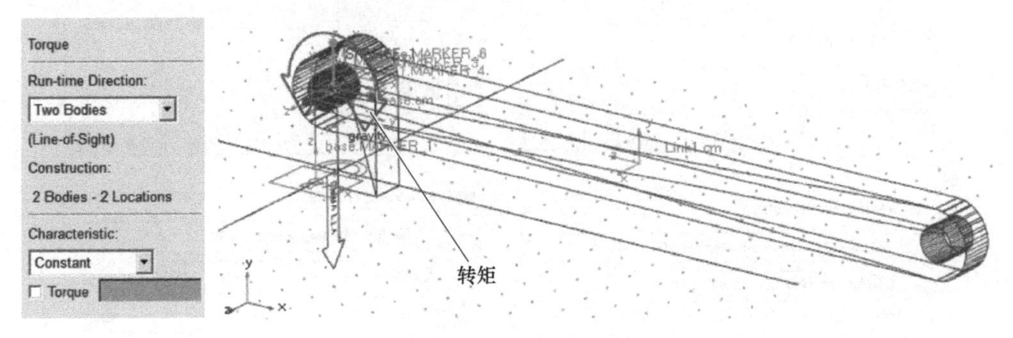

图 2-26　创建关节转矩

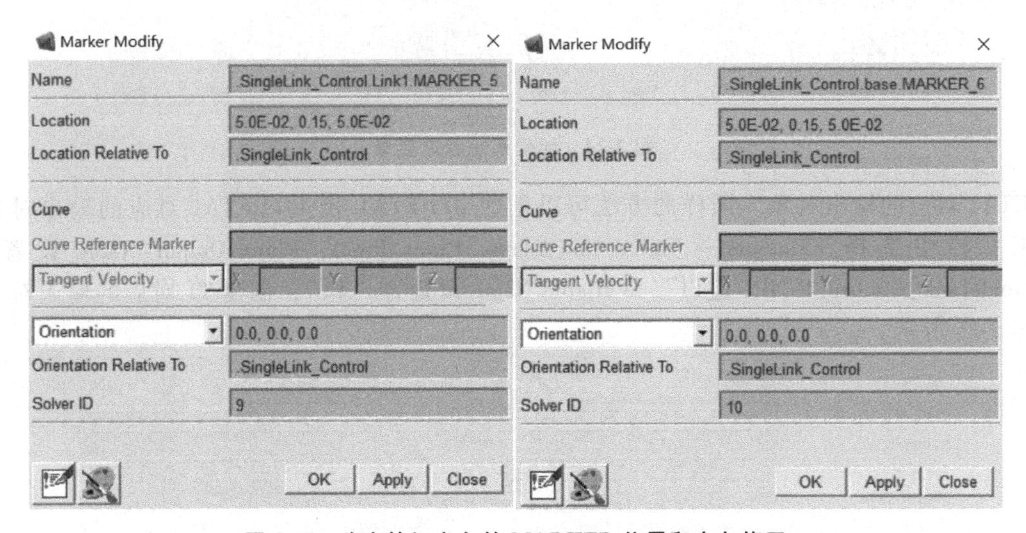

图 2-27　确定转矩方向的 MARKER 位置和方向修正

最后还要将状态变量“.SingleLink_Control.T1”与转矩的大小关联起来。双击左侧模型导航栏中刚创建的转矩对象，在弹出的转矩修正对话框中，保持其他参数不变，将 Function 改为“VARVAL（.SingleLink_Control.T1）”，如图 2-28 所示，其中 VARVAL（）是 ADAMS 的内置函数，表示返回括号内变量的值。

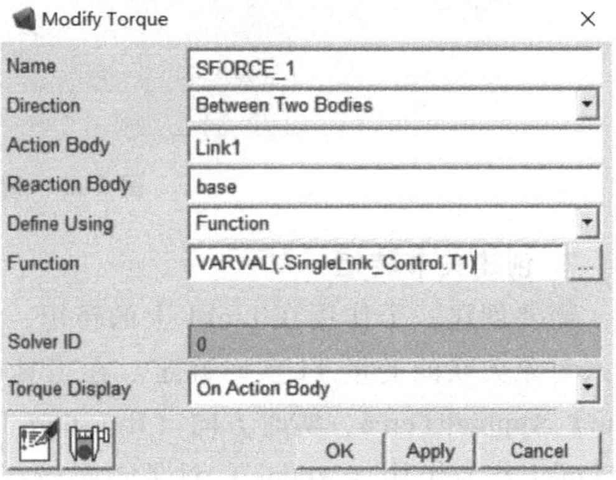

图 2-28　转矩大小与状态变量的关联

8. 导出控制对象

这一步将最终导出一个表征单连杆机器人的控制对象，该对象可以在 MATLAB 中打开，结合其他控制环节，可以构建完整的控制模型。在工具栏中选择 Plugins→Controls，单击 Load the Controls Plug-in，加载控制模块插件，并选择 Plant Export。在弹出的对话框中，从 From Pinput 中选择 T1 作为 Input Single（s），从 From Poutput 中选择 THETA1、dTHETA1 和 ddTHETA1 作为 Output Single（s），目标软件（Target Software）设置为 MATLAB，分析类型（Analysis Type）设置为 non_linear，ADAMS 求解器语言（Adams Solver Choice）设置为 FORTRAN，单击 OK 按钮即可在工作目录输出控制对象，如图 2-29 所示。

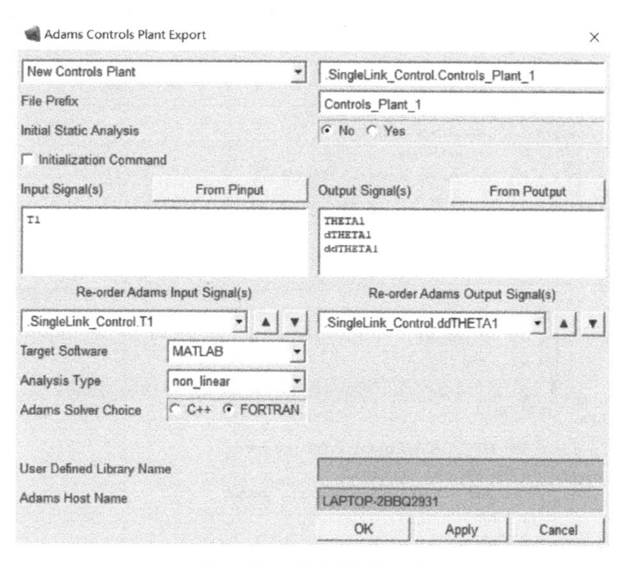

图 2-29　导出控制对象

查看工作目录可以看到，输出的文件有 4 个，如图 2-30 所示。

1）以“.adm”为后缀的文件是 ADMAS/Solver 模型语言文件，包含了模型中拓扑结构信息，如 Marker 点、运动副、力、各种变量等。

2）以“.cmd”为后缀的文件是由 ADMAS/View 命令格式编写的模型文件，包含所有的拓扑结构信息（包括所有几何信息）、模型仿真信息。

3）以“.xmt_ txt”为后缀的文件是 Parasolid 模型几何文件，包含了模型详细的几何特征信息（点、线、面、体等）。

名称	修改日期	类型	大小
Controls_Plant_1.adm	2022/2/8 1:23	ADM 文件	4 KB
Controls_Plant_1.cmd	2022/2/8 1:23	Windows 命令脚本	14 KB
Controls_Plant_1.m	2022/2/8 1:23	MATLAB Code	3 KB
Controls_Plant_1.xmt_txt	2022/2/8 1:23	XMT_TXT 文件	19 KB

图 2-30　控制模块导出的文件

4）以“.m”为后缀的文件则是输出到 MATLAB 运行的文件。双击 Controls_Plant_1.m 文件，文件自动由 MATLAB 打开，单击 MATLAB 工具栏上的运行按钮，可以得到，在命令行窗口中输出了模块作动器（actuators）信息，即输入转矩 T1，以及传感器（sensors）信息，即输出的转角 THETA1、角速度 dTHETA1 和角加速度 ddTHETA1，如图 2-31 所示。

在命令行窗口键入 adams_sys，MATLAB/Simulink，会生成一个名为 adams_sys_.slx 的模型文件并自动打开，如图 2-32 所示。该模型中包含三个模块，分别采用了三种方法描述 ADAMS 导出的控制对象：S-Function、adams_sub 和 State-Space。S-Function 是以 S 函数的方

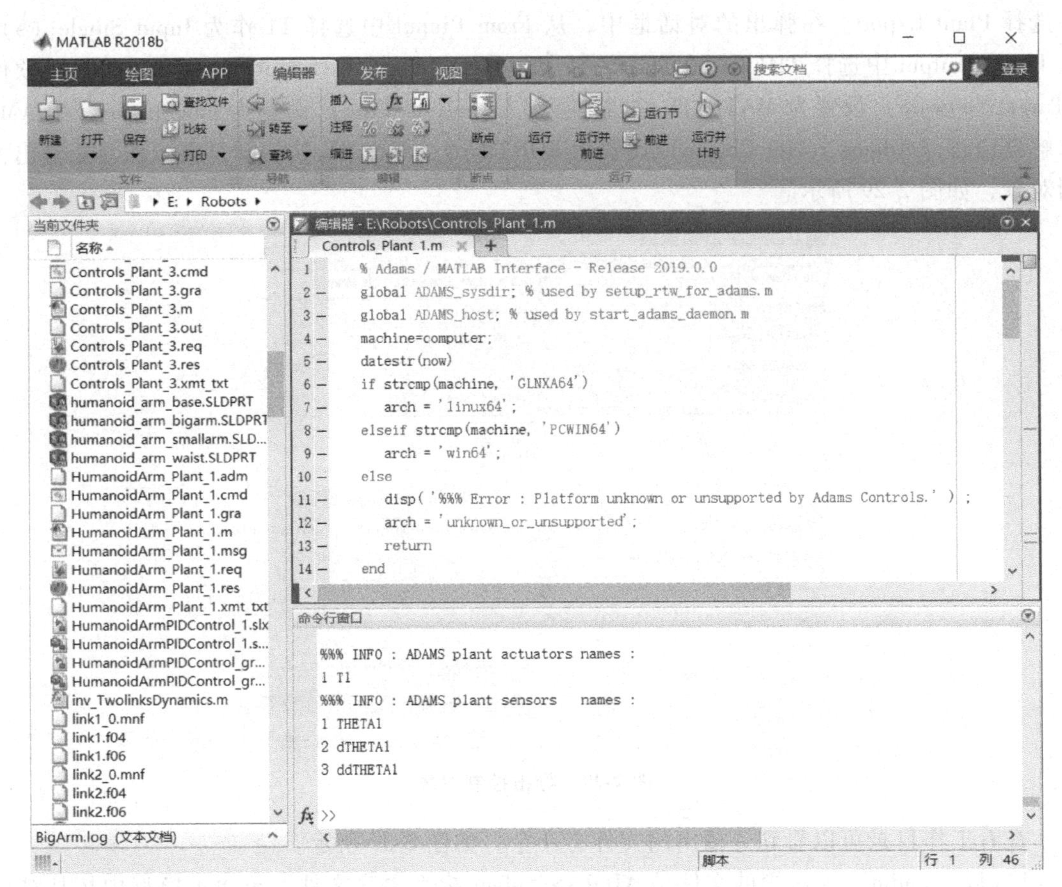

图 2-31　Controls_Plant_1. m 文件的运行

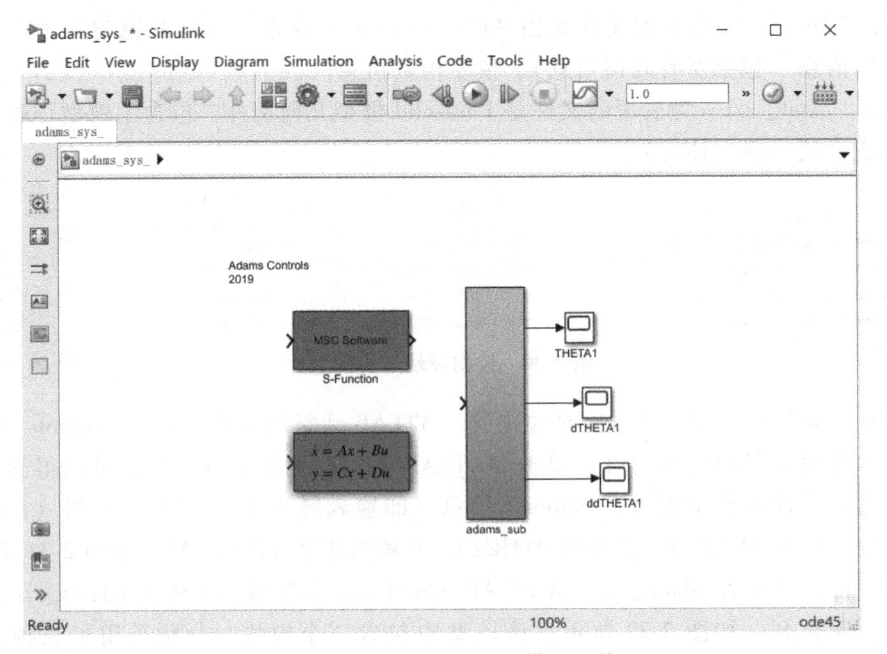

图 2-32　adams_sys_. slx 模型文件

式描述控制对象；adams_sub 是子模型的形式，本质上与 S-Function 相同，只是增加了输入输出端口，使用起来更加方便，本书中使用的模型就是 adams_sub，可根据需要在文本上双击，将其改为合适的名称；State-Space 是控制对象的状态空间模型。

双击 adams_sub，在子模型中再双击 MSC. Software，对话框中是关于 ADAMS 控制对象的参数，如求解器类型、进程间选项、动画模式、仿真模式、通信间隔等，如图 2-33 所示。求解器类型一般选择控制对象导出时选择的语言。进程间选项一般选择管道式（PIPE）。动画模式分为批处理（batch）和交互式（interactive），批处理模式在仿真时并不显示 ADAMS 软件界面，求解器在后台运行，仿真速度较快；交互式则会实时显示 ADAMS 界面及机构的运行画面，相对而言仿真速度要慢。仿真模式分为离散型和连续型，取决于用户选择的控制系统的类型。通信间隔是 ADMAS 与 MATLAB/Simulink 通信、交换数据的时间间隔，单位为 s，间隔越短数据交换越频繁，仿真速度越慢，但精度越高。

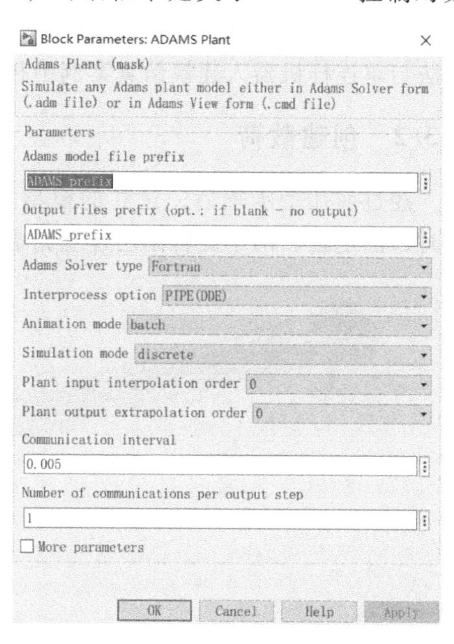

图 2-33 adams_sub 子模型设置

下面两节将应用 ADAMS 的虚拟样机技术创建二连杆和拟人臂机器人的模型对象，结合 MATLAB/Simulink 等控制软件，建立一个虚拟的机器人物理样机，从而可以更直观地对机器人进行设计、控制、优化等。

2.3 二连杆机器人建模

2.3.1 问题描述

与单连杆机器人类似，建立一个二连杆机器人机构模型，由基座和两个连杆构成，每个连杆长度均为 1000mm，如图 2-34 所示，密度为 1000kg/m^3。在基座与大地之间建立固定

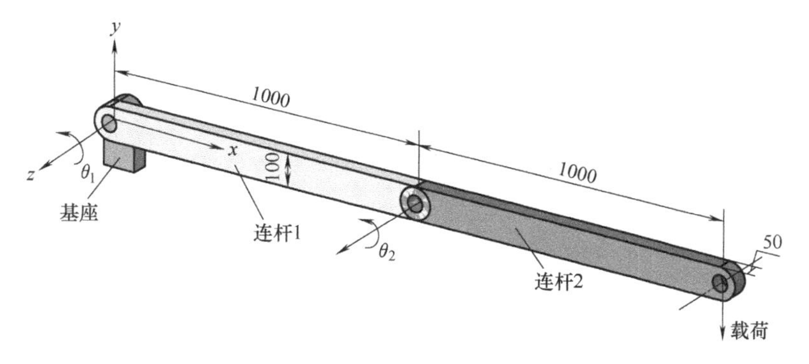

图 2-34 二连杆机器人结构

副，基座和第一个连杆处、两连杆之间建立旋转副。为了输出控制模型与 MATLAB 交互仿真，创建状态变量，可以输出两个连杆的转角、角速度和角加速度，以及接受外部施加在关节上的转矩。由于该模型在机器人静力学仿真时用到，所以在第二个连杆的末端施加一方向沿负 y 轴的载荷。在 2.2.2 节所介绍的案例基础上，本例的操作过程尽量简略，不再对一些具体的设置过程详细说明。启动软件、工作环境设置、模型导入、创建固定副旋转副的操作方法与单连杆机器人建模仿真案例中相同，且比较简单，这里不再赘述。

2.3.2 创建载荷

经过前几个步骤后，建立的模型如图 2-35 所示。总模型的名称为 .TwoLinks_Control，此时，固定副、两个旋转副已建立完毕。

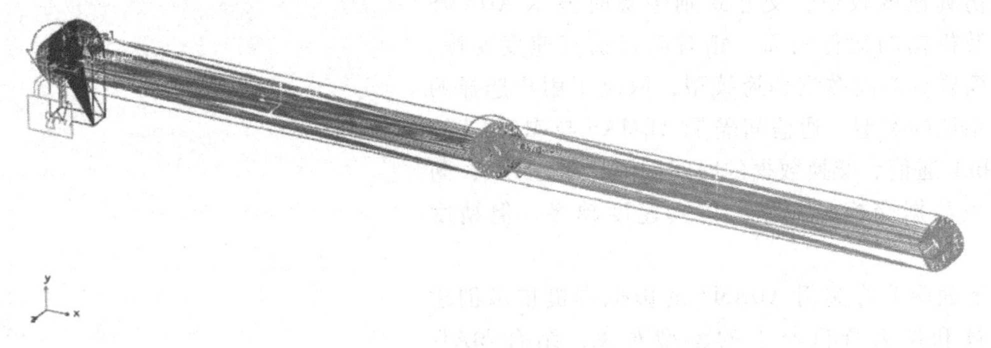

图 2-35 两连杆机器人模型

在工具栏中选择 Forces→Create a Force（Single-Component）Applied Force，实时方向选为 Space-Fixed，构建方法选择 Pick Feature。首先选择 Link2，再选择 Link2 末端圆孔中心处某一特征，再移动指针至下方某一位置后单击，生成载荷，并将其名称改为 Load。此时，会在 Link2 模型和 ground 下分别生成一个 MARKER 点，这两个 MARKER 点的位置和方向可能不正确，在模型树中分别双击该两个 MARKER 点，将其位置和方向参数修改为如图 2-36 所示。

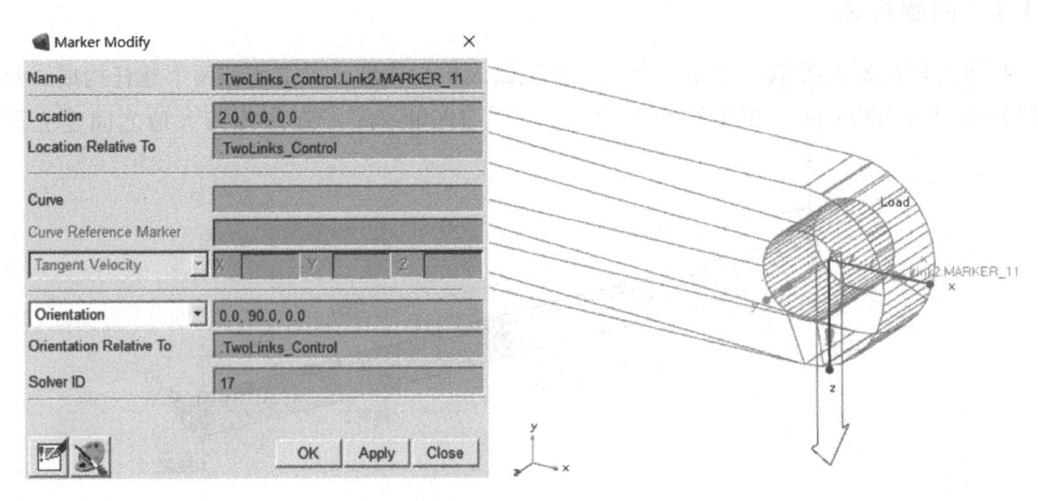

图 2-36 创建载荷

2.3.3 创建系统状态变量

创建系统状态变量的方法与上例相同，只是此时需要创建连杆 1 和连杆 2 的转角、角速度、角加速度、转矩等 8 个变量。

在工具栏中选择 Elements→Create a State Variable defined by an Algebraic Equation，名称设置为 THETA1，定义方式为实时表达式（Run-Time Expression），在 F（time，...）= 文本框中输入“AZ（MARKER_3，MARKER_4） * 180/PI”。同样的方法可以创建 THETA2，只是表达式中的两个 MARKER 不同（就是创建 Link1 和 Link2 之间旋转副时系统自动创建的 MARKER）。

在工具栏中选择 Elements→Create a State Variable defined by an Algebraic Equation，名称设置为 dTHETA1，定义方式为实时表达式（Run-Time Expression），在 F（time，...）= 文本框中输入“WZ（MARKER_3，MARKER_4，MARKER_3） * 180/PI”。这里第 2 个 MARKER_3 是相对旋转轴，如果省略则相对于全局坐标系（本例可以省略，因为局部坐标系的方位与全局坐标系相同，有些例子则不能省略）。同样的方法可以创建 dTHETA2，只是表达式中的 MARKER 不同。

在工具栏中选择 Elements→Create a State Variable defined by an Algebraic Equation，名称设置为 ddTHETA1，定义方式为实时表达式（Run-Time Expression），在 F（time，...）= 文本框中输入“WDTZ（MARKER_3，MARKER_4） * 180/PI”。同样的方法可以创建 ddTHETA2，只是表达式中的两个 MARKER 不同。

在工具栏中选择 Elements→Create a State Variable defined by an Algebraic Equation，名称设置为 T1，定义方式为实时表达式（Run-Time Expression），在 F（time，...）= 文本框中保持 0 不变。同样的方法可以创建 T2。

创建的系统状态变量如图 2-37 所示。

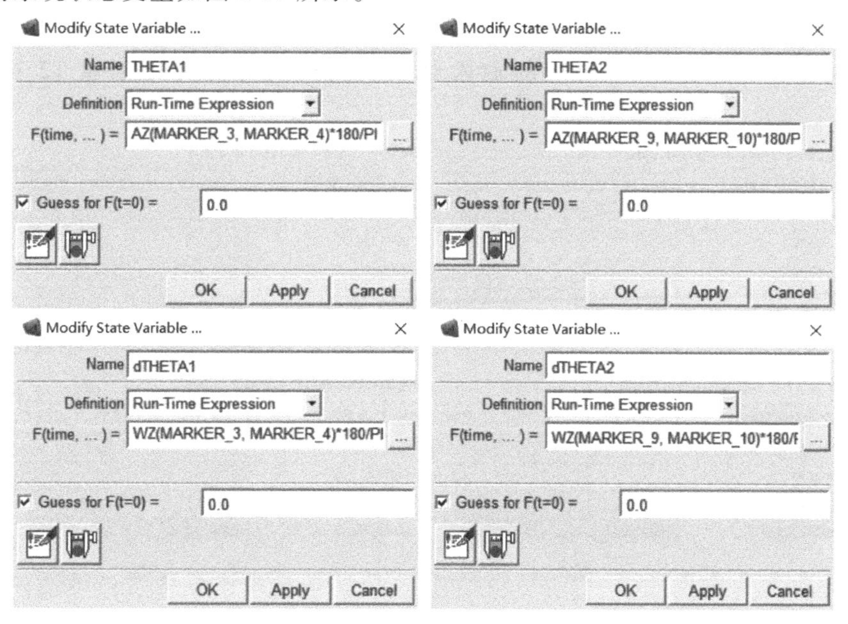

图 2-37 创建系统状态变量

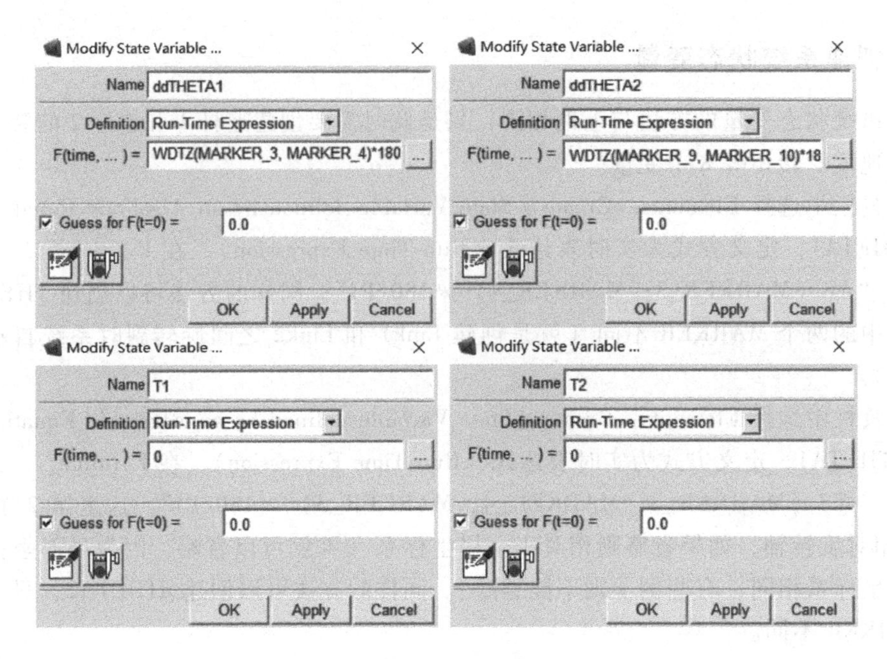

图 2-37 创建系统状态变量（续）

2.3.4 创建输出/输入对象

在工具栏中选择 Elements→Create an Adams plant output，Plant Output Name 设置为“.TwoLinks_Control.OUTPUT_THETA1”，Variable Name 设置为“THETA1”，创建 THETA1 对应的输出对象，如图 2-38 所示。同样的方法可以创建 dTHETA1、ddTHETA1、THETA2、dTHETA2 和 ddTHETA2 对应的输出对象。选择工具栏→Elements→Create an Adams plant input，Plant Output Name 设置为“.TwoLinks_Control.INPUT_T1”，Variable Name 设置为“T1”，创建 T1 对应的输入对象。同样的方法可以创建 T2 对应的输入对象。

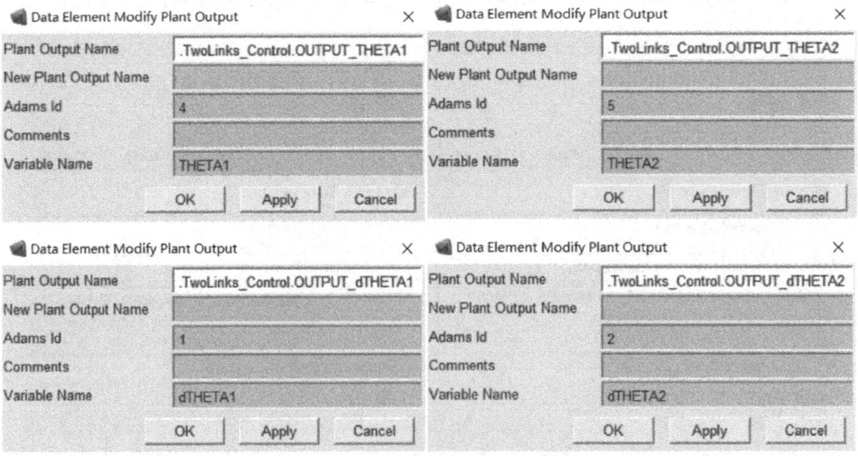

图 2-38 创建输出/输入对象

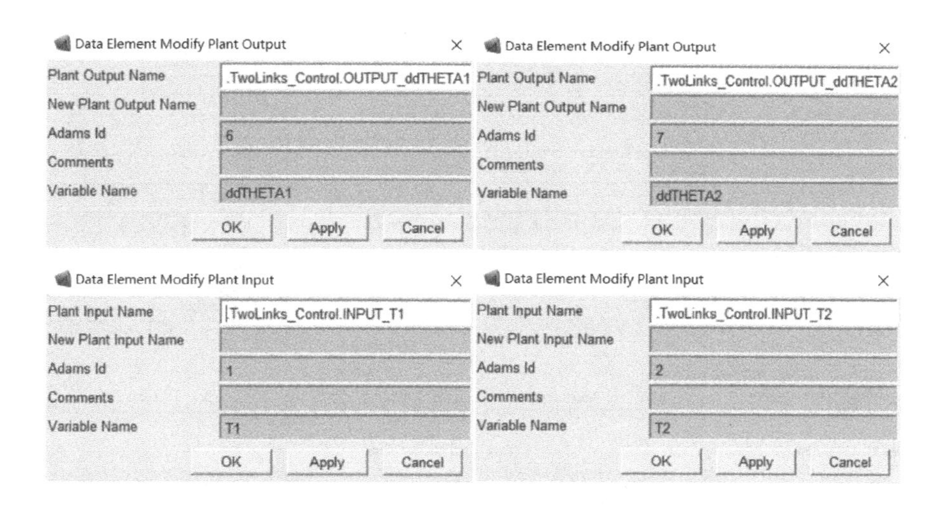

图 2-38　创建输出/输入对象（续）

2.3.5　创建转矩

分别作用在 Link1 和 Link2 上的两个转矩的大小由外部第三方软件（MATLAB 等）输入对象关联的变量 T1 和 T2 实时确定。创建的方法与上例相同，名称改为 Torque1 和 Torque2，如图 2-39 所示。注意：由于用户在用鼠标选取时的随机性，系统自动生成的 4 个 MARKER（两对）的位置和方位并不正确，因此两转矩的方向也不正确，需要对这 4 个 MARKER 进行修正（两两相同），如图 2-40 所示。

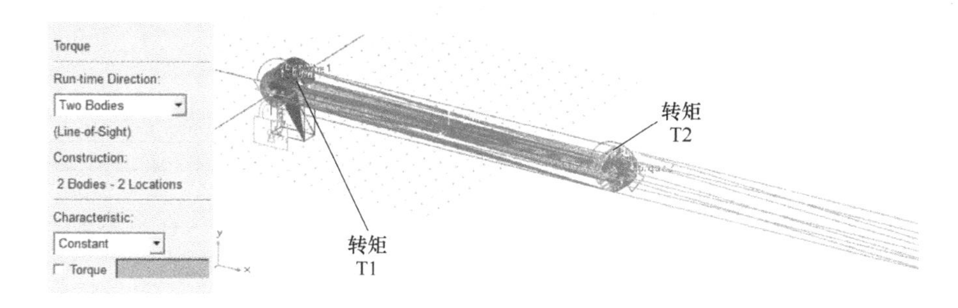

图 2-39　创建转矩

最后还要将状态变量 .TwoLinks_Control. T1、. TwoLinks_Control. T2 与创建的两个转矩的大小关联起来。分别双击左侧模型导航栏中刚创建的转矩对象，在弹出的转矩修正对话框中，保持其他参数不变，将 Function 改为“VARVAL（. TwoLinks _ Control. T1）”和“VARVAL（. TwoLinks_Control. T2）”，如图 2-41 所示。

2.3.6　导出控制对象

最终导出表征二连杆机器人的控制对象，在工具栏中选择 Plugins→Controls，单击 Load the Controls Plug-in，加载控制模块插件，并选择 Plant Export。在弹出的对话框中，从 From

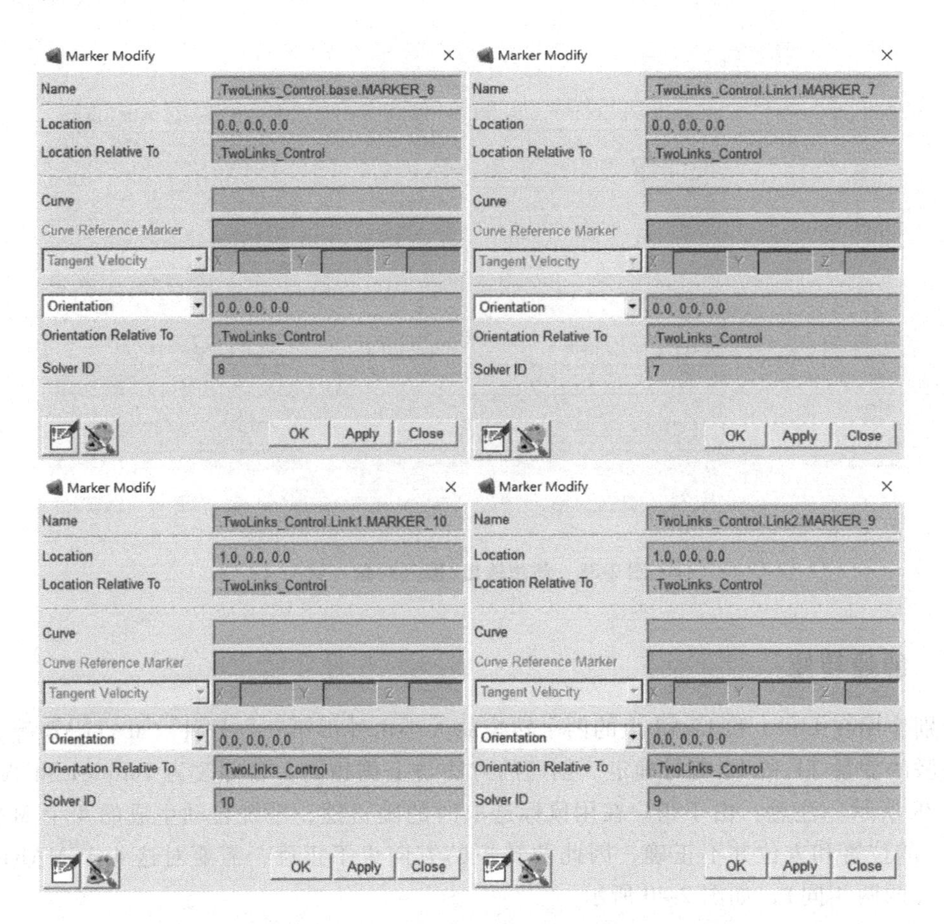

图 2-40　确定转矩方向的 MARKER 位置和方向修正

图 2-41　两转矩大小与两状态变量的关联

Pinput 中选择 T1 和 T2 作为 Input Single（s），从 From Poutput 中选择 THETA1、dTHETA1、ddTHETA1、THETA2、dTHETA2 和 ddTHETA2 作为 Output Single（s），目标软件（Target Software）设置为 MATLAB，分析类型（Analysis Type）设置为 non_linear，ADAMS 求解器语言（Adams Solver Choice）设置为 FORTRAN。单击 OK 按钮，即可在工作目录输出控制对象，如图 2-42 所示。得到控制模型后的使用方法与上例相同，这里不再赘述。

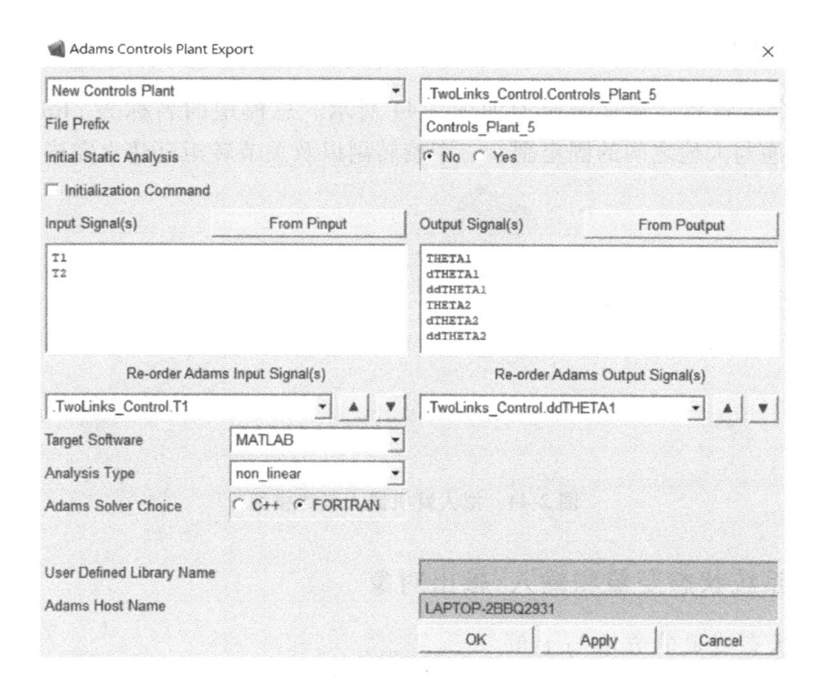

图 2-42　导出控制对象

2.4　拟人臂机器人建模

2.4.1　问题描述

拟人臂机器人是一个 3 轴机器人，由基座、腰部、大臂和小臂构成。该机器人有三个关节：腰关节、大臂关节、小臂关节，如图 2-43 所示，密度为 1000kg/m^3。重力加速度方向沿 z 轴负方向。输出机器人的控制模型可与 MATLAB 交互仿真，创建状态变量，可以输出变量包括所有关节的转角、角速度，输入变量为施加在各关节上的转矩（不再导出角加速度）。本例不再显示操作过程，只对一些重要过程的建模结果加以展示。

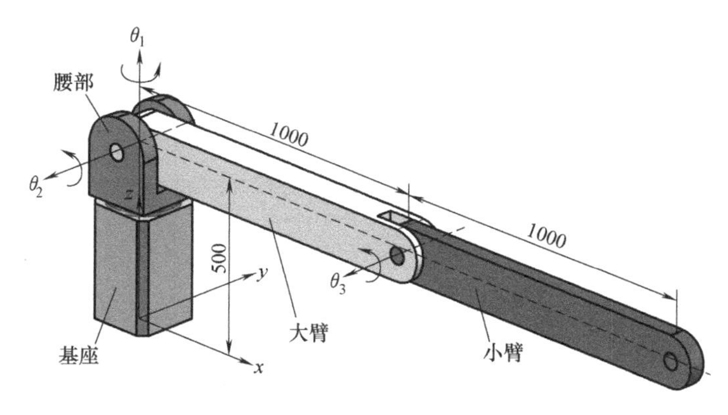

图 2-43　拟人臂机器人结构

2.4.2 最终模型

经过前几个步骤后，建立的模型如图 2-44 所示。总模型的名称为 .Robot_Humanoid_arm，此时，基座与大地之间的固定副、三个旋转副以及关节转矩已建立完毕。

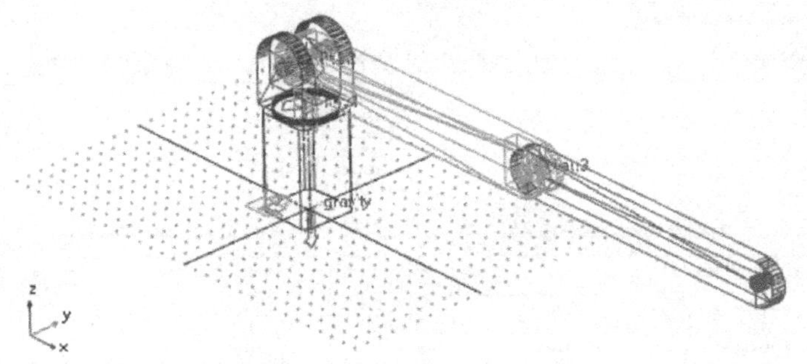

图 2-44　拟人臂机器人最终模型

2.4.3 创建系统状态变量和输入/输出对象

创建系统状态变量的方法与上例相同。此时需要创建腰关节、大臂关节和小臂的转角、角速度、转矩等 9 个变量，如图 2-45a 所示；然后为每个变量创建对应的输入或输出对象，如图 2-45b 所示。

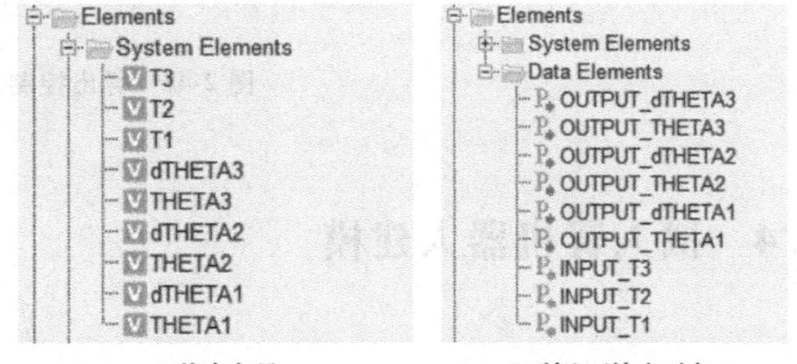

a) 状态变量　　b) 输入/输出对象

图 2-45　创建系统状态变量和输入/输出对象

2.4.4 导出控制对象

最终导出的表征拟人臂杆机器人的控制对象如图 2-46 所示。得到控制模型后的使用方法与上例相同，这里不再赘述。

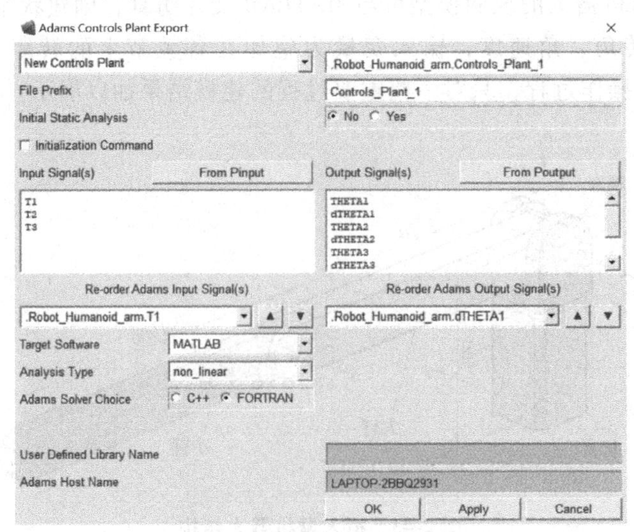

图 2-46　导出控制对象

2.5　球坐标机器人（RRP）建模

2.5.1　问题描述

球坐标机器人由两个旋转关节和一个滑动关节构成，如图 2-47 所示，密度为 1000kg/m³。重力加速度方向沿 z 轴负方向。输出机器人的控制模型可与 MATLAB 交互仿真，创建状态变量，输出包括所有两个旋转关节的转角、角速度，滑动关节的位移、速度，输入变量为施加在各关节上的转矩和力。本例与拟人臂机器人的建模过程基本相同，唯一的区别是球坐标机器人第 3 个关节是滑动关节，施加在该关节上的是力而不是力矩，所以与前面相同的操作将不再赘述，只对一些重要过程的建模结果加以展示。

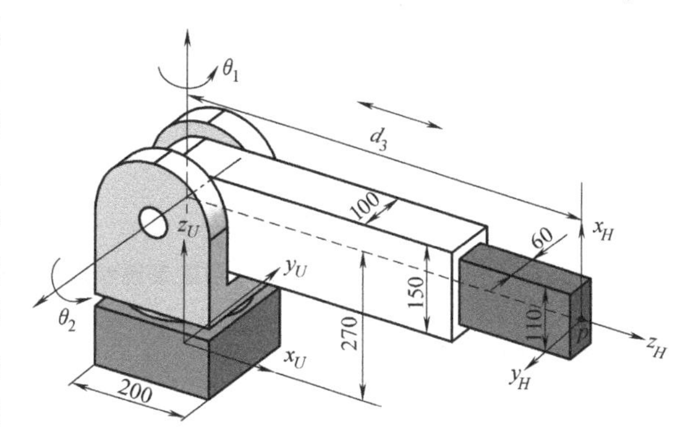

图 2-47　球坐标机器人

2.5.2　最终模型

经过前几个步骤后，建立的模型如图 2-48 所示。此时，基座与大地之间的固定副、两个旋转副、一个滑动副，以及两个关节转矩和一个关节力已建立完毕。

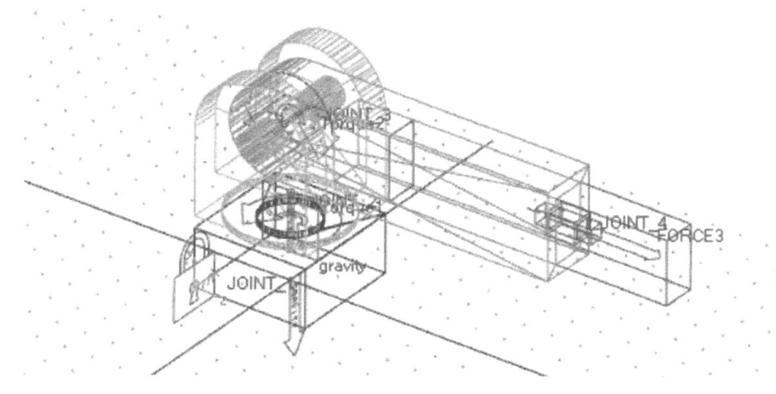

图 2-48　球坐标机器人最终模型

2.5.3　创建系统状态变量和输入/输出对象

创建系统状态变量的方法与上例相同，如图 2-49a 所示；然后为每个变量创建对应的输入或输出对象，如图 2-49b 所示。其中，变量 DISP3 为滑动关节的线位移，其表达式为 DZ（MARKER_7，MARKER_8，MARKER_7），变量 VELO3 为滑动关节的线速度，其表达式为 VZ（MARKER_7，MARKER_8，MARKER_7），这里的第 3 个参数不可省略，如图 2-50 所示。

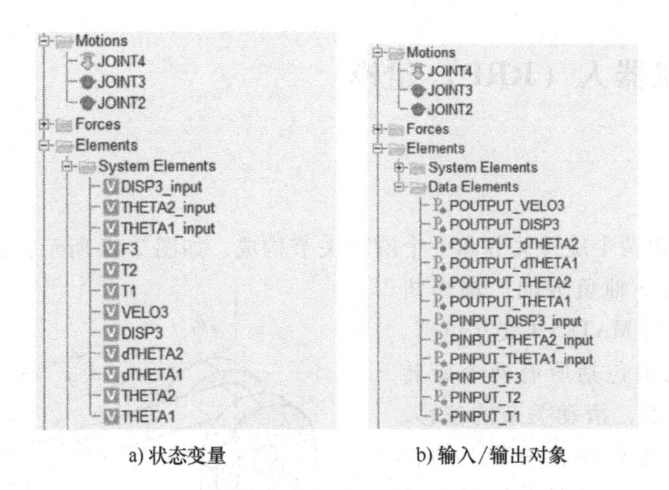

a) 状态变量　　b) 输入/输出对象

图 2-49　创建系统状态变量和输入/输出对象

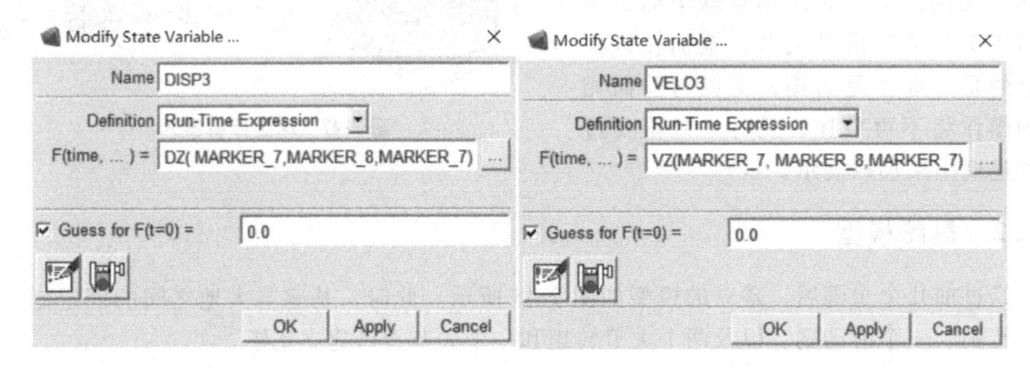

图 2-50　修改系统状态变量

2.5.4　创建关节驱动

为了使关节可以直接按照读入的在 Simulink 中生成的轨迹指令运动，给每个旋转关节和滑动关节添加驱动，如图 2-51 所示。两个旋转关节驱动（以 JOINT2 为例）的函数表达式为：1d * VARVAL（.RRPROBOT. THETA1_input），滑动关节驱动的函数表达式为：VARVAL（.RRPROBOT. DISP3_input），如图 2-52 所示。

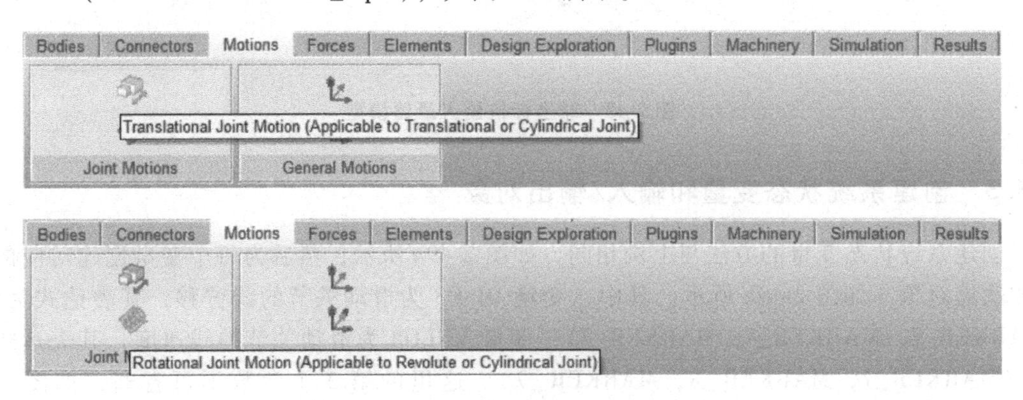

图 2-51　创建旋转关节和滑动关节驱动

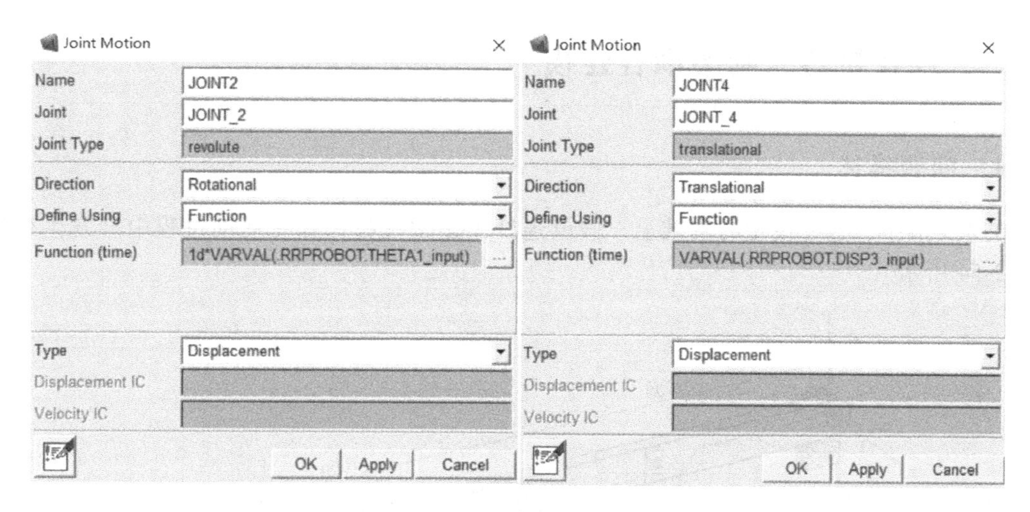

图 2-52 旋转关节和滑动关节驱动函数表达式设置

2.5.5 导出控制对象

最终导出的球坐标机器人的控制对象如图 2-53 所示。得到控制模型后的使用方法与上例相同，这里不再赘述。

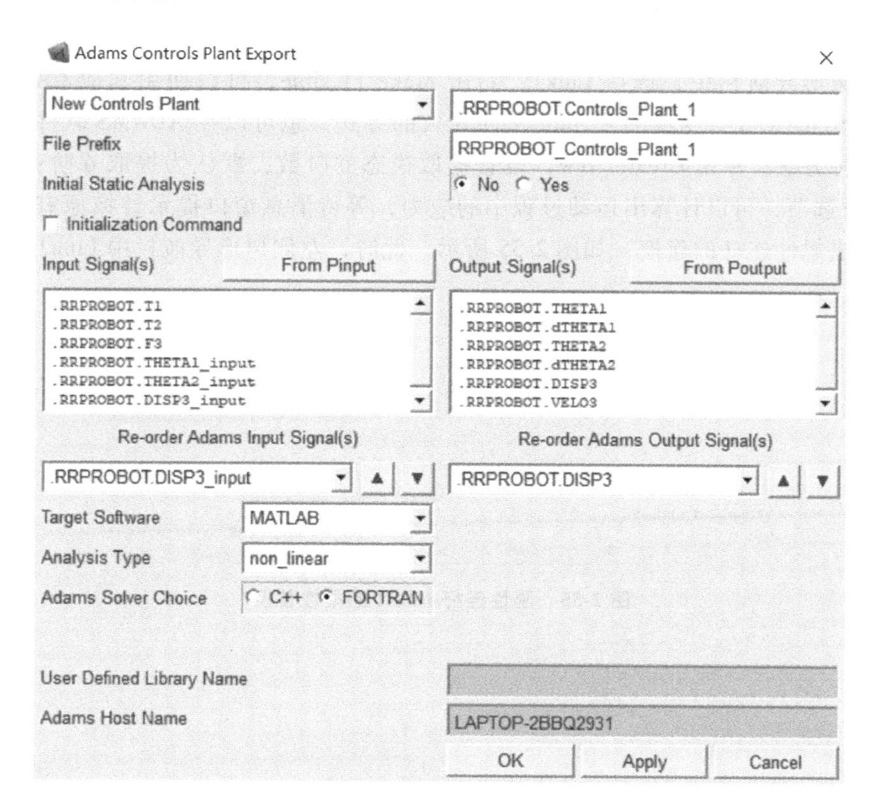

图 2-53 导出控制对象

2.6 二连杆机器人刚柔耦合建模

2.6.1 问题描述

在 2.3 节中二连杆模型的基础上，假设连杆 1 是柔性杆，即在运动过程中会发生变形，如图 2-54 所示。

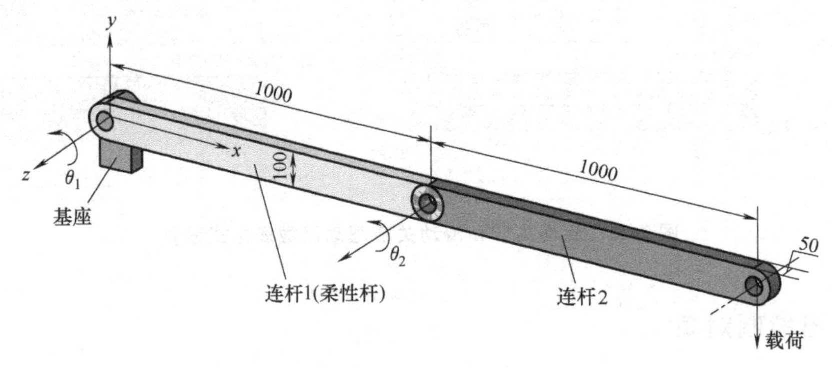

图 2-54 二连杆机器人（考虑连杆 1 柔性）

2.6.2 刚柔杆的替换方法

在左侧树形导航栏中，选择 Link1，右击 Make Flexible，可以使用其他 CAE 软件（如 ANSYS、NASTRAN 等）生成的 *.mnf 文件导入的方式，也可以在 ADAMS 软件中创建，这里采用后一种方法。单击 Create New，设置提取模态的阶数，默认为提取 6 阶；勾选 Stress Analysis 分析选项，可以计算出运动过程中的应力，等待消息窗口提示替换原有的刚体成功后，即可完成柔性连杆的建模，如图 2-55 所示，此时，左侧树形导航栏中 Link1 的名称也发生了变化。

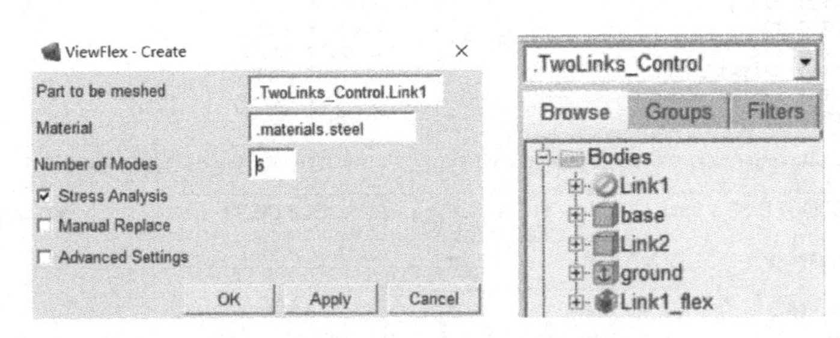

图 2-55 刚性连杆 Link1 的柔性替换

第3章

机器人学的数学基础

在进行机器人运动学、动力学、控制等分析前，应对机器人学所需的基本数学知识进行学习。相关内容主要包括点与矢量的空间描述、刚体的位姿空间描述、旋转矩阵、欧拉角、四元数、齐次坐标变换等内容，最后介绍旋转矩阵、齐次坐标变化矩阵的指数坐标形式。

3.1 空间基本概念描述

3.1.1 点的空间描述

如图 3-1 所示，欧几里得空间中任一点 p，p_x、p_y 和 p_z 分别为点 p 在参考系中的 3 个坐标分量，$\boldsymbol{i}$、$\boldsymbol{j}$、$\boldsymbol{k}$ 为单位矢量，点 p 的空间描述为

$$\boldsymbol{p}=p_x\boldsymbol{i}+p_y\boldsymbol{j}+p_z\boldsymbol{k} \tag{3-1}$$

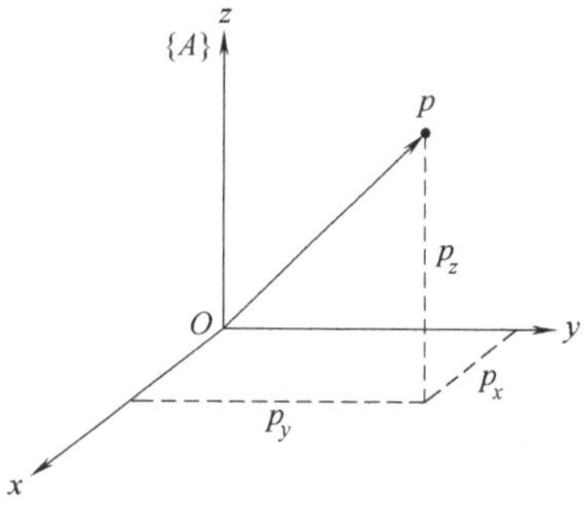

将矢量写成 3×1 的矩阵形式：

$${}^{A}\boldsymbol{p}=\begin{bmatrix}p_x\\p_y\\p_z\end{bmatrix} \tag{3-2}$$

将上式略加变化，加入一个比例因子 w：

$${}^{A}\overline{\boldsymbol{p}}=\begin{bmatrix}p_x\\p_y\\p_z\\w\end{bmatrix} \tag{3-3}$$

图 3-1 空间中一点的描述

$\boldsymbol{p}$ 上面的“一横”代表“齐次”的意思，后面将要讲到这个概念，为了方便，省略该符号，仍记为 ${}^{A}\boldsymbol{p}$。在计算机图形学中，比例因子 w 用来对图形进行比例缩放操作。在本书中，由于不涉及该类操作，所以 $w=1$。其实，式（3-3）就是点的齐次坐标表示形式，由原来的 3×1 的矩阵形式变成了 4×1 的矩阵形式。

【例 3-1】 已知点 Q 在空间中的位置如图 3-2 所示，求其矩阵表示形式。

解：

$$Q=\begin{bmatrix}3\\4\\5\end{bmatrix}$$

写成齐次坐标的形式为

$$Q=\begin{bmatrix}3\\4\\5\\1\end{bmatrix}$$

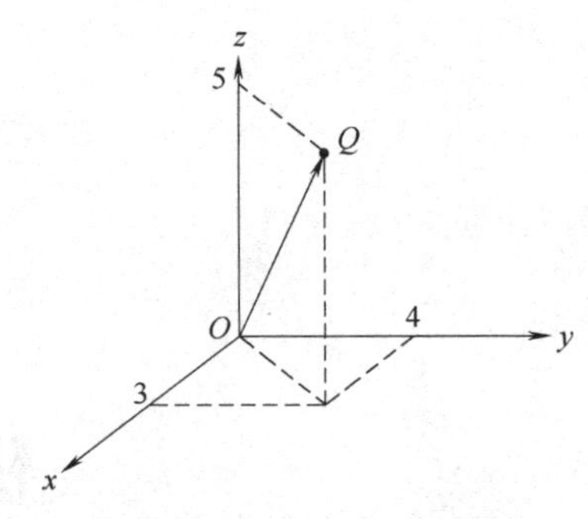

图 3-2　空间中 Q 点的描述

3.1.2　矢量的空间描述

矢量，又叫向量，一般有一个起点和一个终点，那么就可以通过这两个点的坐标来表示一个矢量。如图 3-3 所示的矢量$\boldsymbol{q}$，其起点为 A，终点为 B，且 A 和 B 的空间描述为

$$\boldsymbol{A}=\begin{bmatrix}a_x\\a_y\\a_z\\1\end{bmatrix},\ \boldsymbol{B}=\begin{bmatrix}b_x\\b_y\\b_z\\1\end{bmatrix} \tag{3-4}$$

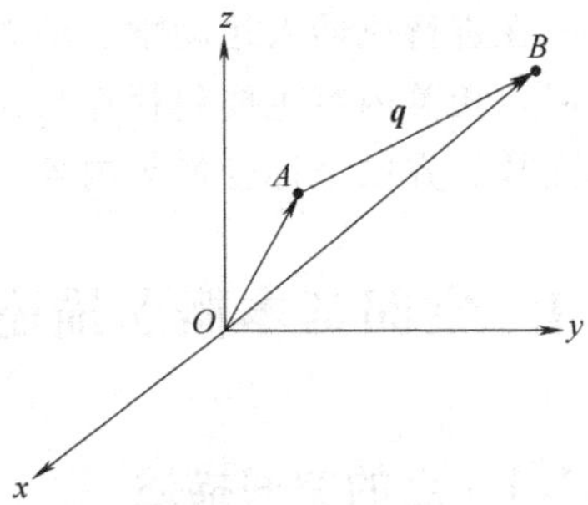

图 3-3　空间中矢量 $\boldsymbol{q}$ 的描述

则矢量$\boldsymbol{q}$ 的矩阵表示形式为

$$\boldsymbol{q}=\boldsymbol{B}-\boldsymbol{A}=\begin{bmatrix}b_x\\b_y\\b_z\\1\end{bmatrix}-\begin{bmatrix}a_x\\a_y\\a_z\\1\end{bmatrix}=\begin{bmatrix}b_x-a_x\\b_y-a_y\\b_z-a_z\\0\end{bmatrix}=\begin{bmatrix}q_x\\q_y\\q_z\\0\end{bmatrix} \tag{3-5}$$

值得注意的是，$\boldsymbol{B}$ 与 $\boldsymbol{A}$ 相减之后比例因子 $w=0$。这里隐含的意思是矢量的长度不那么重要，重要的是矢量的方矢，所以有时会将某一矢量化为单位矢量，即通过除以一个归一化因子：

$$\lambda=\sqrt{q_x^2+q_y^2+q_z^2} \tag{3-6}$$

即可完成矢量的单位化。

【例 3-2】　已知矢量$\boldsymbol{q}$ 的起点和终点分别为 $[2,\ 3,\ 4]^{\mathrm{T}}$ 和 $[3,\ 4,\ 5]^{\mathrm{T}}$，求该矢量描述。

解：

$$\boldsymbol{q}=\begin{bmatrix}3\\4\\5\\1\end{bmatrix}-\begin{bmatrix}2\\3\\4\\1\end{bmatrix}=\begin{bmatrix}1\\1\\1\\0\end{bmatrix}$$

化为单位矢量为

$$\boldsymbol{q}_{\text{unit}}=\frac{1}{\sqrt{1^2+1^2+1^2}}\begin{bmatrix}1\\1\\1\\0\end{bmatrix}=\begin{bmatrix}0.577\\0.577\\0.577\\0\end{bmatrix}$$

3.1.3　刚体运动及刚体变换

刚体是由无数个空间点组成的、在运动过程中任意两点距离不发生变化的集合。如对于一个机器人的连杆，当假设其刚性很足时就可以看成是刚体，这样，在连杆进行平移或者旋转时，属于连杆的所有点之间的距离均不变。因此，只要知道其中一点的位姿（如连杆两端的关节中心点、连杆的质心或形心等），其他各点的位姿根据几何关系即可计算得到。与刚体相对应的概念是柔体，是指在运动过程中其形状可以发生改变的物体。柔体中两点距离在运动过程中可能会发生变化，对于刚性不足的构件是不得不考虑的因素，如比较细长的连杆，如图 3-4 所示。

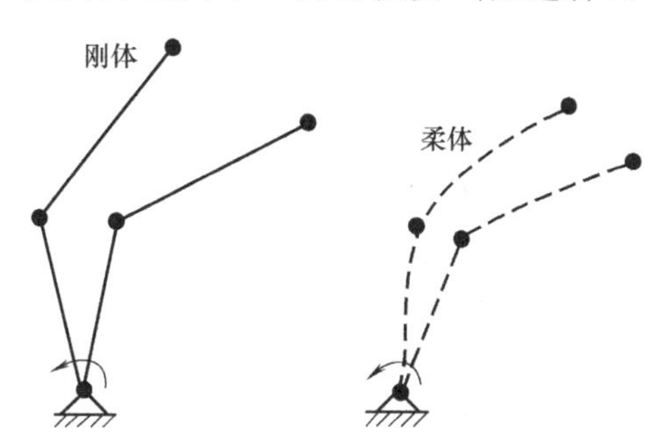

图 3-4　刚体和柔体

参照刚体的定义，刚体运动是指物体上任意两点距离保持不变的运动。刚体变换就是刚体运动过程中刚体上的点从初始位姿到终止位姿的映射。最典型的刚体运动是平移和旋转，更一般的情形是二者的复合变换，如图 3-5 所示。

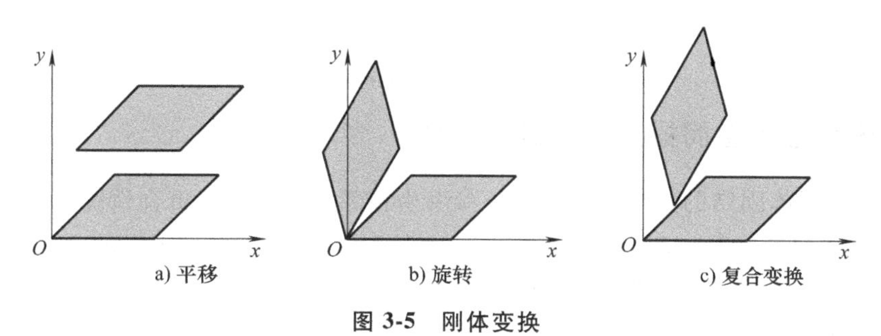

图 3-5　刚体变换

3.2　刚体位姿的空间描述

对一个刚体的位置和姿态（简称位姿）进行描述总是相对于一个参考系而言的。根据刚体的特点，采用如下方法来描述一个刚体的位姿：假设全局参考系为 $\{A\}$，首先在刚体上固联一个本地坐标系 $\{B\}$（也叫局部坐标系、运动坐标系），用本地坐标系 $\{B\}$ 的原点在参考系 $\{A\}$ 中的描述来表征刚体的位置，用本地坐标系 $\{B\}$ 相对于参考系 $\{A\}$ 的姿态来描述刚体的姿态。

3.2.1　刚体位置的空间描述

如图 3-6 所示，本地坐标系 $\{B\}$ 的原点在参考系 $\{A\}$ 中的描述可用如下矢量描述：

$$
{}^{A}\boldsymbol{p}_{Bo}=\begin{bmatrix} p_x \\ p_y \\ p_z \end{bmatrix} \tag{3-7}
$$

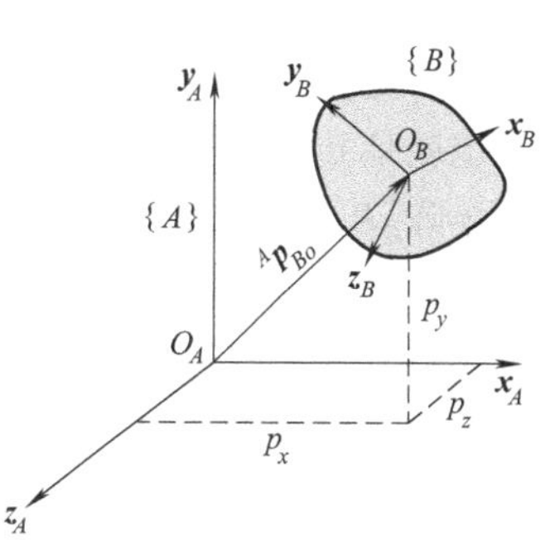

图 3-6　刚体位置的空间描述

式中，p_x、p_y 和 p_z 分别为坐标系｛B｝的原点在参考系中｛A｝的 3 个坐标分量。

写成齐次坐标的形式为

$$^{A}\boldsymbol{p}_{Bo}=\begin{bmatrix}p_x\\p_y\\p_z\\1\end{bmatrix} \tag{3-8}$$

其 MATLAB 代码（其中加粗部分为运行的结果，全书同）如下：

```
px=1;
py=2;
pz=3;
pA=[px;py;pz;1]
pA =
     1
     2
     3
     1
```

3.2.2 刚体姿态的空间描述——旋转矩阵

首先考虑与刚体固结的坐标系｛B｝与参考坐标系｛A｝原点重合情况，如图 3-7 所示，$\boldsymbol{x}_B$、$\boldsymbol{y}_B$、$\boldsymbol{z}_B$ 分别为坐标系｛B｝3 个轴的单位主矢量，用坐标系｛B｝的 3 个单位主矢量，分别相对于参考坐标系｛A｝的 3 个轴的单位主矢量 $\boldsymbol{x}_A$、$\boldsymbol{y}_A$、$\boldsymbol{z}_A$ 夹角的余弦组成 3×3 的矩阵 ${}^{A}_{B}\boldsymbol{R}$，来表示刚体 B 相对于参考坐标系｛A｝的方位（姿态），即

$${}^{A}_{B}\boldsymbol{R}=\begin{bmatrix}\boldsymbol{x}_B\cdot\boldsymbol{x}_A & \boldsymbol{y}_B\cdot\boldsymbol{x}_A & \boldsymbol{z}_B\cdot\boldsymbol{x}_A\\ \boldsymbol{x}_B\cdot\boldsymbol{y}_A & \boldsymbol{y}_B\cdot\boldsymbol{y}_A & \boldsymbol{z}_B\cdot\boldsymbol{y}_A\\ \boldsymbol{x}_B\cdot\boldsymbol{z}_A & \boldsymbol{y}_B\cdot\boldsymbol{z}_A & \boldsymbol{z}_B\cdot\boldsymbol{z}_A\end{bmatrix}=[\,{}^{A}\boldsymbol{x}_B\quad {}^{A}\boldsymbol{y}_B\quad {}^{A}\boldsymbol{z}_B\,]=\begin{bmatrix}n_x & o_x & a_x\\ n_y & o_y & a_y\\ n_z & o_z & a_z\end{bmatrix} \tag{3-9}$$

式中，${}^{A}\boldsymbol{x}_B$ 代表坐标系｛B｝的 x 轴与坐标系｛A｝的 3 个坐标轴夹角的余弦构成的矢量，同理，${}^{A}\boldsymbol{y}_B$ 代表坐标系｛B｝的 y 轴与坐标系｛A｝的 3 个坐标轴夹角的余弦构成的矢量，${}^{A}\boldsymbol{z}_B$ 代表坐标系｛B｝的 z 轴的与坐标系｛A｝的 3 个坐标轴夹角的余弦构成的矢量。n、o、a 是机器人工具坐标系中的术语。以图 3-8 中的一个机械抓手为例，以机械抓手接近被抓取物体的方向定义为工具坐标系的 z 轴，也就是 a 轴；夹紧物体的方向定义为工具坐标系的 y 轴，也就是 o 轴；工具坐标系的 x 轴则垂直于上述两轴，即为 n 轴。

矩阵 ${}^{A}_{B}\boldsymbol{R}$ 称为旋转矩阵，又叫方向余弦矩阵。旋转矩阵的物理含义可以这样理解：坐标系｛B｝初始与坐标系｛A｝完全重合，通过旋转运动后得到了新的姿态，那么新的坐标系｛B｝在坐标系｛A｝（全局参考系）中的姿态描述就是 ${}^{A}_{B}\boldsymbol{R}$，同时 ${}^{A}_{B}\boldsymbol{R}$ 也是该旋转运动所需的变换矩阵。该结论在更一般的情况，即坐标系｛B｝和坐标系｛A｝原点不重合情况下同样成立。

矩阵 ${}^{A}_{B}\boldsymbol{R}$ 是一个单位正交矩阵，有如下特性：

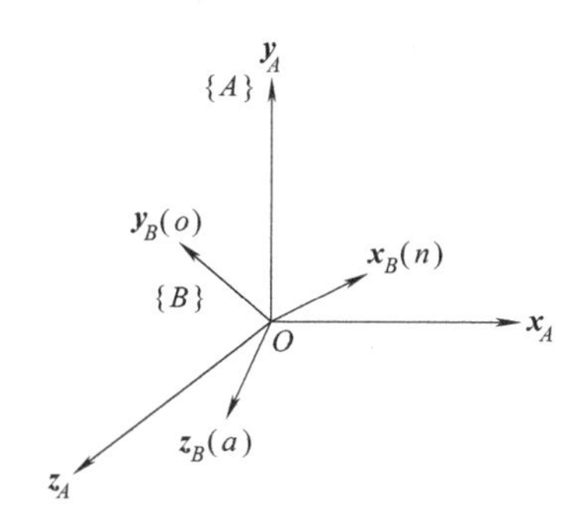

图 3-7　刚体姿态的空间描述

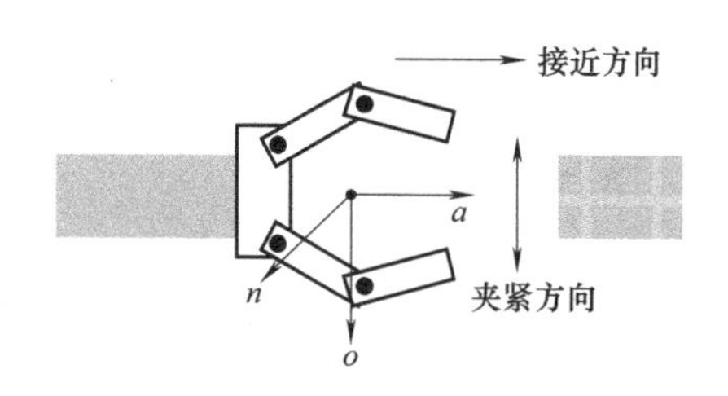

图 3-8　机器人工具坐标系设定

$$\begin{cases} |{}^A\boldsymbol{x}_B| = \sqrt{n_x^2+n_y^2+n_z^2} = 1 \\ |{}^A\boldsymbol{y}_B| = \sqrt{o_x^2+o_y^2+o_z^2} = 1 \\ |{}^A\boldsymbol{x}_B| = \sqrt{a_x^2+a_y^2+a_z^2} = 1 \end{cases} \tag{3-10}$$

$$\begin{cases} {}^A\boldsymbol{x}_B \cdot {}^A\boldsymbol{y}_B = 0 \\ {}^A\boldsymbol{x}_B \cdot {}^A\boldsymbol{z}_B = 0 \\ {}^A\boldsymbol{y}_B \cdot {}^A\boldsymbol{z}_B = 0 \end{cases} \tag{3-11}$$

所以，虽然矩阵${}_B^A\boldsymbol{R}$有 9 个元素，但有 6 个约束条件，所以独立的元素只有 3 个！另外，很容易就可以证明：

$$\boldsymbol{R} \cdot \boldsymbol{R}^{\mathrm{T}} = \boldsymbol{R}^{\mathrm{T}} \cdot \boldsymbol{R} = \boldsymbol{E} \tag{3-12}$$

$$\boldsymbol{R}^{-1} = \boldsymbol{R}^{\mathrm{T}} \tag{3-13}$$

这在计算 $\boldsymbol{R}$ 的逆矩阵 $\boldsymbol{R}^{-1}$ 时特别方便。实际上，$\boldsymbol{R} \in SO(3)$ 是一类称之为特殊正交的群（special orthogonal group）。旋转矩阵还可以写成一种轴角的形式：$\boldsymbol{R}(\boldsymbol{\omega}, \theta)$，其中 $\boldsymbol{\omega}$ 为表征旋转轴的单位矢量，θ 为旋转角度。若已知旋转矩阵：

$$\boldsymbol{R} = \begin{bmatrix} r_{11} & r_{12} & r_{13} \\ r_{21} & r_{22} & r_{23} \\ r_{31} & r_{32} & r_{33} \end{bmatrix}$$

可以利用下式求出 $\boldsymbol{\omega}$ 和 θ：

$$\boldsymbol{\omega} = \frac{1}{2\sin\theta} \begin{bmatrix} r_{32}-r_{23} \\ r_{13}-r_{31} \\ r_{21}-r_{12} \end{bmatrix} \tag{3-14}$$

$$\theta = \arccos\left(\frac{r_{11}+r_{22}+r_{33}-1}{2}\right) = \arccos\left[\frac{\mathrm{trace}(\boldsymbol{R})-1}{2}\right] \tag{3-15}$$

式（3-15）中的 $\mathrm{trace}(\boldsymbol{R})$ 为矩阵的迹，是矩阵对角线元素之和。

反过来，若已知旋转轴矢量 $\boldsymbol{\omega}$ 和旋转角度 θ，也可以反对称矩阵的指数映射关系计算出旋转矩阵 $\boldsymbol{R}$，这一计算留在后续节中讨论。

其 MATLAB 代码如下：

```
xB=[1;0;0];
yB=[0;cos(pi/4);-sin(pi/4)];
zB=[0;sin(pi/4);cos(pi/4)];
R=[xB yB zB]
R =
    1.0000         0         0
         0    0.7071    0.7071
         0   -0.7071    0.7071
% 求R的转置矩阵
R'
ans =
    1.0000         0         0
         0    0.7071   -0.7071
         0    0.7071    0.7071
% 求R的逆矩阵
inv(R)
ans =
    1.0000         0         0
         0    0.7071   -0.7071
         0    0.7071    0.7071
% 计算R与其转置矩阵R'的乘积
R* R'
ans =
    1.0000         0         0
         0    1.0000   -0.0000
         0   -0.0000    1.0000
```

3.3 齐次坐标变换——刚体运动变换矩阵

由上面章节可知，刚体的位置可以用 1 个 4×1 的位置矢量 ${}^{A}\boldsymbol{p}_{Bo}$ 来描述，刚体的姿态可以用 1 个 3×3 的旋转矩阵 ${}_{B}^{A}\boldsymbol{R}$ 来描述。将二者综合在一起，并用 0 补全相应的位置，就得到了刚体位姿完整的描述：

$$
{}_{B}^{A}\boldsymbol{T}=\begin{bmatrix} {}_{B}^{A}\boldsymbol{R} & {}^{A}\boldsymbol{p}_{Bo} \\ \boldsymbol{0} & 1 \end{bmatrix} \tag{3-16}
$$

${}_{B}^{A}\boldsymbol{T}$ 称为刚体位姿的齐次坐标描述。从 ${}_{B}^{A}\boldsymbol{T}$ 前 3 列的表达式也能看出，前 3 列为 3 个互相垂直的矢量的空间描述（最后一个元素为 0），表征的是刚体的姿态，最后 1 列为一个点的描述，表征的是刚体的位置。可以证明有如下关系：

$$
{}_{B}^{A}\boldsymbol{T}^{-1}={}_{A}^{B}\boldsymbol{T}=\begin{bmatrix} {}_{B}^{A}\boldsymbol{R}^{\mathrm{T}} & -{}_{B}^{A}\boldsymbol{R}^{\mathrm{T}}\cdot{}^{A}\boldsymbol{p}_{Bo} \\ \boldsymbol{0} & 1 \end{bmatrix} \tag{3-17}
$$

刚体位姿的空间描述与刚体运动所需的变换矩阵是等价的。因此${}_{B}^{A}\boldsymbol{T}$也可以理解为刚体运动所需的变换矩阵，称为齐次坐标变换矩阵，属于一种称为特殊欧几里得的群（special euclidean group）：$\boldsymbol{T}\in SE(3)$。这种运动既包含了旋转操作，也包含了平移操作。由于齐次坐标变换矩阵是一个4×4阶的方阵，符合矩阵乘法的规则，因此十分有利于多次刚体运动后矩阵的连乘操作。

其MATLAB代码如下：

```
% 定义旋转矩阵
xB=[1;0;0];
yB=[0;cos(pi/4);-sin(pi/4)];
zB=[0;sin(pi/4);cos(pi/4)];
R=[xB yB zB]
% 定义位置矢量
px=1;
py=2;
pz=3;
pBo=[px;py;pz];
% 刚体位姿描述的齐次坐标变换矩阵
T=[R pBo;[0 0 0] 1]
T =
    1.0000         0         0    1.0000
         0    0.7071    0.7071    2.0000
         0   -0.7071    0.7071    3.0000
         0         0         0    1.0000
% 采用式求 T 的逆矩阵
T_inv=[R' -R'* pBo;[0 0 0] 1]
T_inv =
    1.0000         0         0   -1.0000
         0    0.7071   -0.7071    0.7071
         0    0.7071    0.7071   -3.5355
         0         0         0    1.0000
% 采用 MATLAB 内置函数求 T 的逆矩阵
inv(T)
ans =
    1.0000         0         0   -1.0000
         0    0.7071   -0.7071    0.7071
         0    0.7071    0.7071   -3.5355
         0         0         0    1.0000
```

3.4 刚体姿态的其他描述方法

前面提到，表征一个刚体的姿态只需要 3 个参数，而旋转矩阵有 9 个参数，显得冗余，因此可以采用更为简洁的方式来表征刚体的姿态。这一点在编制机器人程序的时候尤为有用，很明显用 3 个参数描述一个机械手的姿态比 9 个参数要更节约空间。主要的方法有：RPY 角、欧拉角和四元数等。其中 RPY 角和欧拉角类似，都是当刚体的位置确定后，通常姿态是不满足要求的，需要通过适当的旋转本地坐标系来达到期望的刚体的姿态（注意，此时若关于参考系旋转会改变刚体的位置）。这些描述方法与旋转矩阵存在着转换关系。

3.4.1 RPY 角

滚动角（roll）、俯仰角（pitch）、偏航角（yaw）合称 RPY 角，是按顺序分别绕当前坐标系的 z 轴、y 轴和 x 轴旋转所得，如图 3-9 所示。假设初始时刻当前坐标系与参考坐标系相同（二者原点可以不同），首先关于当前坐标系的 z 轴旋转角度 α，实现滚动；然后再关于当前坐标系的 y 轴旋转角度 β，实现俯仰；最后再关于当前坐标系的 x 轴旋转角度 γ，实现偏航。

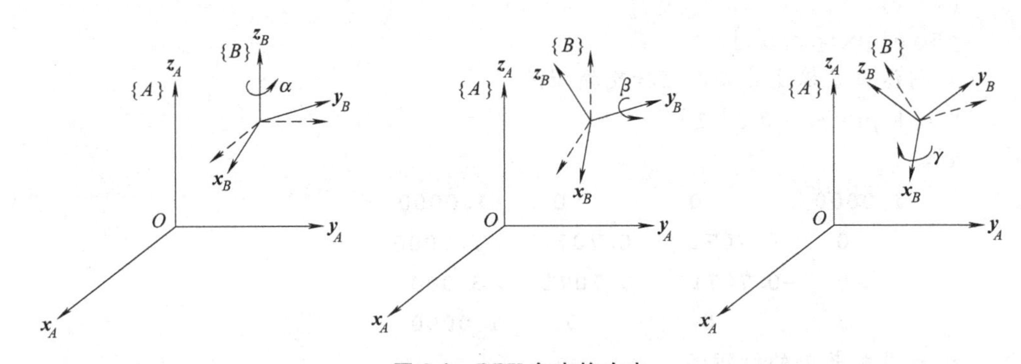

图 3-9 RPY 角变换次序

根据变换矩阵的相乘规则，采用 RPY 角表征姿态的变换矩阵为

$$\mathrm{RPY}(\alpha,\beta,\gamma)=\begin{bmatrix}\cos\alpha & -\sin\alpha & 0 & 0\\ \sin\alpha & \cos\alpha & 0 & 0\\ 0 & 0 & 1 & 0\\ 0 & 0 & 0 & 1\end{bmatrix}\begin{bmatrix}\cos\beta & 0 & \sin\beta & 0\\ 0 & 1 & 0 & 0\\ -\sin\beta & 0 & \cos\beta & 0\\ 0 & 0 & 0 & 1\end{bmatrix}\begin{bmatrix}1 & 0 & 0 & 0\\ 0 & \cos\gamma & -\sin\gamma & 0\\ 0 & \sin\gamma & \cos\gamma & 0\\ 0 & 0 & 0 & 1\end{bmatrix}$$

$$=\begin{bmatrix}\cos\alpha\cos\beta & \cos\alpha\sin\beta\sin\gamma-\sin\alpha\cos\gamma & \cos\alpha\sin\beta\cos\gamma+\sin\alpha\sin\gamma & 0\\ \sin\alpha\cos\beta & \sin\alpha\sin\beta\sin\gamma+\cos\alpha\cos\gamma & \sin\alpha\sin\beta\cos\gamma-\cos\alpha\sin\gamma & 0\\ -\sin\beta & \cos\beta\sin\gamma & \cos\beta\cos\gamma & 0\\ 0 & 0 & 0 & 1\end{bmatrix} \tag{3-18}$$

根据式（3-18）就可以在为已知 RPY 角时，计算出对应的旋转矩阵。当已知旋转矩阵（齐次坐标的形式）：

$$R=\begin{bmatrix} n_x & o_x & a_x & 0 \\ n_y & o_y & a_y & 0 \\ n_z & o_z & a_z & 0 \\ 0 & 0 & 0 & 1 \end{bmatrix} \tag{3-19}$$

可以利用下面关系计算求出旋转矩阵对应的 RPY 角：

$$\alpha=\operatorname{atan2}(n_y,n_x)\text{ 或 }\alpha=\operatorname{atan2}(-n_y,-n_x) \tag{3-20}$$

$$\beta=\operatorname{atan2}[-n_z,(n_x\cos\alpha+n_y\sin\alpha)] \tag{3-21}$$

$$\gamma=\operatorname{atan2}[(-a_y\cos\alpha+a_x\sin\alpha),(o_y\cos\alpha-o_x\sin\alpha)] \tag{3-22}$$

这里的 atan2(a，b) 函数是考虑 a 和 b 所在象限的正切值，α 存在两个互补的解，对应的 β 和 γ 也存在两组解。对应着 RPY 角有一类工业机器人手腕称为 RPY 手腕，一般分别是机器人的第 4 轴、第 5 轴和第 6 轴，可以实现 RPY 运动，如图 3-10 所示。

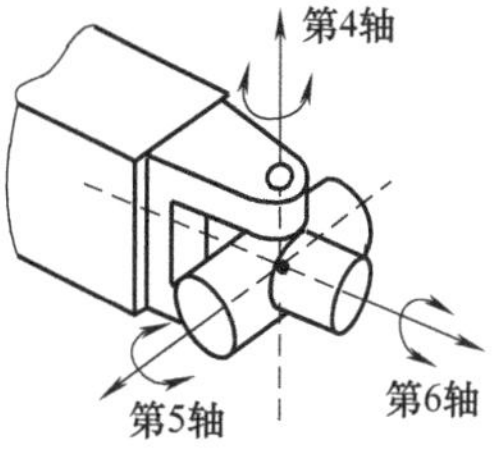

图 3-10　RPY 手腕结构示意图

【例 3-3】 若一个带有 RPY 手腕的机器人末端工具的最终位姿如下：

$$^{U}T=\begin{bmatrix} n_x & o_x & a_x & p_x \\ n_y & o_y & a_y & p_y \\ n_z & o_z & a_z & p_z \\ 0 & 0 & 0 & 1 \end{bmatrix}=\begin{bmatrix} 0.354 & -0.674 & 0.649 & 4.10 \\ 0.505 & 0.722 & 0.475 & 2.58 \\ -0.788 & 0.160 & 0.595 & 5.14 \\ 0 & 0 & 0 & 1 \end{bmatrix}$$

试采用如下格式描述该位姿：

$^{U}T=[(p_x,p_y,p_z),(\alpha,\beta,\gamma)]$，其中 α、β 和 $\gamma\in[0,\ \pi/2]$。

解： 已知旋转矩阵，由式（3-20）~式（3-22）可得

$$\alpha=\operatorname{atan2}(n_y,n_x)=\operatorname{atan2}(0.505,0.354)=55°$$

$$\text{或 }\alpha=\operatorname{atan2}(-n_y,-n_x)=\operatorname{atan2}(-0.505,-0.354)=-125°$$

若限定 $\alpha\in[0,\ \pi/2]$，所以舍去 $\alpha=-125°$。

$$\beta=\operatorname{atan2}(0.788,0.616)=52°$$

$$\gamma=\operatorname{atan2}(0.259,0.966)=15°$$

所以，机器人末端工具的最终位姿可表述为

$$^{U}T=[(p_x,p_y,p_z),(\alpha,\beta,\gamma)]=[(4.10,2.58,5.14),(55,52,15)]$$

上式的描述方法只需要 6 个参数就完整的描述了机器人末端工具的位姿，其中描述姿态用了 3 个参数，而原方法即使忽略掉最后一行也需要 12 个参数！

其 MATLAB 代码如下：

```
% 定义位姿矩阵
n=[0.354;0.505;-0.788];
o=[-0.674;0.722;0.160];
a=[0.649;0.475;0.595];
p=[4.10;2.58;5.14];
TU=[[n o a] p;[0 0 0] 1];
% 计算 RPY 角
```

```
Alpha=atan2(0.505,0.354); % 单位弧度
Alpha2=atan2(-0.505,-0.354); % 舍去
Beta=atan2(0.788,0.616);
Gama=atan2(0.259,0.966);
% 用式验证一下 RPY 角结果的正确性
Rot_Alpha=[cos(Alpha) -sin(Alpha) 0 0;
      sin(Alpha) cos(Alpha) 0 0;
       0 0 1 0;0 0 0 1];
Rot_Beta=[cos(Beta) 0 sin(Beta) 0;
      0 1 0 0;
      -sin(Beta) 0 cos(Beta) 0
      0 0 0 1];
Rot_Gama=[1 0 0 0;
     0 cos(Gama) -sin(Gama)  0;
     0 sin(Gama) cos(Gama) 0;
     0 0 0 1];
RPY2R=Rot_Alpha* Rot_Beta* Rot_Gama
RPY2R =
    0.3535   -0.6738    0.6489         0
    0.5043    0.7215    0.4745         0
   -0.7878    0.1595    0.5949         0
         0         0         0    1.0000
```

值得注意的是，机器人末端工具的姿态不只由 RPY 手腕各轴的旋转角度决定，在进行定位时也会改变，因此机器人末端工具的最终姿态应是由于位置调整时引起的姿态变化矩阵（变换矩阵）与 RPY 矩阵的乘积。

3.4.2 欧拉角

欧拉角与 RPY 角很类似，二者的区别在于欧拉角最后一次旋转仍然是关于本地坐标系的 z 轴进行的，即按照“z—y—z”的顺序，如图 3-11 所示。

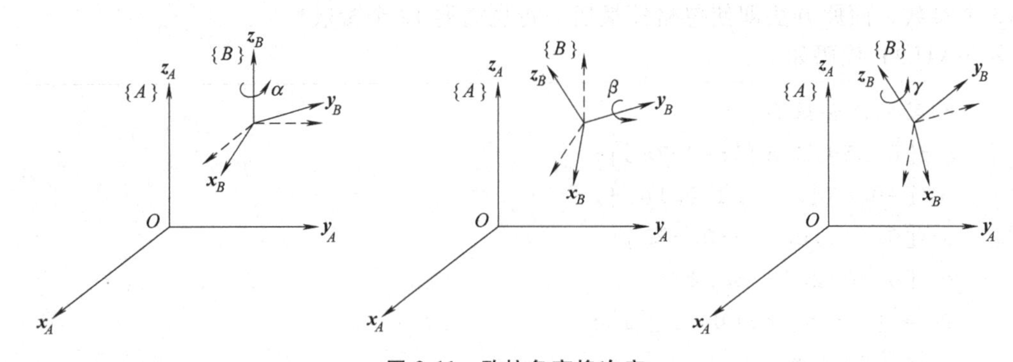

图 3-11　欧拉角变换次序

根据变换矩阵的相乘规则，采用欧拉角表征姿态的变换矩阵为

$$
\mathrm{Euler}(\alpha,\beta,\gamma)=\begin{bmatrix}\cos\alpha & -\sin\alpha & 0 & 0\\ \sin\alpha & \cos\alpha & 0 & 0\\ 0 & 0 & 1 & 0\\ 0 & 0 & 0 & 1\end{bmatrix}\begin{bmatrix}\cos\beta & 0 & \sin\beta & 0\\ 0 & 1 & 0 & 0\\ -\sin\beta & 0 & \cos\beta & 0\\ 0 & 0 & 0 & 1\end{bmatrix}\begin{bmatrix}\cos\gamma & -\sin\gamma & 0 & 0\\ \sin\gamma & \cos\gamma & 0 & 0\\ 0 & 0 & 1 & 0\\ 0 & 0 & 0 & 1\end{bmatrix}
$$

$$
=\begin{bmatrix}\cos\alpha\cos\beta\cos\gamma-\sin\alpha\sin\gamma & -\cos\alpha\cos\beta\sin\gamma-\sin\alpha\sin\gamma & \cos\alpha\sin\beta & 0\\ \sin\alpha\cos\beta\cos\gamma+\cos\alpha\sin\gamma & -\sin\alpha\cos\beta\sin\gamma+\cos\alpha\cos\gamma & \sin\alpha\sin\beta & 0\\ -\sin\beta\cos\gamma & \sin\beta\sin\gamma & \cos\beta & 0\\ 0 & 0 & 0 & 1\end{bmatrix}
\tag{3-23}
$$

同样，根据上式就可以在已知欧拉角时，计算出对应的旋转矩阵。当已知旋转矩阵（齐次坐标的形式）：

$$
\boldsymbol{R}=\begin{bmatrix}n_x & o_x & a_x & 0\\ n_y & o_y & a_y & 0\\ n_z & o_z & a_z & 0\\ 0 & 0 & 0 & 1\end{bmatrix}
\tag{3-24}
$$

可以利用下面关系计算求出对应的欧拉角：

$$
\alpha=\mathrm{atan2}(a_y,a_x)\ \text{或}\ \alpha=\mathrm{atan2}(-a_y,-a_x)
\tag{3-25}
$$

$$
\beta=\mathrm{atan2}[(a_x\cos\alpha+a_y\sin\alpha),a_z]
\tag{3-26}
$$

$$
\gamma=\mathrm{atan2}[(-n_x\sin\alpha+n_y\cos\alpha),(-o_x\sin\alpha+o_y\cos\alpha)]
\tag{3-27}
$$

同样，由于 α 存在两个互补的解，对应的 β 和 γ 也存在两组解，必须规定其他限制条件才能使欧拉角与旋转矩阵一一对应。对应着欧拉角有一类工业机器人手腕称为欧拉手腕，可以实现欧拉角运动，如图 3-12 所示。由于欧拉腕机械结构上易实现，因而是 6 轴工业机器人中是最常见的手腕结构，如斯坦福机械手、PUMA560、库卡 KR60 等。但欧拉腕有个缺陷：当图中的第 4 轴和第 6 轴共线时（即第 5 轴转角为 0°或者 180°时），如图 3-12 中右图所示，机器人将变成退化状态，产生奇异，无法产生期望的运动。

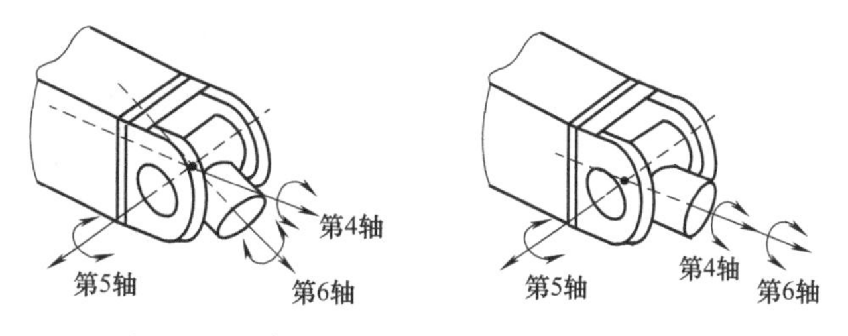

图 3-12 欧拉角手腕结构示意图及其奇异性

【例 3-4】 若一个带有欧拉腕的机器人末端工具的最终期望位姿如下：

$$
{}^{U}\boldsymbol{T}=\begin{bmatrix}n_x & o_x & a_x & p_x\\ n_y & o_y & a_y & p_y\\ n_z & o_z & a_z & p_z\\ 0 & 0 & 0 & 1\end{bmatrix}=\begin{bmatrix}0.579 & -0.548 & -0.604 & 5\\ 0.540 & 0.813 & -0.220 & 3\\ 0.611 & -0.199 & 0.766 & 7\\ 0 & 0 & 0 & 1\end{bmatrix}
$$

试求所需的欧拉角，α、β 和 $\gamma\in[-\pi/2,\ \pi/2]$。

解： 已知旋转矩阵，由式（3-25）~式（3-27）可得

$$\alpha=\operatorname{atan2}(a_y,a_x)=\operatorname{atan2}(-0.220,-0.604)=-160°$$

或 $\alpha=\operatorname{atan2}(-a_y,-a_x)=\operatorname{atan2}(0.220,0.604)=20°$

由于 $\alpha\in[-\pi/2,\ \pi/2]$，舍去 $\alpha=-160°$。

$$\beta=\operatorname{atan2}(-0.643,0.766)=-40°$$

$$\gamma=\operatorname{atan2}(0.31,0.952)=18°$$

其 MATLAB 代码如下：

```
% 定义位姿矩阵
n=[0.579;0.540;0.611];
o=[-0.548;0.813;-0.199];
a=[-0.604;-0.220;0.766];
p=[5;3;7];
TU=[[n o a] p;[0 0 0] 1];
% 计算欧拉角
Alpha=atan2(0.220,0.604); % 单位弧度
Alpha2=atan2(-0.220,-0.604); % 舍去
Beta=atan2(-0.643,0.766);
Gama=atan2(0.31,0.952);
% 用式验证一下欧拉角结果的正确性
Rot_Alpha=[cos(Alpha) -sin(Alpha) 0 0;
        sin(Alpha) cos(Alpha) 0 0;
        0 0 1 0;0 0 0 1];
Rot_Beta=[cos(Beta) 0 sin(Beta) 0;
        0 1 0 0;
        -sin(Beta) 0 cos(Beta) 0
        0 0 0 1];
Rot_Gama=[cos(Gama) -sin(Gama) 0 0;
        sin(Gama) cos(Gama) 0 0;
        0 0 1 0;0 0 0 1];
Euler2R=Rot_Alpha* Rot_Beta* Rot_Gama
Euler2R =
    0.5783   -0.5483   -0.6041         0
    0.5402    0.8123   -0.2200         0
    0.6113   -0.1991    0.7659         0
         0         0         0    1.0000
```

值得再一次强调的是，机器人手腕的方位，在进行定位时也会改变，因此机器人末端工具的最终姿态应是由于位置调整时引起的姿态变化矩阵（变换矩阵）与 RPY 角矩阵或欧拉角矩阵的乘积。

3.4.3　四元数

四元数是复数的推广，定义四元数 Q 有如下形式：

$$Q=q_0+\boldsymbol{q}=q_0+q_1\mathrm{i}+q_2\mathrm{j}+q_3\mathrm{k} \tag{3-28}$$

其中 q_0 为 Q 的标量部分，$\boldsymbol{q}=q_1\mathrm{i}+q_2\mathrm{j}+q_3\mathrm{k}$ 为 Q 的矢量部分。四元数是通过四个参数，而不是像欧拉角一样采用三个参数来描述旋转（姿态），是一种能够避免奇异的有效方法。

四元数 Q 乘法满足分配率和结合律，但不满足交换律，在运算时有如下关系：

$$\begin{cases}\mathrm{ii}=\mathrm{jj}=\mathrm{kk}=-1\\ \mathrm{ij}=-\mathrm{ji}=\mathrm{k},\ \mathrm{jk}=-\mathrm{kj}=\mathrm{i},\ \mathrm{ki}=-\mathrm{ik}=\mathrm{j}\\ \|Q\|=\sqrt{q_0^2+q_1^2+q_2^2+q_3^2}\end{cases} \tag{3-29}$$

单位四元数是指 $\|Q\|=1$ 的所有四元数的集合，它与以轴角形式给定的旋转矩阵是直接对应的关系。若给定旋转矩阵 $\boldsymbol{R}(\boldsymbol{\omega},\ \theta)$，与之相关联的单位四元数为

$$Q=[\cos(\theta/2),\boldsymbol{\omega}\sin(\theta/2)] \tag{3-30}$$

式中，θ 为旋转角度，$\boldsymbol{\omega}$ 为表征旋转轴的单位矢量。反过来，若给定单位四元数 $Q=q_0+\boldsymbol{q}$，则对应的旋转角度 θ 和旋转轴的单位矢量 $\boldsymbol{\omega}$ 分别为

$$\theta=2\arccos q_0 \tag{3-31}$$

$$\boldsymbol{\omega}=\begin{cases}\dfrac{\boldsymbol{q}}{\sin(\theta/2)} & \theta\neq 0\\ \mathbf{0} & \theta=0\end{cases} \tag{3-32}$$

若有两个单位四元数 $Q=q_0+\boldsymbol{q}$，$P=p_0+\boldsymbol{p}$，q_0 和 p_0 分别为 Q 和 P 的标量部分，$\boldsymbol{q}$ 和 $\boldsymbol{p}$ 分别为 Q 和 P 的矢量部分，则有：

$$Q\cdot P=(q_0+\boldsymbol{q})\cdot(p_0+\boldsymbol{p})=(q_0p_0-\boldsymbol{q}\cdot\boldsymbol{p},q_0\boldsymbol{p}+p_0\boldsymbol{q}+\boldsymbol{q}\times\boldsymbol{p}) \tag{3-33}$$

因此，刚体的旋转操作既可以是旋转矩阵之间的乘积运算（左乘或右乘），又可以转换成对应的四元数进行相乘。

其 MATLAB 代码如下：

```
% 定义四元数,四元数和一般的数组或者向量在构造上没有区别
P=[1 2 3 4];
P=quatnormalize(P) % 单位化
p =
    0.1826    0.3651    0.5477    0.7303
Q=[5 6 7 8];
Q=quatnormalize(P);% 单位化
quatmultiply(P,Q) % 两个四元数相乘
ans =
  -0.9333    0.1333    0.2000    0.2667
% 四元数转换为轴角
theta=2* acos(P(1))
theta =
    2.7744
```

```
w=P(2:4)/sin(theta/2)
w =
    0.3714    0.5571    0.7428
% 进一步利用 4.11 节中的罗德里格斯公式转换为旋转矩阵
E=[1 0 0;0 1 0;0 0 1];
w_hat=[0 -w(3) w(2);w(3) 0 -w(1);-w(2) w(1) 0];
R=E+w_hat* sin(theta)+(1-cos(theta))* w_hat* w_hat
R =
   -0.6667    0.1333    0.7333
    0.6667   -0.3333    0.6667
    0.3333    0.9333    0.1333
```

3.5 相对于参考系的坐标变换

3.5.1 相对于参考系的平移变换

纯平移变换下，由于本地坐标系（又称运动坐标系）相对于参考坐标系的姿态保持不变，那么旋转矩阵为

$$\boldsymbol{R}=\begin{bmatrix}1&0&0\\0&1&0\\0&0&1\end{bmatrix}=\boldsymbol{E} \tag{3-34}$$

式中，$\boldsymbol{E}$ 为 3×3 阶单位阵。

假设 d_x、d_y 和 d_z 分别为运动坐标系相对于参考系的 3 个坐标轴平移的距离，如图 3-13 所示，那么平移变换的齐次坐标矩阵可表示为

$$\boldsymbol{T}=\mathrm{Trans}(d_x,d_y,d_z)=\begin{bmatrix}1&0&0&d_x\\0&1&0&d_y\\0&0&1&d_z\\0&0&0&1\end{bmatrix} \tag{3-35}$$

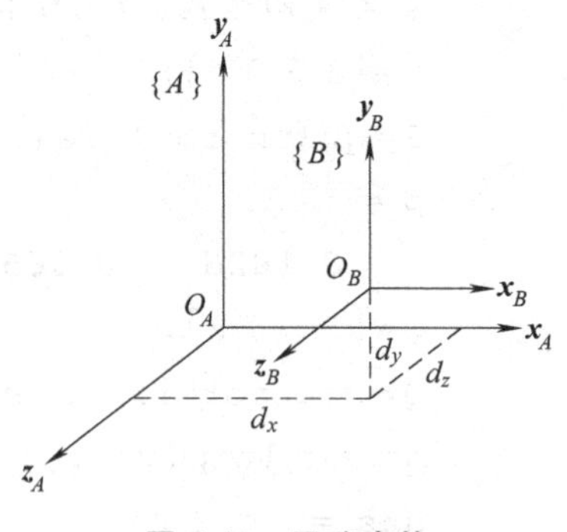

图 3-13　平移变换

若平移前刚体相对于参考系 {A} 的位姿为 ${}^A\boldsymbol{T}_{\mathrm{old}}$，当刚体相对于参考系做平移运动（变换）时，新的位姿 ${}^A\boldsymbol{T}_{\mathrm{new}}$ 可以表示为

$${}^A\boldsymbol{T}_{\mathrm{new}}=\boldsymbol{T}\cdot{}^A\boldsymbol{T}_{\mathrm{old}} \tag{3-36}$$

即刚体新的位姿可以通过原参考系下的位姿左乘变换矩阵得到。

若平移前坐标系 {B} 有一点 p，相对于参考系 {B} 的描述为 ${}^B\boldsymbol{p}$，（由于平移前坐标系 {B} 与参考系 {A} 重合，此时 ${}^A\boldsymbol{p}={}^B\boldsymbol{p}$），当坐标系 {B} 相对于参考系 {A} 做平移运动时，点 p 新的位姿在参考系 {A} 中可以描述为

$$^{A}\boldsymbol{p}={}_{B}^{A}\boldsymbol{T}\cdot{}^{B}\boldsymbol{p} \tag{3-37}$$

【例 3-5】 已知坐标系｛B｝的初始位姿与参考系｛A｝重合，首先｛B｝相对于参考系｛A｝的 z 轴平移 5 个单位，再沿｛A｝的 x 轴移动 4 个单位，最后沿｛A｝的 y 轴移动 6 单位。假设点 p 在坐标系｛B｝的描述为 $^{B}\boldsymbol{p}=[3,\ 7,\ 0]^{\mathrm{T}}$，求平移后点 p 在参考系｛A｝中的描述 $^{A}\boldsymbol{p}$。

解： 由题意可得，三次平移的齐次坐标变换矩阵为

$$_{B}^{A}\boldsymbol{T}=\begin{bmatrix}1&0&0&4\\0&1&0&6\\0&0&1&5\\0&0&0&1\end{bmatrix}$$

所以：

$$^{A}\boldsymbol{p}={}_{B}^{A}\boldsymbol{T}\cdot{}^{B}\boldsymbol{p}=\begin{bmatrix}1&0&0&4\\0&1&0&6\\0&0&1&5\\0&0&0&1\end{bmatrix}\begin{bmatrix}3\\7\\0\\1\end{bmatrix}=\begin{bmatrix}7\\13\\5\\1\end{bmatrix}$$

其 MATLAB 代码如下：

```
dz=5;
dx=4;
dy=6;
T=[1 0 0 dx;
0 1 0 dy;
0  0 1 dz;
0 0 0 1];
pB=[3;7;0;1];
pA=T* pB
pA =
     7
     13
     5
     1
```

3.5.2　相对于参考系的旋转变换

严格来讲，旋转运动可以绕任意方向的旋转轴（一般用一个单位矢量表示）进行，这里首先考虑绕参考坐标系的 3 个坐标轴进行旋转。

假设初始时坐标系｛B｝与参考系｛A｝重合，坐标系｛B｝中有一点 p：

$$^{A}\boldsymbol{p}=\begin{bmatrix}^{A}p_x\\^{A}p_y\\^{A}p_z\end{bmatrix}$$

此时，点 p 在坐标系 $\{B\}$ 与参考系 $\{A\}$ 中的描述是相同的。当坐标系 $\{B\}$ 绕参考系 $\{A\}$ 的 x 轴旋转 θ 角度时，其几何关系如图 3-14 所示。

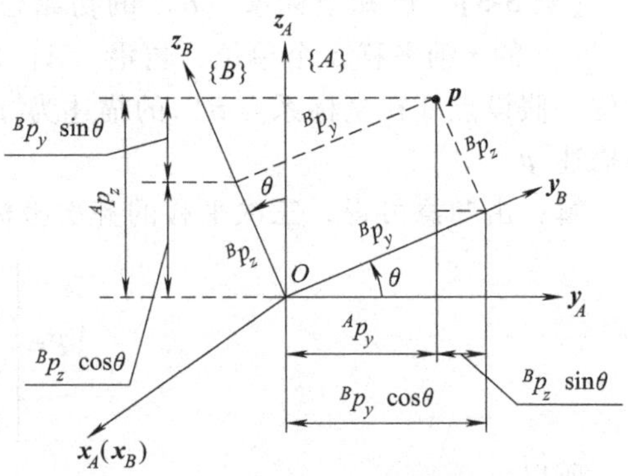

图 3-14　相对于参考系的旋转变换

由于点 p 固结在坐标系 $\{B\}$ 中，所以旋转前后 p 点相对于坐标系 $\{B\}$ 的描述不变，但相对于参考系 $\{A\}$ 的描述却发生了变化，根据图中几何关系可得

$$\begin{cases} {}^Ap_x = {}^Bp_x \\ {}^Ap_y = {}^Bp_y\cos\theta - {}^Bp_z\sin\theta \\ {}^Ap_z = {}^Bp_y\sin\theta + {}^Bp_z\cos\theta \end{cases} \tag{3-38}$$

写成矩阵的形式为

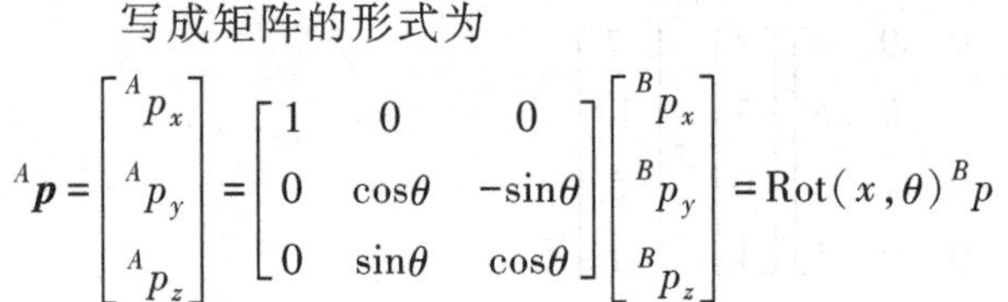

$${}^A\boldsymbol{p} = \begin{bmatrix} {}^Ap_x \\ {}^Ap_y \\ {}^Ap_z \end{bmatrix} = \begin{bmatrix} 1 & 0 & 0 \\ 0 & \cos\theta & -\sin\theta \\ 0 & \sin\theta & \cos\theta \end{bmatrix} \begin{bmatrix} {}^Bp_x \\ {}^Bp_y \\ {}^Bp_z \end{bmatrix} = \mathrm{Rot}(x,\theta)\,{}^Bp \tag{3-39}$$

写成齐次坐标变换矩阵的形式为

$${}^A\boldsymbol{p} = \begin{bmatrix} {}^Ap_x \\ {}^Ap_y \\ {}^Ap_z \\ 1 \end{bmatrix} = \begin{bmatrix} 1 & 0 & 0 & 0 \\ 0 & \cos\theta & -\sin\theta & 0 \\ 0 & \sin\theta & \cos\theta & 0 \\ 0 & 0 & 0 & 1 \end{bmatrix} \begin{bmatrix} {}^Bp_x \\ {}^Bp_y \\ {}^Bp_z \\ 1 \end{bmatrix} \tag{3-40}$$

相对于参考系进行变换时，变换矩阵同样遵循左乘的原则。绕 x 轴旋转 θ 角度的变换矩阵可写成：

$$\mathrm{Rot}(x,\theta) = \begin{bmatrix} 1 & 0 & 0 \\ 0 & \cos\theta & -\sin\theta \\ 0 & \sin\theta & \cos\theta \end{bmatrix} \tag{3-41}$$

用同样的方法可以得到绕 y 轴和绕 z 轴旋转 θ 角度的变换矩阵分别为

$$\mathrm{Rot}(y,\theta) = \begin{bmatrix} \cos\theta & 0 & \sin\theta \\ 0 & 1 & 0 \\ -\sin\theta & 0 & \cos\theta \end{bmatrix} \tag{3-42}$$

$$\mathrm{Rot}(z,\theta) = \begin{bmatrix} \cos\theta & -\sin\theta & 0 \\ \sin\theta & \cos\theta & 0 \\ 0 & 0 & 1 \end{bmatrix} \tag{3-43}$$

【例 3-6】　本地坐标系 $\{B\}$ 中有一点 $p=[1,\ 2,\ 3]^{\mathrm{T}}$，现将坐标系 $\{B\}$ 绕参考系 $\{A\}$ 的 z 轴旋转 90°，求旋转变换后 p 点在参考系中的描述。

解： 由于 p 点是固定在坐标系 $\{B\}$ 中的，所以旋转前后 p 点在坐标系 $\{B\}$ 中的描述不变，但相对于参考系 $\{A\}$ 发生了变化：

$$ {}^{A}\boldsymbol{p}=\mathrm{Rot}(z,90)\,{}^{B}\boldsymbol{p}=\begin{bmatrix}\cos 90^\circ & -\sin 90^\circ & 0\\ \sin 90^\circ & \cos 90^\circ & 0\\ 0 & 0 & 1\end{bmatrix}\begin{bmatrix}1\\2\\3\end{bmatrix}=\begin{bmatrix}0 & -1 & 0\\ 1 & 0 & 0\\ 0 & 0 & 1\end{bmatrix}\begin{bmatrix}1\\2\\3\end{bmatrix}=\begin{bmatrix}-2\\1\\3\end{bmatrix} $$

写成齐次坐标变换的形式为

$$ {}^{A}\boldsymbol{p}=\begin{bmatrix}{}^{A}_{B}\boldsymbol{R} & 0\\ \boldsymbol{0} & 1\end{bmatrix}{}^{B}\boldsymbol{p}=\begin{bmatrix}0 & -1 & 0 & 0\\ 1 & 0 & 0 & 0\\ 0 & 0 & 1 & 0\\ 0 & 0 & 0 & 1\end{bmatrix}\begin{bmatrix}1\\2\\3\\1\end{bmatrix}=\begin{bmatrix}-2\\1\\3\\1\end{bmatrix} $$

这一点从图 3-15 上可以得到验证。

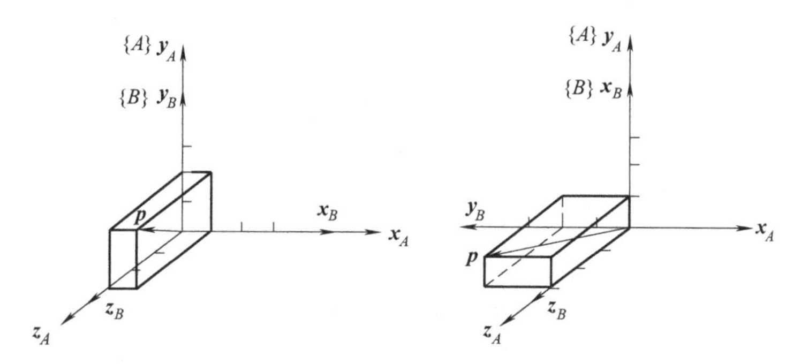

图 3-15 例 3-6 图

其 MATLAB 代码如下：

```
theta_z=pi/2;
T=[cos(theta_z) -sin(theta_z) 0 0;
    sin(theta_z) cos(theta_z) 0 0;
    0 0 1 0;
    0 0 0 1];
pB=[1;2;3;1];
pA=T* pB
pA =
   -2.0000
   1.0000
   3.0000
   1.0000
```

3.5.3 相对于参考系的复合变换

本地坐标系相对于参考系进行一系列平移、旋转或者既有平移又有旋转的变换组成。复合变换与变换的顺序直接相关，刚体新的位姿应在上一次变换的基础上再左乘变换矩阵，即依次左乘：

$$ {}^{A}\boldsymbol{T}_{\text{new}}=\boldsymbol{T}_{n}\boldsymbol{T}_{n-1}\cdots\boldsymbol{T}_{2}\boldsymbol{T}_{1}\,{}^{A}\boldsymbol{T}_{\text{old}} \tag{3-44} $$

式中，$\boldsymbol{T}_n$ 为第 n 次的变换矩阵。对于相邻的旋转变换而言，如果变换的顺序颠倒，将会得到完全不同的结果。

【例 3-7】 本地坐标系 $\{B\}$ 中有一点 $p=[1,\ 2,\ 3]^{\mathrm{T}}$，现将坐标系 $\{B\}$ 绕参考系 $\{A\}$ 的 z 轴旋转 90°，然后再绕参考系 $\{A\}$ 的 y 轴旋转 90°，求两次旋转变换后 p 点在参考系中的描述。

解： 根据相对于参考系运动变换矩阵依次左乘的原则，${}^{A}\boldsymbol{p}$ 计算式为

$$
\begin{aligned}
{}^{A}\boldsymbol{p} &= \mathrm{Rot}(y,90)\,\mathrm{Rot}(z,90)\,{}^{B}\boldsymbol{p} \\
&= \begin{bmatrix} \cos90^\circ & 0 & \sin90^\circ \\ 0 & 1 & 0 \\ -\sin90^\circ & 0 & \cos90^\circ \end{bmatrix} \begin{bmatrix} \cos90^\circ & -\sin90^\circ & 0 \\ \sin90^\circ & \cos90^\circ & 0 \\ 0 & 0 & 1 \end{bmatrix} \begin{bmatrix} 1 \\ 2 \\ 3 \end{bmatrix} \\
&= \begin{bmatrix} 0 & 0 & 1 \\ 0 & 1 & 0 \\ -1 & 0 & 0 \end{bmatrix} \begin{bmatrix} 0 & -1 & 0 \\ 1 & 0 & 0 \\ 0 & 0 & 1 \end{bmatrix} \begin{bmatrix} 1 \\ 2 \\ 3 \end{bmatrix} = \begin{bmatrix} 3 \\ 1 \\ 2 \end{bmatrix}
\end{aligned}
$$

写成齐次坐标变换的形式为

$$
\begin{aligned}
{}^{A}\boldsymbol{p} &= \boldsymbol{T}_2 \boldsymbol{T}_1 {}^{B}\boldsymbol{p} \\
&= \begin{bmatrix} \cos90^\circ & 0 & \sin90^\circ & 0 \\ 0 & 1 & 0 & 0 \\ -\sin90^\circ & 0 & \cos90^\circ & 0 \\ 0 & 0 & 0 & 1 \end{bmatrix} \begin{bmatrix} \cos90^\circ & -\sin90^\circ & 0 & 0 \\ \sin90^\circ & \cos90^\circ & 0 & 0 \\ 0 & 0 & 1 & 0 \\ 0 & 0 & 0 & 1 \end{bmatrix} \begin{bmatrix} 1 \\ 2 \\ 3 \\ 1 \end{bmatrix} = \begin{bmatrix} 3 \\ 1 \\ 2 \\ 1 \end{bmatrix}
\end{aligned}
$$

其变换情形如图 3-16 所示。

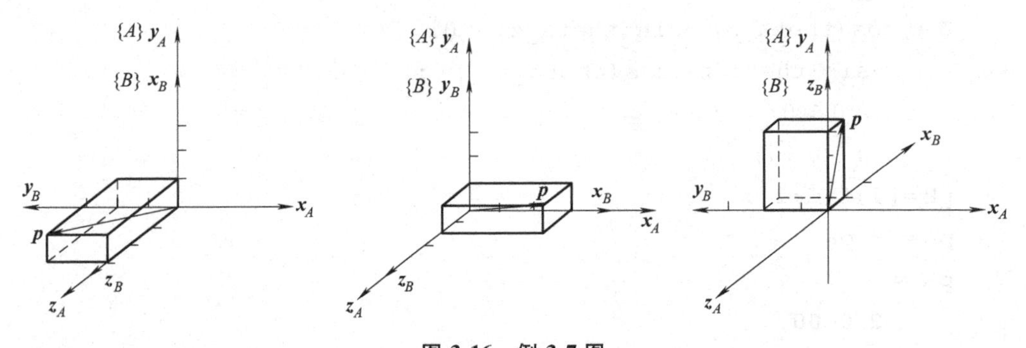

图 3-16 例 3-7 图

如果将两次旋转的顺序颠倒一下，则变换后 p 点在参考系中的描述为

$$
\begin{aligned}
{}^{A}\boldsymbol{p} &= \boldsymbol{T}_2 \boldsymbol{T}_1 {}^{B}\boldsymbol{p} \\
&= \begin{bmatrix} \cos90^\circ & -\sin90^\circ & 0 & 0 \\ \sin90^\circ & \cos90^\circ & 0 & 0 \\ 0 & 0 & 1 & 0 \\ 0 & 0 & 0 & 1 \end{bmatrix} \begin{bmatrix} \cos90^\circ & 0 & \sin90^\circ & 0 \\ 0 & 1 & 0 & 0 \\ -\sin90^\circ & 0 & \cos90^\circ & 0 \\ 0 & 0 & 0 & 1 \end{bmatrix} \begin{bmatrix} 1 \\ 2 \\ 3 \\ 1 \end{bmatrix} = \begin{bmatrix} -2 \\ 3 \\ -1 \\ 1 \end{bmatrix}
\end{aligned}
$$

很明显，两次变换后的结果不相同，这也是从侧面证明了矩阵的乘法不满足交换律。

其 MATLAB 代码如下：

```
theta_z=pi/2;
theta_y=pi/2;
T1=[cos(theta_z) -sin(theta_z) 0 0;
      sin(theta_z) cos(theta_z) 0 0;
      0 0 1 0;
      0 0 0 1];
T2=[cos(theta_y) 0 sin(theta_y) 0;
      0 1 0 0;
      -sin(theta_y) 0 cos(theta_y) 0;
      0 0 0 1];
pB=[1;2;3;1];
pA=T2* T1* pB
pA =
    3.0000
    1.0000
    2.0000
    1.0000
%颠倒变换顺序
pA=T1 * T2 * pB
pA =
   -2.0000
    3.0000
   -1.0000
    1.0000
```

思考一下，如果复合变换由两个平移变换组成时，交换变换次序得到的结果是否相同？为什么？有兴趣的读者可利用 MATLAB 程序计算一下。

3.6 相对于本地坐标系的变换

在前面章节的讨论中，变换都是相对于一个固定的参考系而言的，实际上变换同样可以相对于本地坐标系（也就是当前坐标系）进行。此时，在计算当前坐标系中的点相对于固定参考系的变化时，需要右乘变换矩阵而不是左乘。

【例 3-8】 本地坐标系 $\{B\}$ 中有一点 $p=[1,2,3]^{\mathrm{T}}$，现将坐标系 $\{B\}$ 绕自身坐标系的 z 轴旋转 90°，然后再绕新的当前坐标系 $\{B\}$ 的 y 轴旋转 90°，最后再沿当前坐标系的 x 轴平移 2 个单位，求变换后 p 点在参考系中的描述。

解： 根据相对于当前坐标系运动，变换矩阵依次右乘的原则，${}^{A}\boldsymbol{p}$ 计算式为

$${}^{A}\boldsymbol{p}=\mathrm{Rot}(z,90)\mathrm{Rot}(y,90)\mathrm{Trans}(0,0,2)\,{}^{B}\boldsymbol{p}$$

$$=\begin{bmatrix}\cos 90^\circ & -\sin 90^\circ & 0 & 0\\ \sin 90^\circ & \cos 90^\circ & 0 & 0\\ 0 & 0 & 1 & 0\\ 0 & 0 & 0 & 1\end{bmatrix}\begin{bmatrix}\cos 90^\circ & 0 & \sin 90^\circ & 0\\ 0 & 1 & 0 & 0\\ -\sin 90^\circ & 0 & \cos 90^\circ & 0\\ 0 & 0 & 0 & 1\end{bmatrix}\begin{bmatrix}1 & 0 & 0 & 0\\ 0 & 1 & 0 & 0\\ 0 & 0 & 1 & 2\\ 0 & 0 & 0 & 1\end{bmatrix}\begin{bmatrix}1\\ 2\\ 3\\ 1\end{bmatrix}=\begin{bmatrix}-2\\ 5\\ -1\\ 1\end{bmatrix}$$

如果在一次变换过程中，既有相对于固定参考系的运动，又有相对于本地坐标系的运动，则应根据实际情况来决定变换矩阵相乘的次序。

【例 3-9】 本地坐标系 $\{B\}$ 中有一点 $p=[1,2,3]^{\mathrm{T}}$，现将坐标系 $\{B\}$ 绕参考坐标系（此时参考系 $\{A\}$ 与本地坐标系 $\{B\}$ 重合）的 z 轴旋转 90°，然后再绕新的当前坐标系 $\{B\}$ 的 y 轴旋转 90°，最后再沿参考坐标系的 x 轴平移 2 个单位，求变换后 p 点在参考系中的描述。

解： 该例与上例的不同之处在于最后一次平移是关于参考系运动的。

$$^{A}\boldsymbol{p}=\mathrm{Trans}(0,0,2)\mathrm{Rot}(z,90)\mathrm{Rot}(y,90)\,^{B}\boldsymbol{p}$$

$$=\begin{bmatrix}1 & 0 & 0 & 0\\ 0 & 1 & 0 & 0\\ 0 & 0 & 1 & 2\\ 0 & 0 & 0 & 1\end{bmatrix}\begin{bmatrix}\cos 90^\circ & -\sin 90^\circ & 0 & 0\\ \sin 90^\circ & \cos 90^\circ & 0 & 0\\ 0 & 0 & 1 & 0\\ 0 & 0 & 0 & 1\end{bmatrix}\begin{bmatrix}\cos 90^\circ & 0 & \sin 90^\circ & 0\\ 0 & 1 & 0 & 0\\ -\sin 90^\circ & 0 & \cos 90^\circ & 0\\ 0 & 0 & 0 & 1\end{bmatrix}\begin{bmatrix}1\\ 2\\ 3\\ 1\end{bmatrix}=\begin{bmatrix}-2\\ 3\\ 1\\ 1\end{bmatrix}$$

其 MATLAB 代码如下：

```
% 例
theta_z=pi/2;
theta_y=pi/2;
T1=[cos(theta_z)-sin(theta_z) 0 0;
    sin(theta_z) cos(theta_z) 0 0;
    0  0 1 0;
    0 0 0 1];
T2=[cos(theta_y) 0 sin(theta_y) 0;
    0 1 0 0;
   -sin(theta_y) 0 cos(theta_y) 0;
    0 0 0 1];
T3=[1 0 0 0;0 1 0 0;0 0 1 2;0 0 0 1];
pB=[1;2;3;1];
pA1=T1* T2* T3* pB
pA1 =

   -2.0000
    5.0000
   -1.0000
    1.0000
```

```
% 例
pA2=T3* T1* T2* pB
pA2 =

   -2.0000
    3.0000
    1.0000
    1.0000
```

3.7 旋转矩阵的指数坐标形式

机器人学中的旋转一般是连杆绕其关节轴线的旋转运动，设 $\boldsymbol{\omega}$ 为表示旋转轴线的单位矢量，θ 为旋转的角度，那么矩阵 $\boldsymbol{R}$ 可以写成 $\boldsymbol{\omega}$ 和 θ 的函数：$\boldsymbol{R}(\boldsymbol{\omega},\theta)$。下面结合图 3-17 来证明这一点。图中连杆上有一点 q [其 0 时刻的位置矢量为 $\boldsymbol{q}(0)$]，以单位角速度绕矢量 $\boldsymbol{\omega}$ 表征的旋转轴做匀速转动，那么点 q 的速度 $\dot{\boldsymbol{q}}(t)$ 可以表示为

$$\dot{\boldsymbol{q}}(t)=\boldsymbol{\omega}\times\boldsymbol{q}(t)=\hat{\boldsymbol{\omega}}\cdot\boldsymbol{q}(t) \tag{3-45}$$

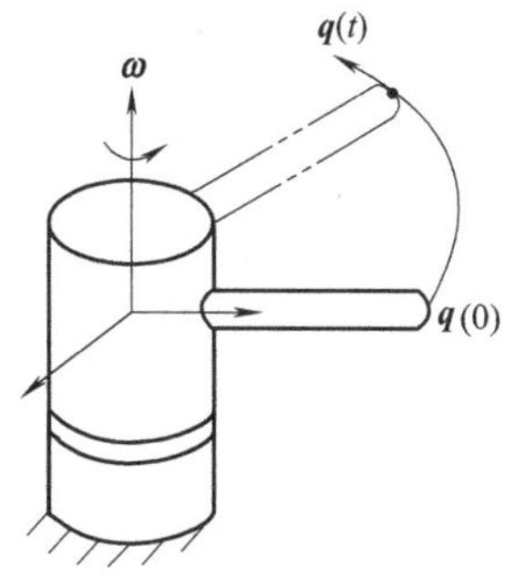

图 3-17　单关节机器人旋转运动

式中，$\hat{\boldsymbol{\omega}}\in so(3)$ [又称李代数，是 $SO(3)$ 原点附近的正切空间] 是角速度矢量 $\boldsymbol{\omega}$ 的斜对称矩阵形式。若：

$$\boldsymbol{\omega}=\begin{bmatrix}\omega_x\\ \omega_y\\ \omega_z\end{bmatrix}$$

式中，ω_x、ω_y 和 ω_z 分别为 x、y 和 z 轴的分量，则有：

$$\hat{\boldsymbol{\omega}}=\begin{bmatrix}0 & -\omega_z & \omega_y\\ \omega_z & 0 & -\omega_x\\ -\omega_y & \omega_x & 0\end{bmatrix} \tag{3-46}$$

也就是说，两个矢量的叉乘可以写成一个矢量的斜对称矩阵形式与另一矢量点乘的形式。式 (3-45) 是一个以时间 t 为自变量的一阶线性微分方程，其解为

$$\boldsymbol{q}(t)=\mathrm{e}^{\hat{\boldsymbol{\omega}}t}\cdot\boldsymbol{q}(0) \tag{3-47}$$

式中，$\boldsymbol{q}(0)$ 是 q 点的起始位置 $(t=0)$，$\mathrm{e}^{\hat{\boldsymbol{\omega}}t}$ 是矩阵指数。

由于连杆是以单位角速度匀速运动，因此 t 时刻转过的角度为 $\theta=t$，那么有：

$$\boldsymbol{q}(\theta)=\mathrm{e}^{\hat{\boldsymbol{\omega}}\theta}\cdot\boldsymbol{q}(0)=\boldsymbol{R}(\boldsymbol{\omega},\theta)\cdot\boldsymbol{q}(0) \tag{3-48}$$

所以得

$$\boldsymbol{R}(\boldsymbol{\omega},\theta)=\mathrm{e}^{\hat{\boldsymbol{\omega}}\theta} \tag{3-49}$$

将 $\mathrm{e}^{\hat{\boldsymbol{\omega}}\theta}$ 以泰勒公式展开得

$$\mathrm{e}^{\hat{\boldsymbol{\omega}}\theta}=\boldsymbol{E}+\hat{\boldsymbol{\omega}}\theta+\frac{(\hat{\boldsymbol{\omega}}\theta)^2}{2!}+\frac{(\hat{\boldsymbol{\omega}}\theta)^3}{3!}+\cdots$$

很容易可以证明如下关系：

$$\hat{\boldsymbol{\omega}}^2=\boldsymbol{\omega}\cdot\boldsymbol{\omega}^{\mathrm{T}}-\boldsymbol{E} \tag{3-50}$$

$$\hat{\boldsymbol{\omega}}^3=-\hat{\boldsymbol{\omega}} \tag{3-51}$$

所以得

$$\begin{aligned}\mathrm{e}^{\hat{\omega}\theta}&=\boldsymbol{E}+\left(\theta-\frac{\theta^3}{3!}+\frac{\theta^5}{5!}-\cdots\right)\hat{\boldsymbol{\omega}}+\left(\frac{\theta^2}{2!}-\frac{\theta^4}{4!}+\frac{\theta^6}{6!}-\cdots\right)\hat{\boldsymbol{\omega}}^2\\&=\boldsymbol{E}+\hat{\boldsymbol{\omega}}\sin\theta+(1-\cos\theta)\hat{\boldsymbol{\omega}}^2\end{aligned} \tag{3-52}$$

上式即为罗德里格斯公式，是计算矩阵指数 $\mathrm{e}^{\hat{\omega}\theta}$ 的有效方法。

上面已经提到，任意的旋转矩阵 $\boldsymbol{R}$ 都可以表示成绕固定轴 $\boldsymbol{\omega}$ 旋转 θ 角度，并可表示成矩阵指数的形式：$\mathrm{e}^{\hat{\omega}\theta}$，其中 $\hat{\boldsymbol{\omega}}$ 是矢量 $\boldsymbol{\omega}$ 的斜对称矩阵形式，该种表示方法也可以称为等效轴法。但这种表示法并不唯一，即一个 $\boldsymbol{R}$ 对应着多个 $\boldsymbol{\omega}$ 和 θ。例如，$\boldsymbol{\omega}'=-\boldsymbol{\omega}$，$\theta'=2\pi-\theta$ 与 $\boldsymbol{\omega}$ 和 θ 对应的旋转矩阵 $\boldsymbol{R}$ 相同。通过定义 θ 的取值范围，如 $[0,\pi]$ 或者 $[-\pi/2,\pi/2]$ 就可以使这种映射成为一对一的对应关系。

其 MATLAB 代码如下：

```
% 定义一个代表 z 轴的矢量
wx=0;
wy=0;
wz=1;
w=[wx;wy;wz]
w =
    0
    0
    1
% w 对应的反对称矩阵
w_hat=[0-wz wy;wz 0-wx;-wy wx 0]
w_hat =
    0   -1    0
    1    0    0
    0    0    0
% 定义旋转角度
theta=pi/4;
% 直接计算绕 z 轴旋转 pi/4 的旋转矩阵
Rot_z=[cos(theta)-sin(theta) 0;sin(theta) cos(theta) 0;0 0 1]
Rot_z =
    0.7071  -0.7071        0
    0.7071   0.7071        0
         0        0   1.0000
% 定义 3* 3 单位阵
E=[1 0 0;0 1 0;0 0 1];
```

```
% 根据罗德里格斯公式计算矩阵指数,注意与直接计算的旋转矩阵相比较
e_w_hat=E+w_hat* sin(theta)+(1-cos(theta))* w_hat* w_hat
e_w_hat =
    0.7071   -0.7071         0
    0.7071    0.7071         0
         0         0    1.0000
% 由旋转矩阵 R 计算旋转轴 w 和旋转角度 theta
theta=acos((trace(Rot_z)-1)/2)
theta =
    0.7854
w=1/(2* sin(theta))* [Rot_z(3,2)-Rot_z(2,3);Rot_z(1,3)-Rot_z(3,1);
                     Rot_z(2,1)-Rot_z(1,2)]
w =
         0
         0
    1.0000
```

3.8 刚体变换矩阵的指数坐标形式

从前面章节可知，任意一个刚体旋转变换矩阵 $\boldsymbol{R}\in SO(3)$ 对应于一个矩阵指数形式 $\mathrm{e}^{\hat{\omega}\theta}$，可将这一概念推广到一般的刚体运动变换矩阵 $\boldsymbol{T}\in SE(3)$。

先以纯旋转关节为例，如图 3-18a 所示，图中单连杆机器人，以单位角速度绕 $\boldsymbol{\omega}$ 表征的旋转轴做匀速转动，q 为旋转轴上的一点，其连杆臂末端的一点 $\boldsymbol{p}(t)$ 的旋转速度可表示为

$$\dot{\boldsymbol{p}}(t)=\boldsymbol{\omega}\times[\boldsymbol{p}(t)-\boldsymbol{q}] \tag{3-53}$$

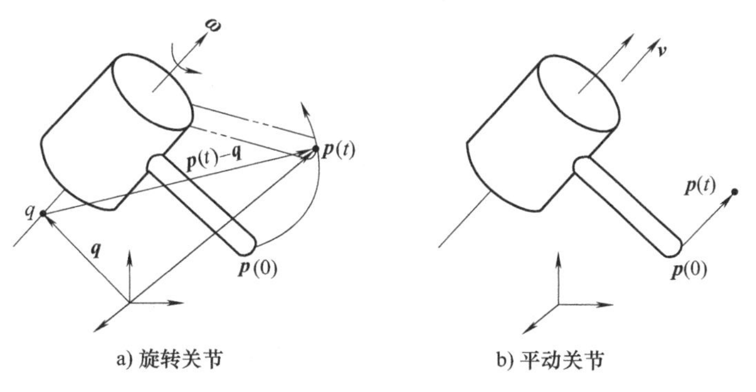

图 3-18 单连杆机器人

引入一个 4×4 矩阵：

$$\hat{\boldsymbol{\xi}}=\begin{bmatrix}\hat{\boldsymbol{\omega}} & -\boldsymbol{\omega}\times\boldsymbol{q}\\ \boldsymbol{0} & 0\end{bmatrix}=\begin{bmatrix}\hat{\boldsymbol{\omega}} & \boldsymbol{v}\\ \boldsymbol{0} & 0\end{bmatrix} \tag{3-54}$$

则式（3-53）可写成如下齐次坐标方程的形式：

$$\begin{bmatrix}\dot{\boldsymbol{p}}\\0\end{bmatrix}=\begin{bmatrix}\hat{\boldsymbol{\omega}} & -\boldsymbol{\omega}\times\boldsymbol{q}\\\boldsymbol{0} & 0\end{bmatrix}\begin{bmatrix}p\\1\end{bmatrix}=\begin{bmatrix}\hat{\boldsymbol{\omega}} & \boldsymbol{v}\\\boldsymbol{0} & 0\end{bmatrix}\begin{bmatrix}p\\1\end{bmatrix}=\hat{\boldsymbol{\xi}}\begin{bmatrix}p\\1\end{bmatrix} \tag{3-55}$$

即

$$\dot{\boldsymbol{p}}(t)=\hat{\boldsymbol{\xi}}\boldsymbol{p}(t) \tag{3-56}$$

该方程是一个1阶微分方程，其解为

$$\boldsymbol{p}(t)=\mathrm{e}^{\hat{\xi}t}\boldsymbol{p}(0) \tag{3-57}$$

将t用θ代换，可得

$$\boldsymbol{p}(\theta)=\mathrm{e}^{\hat{\xi}\theta}\boldsymbol{p}(0) \tag{3-58}$$

对于平动的情形，如图3-18b所示，当关节以单位速度沿矢量$\boldsymbol{v}$描述的平动关节轴线方向运动时，点$\boldsymbol{p}(t)$的速度为

$$\dot{\boldsymbol{p}}(t)=\boldsymbol{v} \tag{3-59}$$

引入

$$\hat{\boldsymbol{\xi}}=\begin{bmatrix}\boldsymbol{0} & \boldsymbol{v}\\\boldsymbol{0} & 0\end{bmatrix} \tag{3-60}$$

写成齐次坐标的形式为

$$\begin{bmatrix}\dot{\boldsymbol{p}}\\0\end{bmatrix}=\begin{bmatrix}\boldsymbol{0} & \boldsymbol{v}\\\boldsymbol{0} & 0\end{bmatrix}\begin{bmatrix}\boldsymbol{p}\\1\end{bmatrix}=\hat{\boldsymbol{\xi}}\begin{bmatrix}\boldsymbol{p}\\1\end{bmatrix} \tag{3-61}$$

其解同样可表示为

$$\boldsymbol{p}(t)=\mathrm{e}^{\hat{\xi}t}\boldsymbol{p}(0)$$

利用单位速度的假定，将t用θ代换，则得

$$\boldsymbol{p}(\theta)=\mathrm{e}^{\hat{\xi}\theta}\boldsymbol{p}(0)$$

$\hat{\boldsymbol{\xi}}=\begin{bmatrix}\hat{\boldsymbol{\omega}} & \boldsymbol{v}\\\boldsymbol{0} & 0\end{bmatrix}$是一个4×4矩阵，是斜对称矩阵$\hat{\boldsymbol{\omega}}$的推广，称为运动旋量，而$\mathrm{e}^{\hat{\xi}\theta}$是$\hat{\boldsymbol{\xi}}$的矩阵指数映射，表示旋量$\hat{\boldsymbol{\xi}}$产生的旋量运动。运动旋量还有一种6维矢量的表示形式，引入运算符“∨”，有如下关系：

$$\boldsymbol{\xi}=\begin{bmatrix}\hat{\boldsymbol{\omega}} & \boldsymbol{v}\\\boldsymbol{0} & 0\end{bmatrix}^{\vee}=\begin{bmatrix}\boldsymbol{v}\\\boldsymbol{\omega}\end{bmatrix}=\begin{bmatrix}-\boldsymbol{\omega}\times\boldsymbol{q}\\\boldsymbol{\omega}\end{bmatrix} \tag{3-62}$$

$\boldsymbol{\xi}$称为$\hat{\boldsymbol{\xi}}$运动旋量坐标，类似于$\boldsymbol{\omega}$与反对称矩阵$\hat{\boldsymbol{\omega}}$的关系。由沙勒（Chasles）定理（沙勒定理）可知：任意的刚体运动都用绕某一轴的旋转加上沿该轴的平动来实现，设刚体位姿变换矩阵$\boldsymbol{T}\in SE(3)$，则必有一个矩阵指数$\mathrm{e}^{\hat{\xi}\theta}$形式与其对应，矩阵指数$\mathrm{e}^{\hat{\xi}\theta}$同样可理解为描述刚体由起始位姿到终止位姿的变换，且式中$\boldsymbol{p}(0)$、$\boldsymbol{p}(\theta)$位于同一参考系，省去了建立繁杂的本地坐标系，这一点在进行机器人运动学的分析时特别方便。

矩阵指数有个很重要的性质：若$g\in SE(3)$是一个刚体变换，有

$$\mathrm{e}^{g\hat{\xi}g^{-1}}=g\mathrm{e}^{\hat{\xi}}g^{-1} \tag{3-63}$$

而$\hat{\boldsymbol{\xi}}'=g\hat{\boldsymbol{\xi}}g^{-1}$称为运动旋量$\hat{\boldsymbol{\xi}}$的伴随变换，记为

$$\boldsymbol{\xi}'=\mathrm{Ad}_g\boldsymbol{\xi} \tag{3-64}$$

下面采用几何法来探讨一下矩阵指数$\mathrm{e}^{\hat{\xi}\theta}$的计算，并深刻理解旋量运动的本质。如

图 3-19 所示，点 p 从初始位置 $\boldsymbol{p}(0)$，先绕单位旋转轴 $\boldsymbol{\omega}$ 旋转 θ，然后再沿该轴以矢量 $\boldsymbol{v}$ 描述的速度平移距离 d 到最终位置。因此，旋量运动是一种螺旋式的组合运动，由沿同一轴的转动和平动复合而成。定义平移量与旋转量的比值为

$$h=\frac{d}{\theta}=\boldsymbol{\omega}^{\mathrm{T}}\boldsymbol{v} \tag{3-65}$$

h 称为该旋量的节距，因此旋转 θ 角度后的平移量为 $d=h\theta=\boldsymbol{\omega}^{\mathrm{T}}\boldsymbol{v}\theta$。

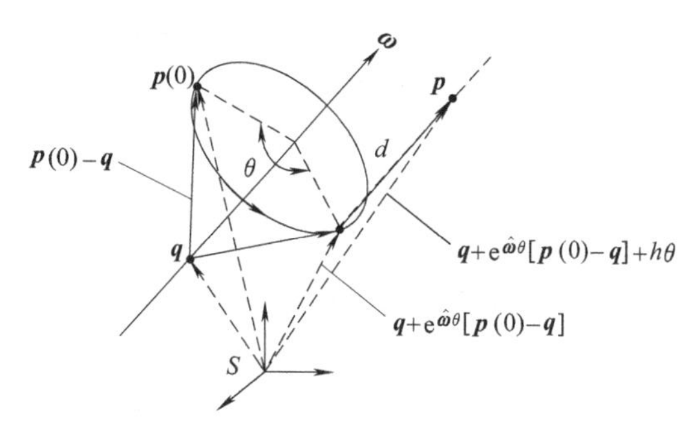

图 3-19　旋量运动的几何本质

根据图 3-19 中的几何关系，结合矢量的运算法则，点 p 最终在参考系 $\{S\}$ 中表征为

$$\boldsymbol{p}=\boldsymbol{q}+\mathrm{e}^{\hat{\boldsymbol{\omega}}\theta}[\boldsymbol{p}(0)-\boldsymbol{q}]+d\boldsymbol{\omega}=\mathrm{e}^{\hat{\boldsymbol{\omega}}\theta}\boldsymbol{p}(0)+(\boldsymbol{E}-\mathrm{e}^{\hat{\boldsymbol{\omega}}\theta})\boldsymbol{q}+\theta h\boldsymbol{\omega} \tag{3-66}$$

将上式写成齐次坐标的形式：

$$\begin{bmatrix}\boldsymbol{p}\\1\end{bmatrix}=\begin{bmatrix}\mathrm{e}^{\hat{\boldsymbol{\omega}}\theta} & (\boldsymbol{E}-\mathrm{e}^{\hat{\boldsymbol{\omega}}\theta})\boldsymbol{q}+\theta h\boldsymbol{\omega}\\0 & 1\end{bmatrix}\begin{bmatrix}\boldsymbol{p}(0)\\1\end{bmatrix}=\mathrm{e}^{\hat{\boldsymbol{\xi}}\theta}\begin{bmatrix}\boldsymbol{p}(0)\\1\end{bmatrix} \tag{3-67}$$

$\boldsymbol{q}$ 为单位旋转轴 $\boldsymbol{\omega}$ 上的任意一点，可以取 $\boldsymbol{q}=\boldsymbol{\omega}\times\boldsymbol{v}$，并将式 $h=\boldsymbol{\omega}^{\mathrm{T}}\boldsymbol{v}$ 代入可得

$$\mathrm{e}^{\hat{\boldsymbol{\xi}}\theta}=\begin{bmatrix}\mathrm{e}^{\hat{\boldsymbol{\omega}}\theta} & (\boldsymbol{E}-\mathrm{e}^{\hat{\boldsymbol{\omega}}\theta})(\boldsymbol{\omega}\times\boldsymbol{v})+\theta\boldsymbol{\omega}^{\mathrm{T}}\boldsymbol{v}\boldsymbol{\omega}\\0 & 1\end{bmatrix} \tag{3-68}$$

机器人的关节主要分两类：纯旋转或纯平动。

1）纯旋转关节，即 $\boldsymbol{v}=0$，此时：

$$\mathrm{e}^{\hat{\boldsymbol{\xi}}\theta}=\begin{bmatrix}\mathrm{e}^{\hat{\boldsymbol{\omega}}\theta} & 0\\\boldsymbol{0} & 1\end{bmatrix} \tag{3-69}$$

2）纯旋转关节，即 $\boldsymbol{\omega}=0$，此时旋量运动中平移的方向由 $\boldsymbol{v}$ 来确定，有：

$$\mathrm{e}^{\hat{\boldsymbol{\xi}}\theta}=\begin{bmatrix}\boldsymbol{E} & \boldsymbol{v}\theta\\\boldsymbol{0} & 1\end{bmatrix} \tag{3-70}$$

其 MATLAB 代码如下：

```
% 定义代表 z 轴的旋转矢量
wx=0;
wy=0;
wz=1;
% 定义平移方向矢量
vx=0;
vy=0;
vz=1;
w=[wx;wy;wz];
v=[vx;vy;vz];
% w 对应的反对称矩阵
```

```
w_hat=[0-wz wy;wz 0-wx;-wy wx 0];
% 定义旋转角度
theta=pi/4;
% 定义3*3单位阵
E=[1 0 0;0 1 0;0 0 1];
% 根据罗德里格斯公式计算矩阵指数 e_w_hat
e_w_hat=E+w_hat*sin(theta)+(1-cos(theta))*w_hat*w_hat;
% 根据式计算矩阵指数 e_zeta_hat
e_zeta_hat=[e_w_hat (E-e_w_hat)*cross(w,v)+theta*w' *v*w;[0 0 0] 1]
e_zeta_hat =
    0.7071   -0.7071        0        0
    0.7071    0.7071        0        0
         0         0   1.0000   0.7854
         0         0        0   1.0000
```

第4章 机器人正向运动学分析

机器人一般是由多个连杆通过关节连接构成的，这些关节可能是旋转的或者滑动的，在某一瞬间时机器人的位形确定后，其结构参数，如连杆的长度、关节的转角等都是已知的。本章的内容就是如何求解此时机械臂末端执行器的位姿，即机器人的正向运动学问题。假设在机械臂末端执行器上固定一局部坐标系 H，机器人的正向运动学分析的目的实际就是要求得坐标系 H 在全局坐标系 U 中的位姿描述。

4.1 标准 D-H 法

1955 年，Denavit 和 Hartenberg 在论文 *A Kinematic Notation for Lower-Pair Mechanisms Based on Matrices* 中第一次采用了 D-H 法推导机器人的运动学方程，后来该方法成了表示机器人和机器人运动学建模的标准方法。

如图 4-1 所示，采用标准的 D-H 法对机器人进行建模，需要为每个关节指定一个本地坐标系，并确定其 z 轴和 x 轴，y 轴则由坐标系的正交性由右手定则确定。

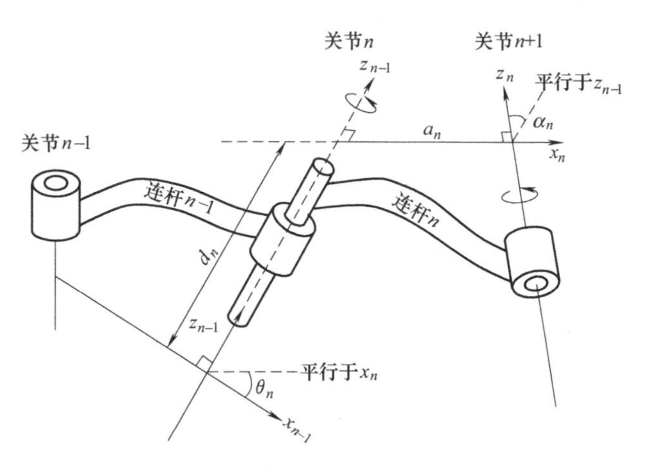

图 4-1 标准 D-H 法连杆、关节、坐标系定义

在介绍标准的 D-H 法前，先规定坐标系、关节和连杆编号的规则：

1）坐标系从 0 开始编号，即坐标系 0、1、2、…、n。

2）关节和连杆从 1 开始编号，即关节 1、2、…、n，连杆 1、2、…、n。

3）关节 n 处的坐标系为 n-1，坐标系 0 一般固定在底座上，最后一个坐标系位于机械手的中心处。

4）连杆 n 位于坐标系 n-1 和坐标系 n 之间，也可以认为是将连杆坐标系固定在该连杆的输出端（即后面关节）。例如，连杆 1 位于坐标系 0 和坐标系 1 之间，其坐标系位于关节 2 上。

指定每个关节本地坐标系的步骤如下：

1）确定所有关节坐标系的 z 轴，因为 z 轴最容易确定：对于旋转关节，z 轴即为按右手定则确定的关节旋转方向；对于棱柱滑动关节，z 轴即为直线运动的方向。

2）依次确定所有关节坐标系 x 轴，其确定原则为：本地坐标系的 x_i 轴位于自身坐标系 z_i 轴和前一坐标系 z_{i-1} 轴的公法线方向上，即为 z_i 和 z_{i-1} 符合右手螺旋法则的叉积方向，如图 4-2 所示。对于关节 1 处的本地坐标系 0，其 x 轴方矢可以在垂于与 z_0 的平面内任意指定，为了方便起见，一般规定 x_0 与全局参考系的 x 方向一致。

其目的是获得机械臂末端坐标系 H 在全局坐标系 U 中的位姿描述，等价于将全局坐标系 U 经过一系列的平移、旋转等操作，变换到坐标系 H。这一系列的变换又可以依次分解，由一个关节坐标系变换到下一关节坐标系，即由全局坐标系 U 变换到关节坐标系 0，然后由关节坐标系 0 变换到关节坐标系 1，再由关节坐标系 1 变换到关节坐标系 2……最后由变换到坐标系 H。

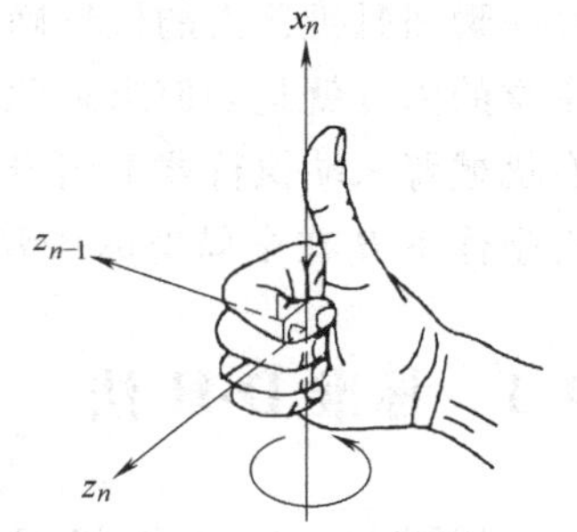

图 4-2　右手螺旋法则

任意一次坐标系之间的变换都可以通过 4 个标准的运动来完成，如图 4-3 所示，从坐标系 n-1 变换到坐标系 n：

第 1 步，将 x_{n-1} 轴绕 z_{n-1} 轴旋转 θ_n，使得 x_{n-1} 轴与 x_n 轴相互平行。

第 2 步，将 x_{n-1} 轴沿 z_{n-1} 轴平移 d_n，使得 x_{n-1} 轴与 x_n 轴共线。

第 3 步，坐标系 n-1 原点沿 x_n 轴（也就是 x_{n-1} 轴，二者重合）平移 a_n，使得坐标系n-1 与坐标系 n 的原点重合。

第 4 步，将 z_{n-1} 轴绕 x_n 轴（x_{n-1} 轴）旋转 α_n，至此，坐标系 n-1 与坐标系 n 的完全重合。

变换过程中出现的 θ 和 d 称为关节变量。对于旋转关节而言，θ 为关节变量，一般以逆时针旋转为正；对于滑动关节而言，d 为关节变量，一般以距离增大的方向为正。关节变量在机器人工作过程中会随时间改变，而 a 和 α 称为连杆参数，当机器人的结构确定后不会发生变化。再一次总结一下这四个参数的含义：

1）θ_n 表示从 x_{n-1} 到 x_n 绕 z_{n-1} 的旋转角，即两连杆夹角。

2）d_n 表示从 x_{n-1} 到 x_n 沿 z_{n-1} 的距离，即两连杆距离。

3）a_n 表示从 z_{n-1} 到 z_n 沿 x_n 的距离，即连杆长度。

4）α_n 表示从 z_{n-1} 到 z_n 绕 x_n 的旋转角，即关节扭角。

例如，θ_1 表示从 x_0 到 x_1 绕 z_0 的旋转的角度，a_2 表示从 z_1 到 z_2 沿 x_2 的平移距离（注意：经过前两步操作，x_2 与 x_1 已经重合，沿 x_2 的平移等同于沿 x_1 的平移）。

每次坐标系变换形成的变换${}^{n-1}_{n}\boldsymbol{T}$ 都是 4 个矩阵相乘得到的，由于每次运动都是相对于

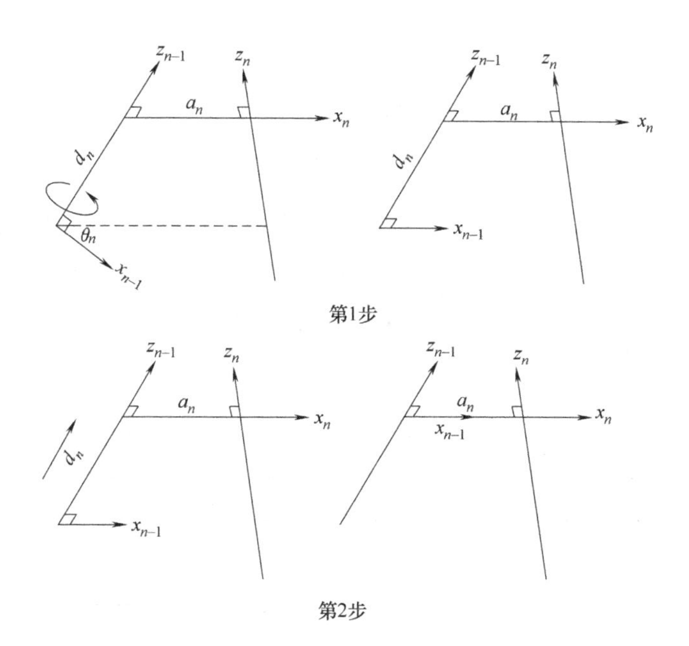

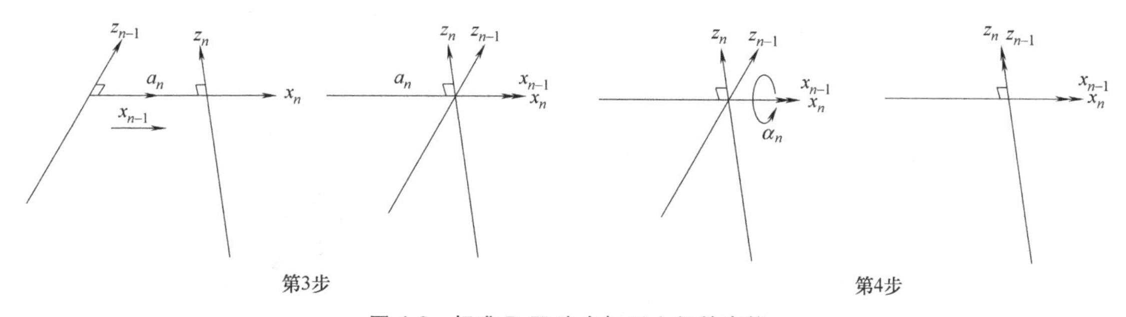

图 4-3　标准 D-H 法坐标系之间的变换

当前运动坐标系进行的，所以 4 个变换矩阵应依次右乘，即

$$
\begin{aligned}
{}^{n-1}_{n}\boldsymbol{T} &= \mathrm{Rot}(z,\theta)\,\mathrm{Trans}(0,0,d_n)\,\mathrm{Trans}(a_n,0,0)\,\mathrm{Rot}(x,\alpha_n) \\
&= \begin{bmatrix} \cos\theta_n & -\sin\theta_n & 0 & 0 \\ \sin\theta_n & \cos\theta_n & 0 & 0 \\ 0 & 0 & 1 & 0 \\ 0 & 0 & 0 & 1 \end{bmatrix}
\begin{bmatrix} 1 & 0 & 0 & 0 \\ 0 & 1 & 0 & 0 \\ 0 & 0 & 1 & d_n \\ 0 & 0 & 0 & 1 \end{bmatrix}
\begin{bmatrix} 1 & 0 & 0 & a_n \\ 0 & 1 & 0 & 0 \\ 0 & 0 & 1 & 0 \\ 0 & 0 & 0 & 1 \end{bmatrix}
\begin{bmatrix} 1 & 0 & 0 & 0 \\ 0 & \cos\alpha_n & -\sin\alpha_n & 0 \\ 0 & \sin\alpha_n & \cos\alpha_n & 0 \\ 0 & 0 & 0 & 1 \end{bmatrix} \\
&= \begin{bmatrix} \cos\theta_n & -\sin\theta_n\cos\alpha_n & \sin\theta_n\sin\alpha_n & a_n\cos\theta_n \\ \sin\theta_n & \cos\theta_n\cos\alpha_n & -\cos\theta_n\sin\alpha_n & a_n\sin\theta_n \\ 0 & \sin\alpha_n & \cos\alpha_n & d_n \\ 0 & 0 & 0 & 1 \end{bmatrix}
\end{aligned}
\tag{4-1}
$$

重复上一步骤，就可以从全局坐标系 U 开始（如果全局坐标系 U 与基座坐标系 0 重合，则从基座坐标系 0 开始），从一个坐标系变换到下一坐标系，最终通过递归的方法得到机械臂末端本地坐标系 H 在全局参考系 U 中的描述：

$$
{}_{H}^{U}\boldsymbol{T}={}_{0}^{U}\boldsymbol{T}_{1}^{0}\boldsymbol{T}\cdots{}_{n}^{n-1}\boldsymbol{T}_{H}^{n}\boldsymbol{T}=\begin{bmatrix} n_x & o_x & a_x & p_x \\ n_y & o_y & a_y & p_y \\ n_z & o_z & a_z & p_z \\ 0 & 0 & 0 & 1 \end{bmatrix} \tag{4-2}
$$

为了简化变换矩阵${}_{n}^{n-1}\boldsymbol{T}$的计算，可以制作一张关节和连杆参数的表格，每个参数值都可以从机器人的结构示意图上确定，将这些参数代入式中即可计算矩阵${}_{n}^{n-1}\boldsymbol{T}$，见表 4-1。

表 4-1　标准 D-H 法参数表

坐标系变换	θ	d	a	α
U—0				
0—1				
1—2				
…				
n—H				

【例 4-1】 对于图 4-4 所示的二连杆机器人，利用标准 D-H 法建立关节坐标系，填写标准 D-H 法参数表，并求出其正向运动学方程的解。

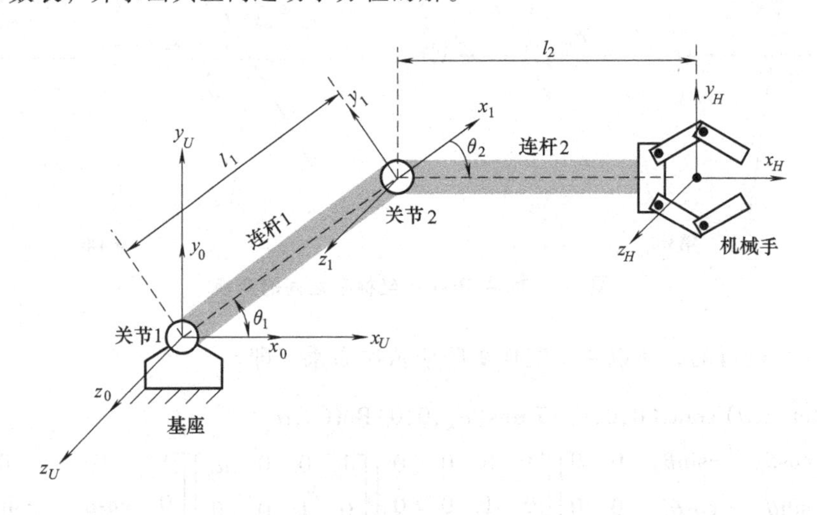

图 4-4　二连杆机器人坐标系定义

解： 第 1 步，为每个关节编号，建立其坐标系。关节 1 处坐标系为 0，是固定在基座上的；关节 2 处的坐标系为 1；机械手末端（连杆 2 末端）的坐标系为 H。

第 2 步，指定所有坐标系的 z 轴方向。由于关节 1 和关节 2 都是旋转关节，其旋转轴的方向即为 z 轴的方向，图中表示两个坐标系 z 轴指向页面外；机械手末端坐标系 H 的各轴方向一般由用户指定，为了简便，这里指定 H 坐标系 z 轴同样是垂直于纸面向外。

第 3 步，依次确定所有关节坐标系的 x 轴。按照规则，每一坐标系的 x 轴由本坐标系的 z 轴与前一坐标系的 z 轴的公法线方向确定。因为坐标系 0 是在机器人的基座上，在它之前没有关节，因此 x 的方向可以是任意的。为了方便起见，可以选择指定 x 的方向与全局坐标系 U 的 x 轴方向相同。其实，即使选择另外任意的方向也是没有关系的，例如选择与全局

坐标系的 x 轴夹角为 45°的方向作为 x_0，那么在后续的由 x_U 到 x_0 的变换时，就必须包括一个附加的 45°旋转来使 x_U 和 x_0 轴平行。坐标系 1 的 x 轴位于 z_1 和 z_0 的公法线方向上；坐标系 H 的 x 轴位于 z_H 和 z_1 的公法线方向上。

表 4-2 是该二连杆机器人的标准 D-H 法参数表。根据 D-H 的常规步骤，从一个坐标系到下一个坐标系所必需的 4 个变换，从而确定参数表的参数，以坐标系 0 到坐标系 1 为例：

1）绕 z_0 轴旋转 θ_1，使 x_0 和 x_1 平行。

2）由于 x_0 和 x_1 共面，因此沿着 z_0 轴的平移量 d 是 0。

3）z_0 和 z_1 平行，因此 z_0 沿着 x_0（经旋转已与 x_1 重合）到 z_1 的移动量 a 为 l_1。

4）z_0 和 z_1 平行，因此 z_0 绕 x_1 轴（也就是平移旋转后的 x_0 轴）到 z_1 的旋转角 α 为 0°。

5）坐标系 1 到坐标系 H 之间的变换可以重复与上面相同的过程，这里不再赘述。值得注意的是，由于全局坐标系 U 与坐标系 0 重合，所以 D-H 表中第 1 行是坐标系 0 到坐标系 1 的变换参数。

表 4-2 二连杆机器人的标准 D-H 法参数表

坐标系变换	θ	d	a	α
${}^0_1\boldsymbol{T}:(0\to1)$	θ_1	0	l_1	0°
${}^1_H\boldsymbol{T}:(1\to H)$	θ_2	0	l_2	0°

机械臂总的变换矩阵，即正向运动学方程为

$$
{}^0_H\boldsymbol{T}={}^0_1\boldsymbol{T}{}^1_H\boldsymbol{T}=\begin{bmatrix}\cos\theta_1 & -\sin\theta_1 & 0 & l_1\cos\theta_1\\ \sin\theta_1 & \cos\theta_1 & 0 & l_1\sin\theta_1\\ 0 & 0 & 1 & 0\\ 0 & 0 & 0 & 1\end{bmatrix}\begin{bmatrix}\cos\theta_2 & -\sin\theta_2 & 0 & l_2\cos\theta_2\\ \sin\theta_2 & \cos\theta_2 & 0 & l_2\sin\theta_2\\ 0 & 0 & 1 & 0\\ 0 & 0 & 0 & 1\end{bmatrix}
$$

$$
=\begin{bmatrix}C_{12} & -S_{12} & 0 & l_1C_1+l_2C_{12}\\ S_{12} & C_{12} & 0 & l_1S_1+l_2S_{12}\\ 0 & 0 & 1 & 0\\ 0 & 0 & 0 & 1\end{bmatrix}^{㊀} \tag{4-3}
$$

式（4-3）即为二连杆机器人的正向运动学方程，只要给定了 θ_1、θ_2、l_1 和 l_2 的值，就能计算得到某一时刻机器人末端在全局坐标系中的位姿描述。

可以用下面几组特殊的关节转角来检验一下该方程的正确性：

1）$\theta_1=\theta_2=0°$（见图 4-5）：

$$
{}^0_H\boldsymbol{T}=\begin{bmatrix}1 & 0 & 0 & l_1+l_2\\ 0 & 1 & 0 & 0\\ 0 & 0 & 1 & 0\\ 0 & 0 & 0 & 1\end{bmatrix}
$$

㊀ 本书中，默认采用 θ 来表示关节的角度，而一个机械臂中关节一般有多个关节的角度（θ_1、θ_2、…、θ_n），因此，为了控制式子长度，分别采用 C_n 代表 $\cos\theta_n$，$C_{ij\dots}$ 代表 $\cos(\theta_i+\theta_j+\cdots)$，$S_n$ 代表 $\sin\theta_n$，$S_{ij\dots}$ 代表 $\sin(\theta_i+\theta_j+\cdots)$，其中，$i$、$j\dots=1\sim n$，$n\leqslant6$。

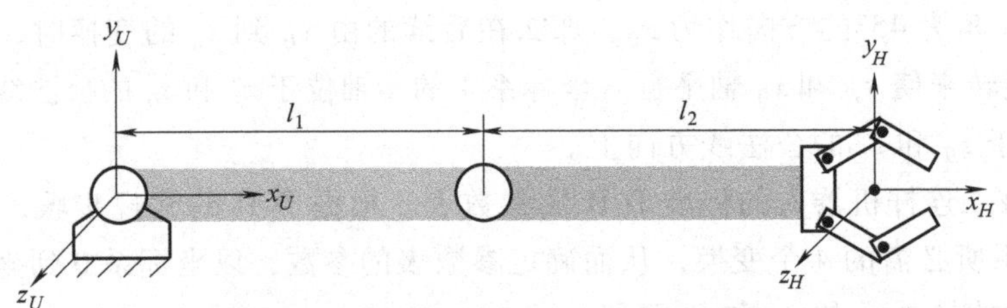

图 4-5　二连杆处于 $\theta_1=\theta_2=0°$ 时的构型

2）$\theta_1=0°$，$\theta_2=90°$（见图 4-6）：

$$
{}_{H}^{0}\boldsymbol{T}=\begin{bmatrix}0 & -1 & 0 & l_1\\ 1 & 0 & 0 & l_2\\ 0 & 0 & 1 & 0\\ 0 & 0 & 0 & 1\end{bmatrix}
$$

3）$\theta_1=90°$，$\theta_2=-90°$（见图 4-7）：

$$
{}_{H}^{0}\boldsymbol{T}=\begin{bmatrix}1 & 0 & 0 & l_2\\ 0 & 1 & 0 & l_1\\ 0 & 0 & 1 & 0\\ 0 & 0 & 0 & 1\end{bmatrix}
$$

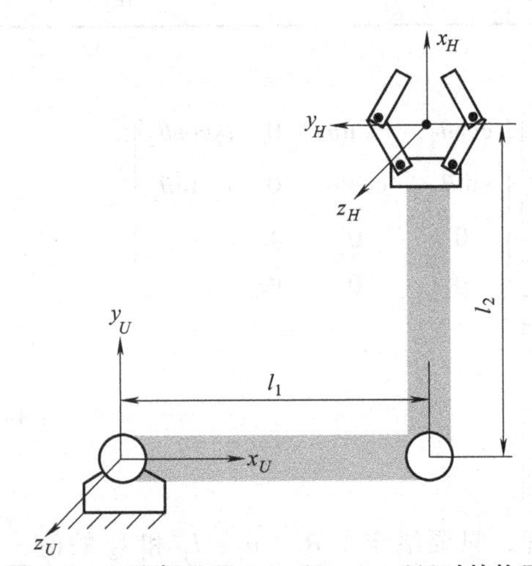

图 4-6　二连杆处于 $\theta_1=0°$，$\theta_2=90°$ 时的构型

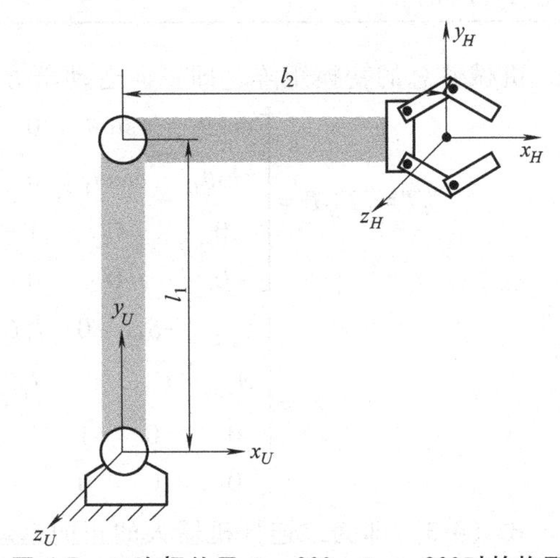

图 4-7　二连杆处于 $\theta_1=90°$，$\theta_2=-90°$ 时的构型

其 MATLAB 代码如下：

```
% 代表连杆参数
syms theta1 theta2 l1 l2;
T_01=[cos(theta1)-sin(theta1) 0 l1* cos(theta1);
      sin(theta1) cos(theta1) 0 l1* sin(theta1);
      0 0 1 0; 0 0 0 1];
T_1H=[cos(theta2)-sin(theta2) 0 l2* cos(theta2);
      sin(theta2) cos(theta2) 0 l2* sin(theta2);
      0 0 1 0; 0 0 0 1];
```

```
T_0H=T_01* T_1H
T_0H=[ cos(theta1)* cos(theta2) -sin(theta1)* sin(theta2),-cos
(theta1)* sin(theta2) -cos(theta2)* sin(theta1),0,l1* cos(theta1)+l2*
cos(theta1)* cos(theta2) -l2* sin(theta1)* sin(theta2)]
[ cos(theta1)* sin(theta2) + cos(theta2)* sin(theta1), cos(the-
ta1)* cos(theta2) -sin(theta1)* sin(theta2),0,l1* sin(theta1)+l2* cos
(theta1)* sin(theta2) + l2* cos(theta2)* sin(theta1)]
[0,0,1,0]
[0,0,0,1]
% 根据三角函数的和差角公式,整理上面结果即可得到式的结果
% cos(θ1+θ2)=cosθ1* cosθ2-sinθ1* sinθ2
% sin(θ1+θ2)=sinθ1* cosθ2+cosθ1* sinθ2
% 为变量 theta 赋值,验证结论的正确性
% 第 1 种组合
theta1=0;
theta2=0;
T1_0H=subs(T_0H)
T1_0H =
[ 1,0,0,l1 + l2]
[ 0,1,0,      0]
[ 0,0,1,      0]
[ 0,0,0,      1]
% 第 2 种组合
theta1=0;
theta2=pi/2;
T2_0H=subs(T_0H)
T2_0H=
[ 0,-1,0,l1]
[ 1,  0,0,l2]
[ 0,  0,1, 0]
[ 0,  0,0, 1]
% 第 3 种组合
theta1=pi/2;
theta2=-pi/2;
T3_0H=subs(T_0H)
T3_0H =
[ 1,0,0,l2]
[ 0,1,0,l1]
[ 0,0,1, 0]
[ 0,0,0, 1]
```

【例 4-2】 在例 4-1 中基础上再增加一个旋转关节 3，如图 4-8 所示，利用标准的 D-H 法建立关节坐标系，填写标准 D-H 法参数表，并求出其正向运动学解。

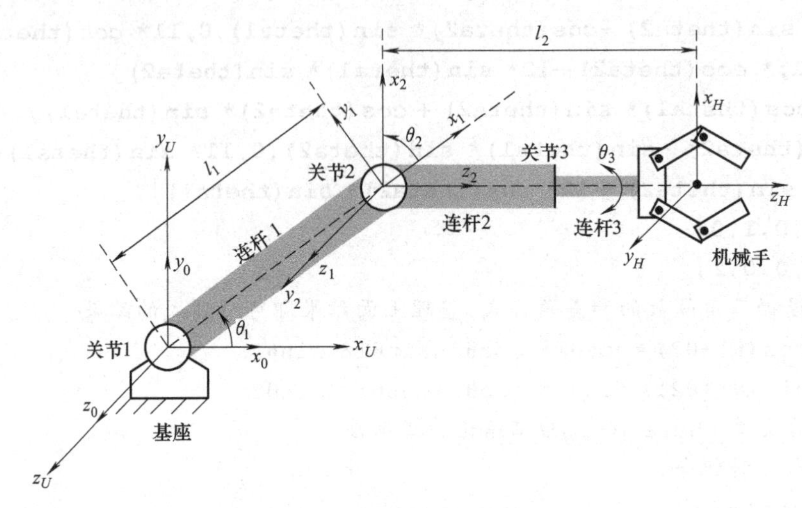

图 4-8 机械臂各本地坐标系

解：由于所有的关节都是旋转关节，根据规则所有的 z 轴方向为关节的旋转方向，如图 4-8 所示。注意，本例中机械手末端坐标系 H 的 z 轴自定义方向与上例中不同，不同的方向得到的 D-H 表和正向运动学方程解是不一样的。

根据 x 轴的确定规则：自身坐标系 z 轴和前一坐标系 z 轴的公法线方向，各关节的 x 轴方向如图 4-8 所示。三连杆机械臂的标准 D-H 法参数表见表 4-3，由于全局坐标系 U 与坐标系 0 重合，因此省略了由 $U \to 0$ 的变换。

表 4-3 三连杆机械臂的标准 D-H 法参数表

坐标系变换	θ	d	a	α
${}_1^0\boldsymbol{T}(0\to1)$	θ_1	0	l_1	0°
${}_2^1\boldsymbol{T}(1\to2)$	$\theta_2+90°$	0	0	90°
${}_H^2\boldsymbol{T}(2\to\mathrm{H})$	θ_3	l_2	0	0°

表 4-3 中第 2 行 $\theta_2+90°$ 意思是当 $\theta_2=0°$ 时（初始零位），x_1 和 x_2 之间有个初始夹角 90°，如果直接写成 θ_1 则意味着 θ_1 必须从 90°而不是 0°开始取值。机械臂正向运动学方程为

$$
{}_H^0\boldsymbol{T}={}_1^0\boldsymbol{T}{}_2^1\boldsymbol{T}{}_H^2\boldsymbol{T}=\begin{bmatrix}C_1 & -S_1 & 0 & l_1C_1\\ S_1 & C_1 & 0 & l_1S_1\\ 0 & 0 & 1 & 0\\ 0 & 0 & 0 & 1\end{bmatrix}\begin{bmatrix}-S_2 & 0 & C_2 & 0\\ C_2 & 0 & S_2 & 0\\ 0 & 1 & 0 & 0\\ 0 & 0 & 0 & 1\end{bmatrix}\begin{bmatrix}C_3 & -S_3 & 0 & 0\\ S_3 & C_3 & 0 & 0\\ 0 & 0 & 1 & l_2\\ 0 & 0 & 0 & 1\end{bmatrix}
$$

$$
=\begin{bmatrix}-S_{12}C_3 & S_{12}S_3 & C_{12} & l_1C_1+l_2C_{12}\\ C_{12}C_3 & -C_{12}S_3 & S_{12} & l_1S_1+l_2S_{12}\\ S_3 & C_3 & 1 & 0\\ 0 & 0 & 0 & 1\end{bmatrix} \tag{4-4}
$$

可以用下面几组特殊的关节转角来检验一下该方程的正确性：

1）$\theta_1=\theta_2=\theta_3=0°$（见图 4-9），其解为

$$
{}_H^0\boldsymbol{T}=\begin{bmatrix}0&0&1&l_1+l_2\\1&0&0&0\\0&1&0&0\\0&0&0&1\end{bmatrix}
$$

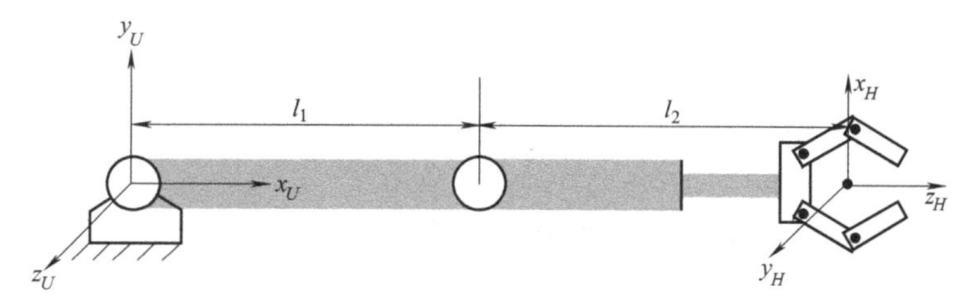

图 4-9　三连杆处于 $\boldsymbol{\theta}_1=\boldsymbol{\theta}_2=\boldsymbol{\theta}_3=0°$时的构型

2）$\theta_1=\theta_3=0°$，$\theta_2=90°$（见图 4-10），其解为

$$
{}_H^0\boldsymbol{T}=\begin{bmatrix}-1&0&0&l_1\\0&0&1&l_2\\0&1&0&0\\0&0&0&1\end{bmatrix}
$$

3）$\theta_1=\theta_3=90°$，$\theta_2=-90°$（见图 4-11），其解为

$$
{}_H^0\boldsymbol{T}=\begin{bmatrix}0&0&1&l_2\\0&-1&0&l_1\\1&0&0&0\\0&0&0&1\end{bmatrix}
$$

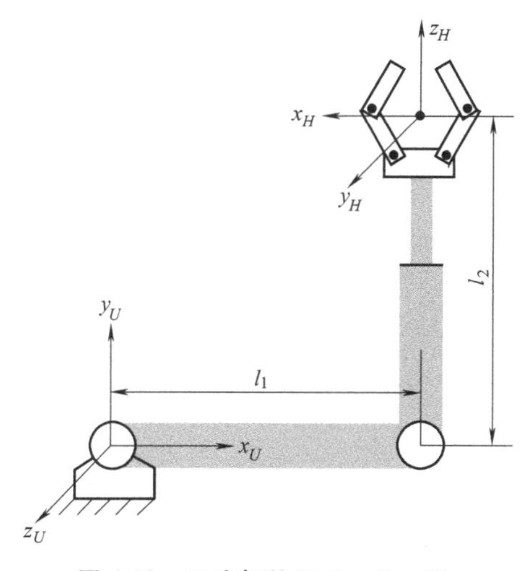

图 4-10　三连杆处于 $\boldsymbol{\theta}_1=\boldsymbol{\theta}_3=0°$，$\boldsymbol{\theta}_2=90°$时的构型

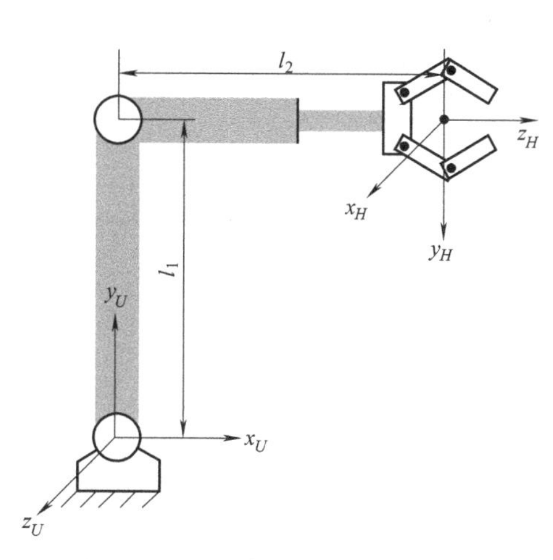

图 4-11　三连杆处于 $\boldsymbol{\theta}_1=\boldsymbol{\theta}_3=90°$，$\boldsymbol{\theta}_2=-90°$时的构型

其 MATLAB 代码如下：

```
% 代表连杆参数
syms theta1 theta2 theta3 l1 l2;
T_01=[cos(theta1)-sin(theta1) 0 l1* cos(theta1);
        sin(theta1) cos(theta1) 0 l1* sin(theta1);
        0 0 1 0; 0 0 0 1];
T_12=[-sin(theta2) 0 cos(theta2) 0;
        cos(theta2) 0 sin(theta2) 0;
        0 1 0 0; 0 0 0 1];
T_2H=[cos(theta3)-sin(theta3) 0 0;
        sin(theta3) cos(theta3) 0 0;
        0 0 1 l2; 0 0 0 1];
T_0H=T_01* T_12* T_2H;
% 为变量 theta 赋值,验证结论的正确性
% 第 1 种组合
theta1=0;
theta2=0;
theta3=0;
T1_0H=subs(T_0H)
T1_0H =
[ 0,0,1,l1 + l2]
[ 1,0,0,      0]
[ 0,1,0,      0]
[ 0,0,0,      1]
% 第 2 种组合
theta1=0;
theta2=pi/2;
theta3=0;
T2_0H=subs(T_0H)
T2_0H =
[ -1,0,0,l1]
[ 0,0,1,l2]
[ 0,1,0,0]
[ 0,0,0,1]
% 第 3 种组合
theta1=pi/2;
theta2=-pi/2;
theta3=pi/2;
```

```
T3_0H=subs(T_0H)
T3_0H =
[ 0,0,1,12]
[ 0,-1,0,11]
[ 1,0,0,0]
[ 0,0,0,1]
```

【例 4-3】 对于图 4-12 中斯坦福机械臂，建立其正向运动学方程。

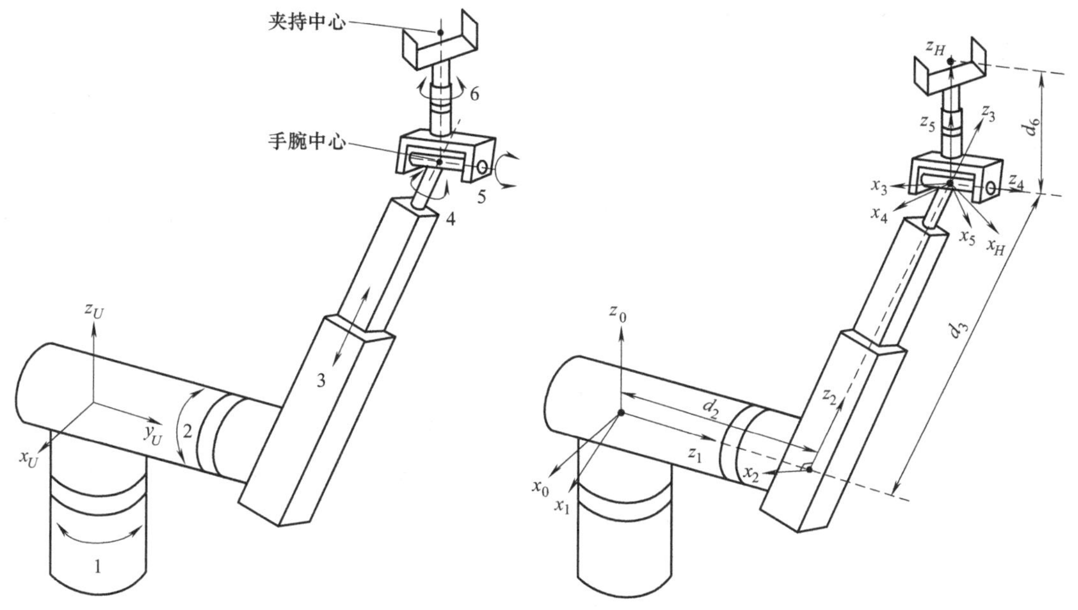

图 4-12　斯坦福机械臂及其坐标系

解： 建立的各关节的坐标系如图 4-12 所示，其标准 D-H 法参数表见表 4-4。全局坐标系 U 的原点位于关节 1、2 轴线的交点处，与坐标系 0 重合；机器人末端执行器的坐标系 H 的原点设在了手腕中心处（第 4、5、6 轴轴线的交点）。

表 4-4　斯坦福机械臂的标准 D-H 法参数表

坐标系变换	θ	d	a	α
0→1	θ_1	0	0	-90°
1→2	θ_2	d_2	0	90°
2→3	0°	d_3	0	0°
3→4	θ_4	0	0	-90°
4→5	θ_5	0	0	90°
5→H	θ_6	0	0	0°

最后得到的斯坦福机械臂正向运动学的解为

$$ {}_H^0\boldsymbol{T}=\begin{bmatrix} n_x & o_x & a_x & p_x \\ n_y & o_y & a_y & p_y \\ n_z & o_z & a_z & p_z \\ 0 & 0 & 0 & 1 \end{bmatrix} \tag{4-5} $$

式中：

$$n_x=C_1[C_2(C_4C_5C_6-S_4S_6)-S_2S_5S_6]-S_1(S_4C_5C_6+C_4S_6)$$
$$n_y=S_1[C_2(C_4C_5C_6-S_4S_6)-S_2S_5S_6]+C_1(S_4C_5C_6+C_4S_6)$$
$$n_z=-S_2(C_4C_5C_6-S_4S_6)-C_2S_5C_6$$
$$o_x=C_1[-C_2(C_4C_5S_6+S_4C_6)+S_2S_5S_6]-S_1(-S_4C_5S_6+C_4S_6)$$
$$o_y=S_1[-C_2(C_4C_5S_6+S_4S_6)+S_2S_5S_6]+C_1(-S_4C_5S_6+C_4S_6)$$
$$o_z=S_2(C_4C_5S_6+S_4C_6)+C_2S_5S_6$$
$$a_x=C_1(C_2C_4S_5+S_2C_5)-S_1S_4S_5$$
$$a_y=S_1(C_2C_4S_5+S_2C_5)+C_1S_4S_5$$
$$a_z=-S_2C_4S_5+C_2C_5$$
$$p_x=C_1S_2d_3-S_1d_2$$
$$p_y=S_1S_2d_3+C_1d_2$$
$$p_z=C_2d_3$$

如果想要表征夹持中心在全局坐标系中的位姿，还要在上面变换的基础上，再加上一个由手腕中心到夹持中心常变换：

$$ {}_H^0\boldsymbol{T}=\begin{bmatrix} n_x & o_x & a_x & p_x \\ n_y & o_y & a_y & p_y \\ n_z & o_z & a_z & p_z \\ 0 & 0 & 0 & 1 \end{bmatrix}\begin{bmatrix} 1 & 0 & 0 & 0 \\ 0 & 1 & 0 & 0 \\ 0 & 0 & 1 & d_6 \\ 0 & 0 & 0 & 1 \end{bmatrix} \tag{4-6}$$

本例由手腕中心坐标系到夹持中心坐标系只是沿 z_H 轴的平移，如果末端执行器姿态与最后一个关节坐标系不一致，还要加上旋转变换。

其 MATLAB 代码如下：

```
% 定义参数
syms theta theta1 theta2 d3 theta4 theta5 theta6;
syms d alpha a;
syms d2 d3 d6;

% 定义 D-H 表每一行参数
dh_1=[theta1,0,0,-pi/2];
dh_2=[theta2,d2,0,pi/2];
dh_3=[0,d3,0,0];
dh_4=[theta4,0,0,-pi/2];
dh_5=[theta5,0,0,pi/2];
dh_6=[theta6,0,0,0];
% 定义总变换矩阵
T=[cos(theta)-sin(theta)* cos(alpha) sin(theta)* sin(alpha)
    a* cos(theta);
    sin(theta) cos(theta)* cos(alpha) -cos(theta)* sin(alpha)
    a* sin(theta);
```

```
    0 sin(alpha) cos(alpha) d; 0 0 0 1];
% 定义每一变换变换矩阵
T_01=subs(T,[theta,d,a,alpha],dh_1);
T_12=subs(T,[theta,d,a,alpha],dh_2);
T_23=subs(T,[theta,d,a,alpha],dh_3);
T_34=subs(T,[theta,d,a,alpha],dh_4);
T_45=subs(T,[theta,d,a,alpha],dh_5);
T_5H=subs(T,[theta,d,a,alpha],dh_6);

% 最终位姿矩阵
T_0H=T_01* T_12* T_23* T_34* T_45* T_5H;
% 零位检验,末端执行器的原点设在手腕中心
pose_0=[0,0,d3,0,0,0];
T_0H_0=subs(T_0H,[theta1,theta2,d3,theta4,theta5,theta6],
        pose_0)
T_0H_0 =
[ 1,0,0,  0]
[ 0,1,0,d2]
[ 0,0,1,d3]
[ 0,0,0,  1]
% 末端执行器的原点设在夹持中心
T_H=[1 0 0 0;0 1 0 0;0 0 1 d6;0 0 0 1];
T_0H_Holder=T_0H* T_H;
T_0H_Holder_0=subs(T_0H_Holder,[theta1,theta2,d3,theta4,the-
            ta5,theta6],pose_0)
T_0H_Holder_0=
[ 1,0,0,      0]
[ 0,1,0,     d2]
[ 0,0,1,d3 + d6]
[ 0,0,0,      1]
```

【例 4-4】 对于图 4-13 中处于零位的 PUMA560 机械臂，建立其正向运动学方程。

解： 建立的各关节的坐标系如图 4-13 所示。全局坐标系与坐标系 0 重合，机器人末端执行器的坐标系 H 位于夹持中心，因此不需要由手腕中心到夹持中心常变换。其标准 D-H 法参数表见表 4-5，其中变量 θ_1 和 θ_3 的零位时初始角度分别为 90°和−90°。

表 4-5 PUMA560 机械臂的标准 D-H 法参数表

坐标系变换	θ	d	a	α
0→1	$\theta_1+90°$	0	0	−90°
1→2	θ_2	d_2	a_2	0°

（续）

坐标系变换	θ	d	a	α
2→3	θ_3-90°	0	a_3	-90°
3→4	θ_4	d_4	0	90°
4→5	θ_5	0	0	-90°
5→H	θ_6	d_6	0	0°

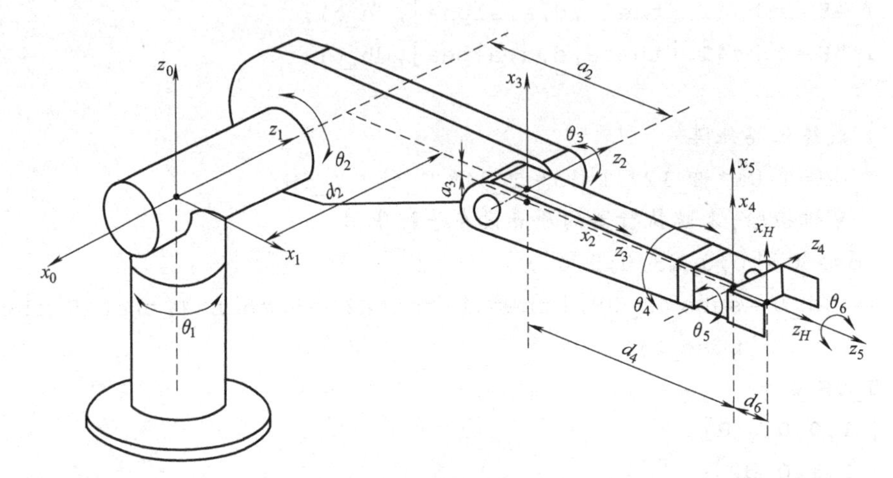

图 4-13　PUMA560 机械臂及其坐标系

每次变换的变换矩阵为

$$
{}^0_1\boldsymbol{T}=\begin{bmatrix} C_1 & 0 & -S_1 & 0 \\ S_1 & 0 & C_1 & 0 \\ 0 & -1 & 0 & 0 \\ 0 & 0 & 0 & 1 \end{bmatrix},\ {}^1_2\boldsymbol{T}=\begin{bmatrix} C_2 & -S_2 & 0 & a_2C_2 \\ S_2 & C_2 & 0 & a_2S_2 \\ 0 & 0 & 1 & d_2 \\ 0 & 0 & 0 & 1 \end{bmatrix},\ {}^2_3\boldsymbol{T}=\begin{bmatrix} C_3 & 0 & -S_3 & a_3C_3 \\ S_3 & 0 & C_3 & a_3S_3 \\ 0 & -1 & 0 & 0 \\ 0 & 0 & 0 & 1 \end{bmatrix},
$$

$$
{}^3_4\boldsymbol{T}=\begin{bmatrix} C_4 & 0 & S_4 & 0 \\ S_4 & 0 & -C_4 & 0 \\ 0 & 1 & 0 & d_4 \\ 0 & 0 & 0 & 1 \end{bmatrix},\ {}^4_5\boldsymbol{T}=\begin{bmatrix} C_5 & 0 & -S_5 & 0 \\ S_5 & 0 & C_5 & 0 \\ 0 & -1 & 0 & 0 \\ 0 & 0 & 0 & 1 \end{bmatrix},\ {}^5_H\boldsymbol{T}=\begin{bmatrix} C_6 & -S_6 & 0 & 0 \\ S_6 & C_6 & 0 & 0 \\ 0 & 0 & 1 & d_6 \\ 0 & 0 & 0 & 1 \end{bmatrix}
$$

最后得到的 PUMA560 机械臂正向运动学的解为

$$
{}^0_H\boldsymbol{T}={}^0_1\boldsymbol{T}{}^1_2\boldsymbol{T}{}^2_3\boldsymbol{T}{}^3_4\boldsymbol{T}{}^4_5\boldsymbol{T}{}^5_H\boldsymbol{T}=\begin{bmatrix} n_x & o_x & a_x & p_x \\ n_y & o_y & a_y & p_y \\ n_z & o_z & a_z & p_z \\ 0 & 0 & 0 & 1 \end{bmatrix} \tag{4-7}
$$

式中：

$$n_x=-C_6[C_5(S_1S_4-C_1C_4C_{23})+C_1S_5S_{23}]-S_6(C_1S_4+C_1C_{23}S_4)$$

$$n_y=C_6[C_5(C_1S_4+S_1C_4C_{23})-S_1S_5S_{23}]+S_6(C_1C_4-S_1C_{23}S_4)$$

$$n_z=S_4S_6S_{23}-C_6(C_{23}S_5+C_4C_5S_{23})$$

$o_x=S_6[C_5(S_1S_4-C_1C_4C_{23})+C_1S_5S_{23}]-C_6(S_1C_4+C_1C_{23}S_4)$
$o_y=-S_6[C_5(C_1S_4+S_1C_4C_{23})-S_1S_5S_{23}]+C_6(C_1C_4-S_1C_{23}S_4)$
$o_z=S_4C_6S_{23}+S_6(C_{23}S_5+C_4C_5S_{23})$
$a_x=C_1C_5S_{23}-S_5(S_1S_5-C_1C_4C_{23})$
$a_y=S_1C_5S_{23}+S_5(C_1S_5+S_1C_4C_{23})$
$a_z=C_5C_{23}-C_4S_5S_{23}$
$p_x=C_1(a_2C_2-a_3C_{23})-d_2S_1-d_6[S_5(S_1S_4-C_1C_4C_{23})-C_1C_5S_{23}]+d_4C_1S_{23}$
$p_y=S_1(a_2C_2-a_3C_{23})+d_2C_1-d_6[S_5(C_1S_4+S_1C_4C_{23})+S_1C_5S_{23}]+d_4S_1S_{23}$
$p_z=d_4C_{23}-a_2S_2+a_3S_{23}+d_3(C_5C_{23}-C_4S_5S_{23})$

其 MATLAB 代码如下：

```
% 定义参数
syms theta theta1 theta2 theta3 theta4 theta5 theta6;
syms d a alpha;
syms d2 a2 a3 d4 d6;

% 定义 D-H 表每一行参数
dh_1=[theta1,0,0,-pi/2];
dh_2=[theta2,d2,a2,0];
dh_3=[theta3,0,a3,-pi/2];
dh_4=[theta4,d4,0,pi/2];
dh_5=[theta5,0,0,-pi/2];
dh_6=[theta6,d6,0,0];
% 定义总变换矩阵
T=[cos(theta)-sin(theta)* cos(alpha) sin(theta)* sin(alpha)
  a* cos(theta);
  sin(theta) cos(theta)* cos(alpha) -cos(theta)* sin(alpha)
  a* sin(theta);
  0 sin(alpha) cos(alpha) d; 0 0 0 1];
% 定义每一变换变换矩阵
T_01=subs(T,[theta,d,a,alpha],dh_1);
T_12=subs(T,[theta,d,a,alpha],dh_2);
T_23=subs(T,[theta,d,a,alpha],dh_3);
T_34=subs(T,[theta,d,a,alpha],dh_4);
T_45=subs(T,[theta,d,a,alpha],dh_5);
T_5H=subs(T,[theta,d,a,alpha],dh_6);

% 最终位姿矩阵
T_0H=T_01* T_12* T_23* T_34* T_45* T_5H;
% 零位检验
```

```
pose_0=[pi/2,0,-pi/2,0,0,0];
 T_0H_0 = subs(T_0H,[theta1,theta2,theta3,theta4,theta5,
        theta6],pose_0)
T_0H_0 =
[ 0,1,0,          -d2]
[ 0,0,1,a2 + d4 + d6]
[ 1,0,0,           a3]
[ 0,0,0,            1]
```

【例 4-5】 空间站遥控机械手系统（space sation remote manipulator system，SSRMS）也称为航天飞机遥控机械手系统，它是依附在航天飞机或者空间站上的一个机械手臂和机械手。使用该系统有几个目的：卫星调度、构建空间站、在机械臂的末端运送航天员、使用照相机拍摄和检查空间站外面的事物等。SSRMS 机械臂如图 4-14 所示。其主要的参数：$d_1=0.38\text{m}$，$d_2=1.36\text{m}$，$a_3=7.11\text{m}$，$d_3=0.57\text{m}$，$a_4=7.11\text{m}$，$d_4=0.47\text{m}$，$d_5=0.57\text{m}$，$d_6=0.63\text{m}$，d_7 则要根据末端执行器的结构来确定，这里设 $d_7=0.5\text{m}$。试采用标准的 D-H 法求解其正向运动学的变换矩阵。

解：各关节的坐标系如图 4-14 所示，其标准 D-H 法参数表见表 4-6。

表 4-6　SSRMS 机械臂的标准 D-H 法参数表

坐标系变换	θ	d	a	α
0→1	θ_1	d_1	0	-90°
1→2	θ_2	d_2	0	-90°
2→3	θ_3	d_3	a_3	0°
3→4	θ_4	d_4	a_4	0°
4→5	θ_5	d_5	0	90°
5→6	θ_6	d_6	0	-90°
6→H	0°	d_7	0	0°

每次变换的变换矩阵为

$$
{}^0_1\boldsymbol{T}=\begin{bmatrix} C_1 & 0 & -S_1 & 0 \\ S_1 & 0 & C_1 & 0 \\ 0 & -1 & 0 & d_1 \\ 0 & 0 & 0 & 1 \end{bmatrix},\ {}^1_2\boldsymbol{T}=\begin{bmatrix} C_2 & 0 & -S_2 & 0 \\ S_2 & 0 & C_2 & 0 \\ 0 & -1 & 0 & d_2 \\ 0 & 0 & 0 & 1 \end{bmatrix},\ {}^2_3\boldsymbol{T}=\begin{bmatrix} C_3 & -S_3 & 0 & a_3C_3 \\ S_3 & C_3 & 0 & a_3S_3 \\ 0 & 0 & 1 & d_3 \\ 0 & 0 & 0 & 1 \end{bmatrix},
$$

$$
{}^3_4\boldsymbol{T}=\begin{bmatrix} C_4 & -S_4 & 0 & a_4C_4 \\ S_4 & C_4 & 0 & a_4S_4 \\ 0 & 0 & 1 & d_4 \\ 0 & 0 & 0 & 1 \end{bmatrix},\ {}^4_5\boldsymbol{T}=\begin{bmatrix} C_5 & 0 & -S_5 & 0 \\ S_5 & 0 & C_5 & 0 \\ 0 & -1 & 0 & d_5 \\ 0 & 0 & 0 & 1 \end{bmatrix},\ {}^5_6\boldsymbol{T}=\begin{bmatrix} C_6 & 0 & -S_6 & 0 \\ S_6 & 0 & C_6 & 0 \\ 0 & -1 & 0 & d_6 \\ 0 & 0 & 0 & 1 \end{bmatrix},
$$

$$
{}_{H}^{6}\boldsymbol{T}=\begin{bmatrix} C_7 & -S_7 & 0 & 0 \\ S_7 & C_7 & 0 & 0 \\ 0 & 0 & 1 & d_7 \\ 0 & 0 & 0 & 1 \end{bmatrix}
$$

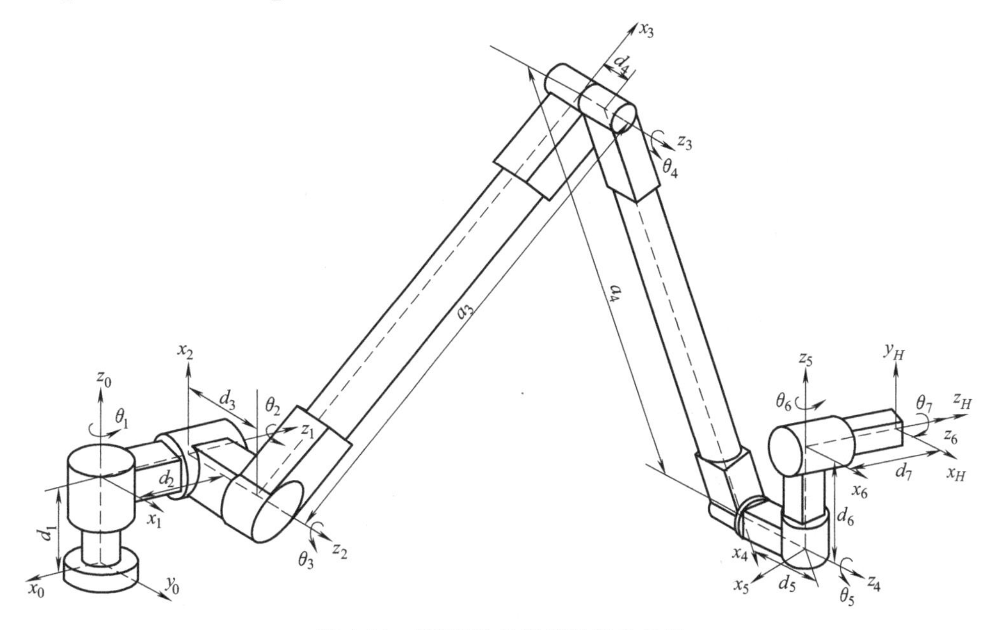

图 4-14　SSRMS 机械臂及其坐标系

最后得到的 SSRMS 机械臂正向运动学的变换矩阵为

$$
{}_{H}^{0}\boldsymbol{T}={}_{1}^{0}\boldsymbol{T}{}_{2}^{1}\boldsymbol{T}{}_{3}^{2}\boldsymbol{T}{}_{4}^{3}\boldsymbol{T}{}_{5}^{4}\boldsymbol{T}{}_{6}^{5}\boldsymbol{T}{}_{H}^{6}\boldsymbol{T} \tag{4-8}
$$

其 MATLAB 代码如下：

```
% 定义参数
syms theta theta1 theta2 theta3 theta4 theta5 theta6 theta7;
syms d a alpha;
d1=0.38;
d2=1.36;
a3=7.11;
d3=0.57;
a4=7.11;
d4=0.47;
d5=0.57;
d6=0.63;
d7=0.5;

% 定义 D-H 表每一行参数
dh_1=[theta1,d1,0,-pi/2];
```

```
    dh_2=[theta2,d2,0,-pi/2];
    dh_3=[theta3,d3,a3,0];
    dh_4=[theta4,d4,a4,0];
    dh_5=[theta5,d5,0,pi/2];
    dh_6=[theta6,d6,0,-pi/2];
    dh_7=[theta7,d7,0,0];

    % 定义总变换矩阵
    T=[cos(theta)-sin(theta)* cos(alpha) sin(theta)* sin(alpha)
      a* cos(theta);
      sin(theta) cos(theta)* cos(alpha) -cos(theta)* sin(alpha)
      a* sin(theta);
    0 sin(alpha) cos(alpha) d; 0 0 0 1];
     % 定义每一变换变换矩阵
     T_01=subs(T,[theta,d,a,alpha],dh_1);
     T_12=subs(T,[theta,d,a,alpha],dh_2);
     T_23=subs(T,[theta,d,a,alpha],dh_3);
     T_34=subs(T,[theta,d,a,alpha],dh_4);
     T_45=subs(T,[theta,d,a,alpha],dh_5);
     T_56=subs(T,[theta,d,a,alpha],dh_6);
     T_6H=subs(T,[theta,d,a,alpha],dh_7);

     % 最终位姿矩阵
     T_0H=T_01* T_12* T_23* T_34* T_45* T_56* T_6H;
     % 零位检验
     pose_0=[pi/2,-pi/2,0,0,0,pi/2,0];
T_0H_0=subs(T_0H,[theta1,theta2,theta3,theta4,theta5,theta6,the-
       ta7],pose_0)
     T_0H_0 =
     [ 0,1,  0,-1.99]
     [ 1,0,  0,  1.61]
     [[ 0,0,-1,  14.1]
     [ 0,0,  0,     1]
```

4.2 修正的 D-H 法

通用 D-H 法在机器人正向运动学建模中虽然应用广泛，但当基于牛顿-欧拉法研究机器人的动力学时，标准 D-H 模型的坐标系形式容易产生歧义（主要是因为关节 i 处的坐标系

是 $i-1$）。因此，在 1986 年，Craig 第一次引入了修正的 D-H 法。

图 4-15 所示为修正的 D-H 法连杆、关节、坐标系定义，可以看出，与标准的 D-H 法相比，修正的 D-H 法有如下不同：

1）关节 n 处的坐标系为编号 n，连杆 0 一般固定在底座上，称为地杆；最后一个坐标系位于最后一个连杆的末端。

2）连杆 n 位于坐标系 n 和坐标系 $n+1$ 之间，即将连杆坐标系固定在该连杆的输入端（即前面关节），例如，连杆 1 位于坐标系 1 和坐标系 2 之间，其坐标系位于关节 1 上。

3）当前坐标系的 x_i 轴位于自身坐标系 z_i 轴和后一坐标系 z_{i+1} 轴的公法线方向上，即与 z_i 和 z_{i+1} 的叉乘方向平行或者反向平行。

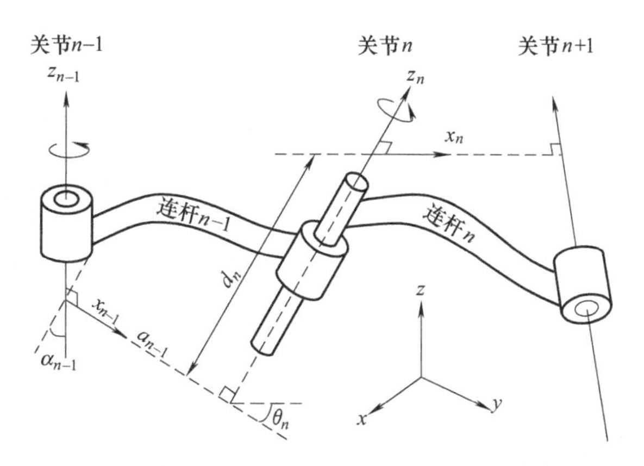

图 4-15 修正的 D-H 法连杆、关节、坐标系定义

另外，修正的 D-H 法相邻坐标系之间参数的变换顺序与标准的 D-H 法也不同，标准的 D-H 法参数变换次序为：θ、d、a、α（先对相邻两坐标系的 x 轴进行操作），而修正的 D-H 法参数变换次序为 α、a、θ、d（先对相邻两坐标系的 z 轴进行操作，θ 和 d 的次序可以互换）。因此，相邻两坐标系的变换矩阵为

$$
{}^{n-1}_{n}\boldsymbol{T}=\mathrm{Rot}(x,\alpha_n)\mathrm{Trans}(a_n,0,0)\mathrm{Rot}(z,\theta)\mathrm{Trans}(0,0,d_n)
$$

$$
=\begin{bmatrix}1 & 0 & 0 & 0\\ 0 & \cos\alpha_n & -\sin\alpha_n & 0\\ 0 & \sin\alpha_n & \cos\alpha_n & 0\\ 0 & 0 & 0 & 1\end{bmatrix}\begin{bmatrix}1 & 0 & 0 & a_n\\ 0 & 1 & 0 & 0\\ 0 & 0 & 1 & 0\\ 0 & 0 & 0 & 1\end{bmatrix}\begin{bmatrix}\cos\theta_n & -\sin\theta_n & 0 & 0\\ \sin\theta_n & \cos\theta_n & 0 & 0\\ 0 & 0 & 1 & 0\\ 0 & 0 & 0 & 1\end{bmatrix}\begin{bmatrix}1 & 0 & 0 & 0\\ 0 & 1 & 0 & 0\\ 0 & 0 & 1 & d_n\\ 0 & 0 & 0 & 1\end{bmatrix}
$$

$$
=\begin{bmatrix}\cos\theta_n & -\sin\theta_n & 0 & a_n\\ \sin\theta_n\cos\alpha_n & \cos\theta_n\cos\alpha_n & -\sin\alpha_n & -d_n\sin\alpha_n\\ \sin\theta_n\sin\alpha_n & \cos\theta_n\sin\alpha_n & \cos\alpha_n & d_n\cos\alpha_n\\ 0 & 0 & 0 & 1\end{bmatrix} \tag{4-9}
$$

修正的 D-H 法参数表见表 4-7。

表 4-7　修正的 D-H 法参数表

坐标系变换	α	a	θ	d
U—0				
0—1				
1—2				
…				
n—H				

【例 4-6】　对于图 4-16 所示的平面三连杆机器人，利用修正的 D-H 法建立关节坐标系，填写修正的 D-H 法参数表，并求出其正向运动学方程。

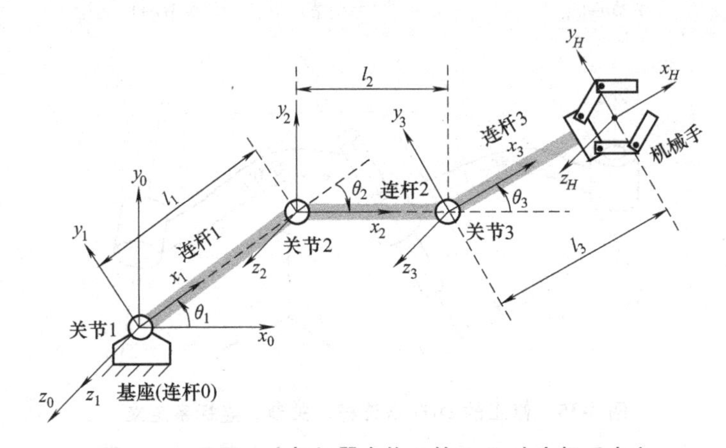

图 4-16　平面三连杆机器人修正的 D-H 法坐标系定义

解： 各关节和连杆的坐标系如图 4-16 所示。其中，连杆 0 固定在基座上，并以坐标系 0 作为全局参考坐标系，其原点与坐标系 1 重合，这样也就省略了由全局坐标系 U 至坐标系 0 的变换。其修正的 D-H 法参数表见表 4-8。值得一提的是，修正的 D-H 法一般只变换到最后一个关节（关节 3）处，若要得到机械手末端的坐标系 H 在全局坐标系中的表征，最后还要增加一个常变换 3→H。

表 4-8　三连杆机械人修正的 D-H 法参数表

坐标系变换	α	a	θ	d
${}^0_1\boldsymbol{T}$:(0→1)	0°	0	θ_1	0
${}^1_2\boldsymbol{T}$:(1→2)	0°	l_1	θ_2	0
${}^2_3\boldsymbol{T}$:(2→3)	0°	l_2	θ_3	0
${}^3_H\boldsymbol{T}$:(3→H)	0°	l_3	0°	0

$$
{}^0_H\boldsymbol{T} = {}^0_1\boldsymbol{T}{}^1_2\boldsymbol{T}{}^2_3\boldsymbol{T}{}^3_H\boldsymbol{T}
$$

$$
= \begin{bmatrix} C_1 & -S_1 & 0 & 0 \\ S_1 & C_1 & 0 & 0 \\ 0 & 0 & 1 & 0 \\ 0 & 0 & 0 & 1 \end{bmatrix} \begin{bmatrix} C_2 & -S_2 & 0 & l_1 \\ S_2 & C_2 & 0 & 0 \\ 0 & 0 & 1 & 0 \\ 0 & 0 & 0 & 1 \end{bmatrix} \begin{bmatrix} C_3 & -S_3 & 0 & l_2 \\ S_3 & C_3 & 0 & 0 \\ 0 & 0 & 1 & 0 \\ 0 & 0 & 0 & 1 \end{bmatrix} \begin{bmatrix} 1 & 0 & 0 & l_3 \\ 0 & 1 & 0 & 0 \\ 0 & 0 & 1 & 0 \\ 0 & 0 & 0 & 1 \end{bmatrix}
$$

$$=\begin{bmatrix} C_{123} & -S_{123} & 0 & l_1C_1+l_2C_{12}+l_3C_{123} \\ S_{123} & C_{123} & 0 & l_1S_1+l_2S_{12}+l_3C_{123} \\ 0 & 0 & 1 & 0 \\ 0 & 0 & 0 & 1 \end{bmatrix} \tag{4-10}$$

可以用下面几组特殊的关节转角来检验一下该方程的正确性：

1）$\theta_1=\theta_2=\theta_3=0°$（见图 4-17），其解为

$$ {}_H^0\boldsymbol{T}=\begin{bmatrix} 1 & 0 & 0 & l_1+l_2+l_3 \\ 0 & 1 & 0 & 0 \\ 0 & 0 & 1 & 0 \\ 0 & 0 & 0 & 1 \end{bmatrix}$$

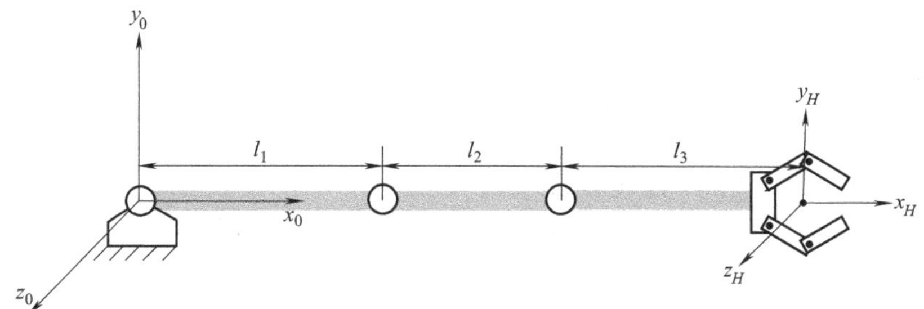

图 4-17　三连杆处于 $\theta_1=\theta_2=\theta_3=0°$时的构型

2）$\theta_1=0°$，$\theta_2=90°$，$\theta_3=-90°$（见图 4-18），其解为

$$ {}_H^0\boldsymbol{T}=\begin{bmatrix} 1 & 0 & 0 & l_1+l_3 \\ 0 & 1 & 0 & l_2 \\ 0 & 0 & 1 & 0 \\ 0 & 0 & 0 & 1 \end{bmatrix}$$

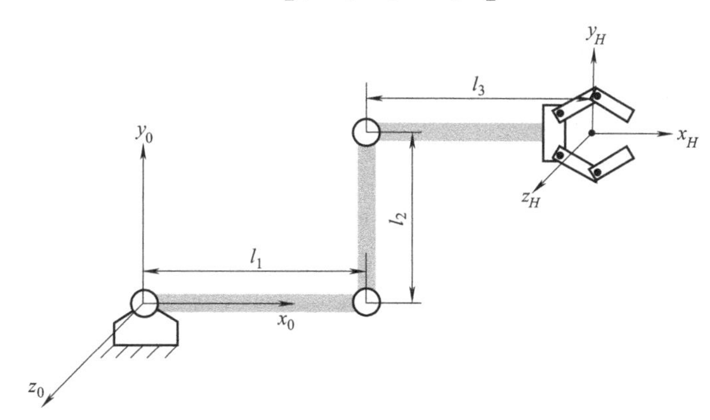

图 4-18　三连杆处于 $\theta_1=0°$，$\theta_2=90°$，$\theta_3=-90°$时的构型

3）$\theta_1=90°$，$\theta_2=\theta_3=-90°$（见图 4-19），其解为

$$ {}_H^0\boldsymbol{T}=\begin{bmatrix} 0 & 1 & 0 & l_2 \\ -1 & 0 & 0 & l_1-l_3 \\ 0 & 0 & 1 & 0 \\ 0 & 0 & 0 & 1 \end{bmatrix}$$

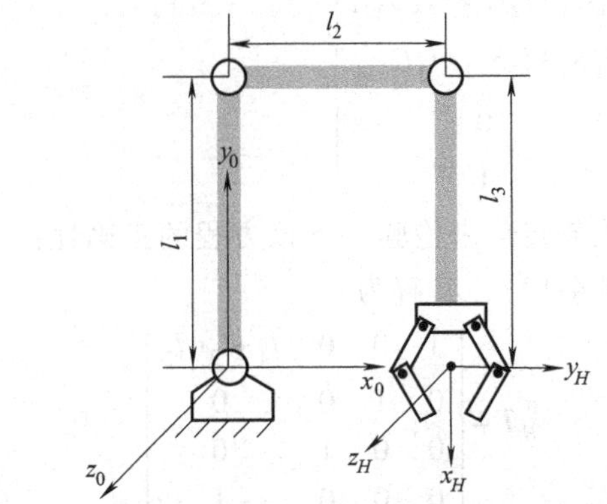

图 4-19　三连杆处于 $\theta_1=90°$，$\theta_2=\theta_3=-90°$时的构型

其 MATLAB 代码如下：

```
% 代表连杆参数
syms theta1 theta2 theta3 l1 l2 l3;
T_01=[cos(theta1)-sin(theta1) 0 0;
        sin(theta1) cos(theta1) 0 0;
        0 0 1 0; 0 0 0 1];
T_12=[cos(theta2)-sin(theta2) 0 l1;
        sin(theta2) cos(theta2) 0 0;
        0 0 1 0; 0 0 0 1];
T_23=[cos(theta3)-sin(theta3) 0 l2;
        sin(theta3) cos(theta3) 0 0;
        0 0 1 0; 0 0 0 1];
T_3H=[1 0 0 l3;
       0 1 0 0;
       0 0 1 0;
       0 0 0 1];
T_0H=T_01* T_12* T_23* T_3H;
% 为变量 theta 赋值,验证结论的正确性
% 第 1 种组合
theta1=0;
theta2=0;
theta3=0;
T1_0H=subs(T_0H)
T1_0H =
[ 1,0,0,l1 + l2 + l3]
[ 0,1,0,           0]
[ 0,0,1,           0]
```

```
[ 0,0,0,            1]
% 第 2 种组合
theta1=0;
theta2=pi/2;
theta3=-pi/2;
T2_0H=subs(T_0H)
T2_0H =
[ 1,0,0,l1 + l3]
[ 0,1,0,     l2]
[ 0,0,1,      0]
[ 0,0,0,      1]
% 第 3 种组合
theta1=pi/2;
theta2=-pi/2;
theta3=-pi/2;
T3_0H=subs(T_0H)
T3_0H =
[  0,1,0,     l2]
[ -1,0,0,l1 - l3]
[  0,0,1,      0]
[  0,0,0,      1]
```

【例 4-7】 利用修正的 D-H 法建立图 4-20 所示的 PUMA560 机械臂正向运动学方程。

解： 建立的各关节的坐标系如图 4-20 所示。全局坐标系为 0，机械臂末端执行器的坐标系为 H，位于夹持中心。注意，修正的 D-H 法一般只变换到最后一个关节处，要想表征末端执行器在全局参考系中的位姿，则要再乘以一个由 6→H 的常变换矩阵。其修正的 D-H 法参数表见表 4-9，θ_1 和 θ_3 后面括号内为零位时的初始值。

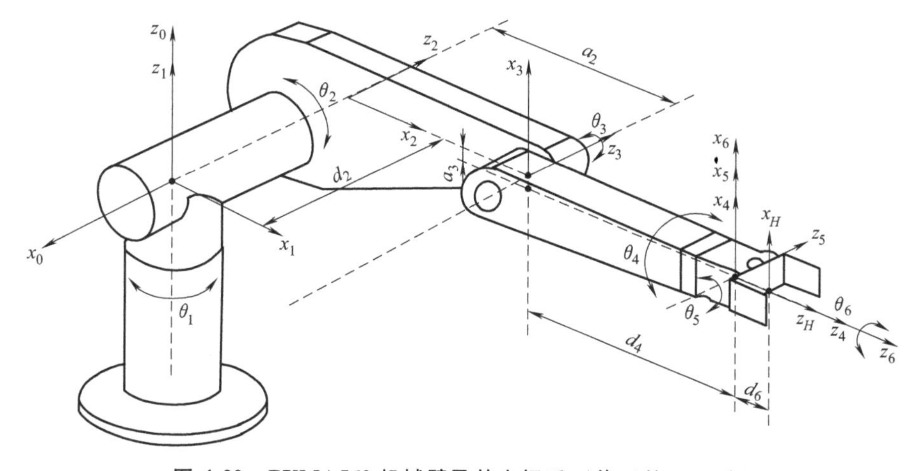

图 4-20　PUMA560 机械臂及其坐标系（修正的 D-H 法）

表 4-9　PUMA560 机械臂修正的 D-H 法参数表

坐标系变换	α	a	θ	d
0→1	0°	0	$\theta_1(90°)$	0
1→2	-90°	0°	θ_2	d_2
2→3	0°	a_2	$\theta_3(-90°)$	0
3→4	-90°	a_3	θ_4	d_4
4→5	90°	0	θ_5	0
5→6	-90°	0	θ_6	0

每次变换的变换矩阵为

$$ {}_1^0\boldsymbol{T}=\begin{bmatrix} C_1 & -S_1 & 0 & 0\\ S_1 & C_1 & 0 & 0\\ 0 & 0 & 1 & 0\\ 0 & 0 & 0 & 1\end{bmatrix},\ {}_2^1\boldsymbol{T}=\begin{bmatrix} C_2 & -S_2 & 0 & 0\\ 0 & 0 & 1 & d_2\\ -S_2 & -C_2 & 0 & 0\\ 0 & 0 & 0 & 1\end{bmatrix},\ {}_3^2\boldsymbol{T}=\begin{bmatrix} C_3 & -S_3 & 0 & a_2\\ S_3 & C_3 & 0 & 0\\ 0 & 0 & 1 & 0\\ 0 & 0 & 0 & 1\end{bmatrix}, $$

$$ {}_4^3\boldsymbol{T}=\begin{bmatrix} C_4 & -S_4 & 0 & a_3\\ 0 & 0 & 1 & d_4\\ -S_4 & -C_4 & 0 & 0\\ 0 & 0 & 0 & 1\end{bmatrix},\ {}_5^4\boldsymbol{T}=\begin{bmatrix} C_5 & -S_5 & 0 & 0\\ 0 & 0 & -1 & 0\\ S_5 & C_5 & 0 & 0\\ 0 & 0 & 0 & 1\end{bmatrix},\ {}_6^5\boldsymbol{T}=\begin{bmatrix} C_6 & -S_6 & 0 & 0\\ 0 & 0 & 1 & 0\\ -S_6 & -C_6 & 0 & 0\\ 0 & 0 & 0 & 1\end{bmatrix} $$

最后得到的 PUMA560 机械臂正向运动学的解为

$$ {}_6^0\boldsymbol{T}={}_1^0\boldsymbol{T}{}_2^1\boldsymbol{T}{}_3^2\boldsymbol{T}{}_4^3\boldsymbol{T}{}_5^4\boldsymbol{T}{}_6^5\boldsymbol{T}=\begin{bmatrix} n_x & o_x & a_x & p_x\\ n_y & o_y & a_y & p_y\\ n_z & o_z & a_z & p_z\\ 0 & 0 & 0 & 1\end{bmatrix} \tag{4-11} $$

式中：

$$n_x=C_1[C_{23}(C_4C_5C_6-S_4S_6)-S_{23}S_5C_6]+S_1(S_4C_5C_6+C_4S_6)$$
$$n_y=S_1[C_{23}(C_4C_5C_6-S_4S_6)-S_{23}S_5C_6]-C_1(S_4C_5C_6+C_4S_6)$$
$$n_z=-S_{23}(C_4C_5C_6-S_4S_6)-C_{23}S_5S_6$$
$$o_x=C_1[C_{23}(-C_4C_5S_6-S_4C_6)+S_{23}S_5S_6]+S_1(-S_4C_5S_6+C_4C_6)$$
$$o_y=S_1[C_{23}(-C_4C_5S_6-S_4C_6)+S_{23}S_5S_6]-C_1(-S_4C_5S_6+C_4C_6)$$
$$o_z=-S_{23}(-C_4C_5S_6-S_4C_6)+C_{23}S_5S_6$$
$$a_x=-C_1(S_{23}C_5+C_{23}C_4S_5)-S_1S_4S_5$$
$$a_y=-S_1(S_{23}C_5+C_{23}C_4S_5)+C_1S_4S_5$$
$$a_z=S_{23}C_4S_5-C_{23}C_5$$
$$p_x=C_1(a_2C_2+a_3C_{23}-d_4S_{23})-d_2S_1$$
$$p_y=S_1(a_2C_2+a_3C_{23}-d_4S_{23})+d_2C_1$$
$$p_z=-a_3S_{23}-a_2S_2-d_4C_{23}$$

若要得到末端执行器在全局参考系中的位姿，则：

$$
{}_{H}^{0}\boldsymbol{T}={}_{6}^{0}\boldsymbol{T}{}_{H}^{6}\boldsymbol{T}={}_{6}^{0}\boldsymbol{T}\begin{bmatrix}1 & 0 & 0 & 0\\ 0 & 1 & 0 & 0\\ 0 & 0 & 1 & d_6\\ 0 & 0 & 0 & 1\end{bmatrix} \tag{4-12}
$$

其 MATLAB 代码如下：

```
% 定义参数
syms theta theta1 theta2 theta3 theta4 theta5 theta6;
syms d a alpha;
syms a2 a3 d2 d4 d6;

% 定义 D-H 表每一行参数
dh_1=[0,0,theta1,0];
dh_2=[-pi/2,0,theta2,d2];
dh_3=[0,a2,theta3,0];
dh_4=[-pi/2,a3,theta4,d4];
dh_5=[pi/2,0,theta5,0];
dh_6=[-pi/2,0,theta6,0];
% 定义总变换矩阵
T=[cos(theta)-sin(theta) 0 a;
    sin(theta)* cos(alpha) cos(theta)* cos(alpha)-sin(alpha)  -
    d* sin(alpha);
    sin(theta)* sin(alpha) cos(theta)* sin(alpha) cos(alpha)
    d* cos(alpha);
    0 0 0 1];
 % 定义每一变换变换矩阵
 T_01=subs(T,[alpha,a,theta,d],dh_1);
 T_12=subs(T,[alpha,a,theta,d],dh_2);
 T_23=subs(T,[alpha,a,theta,d],dh_3);
 T_34=subs(T,[alpha,a,theta,d],dh_4);
 T_45=subs(T,[alpha,a,theta,d],dh_5);
 T_56=subs(T,[alpha,a,theta,d],dh_6);

 % 以手腕为原点的最终位姿矩阵
 T_06=T_01* T_12* T_23* T_34* T_45* T_56;
 % 零位检验
 pose_0=[pi/2,0,-pi/2,0,0,0];
  T_06_0 = subs (T_06,[theta1, theta2, theta3, theta4, theta5,
          theta6],pose_0)
```

```
T_06_0 =
[ 0,1,0,    -d2]
[ 0,0,1,a2 + d4]
[ 1,0,0,     a3]
[ 0,0,0,      1]
% 以夹持中心为原点的最终位姿矩阵
T_6H=[1 0 0 0;0 1 0 0;0 0 1 d6;0 0 0 1];
T_0H=T_06* T_6H;
% 零位检验
 T _0H _0 = subs (T _0H, [ theta1, theta2, theta3, theta4, theta5,
            theta6],pose_0)
T_0H_0 =
[ 0,1,0,         -d2]
[ 0,0,1,a2 + d4 + d6]
[ 1,0,0,          a3]
[ 0,0,0,           1]
% 结果与标准 D-H 法完全相同
```

4.3 机器人正向运动学的指数积公式

由前面的内容可以看出，无论是采用标准的 D-H 法还是修正的 D-H 法，建立机器人的正向运动学方程都要建立复杂的连杆坐标系，并填写 D-H 表中的参数，略显烦琐。采用指数积公式可以避免这一问题。

考虑如图 4-21 所示的二连杆机器人：

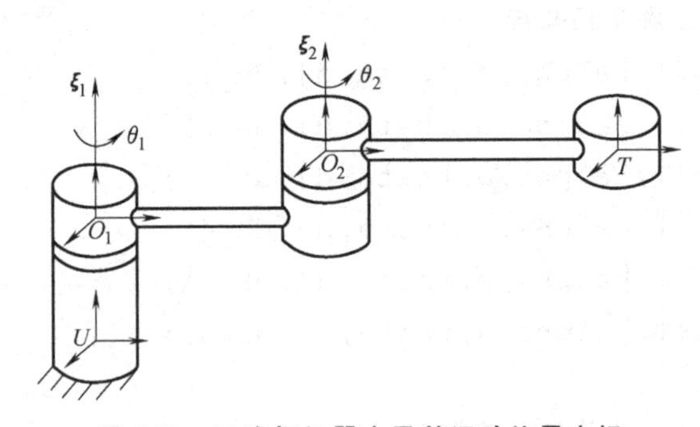

图 4-21 二连杆机器人及其运动旋量坐标

若将其第 1 个各关节固定，那么机械手末端的工具坐标系的位姿是第 2 个关节的转角 θ_2 的函数，由位于第 2 个关节轴线的产生的旋量运动 $e^{\hat{\xi}_2\theta_2}$，使工具坐标系由初始位姿${}_T^U\boldsymbol{g}(0)$运动到终止位姿${}_T^U\boldsymbol{g}(\theta_2)$，则有：

$$
{}_T^U\boldsymbol{g}(\theta_2)=e^{\hat{\xi}_2\theta_2}\cdot{}_T^U\boldsymbol{g}(0) \tag{4-13}
$$

同理，以第 1 次旋量运动的终止位姿${}_T^U\boldsymbol{g}(\theta_2)$作为初始位姿，固定第 2 个各关节，只旋转第 1 个关节，那么有：

$$ {}_T^U\boldsymbol{g}(\theta_1,\theta_2)=\mathrm{e}^{\hat{\boldsymbol{\xi}}_1\theta_1}\cdot {}_T^U\boldsymbol{g}(\theta_2)=\mathrm{e}^{\hat{\boldsymbol{\xi}}_1\theta_1}\cdot \mathrm{e}^{\hat{\boldsymbol{\xi}}_2\theta_2}\cdot {}_T^U\boldsymbol{g}(0) \tag{4-14}$$

如果先固定第 2 个关节，第 1 个关节旋转 θ_1，则有：

$$ {}_T^U\boldsymbol{g}(\theta_1)=\mathrm{e}^{\hat{\boldsymbol{\xi}}_1\theta_1}\cdot {}_T^U\boldsymbol{g}(0) \tag{4-15}$$

关节 2 的轴线由于关节 1 的旋转而发生的改变，新的运动旋量为

$$\hat{\boldsymbol{\xi}}_2'=\mathrm{e}^{\hat{\boldsymbol{\xi}}_1\theta_1}\cdot\hat{\boldsymbol{\xi}}_2\cdot\mathrm{e}^{-\hat{\boldsymbol{\xi}}_1\theta_1} \text{ 或 } \boldsymbol{\xi}'_2=\mathrm{Ad}_{\mathrm{e}^{\hat{\xi}_1\theta_1}}\boldsymbol{\xi}_2 \tag{4-16}$$

式中，$\mathrm{Ad}_{\mathrm{e}^{\hat{\xi}_1\theta_1}}\boldsymbol{\xi}_2$ 称为旋量 $\boldsymbol{\xi}_2$ 的伴随变换，且有如下关系：

$$\mathrm{e}^{\hat{\boldsymbol{\xi}}_2'\theta_2}=\mathrm{e}^{(\mathrm{e}^{\hat{\xi}_1\theta_1}\cdot\hat{\xi}_2\cdot\mathrm{e}^{-\hat{\xi}_1\theta_1})\theta_2}=\mathrm{e}^{\hat{\xi}_1\theta_1}\cdot(\mathrm{e}^{\hat{\xi}_2\theta_2})\cdot\mathrm{e}^{-\hat{\xi}_1\theta_1} \tag{4-17}$$

此时，以第 1 次旋量运动的终止位姿${}_T^U\boldsymbol{g}(\theta_1)$作为初始位姿，固定第 1 个各关节，只旋转第 2 个关节，则有：

$$ {}_T^U\boldsymbol{g}(\theta_1,\theta_2)=\mathrm{e}^{\hat{\boldsymbol{\xi}}'_1\theta_2}\cdot {}_T^U\boldsymbol{g}(\theta_1)=\mathrm{e}^{\hat{\xi}_1\theta_1}(\mathrm{e}^{\hat{\xi}_2\theta_2})\mathrm{e}^{-\hat{\xi}_1\theta_1}\cdot\mathrm{e}^{\hat{\xi}_1\theta_1}\cdot {}_T^U\boldsymbol{g}(0)=\mathrm{e}^{\hat{\xi}_1\theta_1}\cdot\mathrm{e}^{\hat{\xi}_2\theta_2}\cdot {}_T^U\boldsymbol{g}(0) \tag{4-18}$$

与式（4-14）相同，说明结论与运动的顺序无关。

采用指数积公式建立 n 自由度任意开链机器人的正向运动学方程的一般步骤为：

1）确立机器人的参考坐标系 U 和机器人末段工具坐标系 T，并定义机器人的基准参考位形（机器人对应于 $\theta=0$ 的位形）${}_T^U\boldsymbol{g}(0)$。

2）对于每一个关节，构造一个运动旋量 $\boldsymbol{\xi}_i$，它对应于除第 i 个关节外，所有其他关节均固定于 $\theta=0$ 位置时第 i 个关节的旋量运动。对于转动关节，运动旋量 $\boldsymbol{\xi}_i$ 具有以下形式：

$$\boldsymbol{\xi}_i=\begin{bmatrix}-\boldsymbol{\omega}_i\times\boldsymbol{q}_i\\ \boldsymbol{\omega}_i\end{bmatrix}$$

式中，$\boldsymbol{\omega}_i$ 是运动旋量轴线方向上的单位矢量，$\boldsymbol{q}_i$ 为轴线上的任一点。

对于移动关节：

$$\boldsymbol{\xi}_i=\begin{bmatrix}\boldsymbol{v}_i\\ 0\end{bmatrix}$$

式中，$\boldsymbol{v}_i$ 是移动方向上的单位矢量。

3）最后利用机器人正向运动学的指数积公式：

$$ {}_T^U\boldsymbol{g}(\theta)=\mathrm{e}^{\hat{\xi}_1\theta_1}\mathrm{e}^{\hat{\xi}_2\theta_2}\cdots\mathrm{e}^{\hat{\xi}_n\theta_n}\cdot {}_T^U\boldsymbol{g}(0) \tag{4-19}$$

【例 4-8】 采用指数积公式建立如图 4-22 所示的空间二连杆机器人的正向运动学方程。

解： 图 4-22 中机器人形位即为各关节 $\theta_1=\theta_2=0°$时的初始形位，此时工具坐标系的位姿：

$$ {}_T^U\boldsymbol{g}(0)=\begin{bmatrix}1&0&0&0\\0&1&0&l_1+l_2\\0&0&1&l_0\\0&0&0&1\end{bmatrix}$$

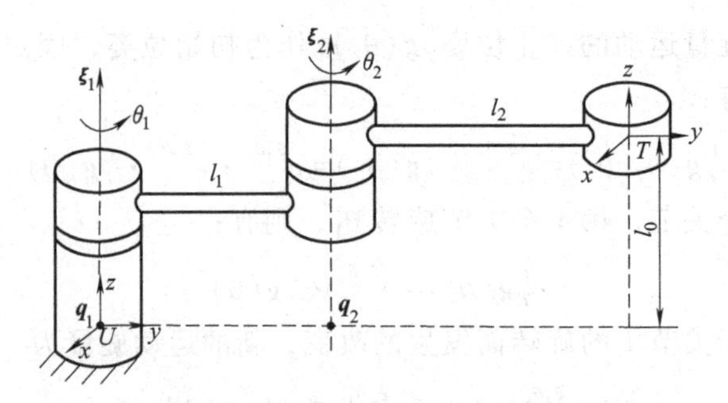

图 4-22　空间二连杆机器人运动旋量坐标

构造运动旋量，取

$$\boldsymbol{\omega}_1=\boldsymbol{\omega}_2=\begin{bmatrix}0\\0\\1\end{bmatrix}$$

取轴线上的点

$$\boldsymbol{q}_1=\begin{bmatrix}0\\0\\0\end{bmatrix},\ \boldsymbol{q}_2=\begin{bmatrix}0\\l_1\\0\end{bmatrix}$$

所以，两个关节的运动旋量分别为

$$\boldsymbol{\xi}_1=\begin{bmatrix}-\boldsymbol{\omega}_1\times\boldsymbol{q}_1\\\boldsymbol{\omega}_1\end{bmatrix}=\begin{bmatrix}0\\0\\0\\0\\0\\1\end{bmatrix},\ \boldsymbol{\xi}_2=\begin{bmatrix}-\boldsymbol{\omega}_2\times\boldsymbol{q}_2\\\boldsymbol{\omega}_2\end{bmatrix}=\begin{bmatrix}l_1\\0\\0\\0\\0\\1\end{bmatrix}$$

计算各个矩阵指数：

$$\mathrm{e}^{\hat{\boldsymbol{\xi}}_1\theta_1}=\begin{bmatrix}\mathrm{e}^{\hat{\boldsymbol{\omega}}_1\theta_1} & \boldsymbol{0}\\\boldsymbol{0} & 1\end{bmatrix}=\begin{bmatrix}\cos\theta_1 & -\sin\theta_1 & 0 & 0\\\sin\theta_1 & \cos\theta_1 & 0 & 0\\0 & 0 & 1 & 0\\0 & 0 & 0 & 1\end{bmatrix}$$

$$\mathrm{e}^{\hat{\boldsymbol{\xi}}_2\theta_2}=\begin{bmatrix}\mathrm{e}^{\hat{\boldsymbol{\omega}}_2\theta_2} & (\boldsymbol{E}-\mathrm{e}^{\hat{\boldsymbol{\omega}}_2\theta_2})\cdot\boldsymbol{q}_2\\\boldsymbol{0} & 1\end{bmatrix}=\begin{bmatrix}\cos\theta_2 & -\sin\theta_2 & 0 & l_1\sin\theta_2\\\sin\theta_2 & \cos\theta_2 & 0 & l_1(1-\cos\theta_2)\\0 & 0 & 1 & 0\\0 & 0 & 0 & 1\end{bmatrix}$$

所以

$$\begin{aligned}{}_T^U\boldsymbol{g}(\theta_1,\theta_2)&=\mathrm{e}^{\hat{\boldsymbol{\xi}}_1\theta_1}\mathrm{e}^{\hat{\boldsymbol{\xi}}_2\theta_2}{}_T^U\boldsymbol{g}(0)\\&=\begin{bmatrix}\cos\theta_1 & -\sin\theta_1 & 0 & 0\\\sin\theta_1 & \cos\theta_1 & 0 & 0\\0 & 0 & 1 & 0\\0 & 0 & 0 & 1\end{bmatrix}\begin{bmatrix}\cos\theta_2 & -\sin\theta_2 & 0 & l_1\sin\theta_2\\\sin\theta_2 & \cos\theta_2 & 0 & l_1(1-\cos\theta_2)\\0 & 0 & 1 & 0\\0 & 0 & 0 & 1\end{bmatrix}\begin{bmatrix}1 & 0 & 0 & 0\\0 & 1 & 0 & l_1+l_2\\0 & 0 & 1 & l_0\\0 & 0 & 0 & 1\end{bmatrix}\end{aligned}$$

$$
=\begin{bmatrix} C_{12} & -S_{12} & 0 & -l_1S_1-l_2S_{12} \\ S_{12} & C_{12} & 0 & l_1C_1+l_2C_{12} \\ 0 & 0 & 1 & l_0 \\ 0 & 0 & 0 & 1 \end{bmatrix}
$$

其 MATLAB 代码如下：

```
% 定义符号变量
syms theta1 theta2 l0 l1 l2;
% 构造运动旋量
w1=[0;0;1];
w1_hat=[0 -1 0;1 0 0;0 0 0];
q1=[0;0;0];
v1=-cross(w1,q1);
w2=[0;0;1];
q2=[0;l1;0];
v2=-cross(w2,q2);
w2_hat=[0 -1 0;1 0 0;0 0 0];
% 计算矩阵指数
E=[1 0 0;0 1 0;0 0 1];
e_w1_hat=E+w1_hat* sin(theta1)+(1-cos(theta1))* w1_hat* w1_hat;
e_w2_hat=E+w2_hat* sin(theta2)+(1-cos(theta2))* w2_hat* w2_hat;

e_zeta1_hat=[e_w1_hat (E-e_w1_hat)* cross(w1,v1)+theta1* w1' *
            v1* w1;
             [0 0 0] 1];
e_zeta2_hat=[e_w2_hat (E-e_w2_hat)* cross(w2,v2)+theta2* w2' *
            v2* w2;
             [0 0 0] 1];
% 定义初始形位时工具坐标系的位姿
g0UT=[1 0 0 0;
 0 1 0 l1+l2;
 0 0 1 l0;
 0 0 0 1];
gUT=e_zeta1_hat* e_zeta2_hat* g0UT;
% 验证:第 1 种组合
theta1=0;
theta2=0;
```

```
T1_UT=subs(gUT)
T1_UT =
[ 1,0,0,      0]
[ 0,1,0,l1 + l2]
[ 0,0,1,     l0]
[ 0,0,0,      1]
% 验证:第 2 种组合
theta1=0;
theta2=pi/2;
T2_UT=subs(gUT)
T2_UT =
[ 0,-1,0,-l2]
[ 1,  0,0, l1]
[ 0,  0,1, l0]
[ 0,  0,0,  1]
% 验证:第 3 种组合
theta1=pi/2;
theta2=pi/2;
T3_UT=subs(gUT)
T3_UT =
[ -1,  0,0,-l1]
[  0,-1,0,-l2]
[  0,  0,1, l0]
[  0,  0,0,  1]
```

【例 4-9】 采用指数积公式建立如图 4-23 所示的拟人臂机器人的正向运动学方程。

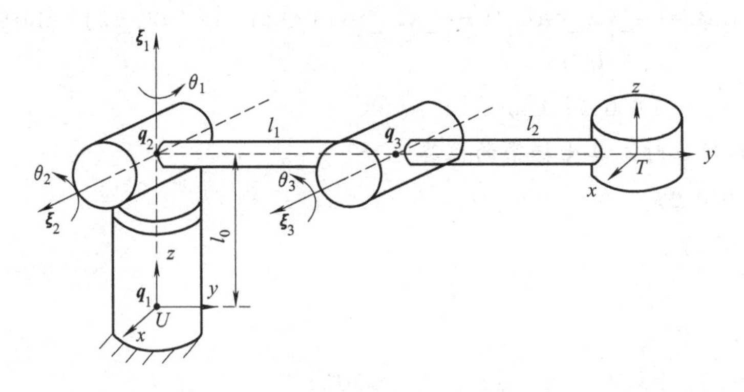

图 4-23　拟人臂机器人运动旋量坐标

解： 图 4-23 中机器人形位即为各关节 $\theta_1 = \theta_2 = \theta_3 = 0°$时的初始形位，此时工具坐标系的位姿为

$$ {}^U_T\boldsymbol{g}(0)=\begin{bmatrix}1&0&0&0\\0&1&0&l_1+l_2\\0&0&1&l_0\\0&0&0&1\end{bmatrix} $$

构造运动旋量，取

$$ \boldsymbol{\omega}_1=\begin{bmatrix}0\\0\\1\end{bmatrix},\ \boldsymbol{\omega}_2=\boldsymbol{\omega}_3=\begin{bmatrix}1\\0\\0\end{bmatrix} $$

取轴线上的点

$$ \boldsymbol{q}_1=\begin{bmatrix}0\\0\\0\end{bmatrix},\ \boldsymbol{q}_2=\begin{bmatrix}0\\0\\l_0\end{bmatrix},\ \boldsymbol{q}_3=\begin{bmatrix}0\\l_1\\l_0\end{bmatrix} $$

所以，两个关节的运动旋量分别为

$$ \boldsymbol{\xi}_1=\begin{bmatrix}0\\0\\0\\0\\0\\1\end{bmatrix},\ \boldsymbol{\xi}_2=\begin{bmatrix}0\\l_0\\0\\1\\0\\0\end{bmatrix},\ \boldsymbol{\xi}_3=\begin{bmatrix}0\\l_0\\-l_1\\1\\0\\0\end{bmatrix} $$

计算各个矩阵指数：

$$ \mathrm{e}^{\hat{\boldsymbol{\xi}}_1\theta_1}=\begin{bmatrix}\mathrm{e}^{\hat{\boldsymbol{\omega}}_1\theta_1}&\boldsymbol{0}\\\boldsymbol{0}&\boldsymbol{1}\end{bmatrix}=\begin{bmatrix}\cos\theta_1&-\sin\theta_1&0&0\\\sin\theta_1&\cos\theta_1&0&0\\0&0&1&0\\0&0&0&1\end{bmatrix} $$

$$ \mathrm{e}^{\hat{\boldsymbol{\xi}}_2\theta_2}=\begin{bmatrix}\mathrm{e}^{\hat{\boldsymbol{\omega}}_2\theta_2}&(\boldsymbol{E}-\mathrm{e}^{\hat{\boldsymbol{\omega}}_2\theta_2})\cdot\boldsymbol{q}_2\\\boldsymbol{0}&\boldsymbol{1}\end{bmatrix}=\begin{bmatrix}1&0&0&0\\0&\cos\theta_2&-\sin\theta_2&l_0\sin\theta_2\\0&\sin\theta_2&\cos\theta_2&l_0(1-\cos\theta_2)\\0&0&0&1\end{bmatrix} $$

$$ \mathrm{e}^{\hat{\boldsymbol{\xi}}_3\theta_3}=\begin{bmatrix}\mathrm{e}^{\hat{\boldsymbol{\omega}}_3\theta_3}&(\boldsymbol{E}-\mathrm{e}^{\hat{\boldsymbol{\omega}}_3\theta_3})\cdot\boldsymbol{q}_3\\\boldsymbol{0}&\boldsymbol{1}\end{bmatrix}=\begin{bmatrix}1&0&0&0\\0&\cos\theta_3&-\sin\theta_3&l_0\sin\theta_3+l_1(1-\cos\theta_3)\\0&\sin\theta_3&\cos\theta_3&-l_1\sin\theta_3+l_0(1-\cos\theta_3)\\0&0&0&1\end{bmatrix} $$

所以

$$ \begin{aligned}{}^U_T\boldsymbol{g}(\theta_1,\theta_2,\theta_3)&=\mathrm{e}^{\hat{\boldsymbol{\xi}}_1\theta_1}\mathrm{e}^{\hat{\boldsymbol{\xi}}_2\theta_2}\mathrm{e}^{\hat{\boldsymbol{\xi}}_3\theta_3}\,{}^U_T\boldsymbol{g}(0)\\&=\begin{bmatrix}\cos\theta_1&-\sin\theta_1&0&0\\\sin\theta_1&\cos\theta_1&0&0\\0&0&1&0\\0&0&0&1\end{bmatrix}\begin{bmatrix}1&0&0&0\\0&\cos\theta_2&-\sin\theta_2&l_0\sin\theta_2\\0&\sin\theta_2&\cos\theta_2&l_0(1-\cos\theta_2)\\0&0&0&1\end{bmatrix}\end{aligned} $$

$$
\begin{bmatrix} 1 & 0 & 0 & 0 \\ 0 & \cos\theta_3 & -\sin\theta_3 & l_0\sin\theta_3+l_1(1-\cos\theta_3) \\ 0 & \sin\theta_3 & \cos\theta_3 & -l_1\sin\theta_3+l_0(1-\cos\theta_3) \\ 0 & 0 & 0 & 1 \end{bmatrix}\begin{bmatrix} 1 & 0 & 0 & 0 \\ 0 & 1 & 0 & l_1+l_2 \\ 0 & 0 & 1 & l_0 \\ 0 & 0 & 0 & 1 \end{bmatrix}
$$

$$
=\begin{bmatrix} C_1 & -S_1C_{23} & S_1S_{23} & -S_1(l_1C_2+l_2C_{23}) \\ S_1 & C_1C_{23} & -C_1S_{23} & C_1(l_1C_2+l_2C_{23}) \\ 0 & S_{23} & C_{23} & l_0+l_1S_2+l_2S_{23} \\ 0 & 0 & 0 & 1 \end{bmatrix}
$$

其 MATLAB 代码如下：

```
% 定义符号变量
syms theta1 theta2 theta3 l0 l1 l2;

% 构造运动旋量
w1=[0;0;1];
w1_hat=[0 -1 0;1 0 0;0 0 0];
q1=[0;0;0];
v1=-cross(w1,q1);

w2=[1;0;0];
w2_hat=[0 0 0;0 0 -1;0 1 0];
q2=[0;0;l0];
v2=-cross(w2,q2);

w3=[1;0;0];
w3_hat=[0 0 0;0 0 -1;0 1 0];
q3=[0;l1;l0];
v3=-cross(w3,q3);

% 计算矩阵指数
E=[1 0 0;0 1 0;0 0 1];
e_w1_hat=E+w1_hat* sin(theta1)+(1-cos(theta1))* w1_hat* w1_hat;
e_w2_hat=E+w2_hat* sin(theta2)+(1-cos(theta2))* w2_hat* w2_hat;
e_w3_hat=E+w3_hat* sin(theta3)+(1-cos(theta3))* w3_hat* w3_hat;
e_zeta1_hat=[e_w1_hat (E-e_w1_hat)* cross(w1,v1)+theta1* w1' *
          v1* w1;
```

```
              [0 0 0] 1];
e_zeta2_hat=[e_w2_hat (E-e_w2_hat)* cross(w2,v2)+theta2* w2'  *
             v2* w2;
              [0 0 0] 1];
e_zeta3_hat=[e_w3_hat (E-e_w3_hat)* cross(w3,v3)+theta3* w3'  *
             v3* w3;
              [0 0 0] 1];
% 定义初始形位时工具坐标系的位姿
g0UT=[1 0 0 0;
      0 1 0 l1+l2;
      0 0 1 l0;
      0 0 0 1];
% 拟人臂机械手正向运动学方程
gUT=e_zeta1_hat* e_zeta2_hat* e_zeta3_hat* g0UT;
% 验证:第 1 种组合
theta1=0;
theta2=0;
theta3=0;

T1_UT=subs(gUT)
T1_UT =
[ 1,0,0,      0]
[ 0,1,0,l1 + l2]
[ 0,0,1,     l0]
[ 0,0,0,      1]
% 验证:第 2 种组合
theta1=0;
theta2=pi/2;
theta3=-pi/2;
T2_UT=subs(gUT)
T2_UT =
[ 1,0,0,      0]
[ 0,1,0,     l2]
[ 0,0,1,l0 + l1]
[ 0,0,0,      1]
% 验证:第 3 种组合
theta1=pi/2;
theta2=0;
```

```
theta3=pi/2;
T3_UT=subs(gUT)
T3_UT =
[ 0,0,1,    -11]
[ 1,0,0,      0]
[ 0,1,0,10 + 12]
[ 0,0,0,      1]
```

【例 4-10】 选择顺应性装配机器手臂（selective compliance assembly robot arm，SCARA）机器人是在 1978 年由日本山梨大学牧野洋教授发明的。如图 4-24 所示，该机器人具有 4 个关节：3 个旋转关节，其轴线相互平行，在平面内进行定位和定向；1 个移动关节，用于完成末端件在垂直于平面的运动。SCARA 机器人还广泛应用于塑料工业、汽车工业、电子产品工业、药品工业和食品工业等领域，主要是完成搬取零件和装配工作。试采用指数积公式建立图 4-24 所示 SCARA 机器人的正向运动学方程。

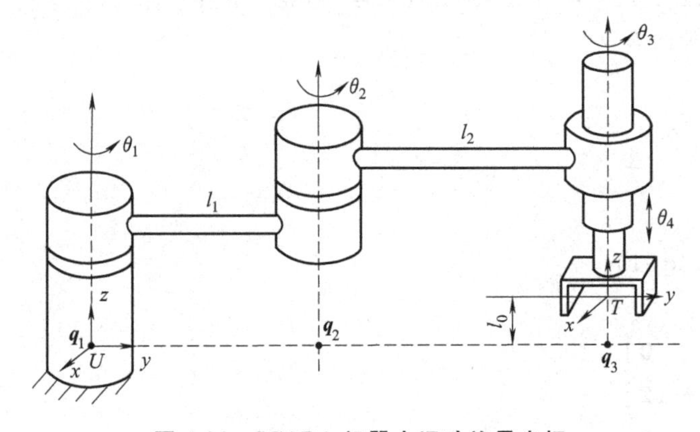

图 4-24　SCARA 机器人运动旋量坐标

解： 图 4-24 中机器人形位即为各关节 $\theta_1=\theta_2=\theta_3=\theta_4=0°$时的初始形位，此时工具坐标系的位姿为

$$
{}_T^U\boldsymbol{g}(0)=\begin{bmatrix}1&0&0&0\\0&1&0&l_1+l_2\\0&0&1&l_0\\0&0&0&1\end{bmatrix}
$$

构造运动旋量，取

$$
\boldsymbol{\omega}_1=\boldsymbol{\omega}_2=\boldsymbol{\omega}_3=\begin{bmatrix}0\\0\\1\end{bmatrix},\ \boldsymbol{v}_4=\begin{bmatrix}0\\0\\1\end{bmatrix}
$$

取轴线上的点

$$
\boldsymbol{q}_1=\begin{bmatrix}0\\0\\0\end{bmatrix},\ \boldsymbol{q}_2=\begin{bmatrix}0\\l_1\\0\end{bmatrix},\ \boldsymbol{q}_3=\begin{bmatrix}0\\l_1+l_2\\0\end{bmatrix}
$$

所以，关节的运动旋量分别为

$$\boldsymbol{\xi}_1=\begin{bmatrix}0\\0\\0\\0\\0\\1\end{bmatrix},\ \boldsymbol{\xi}_2=\begin{bmatrix}l_1\\0\\0\\0\\0\\1\end{bmatrix},\ \boldsymbol{\xi}_3=\begin{bmatrix}l_1+l_2\\0\\0\\0\\0\\1\end{bmatrix},\ \boldsymbol{\xi}_4=\begin{bmatrix}0\\0\\1\\0\\0\\0\end{bmatrix}$$

计算各个矩阵指数：

$$\mathrm{e}^{\hat{\boldsymbol{\xi}}_1\theta_1}=\begin{bmatrix}\mathrm{e}^{\hat{\boldsymbol{\omega}}_1\theta_1} & \boldsymbol{0}\\ \boldsymbol{0} & \boldsymbol{1}\end{bmatrix}=\begin{bmatrix}\cos\theta_1 & -\sin\theta_1 & 0 & 0\\ \sin\theta_1 & \cos\theta_1 & 0 & 0\\ 0 & 0 & 1 & 0\\ 0 & 0 & 0 & 1\end{bmatrix}$$

$$\mathrm{e}^{\hat{\boldsymbol{\xi}}_2\theta_2}=\begin{bmatrix}\mathrm{e}^{\hat{\boldsymbol{\omega}}_2\theta_2} & (\boldsymbol{E}-\mathrm{e}^{\hat{\boldsymbol{\omega}}_2\theta_2})\cdot\boldsymbol{q}_2\\ \boldsymbol{0} & \boldsymbol{1}\end{bmatrix}=\begin{bmatrix}\cos\theta_2 & -\sin\theta_2 & 0 & l_1\sin\theta_2\\ \sin\theta_2 & \cos\theta_2 & 0 & l_1(1-\cos\theta_2)\\ 0 & 0 & 1 & 0\\ 0 & 0 & 0 & 1\end{bmatrix}$$

$$\mathrm{e}^{\hat{\boldsymbol{\xi}}_3\theta_3}=\begin{bmatrix}\mathrm{e}^{\hat{\boldsymbol{\omega}}_3\theta_3} & (\boldsymbol{E}-\mathrm{e}^{\hat{\boldsymbol{\omega}}_3\theta_3})\cdot\boldsymbol{q}_3\\ \boldsymbol{0} & \boldsymbol{1}\end{bmatrix}=\begin{bmatrix}\cos\theta_3 & -\sin\theta_3 & 0 & (l_1+l_2)\sin\theta_3\\ \sin\theta_3 & \cos\theta_3 & 0 & (l_1+l_2)(1-\cos\theta_3)\\ 0 & 0 & 1 & 0\\ 0 & 0 & 0 & 1\end{bmatrix}$$

$$\mathrm{e}^{\hat{\boldsymbol{\xi}}_4\theta_4}=\begin{bmatrix}\boldsymbol{E} & \boldsymbol{v}\cdot\theta_4\\ \boldsymbol{0} & \boldsymbol{1}\end{bmatrix}=\begin{bmatrix}1 & 0 & 0 & 0\\ 0 & 1 & 0 & 0\\ 0 & 0 & 1 & \theta_4\\ 0 & 0 & 0 & 1\end{bmatrix}$$

所以

$$ {}_T^U\boldsymbol{g}(\theta_1,\theta_2,\theta_3,\theta_4)=\mathrm{e}^{\hat{\boldsymbol{\xi}}_1\theta_1}\mathrm{e}^{\hat{\boldsymbol{\xi}}_2\theta_2}\mathrm{e}^{\hat{\boldsymbol{\xi}}_3\theta_3}\,{}_T^U\boldsymbol{g}(0)=\begin{bmatrix}C_{123} & -S_{123} & 0 & -l_1S_1-l_2S_{12}\\ S_{123} & C_{123} & 0 & l_1C_1+l_2C_{12}\\ 0 & 0 & 1 & l_0+\theta_4\\ 0 & 0 & 0 & 1\end{bmatrix}$$

其 MATLAB 代码如下：

```
% 定义符号变量
syms theta1 theta2 theta3 theta4 l0 l1 l2;

% 构造运动旋量
w1=[0;0;1];
w1_hat=[0 -1 0;1 0 0;0 0 0];
q1=[0;0;0];
v1=-cross(w1,q1);
```

```
w2=[0;0;1];
w2_hat=[0 -1 0;1 0 0;0 0 0];
q2=[0;l1;0];
v2=-cross(w2,q2);

w3=[0;0;1];
w3_hat=[0 -1 0;1 0 0;0 0 0];
q3=[0;l1+l2;0];
v3=-cross(w3,q3);

v4=[0;0;1];

% 计算矩阵指数
E=[1 0 0;0 1 0;0 0 1];
e_w1_hat=E+w1_hat* sin(theta1)+(1-cos(theta1))* w1_hat* w1_hat;
e_w2_hat=E+w2_hat* sin(theta2)+(1-cos(theta2))* w2_hat* w2_hat;
e_w3_hat=E+w3_hat* sin(theta3)+(1-cos(theta3))* w3_hat* w3_hat;
e_zeta1_hat=[e_w1_hat (E-e_w1_hat)* cross(w1,v1)+theta1* w1' *
           v1* w1;
            [0 0 0] 1];
e_zeta2_hat=[e_w2_hat (E-e_w2_hat)* cross(w2,v2)+theta2* w2' *
           v2* w2;
            [0 0 0] 1];
e_zeta3_hat=[e_w3_hat (E-e_w3_hat)* cross(w3,v3)+theta3* w3' *
           v3* w3;
            [0 0 0] 1];
e_zeta4_hat=[E v4* theta4;[0 0 0] 1];
% 定义初始形位时工具坐标系的位姿
g0UT=[1 0 0 0;
    0 1 0 l1+l2;
    0 0 1 l0;
    0 0 0 1];
% SCARA 机器人正向运动学方程
gUT=e_zeta1_hat* e_zeta2_hat* e_zeta3_hat* e_zeta4_hat* g0UT;
% 这里只验证初始位姿
theta1=0;
theta2=0;
theta3=0;
```

```
theta4=0;
T1_UT=subs(gUT)
T1_UT=
[ 1,0,0,      0]
[ 0,1,0,l1 + l2]
[ 0,0,1,     l0]
[ 0,0,0,      1]
```

第5章 机器人逆向运动学分析

在机器人实际应用过程中，末端执行器在参考系中最终的位姿往往是已知的，比如，要抓取工作台上的工件，那么通常工件在全局坐标系中的位置是已知的，人们更关心的是实现末端执行器到达这一位姿所需的各关节的转角，并将这些转角作为指令输出到控制器。这是机器人逆向运动学问题，也是本章要讨论的内容。

机器人逆向运动学问题远比正向运动学问题复杂。观察机器人正向运动学方程可以看出，方程中有许多耦合角度的正弦和余弦值，这就无法简单地从矩阵中提取足够的元素来计算各个关节的转角，需要一定的技巧。解逆向运动学方程没有标准的方法，自由度数较少的机器人逆解可以通过几何法或者代数法直接求得，随着自由度数增加，采用几何法求解就显得十分困难用。多自由度机器人逆解通常采用的解耦方法是：用单个矩阵${}^{n-1}_{n}\boldsymbol{T}^{-1}$乘以${}^{U}_{H}\boldsymbol{T}$，使得方程的一边不再包括某一单个角度，于是可以找到给出该角度正弦和余弦的元素，从而求出该角度。

5.1 几何法

以图5-1所示的二连杆机器人为例，现在是已知末端执行器的位置（p_x，p_y），反求θ_1和θ_2。

首先，θ_2可以根据$r=\sqrt{p_x^2+p_y^2}$和余弦定理确定：

$$\alpha=\arccos\left(\frac{l_1^2+l_2^2-r^2}{2l_1l_2}\right) \tag{5-1}$$

$$\theta_2=\pi\pm\alpha \tag{5-2}$$

θ_2有两个不同的解，如图5-1中右图所示，一般称实线所示的解为“下肘位”解，此时$\theta_2=\pi-\alpha$；虚线所示的解为上肘位解，此时$\theta_2=\pi+\alpha$。

θ_1要根据θ_2的情形分类讨论。

1）当θ_2为下肘位解时，有：

$$\varphi=\arctan\left(\frac{p_y}{p_x}\right) \tag{5-3}$$

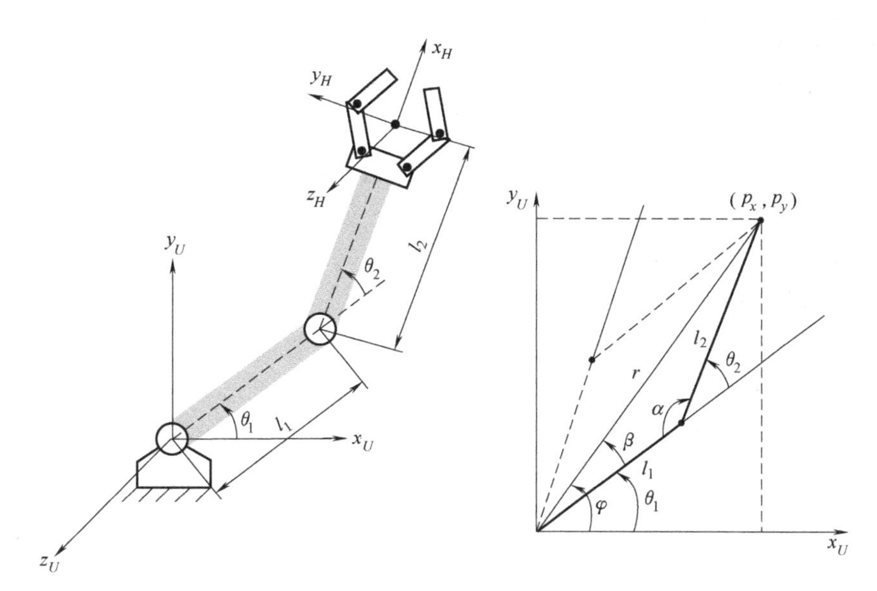

图 5-1　二连杆机器人几何关系法

$$\beta=\arccos\left(\frac{l_1^2+r^2-l_2^2}{2l_1r}\right) \tag{5-4}$$

$$\theta_1=\varphi-\beta \tag{5-5}$$

2）当 θ_2 为上肘位解时，有：

$$\theta_1=\varphi+\beta \tag{5-6}$$

给定不同的连杆参数 l_1、l_2 以及设定不同的末端执行器的位置并进行逆解的计算，可以说明逆向运动学问题的重要特征，即逆向运动学问题可能无解、有一个解或多个解，这与末端执行器的给定位置有关。如果该位形超出机器人的工作空间，那么肯定无解。例如，当 $r=\sqrt{p_x^2+p_y^2}>(l_1+l_2)$ 时，上例无解；当 $r=\sqrt{p_x^2+p_y^2}=(l_1+l_2)$ 时，只有一组解；当给定位形处于工作空间内，则有多组关节转角对应于末端执行器的同一个位置，此时即出现多解。

其 MATLAB 代码如下：

```
% 定义连杆参数
l1=1;
l2=1;
% 定义末端执行器的位置(px,py)
px=1;
py=1;
r=sqrt(px^2+py^2);
alpha=acos((l1^2+l2^2-r^2)/(2* l1* l2));
theta2_1=pi-alpha
theta2_1 =
   1.5708
theta2_2=pi+alpha
```

```
theta2_2 =
   4.7124
fai=atan2(py,px);
beta=acos((l1^2+r^2-l2^2)/(2* l1* r));
theta1_1=fai-beta
theta1_1 =
  2.2204e-16
theta1_2=fai+beta
theta1_2 =
   1.5708
% 对应的两组解为(0,1.5708)和(1.5708,4.7124)
% 将这两组解代入二连杆正向运动学方程中验证其正确性
% 第一组解
px_fk_1=l1* cos(theta1_1)+l2* cos(theta1_1+theta2_1)
px_fk_1 =
   1
py_fk_1=l1* sin(theta1_1)+l2* sin(theta1_1+theta2_1)
py_fk_1 =
   1.0000
% 第二组解
px_fk_2=l1* cos(theta1_2)+l2* cos(theta1_2+theta2_2)
px_fk_2 =
   1.0000
py_fk_2=l1* sin(theta1_2)+l2* sin(theta1_2+theta2_2)
py_fk_2 =
   1.0000
% 读者可以设置其他的px,py重新计算
```

5.2 直接代数法

仍以二连杆机器人为例，从其正向运动学方程最后一列得到如下关系：

$$p_x = l_1\cos\theta_1 + l_2\cos(\theta_1+\theta_2) \tag{5-7}$$

$$p_y = l_1\sin\theta_1 + l_2\sin(\theta_1+\theta_2) \tag{5-8}$$

（1）求 θ_1　将式（5-7）、式（5-8）移项、平方相加，消去式中的 θ_2，可得

$$(p_x - l_1\cos\theta_1)^2 + (p_y - l_1\sin\theta_1)^2 = l_2^2 \tag{5-9}$$

将式（5-9）展开：

$$p_x^2 + p_y^2 + l_1^2 - l_2^2 = 2l_1(p_x\cos\theta_1 + p_y\sin\theta_1)$$

令：

$$\frac{p_y}{p_x}=\tan\theta_p=\frac{\sin\theta_p}{\cos\theta_p},\ \theta_p=\arctan\left(\frac{p_y}{p_x}\right)$$

则有：

$$p_x{}^2+p_y{}^2+l_1^2-l_2^2=\frac{2l_1p_x}{\cos\theta_p}(\cos\theta_1\cos\theta_p+\sin\theta_1\sin\theta_p)=\frac{2l_1p_x}{\cos\theta_p}\cos(\theta_1-\theta_p)$$

$$\cos(\theta_1-\theta_p)=\frac{\cos\theta_p(p_x^2+p_y^2+l_1^2-l_2^2)}{2l_1p_x} \tag{5-10}$$

所以

$$\theta_1=\pm\arccos\frac{\cos\theta_p(p_x^2+p_y^2+l_1^2-l_2^2)}{2l_1p_x}+\theta_p \tag{5-11}$$

（2）求 θ_2　将式（5-7）、式（5-8）移项、平方相加，消去方程右边第一项中的 θ_1，可得

$$[p_x-l_2\cos(\theta_1+\theta_2)]^2+[p_y-l_2\sin(\theta_1+\theta_2)]^2=l_1^2 \tag{5-12}$$

展开并移项：

$$\begin{aligned}p_x^2+p_y^2+l_2^2-l_1^2&=2l_2[p_x\cos(\theta_1+\theta_2)+p_y\sin(\theta_1+\theta_2)]\\&=\frac{2l_2p_x}{\cos\theta_p}[\cos(\theta_1+\theta_2)\cos\theta_p+\sin(\theta_1+\theta_2)\sin\theta_p]\\&=\frac{2l_2p_x}{\cos\theta_p}\cos(\theta_1+\theta_2-\theta_p)\end{aligned}$$

即

$$\cos(\theta_1+\theta_2-\theta_p)=\frac{\cos\theta_p(p_x^2+p_y^2+l_2^2-l_1^2)}{2l_2p_x} \tag{5-13}$$

所以

$$\theta_2=\pm\arccos\frac{\cos\theta_p(p_x^2+p_y^2+l_2^2-l_1^2)}{2l_2p_x}+\theta_p-\theta_1 \tag{5-14}$$

其 MATLAB 代码如下：

```
% 定义连杆参数
l1=1;
l2=1;
% 定义末端执行器的位置(px,py)
px=1;
py=1;
theta_p=atan2(py,px);
theta1_1=acos(cos(theta_p)* (px^2+py^2+l1^2-l2^2)/(2* l1*
        px))+theta_p
theta1_1 =
   1.5708
theta1_2=-acos(cos(theta_p)* (px^2+py^2+l1^2-l2^2)/(2* l1*
        px))+theta_p
```

```
theta1_2 =
    0
theta2_1=acos(cos(theta_p)* (px^2+py^2+l2^2-l1^2)/(2* l2*
            px))+theta_p-theta1_1
theta2_1 =
    0
theta2_2=acos(cos(theta_p)* (px^2+py^2+l2^2-l1^2)/(2* l2*
            px))+theta_p-theta1_2
theta2_2 =
    1.5708
theta2_3=-acos(cos(theta_p)* (px^2+py^2+l2^2-l1^2)/(2* l2*
            px))+theta_p-theta1_1
theta2_3 =
  -1.5708
theta2_4=-acos(cos(theta_p)* (px^2+py^2+l2^2-l1^2)/(2* l2*
            px))+theta_p-theta1_2
theta2_4 =
    0
% 四组解:(0,1.5708),(1.5708,-1.5708),(0,0),(1.5708,0)
% 只有前两组解正确,可采用代入正向运动学方程中验证筛选
```

【例 5-1】 例 4-10 中 SCARA 机器人正向运动的解，即机器人末端执行器的位姿${}_T^U\boldsymbol{g}$已经通过指数积公式得到：

$$
{}_T^U\boldsymbol{g}=\begin{bmatrix} n_x & o_x & a_x & p_x \\ n_y & o_y & a_y & p_y \\ n_z & o_z & a_z & p_z \\ 0 & 0 & 0 & 1 \end{bmatrix}=\begin{bmatrix} C_{123} & -S_{123} & 0 & -l_1S_1-l_2S_{12} \\ S_{123} & C_{123} & 0 & l_1C_1+l_2C_{12} \\ 0 & 0 & 1 & l_0+\theta_4 \\ 0 & 0 & 0 & 1 \end{bmatrix} \tag{5-15}
$$

其中，$l_1=300\text{mm}$，$l_2=400\text{mm}$，$l_0=50\text{mm}$，求其运动学逆解并验证。

解：

(1) 求 θ_2　由式 (5-15) 两边矩阵中元素 (1, 4) 和 (2, 4) 对应相等可得

$$
\begin{cases} p_x=-l_1\sin\theta_1-l_2\sin(\theta_1+\theta_2) \\ p_y=l_1\cos\theta_1+l_2\cos(\theta_1+\theta_2) \end{cases} \tag{5-16}
$$

两边平方得

$$
\begin{cases} p_x^2=l_1^2\sin^2\theta_1+l_2^2\sin^2(\theta_1+\theta_2)+2l_1l_2\sin\theta_1\sin(\theta_1+\theta_2) \\ p_y^2=l_1^2\cos^2\theta_1+l_2^2\cos^2(\theta_1+\theta_2)+2l_1l_2\cos\theta_1\cos(\theta_1+\theta_2) \end{cases}
$$

将两式相加得

$$
\begin{aligned} p_x^2+p_y^2-l_1^2-l_2^2 &= 2l_1l_2\cos\theta_1\cos(\theta_1+\theta_2)+2l_1l_2\sin\theta_1\sin(\theta_1+\theta_2) \\ &= 2l_1l_2\cos(\theta_1+\theta_2-\theta_1)=2l_1l_2\cos\theta_2 \end{aligned}
$$

所以

$$\cos\theta_2=\frac{p_x^2+p_y^2-l_1^2-l_2^2}{2l_1l_2}$$

$$\theta_2=\pm\arccos\left(\frac{p_x^2+p_y^2-l_1^2-l_2^2}{2l_1l_2}\right)$$

（2）求 θ_1　将式（5-16）展开得

$$\begin{cases}p_x=-l_1\sin\theta_1-l_2(\sin\theta_1\cos\theta_2+\sin\theta_2\cos\theta_1)\\ p_y=l_1\cos\theta_1+l_2(\cos\theta_1\cos\theta_2-\sin\theta_1\sin\theta_2)\end{cases}$$

方程组中有两个未知量 $\cos\theta_1$ 和 $\sin\theta_1$，解得

$$\begin{cases}\cos\theta_1=\dfrac{p_y(l_1+l_2\cos\theta_2)-p_xl_2\sin\theta_2}{(l_2\sin\theta_2)^2+(l_1+l_2\cos\theta_2)^2}\\ \sin\theta_1=\dfrac{-p_x(l_1+l_2\cos\theta_2)-p_yl_2\sin\theta_2}{(l_2\sin\theta_2)^2+(l_1+l_2\cos\theta_2)^2}\end{cases}$$

所以

$$\theta_1=\text{atan2}[-p_x(l_1+l_2\cos\theta_2)-p_yl_2\sin\theta_2,p_y(l_1+l_2\cos\theta_2)-p_xl_2\sin\theta_2]$$

由于 θ_2 有两组解，所以 θ_1 也有两组解。

（3）求 θ_3　由式（5-15）两边矩阵中元素（1，1）和（2，1）对应相等可得

$$\begin{cases}n_x=\cos(\theta_1+\theta_2+\theta_3)\\ n_y=\sin(\theta_1+\theta_2+\theta_3)\end{cases}$$

所以

$$\theta_1+\theta_2+\theta_3=\text{atan2}(n_y,n_x)$$

由于 θ_1 和 θ_2 已解出，所以

$$\theta_3=\text{atan2}(n_y,n_x)-\theta_1-\theta_2$$

由于 θ_1、θ_2 有两组解，所以 θ_3 也有两组解。

（4）求 θ_4　θ_4 实际是平移变量，由式（5-15）两边矩阵中元素（3，4）对应相等可得

$$\theta_4=p_z-l_0$$

θ_4 只与 p_z 有关，只有 1 组解。

其 MATLAB 代码如下：

```
% 定义变量
syms theta1 theta2 theta3 theta4
% 定义连杆参数
l0=50
l1=300;
l2=400;
% 定义正向运动学方程
```

```
    T_UT=[cos(theta1+theta2+theta3) -sin(theta1+theta2+theta3) 0
        -l1* sin(theta1)-l2* sin(theta1+theta2);sin(theta1+the-
        ta2+theta3) cos(theta1+theta2+theta3) 0 l1* cos(theta1)+
        l2* cos(theta1+theta2); 0 0 1 10+theta4;0 0 0 1];
    % SCARA 机器人正向运动学:旋转关节每个关节旋转 30°,平移关节平移 50mm
      pose_0 = [30/180 * 3.14159265, 30/180 * 3.14159265, 30/180 *
            3.14159265,50];
    T_UT_0=subs(T_UT,[theta1,theta2,theta3,theta4],pose_0);
    T_UT_0=vpa(T_UT_0,3) % vpa 函数可以控制有效数字位数
    % 正向运动学的解
    T_UT_0 =
    [ 1.81e-9,    -1.0,  0,-496.0]
    [    1.0,1.81e-9,  0,  460.0]
    [      0,       0,1.0,  100.0]
    [      0,       0,  0,    1.0]

    % 从正向运动学结果提取
    nx=T_UT_0(1,1);
    ny=T_UT_0(2,1);
    px=T_UT_0(1,4);
    py=T_UT_0(2,4);
    pz=T_UT_0(3,4);
% 求 theta2
    theta2_1=acos((px^2+py^2-l1^2-l2^2)/(2* l1* l2));
    theta2_2=-acos((px^2+py^2-l1^2-l2^2)/(2* l1* l2));
% 求 theta1
    theta1_1=atan2(-px* (l1+l2* cos(theta2_1))-py* l2* sin(theta2_1),
            py* (l1+l2* cos(theta2_1))-px* l2* sin(theta2_1));

    theta1_2=atan2(-px* (l1+l2* cos(theta2_2))-py* l2* sin(theta2_2),
              py* (l1+l2* cos(theta2_2))-px* l2* sin(theta2_2));
% 求 theta3
        theta123=atan2(ny,nx);
        theta3_1=theta123-theta1_1-theta2_1;
        theta3_2=theta123-theta1_2-theta2_2;
% 求 theta4
        theta4=pz-10;
    % 输出所有 2 组解,单位转换为度
```

```
Solutions_SCARA=vpa([[[theta1_1,theta2_1,theta3_1]/3.14159265* 180,
theta4];[[theta1_2,theta2_2,theta3_2]/3.14159265* 180,theta4]],3)
        Solutions_SCARA =
        [ 30.0,  30.0,30.0,50.0]
        [ 64.4,-30.0,55.6,50.0]
        % 验证另一组解
        pose_1=[64.4/180* 3.14159265,-30.0/180* 3.14159265,55.6/180*
                3.14159265,50.0];
        T_UT_1=subs(T_UT,[theta1,theta2,theta3,theta4],pose_1);
        T_UT_1=vpa(T_UT_1,3)
        T_UT_1 =
        [ 1.81e-9,    -1.0,  0,-497.0]
        [    1.0,1.81e-9,  0,  460.0]
        [      0,      0,1.0,  100.0]
        [      0,      0,  0,    1.0]
```

5.3　串联机器人逆向运动学通用解法

自由度数较多的串联机器人求逆解时，直接应用代数法很难进行角度的解耦，必须预先做一定的处理。通常采用的方法是：要求哪个角度，就用单个矩阵${}^{n-1}_{n}\boldsymbol{T}^{-1}$乘以${}^{U}_{H}\boldsymbol{T}$，使得方程的一边消去该角度，再找到该角度正弦和余弦的元素，从而求出该角度。虽然该解法给出的解只针对当前特定构型的机器人，但这种求解的思路可以应用于其他构型的机器人。

先以例4-4中的PUMA560机器人为例，介绍串联机器人逆解的通用求解思路。这里采用的是修正的D-H法建立PUMA560机器人的正向运动学方程，且不考虑末端执行器，只变换到最后一个关节坐标系（坐标系6）：

$$
{}^{0}_{6}\boldsymbol{T}=\begin{bmatrix}
\begin{matrix}C_1[C_{23}(C_4C_5C_6-S_4S_6)-S_{23}S_5C_6]\\+S_1(S_4C_5C_6+C_4S_6)\end{matrix} & \begin{matrix}C_1[C_{23}(-C_4C_5S_6-S_4C_6)+S_{23}S_5S_6]\\+S_1(-S_4C_5S_6+C_4C_6)\end{matrix} & \begin{matrix}-C_1(S_{23}C_5+C_{23}C_4S_5)\\-S_1S_4S_5\end{matrix} & \begin{matrix}C_1(a_2C_2+a_3C_{23}-d_4S_{23})\\-d_2S_1\end{matrix}\\
\begin{matrix}S_1[C_{23}(C_4C_5C_6-S_4S_6)-S_{23}S_5C_6]\\-C_1(S_4C_5C_6+C_4S_6)\end{matrix} & \begin{matrix}S_1[C_{23}(-C_4C_5S_6-S_4C_6)+S_{23}S_5S_6]\\-C_1(-S_4C_5S_6+C_4C_6)\end{matrix} & \begin{matrix}-S_1(S_{23}C_5+C_{23}C_4S_5)\\+C_1S_4S_5\end{matrix} & \begin{matrix}S_1(a_2C_2+a_3C_{23}-d_4S_{23})\\+d_2C_1\end{matrix}\\
-S_{23}(C_4C_5C_6-S_4S_6)-C_{23}S_5S_6 & -S_{23}(-C_4C_5S_6-S_4C_6)+C_{23}S_5S_6 & S_{23}C_4S_5-C_{23}C_5 & -a_3S_{23}-a_2S_2-d_4C_{23}\\
0 & 0 & 0 & 1
\end{bmatrix}
$$

$$
=\begin{bmatrix} n_x & o_x & a_x & p_x\\ n_y & o_y & a_y & p_y\\ n_z & o_z & a_z & p_z\\ 0 & 0 & 0 & 1 \end{bmatrix} \tag{5-17}
$$

（1）求θ_1　用${}^{0}_{1}\boldsymbol{T}^{-1}(\theta_1)$左乘式（5-17）两边矩阵，得

$$ {}_1^0\boldsymbol{T}^{-1}(\theta_1)\begin{bmatrix} n_x & o_x & a_x & p_x \\ n_y & o_y & a_y & p_y \\ n_z & o_z & a_z & p_z \\ 0 & 0 & 0 & 1 \end{bmatrix} = {}_1^0\boldsymbol{T}^{-1}(\theta_1){}_1^0\boldsymbol{T}(\theta_1){}_2^1\boldsymbol{T}(\theta_2){}_3^2\boldsymbol{T}(\theta_3){}_4^3\boldsymbol{T}(\theta_4){}_5^4\boldsymbol{T}(\theta_5){}_6^5\boldsymbol{T}(\theta_6) $$

$$ = {}_2^1\boldsymbol{T}(\theta_2){}_3^2\boldsymbol{T}(\theta_3){}_4^3\boldsymbol{T}(\theta_4){}_5^4\boldsymbol{T}(\theta_5){}_6^5\boldsymbol{T}(\theta_6) \tag{5-18} $$

由 ${}_1^0\boldsymbol{T}=\begin{bmatrix} C_1 & -S_1 & 0 & 0 \\ S_1 & C_1 & 0 & 0 \\ 0 & 0 & 1 & 0 \\ 0 & 0 & 0 & 1 \end{bmatrix}$，得 ${}_1^0\boldsymbol{T}^{-1}=\begin{bmatrix} C_1 & S_1 & 0 & 0 \\ -S_1 & C_1 & 0 & 0 \\ 0 & 0 & 1 & 0 \\ 0 & 0 & 0 & 1 \end{bmatrix}$，代入并展开得

$$ \begin{bmatrix} n_xC_1+n_yS_1 & o_xC_1+o_yS_1 & a_xC_1+a_yS_1 & p_xC_1+p_yS_1 \\ -n_xS_1+n_yC_1 & -o_xS_1+o_yC_1 & -a_xS_1+a_yC_1 & -p_xS_1+p_yC_1 \\ n_z & o_z & a_z & p_z \\ 0 & 0 & 0 & 1 \end{bmatrix} $$

$$ = \begin{bmatrix} C_{23}(C_4C_5C_6-S_4S_6)-S_{23}S_5C_6 & C_{23}(-C_4C_5S_6-S_4C_6)+S_{23}S_5S_6 & -S_{23}C_5-C_{23}C_4S_5 & a_2C_2+a_3C_{23}-d_4S_{23} \\ -S_4C_5C_6-C_4S_6 & S_4C_5S_6-C_4C_6 & S_4S_5 & d_2 \\ -S_{23}(C_4C_5C_6-S_4S_6)-C_{23}S_5S_6 & -S_{23}(-C_4C_5S_6-S_4C_6)+C_{23}S_5S_6 & S_{23}C_4S_5-C_{23}C_5 & -a_3S_{23}-a_2S_2-d_4C_{23} \\ 0 & 0 & 0 & 1 \end{bmatrix} \tag{5-19} $$

这样，式（5-19）的右边就不含有 θ_1。令式（5-19）两边矩阵元素（2，4）对应相等，可得

$$ -p_xS_1+p_yC_1=d_2 \tag{5-20} $$

利用三角代换：

$$ p_x=\rho\cos\theta_p,\ p_y=\rho\sin\theta_p $$

式中：

$$ \rho=\sqrt{p_x^2+p_y^2},\ \theta_p=\operatorname{atan2}(p_y,p_x) $$

代入得

$$ \sin(\theta_p-\theta_1)=\frac{d_2}{\rho},\ \cos(\theta_p-\theta_1)=\pm\sqrt{1-\left(\frac{d_2}{\rho}\right)^2} $$

$$ \theta_p-\theta_1=\operatorname{atan2}\left[\frac{d_2}{\rho},\pm\sqrt{1-\left(\frac{d_2}{\rho}\right)^2}\right] $$

$$ \theta_1=\operatorname{atan2}(p_y,p_x)-\operatorname{atan2}(d_2,\pm\sqrt{p_x^2+p_y^2-d_2^2}) \tag{5-21} $$

由于正负号的存在，所以 θ_1 有两个可能的解。

（2）求 θ_3　选定一个 θ_1 的解，利用式（5-19）两边矩阵中元素（1，4）和（3，4）分别对应相等可得

$$ \begin{cases} p_xC_1+p_yS_1=a_2C_2+a_3C_{23}-d_4S_{23} \\ p_z=-a_2S_2-a_3S_{23}-d_4C_{23} \end{cases} \tag{5-22} $$

该式与式的平方再相加可得

$$a_3C_3-d_4S_3=k \tag{5-23}$$

式中，$k=\dfrac{p_x^2+p_y^2+p_z^2-a_2^2-a_3^2-d_2^2-d_4^2}{2a_2}$，同样采用三角代换可得

$$\theta_3=\text{atan2}(a_3,d_4)-\text{atan2}\left(k,\pm\sqrt{a_3^2+d_4^2-k^2}\right) \tag{5-24}$$

由于上式中不含有 θ_1 相关的项，因此 θ_3 的取值与 θ_1 无关。由于正负号的存在，对应的 θ_3 有两个可能的解。

（3）求 θ_2　式（5-17）两边同时左乘${}_3^0\boldsymbol{T}^{-1}(\theta_1,\theta_2,\theta_3)$，得

$$\begin{aligned}&{}_3^0\boldsymbol{T}^{-1}(\theta_1,\theta_2,\theta_3)\begin{bmatrix}n_x & o_x & a_x & p_x\\ n_y & o_y & a_y & p_y\\ n_z & o_z & a_z & p_z\\ 0 & 0 & 0 & 1\end{bmatrix}\\ &={}_3^0\boldsymbol{T}^{-1}(\theta_1,\theta_2,\theta_3)\,{}_3^0\boldsymbol{T}(\theta_1,\theta_2,\theta_3)\,{}_4^3\boldsymbol{T}(\theta_4)\,{}_5^4\boldsymbol{T}(\theta_5)\,{}_6^5\boldsymbol{T}(\theta_6)\\ &={}_4^3\boldsymbol{T}(\theta_4)\,{}_5^4\boldsymbol{T}(\theta_5)\,{}_6^5\boldsymbol{T}(\theta_6)\end{aligned} \tag{5-25}$$

注意到${}_3^0\boldsymbol{T}(\theta_1,\theta_2,\theta_3)={}_1^0\boldsymbol{T}(\theta_1)\,{}_2^1\boldsymbol{T}(\theta_2)\,{}_3^2\boldsymbol{T}(\theta_3)$，展开得

$$\begin{bmatrix}n_xC_1C_{23}+n_yS_1C_{23}-n_zS_{23} & o_xC_1C_{23}+o_yS_1C_{23}-o_zS_{23} & a_xC_1C_{23}+a_yS_1C_{23}-a_zS_{23} & \begin{matrix}p_xC_1C_{23}+p_yS_1C_{23}\\ -p_zS_{23}-a_2C_3\end{matrix}\\ -n_xC_1S_{23}-n_yS_1S_{23}-n_zC_{23} & -o_xC_1S_{23}-o_yS_1S_{23}-o_zC_{23} & -a_xC_1S_{23}-a_yS_1S_{23}-a_zC_{23} & \begin{matrix}-p_xC_1S_{23}-p_yS_1S_{23}\\ -p_zC_{23}+a_2S_3\end{matrix}\\ -n_xS_1+n_yC_1 & -o_xS_1+o_yC_1 & -a_xS_1+a_yC_1 & -p_xS_1+p_yC_1-d_2\\ 0 & 0 & 0 & 1\end{bmatrix}$$

$$=\begin{bmatrix}C_4C_5C_6-S_4S_6 & -C_4C_5S_6-S_4C_6 & -C_4S_5 & a_3\\ S_5C_6 & -S_5S_6 & C_5 & d_4\\ -S_4C_5C_6-C_4S_6 & S_4C_5S_6-C_4C_6 & S_4S_5 & 0\\ 0 & 0 & 0 & 1\end{bmatrix} \tag{5-26}$$

由式（5-26）两边矩阵中元素（1，4）和（3，4）分别对应相等可得

$$\begin{cases}p_xC_1C_{23}+p_yS_1C_{23}-p_zS_{23}-a_2C_3=a_3\\ -p_xC_1S_{23}-p_yS_1S_{23}-p_zC_{23}+a_2S_3=d_4\end{cases} \tag{5-27}$$

联立求得 S_{23} 和 C_{23}：

$$S_{23}=\frac{-(a_3+a_2C_3)p_z+(p_xC_1+p_yS_1)(a_2S_3-d_4)}{p_z^2+(p_xC_1+p_yS_1)^2} \tag{5-28}$$

$$C_{23}=\frac{(-d_4+a_2S_3)p_z+(p_xC_1+p_yS_1)(a_2C_3+a_3)}{p_z^2+(p_xC_1+p_yS_1)^2} \tag{5-29}$$

S_{23} 和 C_{23} 表达式的分母相等且大于零，于是：

$$\begin{aligned}\theta_{23}=\theta_2+\theta_3=\text{atan2}[&-(a_3+a_2C_3)p_z+(p_xC_1+p_yS_1)(a_2S_3-d_4)\\ &(-d_4+a_2S_3)p_z+(p_xC_1+p_yS_1)(a_2C_3+a_3)]\end{aligned} \tag{5-30}$$

由于 θ_1 和 θ_3 有 4 种可能组合，所以 θ_{23} 也有 4 种可能的值，于是：

$$\theta_2=\theta_{23}-\theta_3 \tag{5-31}$$

(4) 求 θ_4　由式 (5-26) 两边矩阵中元素 (1, 3) 和 (3, 3) 分别对应相等可得

$$\begin{cases}a_xC_1C_{23}+a_yS_1C_{23}-a_zS_{23}=-C_4S_5\\-a_xS_1+a_yC_1=S_4S_5\end{cases} \tag{5-32}$$

若 $S_5\neq0$，便可求出 θ_4：

$$\theta_4=\text{atan2}(-a_xS_1+a_yC_1,-a_xC_1C_{23}-a_yS_1C_{23}+a_zS_{23})\ (S_5>0)$$

或
$$\theta_4=\text{atan2}(a_xS_1-a_yC_1,a_xC_1C_{23}+a_yS_1C_{23}-a_zS_{23})\ (S_5<0) \tag{5-33}$$

由于 θ_1、θ_2 和 θ_3 有 4 种可能的组合，每一种组合对应两组 θ_4 的解，所以 θ_4 有 8 种可能的解。

若 $S_5=0$，机械手处于奇异形位。此时，关节轴 4 和 6 重合，只能解出 θ_4 与 θ_6 的和或差。可用式 (5-33) atan2 函数的两个变量是否都为零来判断。在奇异形位时，可任意选取 θ_4 的值，再计算相应的 θ_6 值。

(5) 求 θ_5　求出后 θ_1、θ_2、θ_3 和 θ_4 后，可进一步求出 θ_5。式 (5-17) 两端左乘 ${}^0_4\boldsymbol{T}^{-1}(\theta_1,\theta_2,\theta_3,\theta_4)$，得

$${}^0_4\boldsymbol{T}^{-1}(\theta_1,\theta_2,\theta_3,\theta_4){}^0_6\boldsymbol{T}={}^4_5\boldsymbol{T}(\theta_5){}^5_6\boldsymbol{T}(\theta_6) \tag{5-34}$$

进一步展开得

$$\begin{bmatrix}n_x(C_1C_{23}C_4+S_1S_4)-n_zS_{23}C_4 & o_x(C_1C_{23}C_4+S_1S_4)-o_zS_{23}C_4 & a_x(C_1C_{23}C_4+S_1S_4)-a_zS_{23}C_4 & -a_3C_4+d_2S_4\\ +n_y(S_1C_{23}C_4-C_1S_4) & +o_y(S_1C_{23}C_4-C_1S_4) & +a_y(S_1C_{23}C_4-C_1S_4) & -a_2C_3C_4\\ n_x(-C_1S_{23}S_4+S_1C_4)+n_zS_{23}S_4 & o_x(-C_1S_{23}S_4+S_1C_4)+o_zS_{23}S_4 & a_x(-C_1S_{23}S_4+S_1C_4)+a_zS_{23}S_4 & a_3S_4+d_2C_4\\ -n_y(S_1C_{23}S_4+C_1C_4) & -o_y(S_1C_{23}S_4+C_1C_4) & -a_y(S_1C_{23}S_4+C_1C_4) & +a_2C_3S_4\\ -n_xC_1S_{23}-n_yS_1S_{23}-n_zC_{23} & -o_xC_1S_{23}-o_yS_1S_{23}-o_zC_{23} & -a_xC_1S_{23}-a_yS_1S_{23}-a_zC_{23} & a_2S_3-d_4\\ 0 & 0 & 0 & 1\end{bmatrix}$$

$$=\begin{bmatrix}C_5C_6 & -C_5S_6 & -S_5 & 0\\ S_6 & C_6 & 0 & 0\\ S_5C_6 & -S_5S_6 & C_5 & 0\\ 0 & 0 & 0 & 1\end{bmatrix} \tag{5-35}$$

由式 (5-35) 两边矩阵中元素 (1, 3) 和 (3, 3) 分别对应相等可得

$$\begin{cases}a_x(C_1C_{23}C_4+S_1S_4)-a_zS_{23}C_4+a_y(S_1C_{23}C_4-C_1S_4)=-S_5\\-a_xC_1S_{23}-a_yS_1S_{23}-a_zC_{23}=C_5\end{cases} \tag{5-36}$$

便可求出 θ_5：

$$\theta_5=\text{atan2}(S_5,C_5) \tag{5-37}$$

由于 θ_1、θ_2、θ_3 和 θ_4 有 8 种可能的组合，所以 θ_5 有 8 种可能的解。

(6) 求 θ_6　求出后 θ_1、θ_2、θ_3、θ_4 和 θ_5 后，最后求出 θ_6。式 (5-17) 两端左乘 ${}^0_5\boldsymbol{T}^{-1}(\theta_1,\theta_2,\theta_3,\theta_4,\theta_5)$，得

$${}^0_5\boldsymbol{T}^{-1}(\theta_1,\theta_2,\theta_3,\theta_4,\theta_5){}^0_6\boldsymbol{T}={}^5_6\boldsymbol{T}(\theta_6) \tag{5-38}$$

由式 (5-35) 两边矩阵中元素 (1, 1) 和 (3, 1) 分别对应相等可得

$$\begin{cases}-n_x(C_1C_{23}S_4-S_1C_4)-n_y(S_1C_{23}S_4+C_1C_4)+n_zS_{23}S_4=S_6\\n_x[(C_1C_{23}C_4+S_1S_4)C_5-C_1S_{23}S_5]+n_y[(S_1C_{23}C_4-C_1S_4)C_5-S_1S_{23}S_5]-n_z(S_{23}C_4C_5+C_{23}S_5)=C_6\end{cases} \tag{5-39}$$

便可求出 θ_6：

$$\theta_6 = \text{atan2}(S_6, C_6) \tag{5-40}$$

由于 θ_1、θ_2、θ_3、θ_4 和 θ_5 有 8 种可能的组合，所以 θ_6 有 8 种可能的解。

综上求解过程可知，理论上 PUMA560 机器人的逆向运动学可能存在 8 组解，8 组解的组合关系如图 5-2 所示。

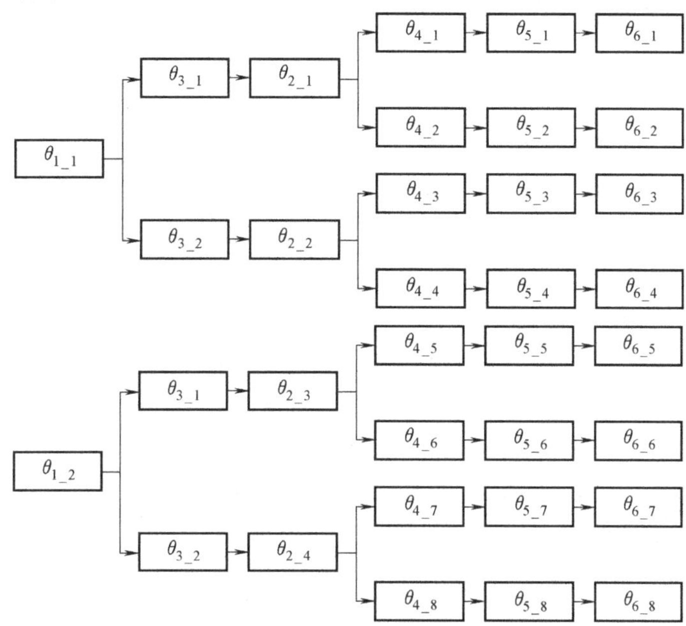

图 5-2　PUMA560 逆向运动学各组解的组合关系

注：θ_{m_n} 表示 θ_m 的第 n 个解。

但是由于机械结构的限制，各关节不可能在全部 360°范围内运动，有些解不可能实现。因此，在实际的应用中，应根据需要选择最优的一组解。

其 MATLAB 代码如下：

```
% 定义变量参数
syms theta theta1 theta2 theta3 theta4 theta5 theta6;
syms d a alpha;
syms a2 a3 d2 d4 d6;

% 定义连杆参数
% d2=149.09;
% d4=433.07;
% a2=431.8;
% a3=20.3;

% 定义 PUMA560 D-H 表每一行参数
dh_1=[0,0,theta1,0];
dh_2=[-pi/2,0,theta2,d2];
```

```
dh_3=[0,a2,theta3,0];
dh_4=[-pi/2,a3,theta4,d4];
dh_5=[pi/2,0,theta5,0];
dh_6=[-pi/2,0,theta6,0];
% 定义总变换矩阵
T=[cos(theta) -sin(theta) 0 a;
   sin(theta)* cos(alpha) cos(theta)* cos(alpha) -sin(alpha)
   -d* sin(alpha);
   sin(theta)* sin(alpha) cos(theta)* sin(alpha) cos(alpha)
   d* cos(alpha);
   0 0 0 1];
% 定义每一变换变换矩阵
T_01=subs(T,[alpha,a,theta,d],dh_1);
T_12=subs(T,[alpha,a,theta,d],dh_2);
T_23=subs(T,[alpha,a,theta,d],dh_3);
T_34=subs(T,[alpha,a,theta,d],dh_4);
T_45=subs(T,[alpha,a,theta,d],dh_5);
T_56=subs(T,[alpha,a,theta,d],dh_6);

% 以手腕为原点的最终位姿矩阵
T_06=T_01* T_12* T_23* T_34* T_45* T_56;
% 实例化 a2 a3 d2 d4
T_06_PUMA560=subs(T_06,[d2,d4,a2,a3],[149.09,433.07,431.8,20.3]);
% PUMA560 正向运动学:每个关节旋转 20°
pose_0=[20,20,20,20,20,20]/180* 3.14159265;
T_06_0=subs(T_06_PUMA560,[theta1,theta2,theta3,theta4,
      theta5,theta6],pose_0);
T_06_0=vpa(T_06_0,3) % vpa 函数可以控制有效数字位数
% 正向运动学的解
T_06_0 =
[  0.532,-0.114,-0.839,   83.3]
[  -0.47,-0.864,-0.181,  189.0]
[ -0.704,  0.49,-0.513,-492.0]
[      0,     0,     0,    1.0]

% 从正向运动学结果提取 n、o、a、p
nx=T_06_0(1,1);
```

```
    ny=T_06_0(2,1);
    nz=T_06_0(3,1);
    ox=T_06_0(1,2);
    oy=T_06_0(2,2);
    oz=T_06_0(3,2);
    ax=T_06_0(1,3);
    ay=T_06_0(2,3);
    az=T_06_0(3,3);
    px=T_06_0(1,4);
    py=T_06_0(2,4);
    pz=T_06_0(3,4);
    % 定义 PUMA560 连杆参数
    d2=149.09;
    d4=433.07;
    a2=431.8;
    a3=20.3;

    % 定义逆解
% 求 theta1
    % 第一组
    theta1_1=atan2(py,px)-atan2(d2,sqrt(px^2+py^2-d2^2));

    % 第二组
    theta1_2=atan2(py,px)-atan2(d2,-sqrt(px^2+py^2-d2^2));

% 求 theta3
    k=(px^2+py^2+pz^2-a2^2-a3^2-d2^2-d4^2)/(2* a2);
    % 第一组
    theta3_1=atan2(a3,d4)-atan2(k,sqrt(a3^2+d4^2-k^2));
    % 第二组
    theta3_2=atan2(a3,d4)-atan2(k,-sqrt(a3^2+d4^2-k^2));

% 求 theta2
    % 第一组
    Y1=-(a3+a2* cos(theta3_1))* pz+(px* cos(theta1_1)+
        py* sin(theta1_1))* (a2* sin(theta3_1)-d4);
    X1=(-d4+a2* sin(theta3_1))* pz+(px* cos(theta1_1)+
        py* sin(theta1_1))* (a2* cos(theta3_1)+a3);
```

```
        theta23_1=atan2(Y1,X1);
        theta2_1=theta23_1-theta3_1;

        % 第二组
        Y2=-(a3+a2* cos(theta3_2))* pz+(px* cos(theta1_1)+
            py* sin(theta1_1))* (a2* sin(theta3_2)-d4);
        X2=(-d4+a2* sin(theta3_2))* pz+(px* cos(theta1_1)+
            py* sin(theta1_1))* (a2* cos(theta3_2)+a3);
        theta23_2=atan2(Y2,X2);
        theta2_2=theta23_2-theta3_2;

        % 第三组
        Y3=-(a3+a2* cos(theta3_1))* pz+(px* cos(theta1_2)+
            py* sin(theta1_2))* (a2* sin(theta3_1)-d4);
        X3=(-d4+a2* sin(theta3_1))* pz+(px* cos(theta1_2)+
            py* sin(theta1_2))* (a2* cos(theta3_1)+a3);
        theta23_3=atan2(Y3,X3);
        theta2_3=theta23_3-theta3_1;

        % 第四组
        Y4=-(a3+a2* cos(theta3_2))* pz+(px* cos(theta1_2)+
            py* sin(theta1_2))* (a2* sin(theta3_2)-d4)
        X4=(-d4+a2* sin(theta3_2))* pz+(px* cos(theta1_2)+
            py* sin(theta1_2))* (a2* cos(theta3_2)+a3);
        theta23_4=atan2(Y4,X4);
        theta2_4=theta23_4-theta3_2;

% 求 theta4
        % 第一组
        Y1=-ax* sin(theta1_1)+ay* cos(theta1_1);
        X1=-ax* cos(theta1_1)* cos(theta2_1+theta3_1)-ay* sin(theta1_1)*
            cos(theta2_1+theta3_1)+az* sin(theta2_1+theta3_1);
        theta4_1=atan2(Y1,X1);
        % 第二组
        Y2=ax* sin(theta1_1)-ay* cos(theta1_1);
        X2=ax* cos(theta1_1)* cos(theta2_1+theta3_1)+ay* sin(theta1_1)*
            cos(theta2_1+theta3_1)-az* sin(theta2_1+theta3_1);
        theta4_2=atan2(Y2,X2);
```

```
    % 第三组
    Y3=-ax* sin(theta1_1)+ay* cos(theta1_1);
    X3=-ax* cos(theta1_1)* cos(theta2_2+theta3_2)-ay* sin(theta1_1)*
        cos(theta2_2+theta3_2)+az* sin(theta2_2+theta3_2);
    theta4_3=atan2(Y3,X3);
    % 第四组
    Y4=ax* sin(theta1_1)-ay* cos(theta1_1);
    X4=ax* cos(theta1_1)* cos(theta2_2+theta3_2)+ay* sin(theta1_1)*
        cos(theta2_2+theta3_2)-az* sin(theta2_2+theta3_2);
    theta4_4=atan2(Y4,X4);

    % 第五组
    Y5=-ax* sin(theta1_2)+ay* cos(theta1_2);
    X5=-ax* cos(theta1_2)* cos(theta2_3+theta3_1)-ay* sin(theta1_2)*
        cos(theta2_3+theta3_1)+az* sin(theta2_3+theta3_1);
    theta4_5=atan2(Y5,X5);
    % 第六组
    Y6=ax* sin(theta1_2)-ay* cos(theta1_2);
    X6=ax* cos(theta1_2)* cos(theta2_3+theta3_1)+ay* sin(theta1_2)*
        cos(theta2_3+theta3_1)-az* sin(theta2_3+theta3_1);
    theta4_6=atan2(Y6,X6);
    % 第七组
    Y7=-ax* sin(theta1_2)+ay* cos(theta1_2);
    X7=-ax* cos(theta1_2)* cos(theta2_4+theta3_2)-ay* sin(theta1_2)*
        cos(theta2_4+theta3_2)+az* sin(theta2_4+theta3_2);
    theta4_7=atan2(Y7,X7);
    % 第八组
    Y8=ax* sin(theta1_2)-ay* cos(theta1_2);
    X8=ax* cos(theta1_2)* cos(theta2_4+theta3_2)+ay* sin(theta1_2)*
        cos(theta2_4+theta3_2)-az* sin(theta2_4+theta3_2);
    theta4_8=atan2(Y8,X8);

% 求 theta5
    % 第一组
    Y1=-ax* (cos(theta1_1)* cos(theta2_1+theta3_1)* cos(theta4_1) +
        sin(theta1_1)* sin(theta4_1))+az* sin(theta2_1+theta3_1) *
        cos(theta4_1)-ay* (sin(theta1_1)* cos(theta2_1+theta3_1) *
        cos(theta4_1)-cos(theta1_1)* sin(theta4_1));
```

```
X1=-ax* cos(theta1_1)* sin(theta2_1+theta3_1)-ay* sin(theta1_1)*
    sin(theta2_1+theta3_1)-az* cos(theta2_1+theta3_1);
theta5_1=atan2(Y1,X1);

% 第二组
Y2=-ax* (cos(theta1_1)* cos(theta2_1+theta3_1)* cos(theta4_2) +
    sin(theta1_1)* sin(theta4_2))+az* sin(theta2_1+theta3_1) *
    cos(theta4_2)-ay* (sin(theta1_1)* cos(theta2_1+theta3_1) *
    cos(theta4_2) -cos(theta1_1)* sin(theta4_2));
X2=-ax* cos(theta1_1)* sin(theta2_1+theta3_1)-ay* sin(theta1_1) *
    sin(theta2_1+theta3_1)-az* cos(theta2_1+theta3_1);
theta5_2=atan2(Y2,X2);

% 第三组
Y3=-ax* (cos(theta1_1)* cos(theta2_2+theta3_2)* cos(theta4_3) +
    sin(theta1_1)* sin(theta4_3))+az* sin(theta2_2+theta3_2) *
    cos(theta4_3)-ay* (sin(theta1_1)* cos(theta2_2+theta3_2) *
    cos(theta4_3) -cos(theta1_1)* sin(theta4_3));
X3=-ax* cos(theta1_1)* sin(theta2_2+theta3_2)-ay* sin(theta1_1) *
    sin(theta2_2+theta3_2)-az* cos(theta2_2+theta3_2);
theta5_3=atan2(Y3,X3);

% 第四组
Y4=-ax* (cos(theta1_1)* cos(theta2_2+theta3_2)* cos(theta4_4) +
    sin(theta1_1)* sin(theta4_4))+az* sin(theta2_2+theta3_2) *
    cos(theta4_4)-ay* (sin(theta1_1)* cos(theta2_2+theta3_2) *
    cos(theta4_4) -cos(theta1_1)* sin(theta4_4));
X4=-ax* cos(theta1_1)* sin(theta2_2+theta3_2)-ay* sin(theta1_1) *
    sin(theta2_2+theta3_2)-az* cos(theta2_2+theta3_2);
theta5_4=atan2(Y4,X4);

% 第五组
Y5=-ax* (cos(theta1_2)* cos(theta2_3+theta3_1)* cos(theta4_5) +
    sin(theta1_2)* sin(theta4_5))+az* sin(theta2_3+theta3_1) *
    cos(theta4_5)-ay* (sin(theta1_2)* cos(theta2_3+theta3_1) *
    cos(theta4_5)-cos(theta1_2)* sin(theta4_5));
X5=-ax* cos(theta1_2)* sin(theta2_3+theta3_1)-ay* sin(theta1_2) *
    sin(theta2_3+theta3_1)-az* cos(theta2_3+theta3_1);
theta5_5=atan2(Y5,X5);
```

```
    % 第六组
    Y6=-ax* (cos(theta1_2)* cos(theta2_3+theta3_1)* cos(theta4_6) +
        sin(theta1_2)* sin(theta4_6))+az* sin(theta2_3+theta3_1) *
        cos(theta4_6)-ay* (sin(theta1_2)* cos(theta2_3+theta3_1) *
        cos(theta4_6)-cos(theta1_2)* sin(theta4_6));
    X6=-ax* cos(theta1_2)* sin(theta2_3+theta3_1)-ay* sin(theta1_2) *
        sin(theta2_3+theta3_1)-az* cos(theta2_3+theta3_1);
    theta5_6=atan2(Y6,X6);

    % 第七组
    Y7=-ax* (cos(theta1_2)* cos(theta2_4+theta3_2)* cos(theta4_7) +
        sin(theta1_2)* sin(theta4_7))+az* sin(theta2_4+theta3_2) *
        cos(theta4_7)-ay* (sin(theta1_2)* cos(theta2_4+theta3_2) *
        cos(theta4_7)-cos(theta1_2)* sin(theta4_7));
    X7=-ax* cos(theta1_2)* sin(theta2_4+theta3_2)-ay* sin(theta1_2) *
        sin(theta2_4+theta3_2)-az* cos(theta2_4+theta3_2);
    theta5_7=atan2(Y7,X7);

    % 第八组
    Y8=-ax* (cos(theta1_2)* cos(theta2_4+theta3_2)* cos(theta4_8) +
        sin(theta1_2)* sin(theta4_8))+az* sin(theta2_4+theta3_2) *
        cos(theta4_8)-ay* (sin(theta1_2)* cos(theta2_4+theta3_2) *
        cos(theta4_8) -cos(theta1_2)* sin(theta4_8));
    X8=-ax* cos(theta1_2)* sin(theta2_4+theta3_2)-ay* sin(theta1_2) *
        sin(theta2_4+theta3_2)-az* cos(theta2_4+theta3_2);
    theta5_8=atan2(Y8,X8);

% 求 theta6
    % 第一组
    Y1=-nx* (cos(theta1_1)* cos(theta2_1+theta3_1)* sin(theta4_1) -
        sin(theta1_1)* cos(theta4_1)) -ny* (sin(theta1_1)*
        cos(theta2_1+theta3_1)* sin(theta4_1) +cos(theta1_1)*
        cos(theta4_1)) +nz* sin(theta2_1+theta3_1)* sin(theta4_1);
   X1=nx* ((cos(theta1_1)* cos(theta2_1+theta3_1)* cos(theta4_1) +
       sin(theta1_1)* sin(theta4_1))* cos(theta5_1)-cos(theta1_1)*
       sin(theta2_1+theta3_1)* sin(theta5_1)) +ny* ((sin(theta1_1)*
       cos(theta2_1+theta3_1)* cos(theta4_1) -cos(theta1_1)*
       sin(theta4_1))* cos(theta5_1)-sin(theta1_1)* sin(theta2_1+
```

```
        theta3_1)* sin(theta5_1)) -nz* (sin(theta2_1+theta3_1)*
        cos(theta4_1)* cos(theta5_1)+cos(theta2_1+theta3_1)*
        sin(theta5_1));
    theta6_1=atan2(Y1,X1);

    % 第二组
    Y2=-nx* (cos(theta1_1)* cos(theta2_1+theta3_1)* sin(theta4_2) -
        sin(theta1_1)* cos(theta4_2)) -ny* (sin(theta1_1)*
        cos(theta2_1+theta3_1)* sin(theta4_2) +cos(theta1_1)*
        cos(theta4_2)) +nz* sin(theta2_1+theta3_1)* sin(theta4_2);
    X2=nx* ((cos(theta1_1)* cos(theta2_1+theta3_1)* cos(theta4_2) +
        sin(theta1_1)* sin(theta4_2))* cos(theta5_2)-cos(theta1_1)*
        sin(theta2_1+theta3_1)* sin(theta5_2)) +ny* ((sin(theta1_1)*
        cos(theta2_1+theta3_1)* cos(theta4_2) -cos(theta1_1)*
        sin(theta4_2))* cos(theta5_2)-sin(theta1_1)* sin(theta2_1+
        theta3_1)* sin(theta5_2)) -nz* (sin(theta2_1+theta3_1)*
        cos(theta4_2)* cos(theta5_2) +cos(theta2_1+theta3_1)*
        sin(theta5_2));
    theta6_2=atan2(Y2,X2);

    % 第三组
    Y3=-nx* (cos(theta1_1)* cos(theta2_2+theta3_2)* sin(theta4_3) -
        sin(theta1_1)* cos(theta4_3)) -ny* (sin(theta1_1)*
        cos(theta2_2+theta3_2)* sin(theta4_3) +cos(theta1_1)*
        cos(theta4_3)) +nz* sin(theta2_2+theta3_2)* sin(theta4_3);
    X3=nx* ((cos(theta1_1)* cos(theta2_2+theta3_2)* cos(theta4_3) +
        sin(theta1_1)* sin(theta4_3))* cos(theta5_3)-cos(theta1_1)*
        sin(theta2_2+theta3_2)* sin(theta5_3)) +ny* ((sin(theta1_1)*
        cos(theta2_2+theta3_2)* cos(theta4_3) -cos(theta1_1)*
        sin(theta4_3))* cos(theta5_3)-sin(theta1_1)* sin(theta2_2+
        theta3_2)* sin(theta5_3)) -nz* (sin(theta2_2+theta3_2)*
        cos(theta4_3)* cos(theta5_3)+cos(theta2_2+theta3_2)*
        sin(theta5_3));
    theta6_3=atan2(Y3,X3);

    % 第四组
    Y4=-nx* (cos(theta1_1)* cos(theta2_2+theta3_2)* sin(theta4_4) -
        sin(theta1_1)* cos(theta4_4))
```

```
    -ny* (sin(theta1_1)* cos(theta2_2+theta3_2)* sin(theta4_4)+
    cos(theta1_1)* cos(theta4_4)) +nz* sin(theta2_2+theta3_2)*
    sin(theta4_4);
X4=nx* ((cos(theta1_1)* cos(theta2_2+theta3_2)* cos(theta4_4)+
    sin(theta1_1)* sin(theta4_4))* cos(theta5_4)-cos(theta1_1)*
    sin(theta2_2+theta3_2)* sin(theta5_4)) +ny* ((sin(theta1_1)*
    cos(theta2_2+theta3_2)* cos(theta4_4) -cos(theta1_1)*
    sin(theta4_4))* cos(theta5_4)-sin(theta1_1)* sin(theta2_2+
    theta3_2)* sin(theta5_4)) -nz* (sin(theta2_2+theta3_2)*
    cos(theta4_4)* cos(theta5_4) +cos(theta2_2+theta3_2)*
    sin(theta5_4));
theta6_4=atan2(Y4,X4);

% 第五组
Y5=-nx* (cos(theta1_2)* cos(theta2_3+theta3_1)* sin(theta4_5) -
    sin(theta1_2)* cos(theta4_5)) -ny* (sin(theta1_2)*
    cos(theta2_3+theta3_1)* sin(theta4_5) +cos(theta1_2)*
    cos(theta4_5)) +nz* sin(theta2_3+theta3_1)* sin(theta4_5);
X5=nx* ((cos(theta1_2)* cos(theta2_3+theta3_1)* cos(theta4_5) +
    sin(theta1_2)* sin(theta4_5))* cos(theta5_5)-cos(theta1_2)*
    sin(theta2_3+theta3_1)* sin(theta5_5)) +ny* ((sin(theta1_2)*
    cos(theta2_3+theta3_1)* cos(theta4_5) -cos(theta1_2)*
    sin(theta4_5))* cos(theta5_5)-sin(theta1_2)* sin(theta2_3+
    theta3_1)* sin(theta5_5)) -nz* (sin(theta2_3+theta3_1)*
    cos(theta4_5)* cos(theta5_5) +cos(theta2_3+theta3_1)*
    sin(theta5_5));
theta6_5=atan2(Y5,X5);

% 第六组
Y6=-nx* (cos(theta1_2)* cos(theta2_3+theta3_1)* sin(theta4_6) -
    sin(theta1_2)* cos(theta4_6)) -ny* (sin(theta1_2)*
    cos(theta2_3+theta3_1)* sin(theta4_6) +cos(theta1_2)*
    cos(theta4_6)) +nz* sin(theta2_3+theta3_1)* sin(theta4_6);
X6=nx* ((cos(theta1_2)* cos(theta2_3+theta3_1)* cos(theta4_6) +
    sin(theta1_2)* sin(theta4_6))* cos(theta5_6)-cos(theta1_2)*
    sin(theta2_3+theta3_1)* sin(theta5_6)) +ny* ((sin(theta1_2)*
    cos(theta2_3+theta3_1)* cos(theta4_6) -cos(theta1_2)*
    sin(theta4_6))* cos(theta5_6)-sin(theta1_2)* sin(theta2_3+
    theta3_1)* sin(theta5_6)) -nz* (sin(theta2_3+theta3_1)*
    cos(theta4_6)* cos(theta5_6) +cos(theta2_3+theta3_1)*
    sin(theta5_6));
```

```
    theta6_6=atan2(Y6,X6);

  % 第七组
  Y7=-nx* (cos(theta1_2)* cos(theta2_4+theta3_2)* sin(theta4_7) -
    sin(theta1_2)* cos(theta4_7)) -ny* (sin(theta1_2)*
    cos(theta2_4+theta3_2)* sin(theta4_7) +cos(theta1_2)*
    cos(theta4_7)) +nz* sin(theta2_4+theta3_2)* sin(theta4_7);
  X7=nx* ((cos(theta1_2)* cos(theta2_4+theta3_2)* cos(theta4_7) +
    sin(theta1_2)* sin(theta4_7))* cos(theta5_7)-cos(theta1_2)*
    sin(theta2_4+theta3_2)* sin(theta5_7)) +ny* ((sin(theta1_2)*
    cos(theta2_4+theta3_2)* cos(theta4_7) -cos(theta1_2)*
    sin(theta4_7))* cos(theta5_7)-sin(theta1_2)* sin(theta2_4+
    theta3_2)* sin(theta5_7)) -nz* (sin(theta2_4+theta3_2)*
    cos(theta4_7)* cos(theta5_7) +cos(theta2_4+theta3_2)*
    sin(theta5_7));
  theta6_7=atan2(Y7,X7);

  % 第八组
  Y8=-nx* (cos(theta1_2)* cos(theta2_4+theta3_2)* sin(theta4_8) -
    sin(theta1_2)* cos(theta4_8)) -ny* (sin(theta1_2)*
    cos(theta2_4+theta3_2)* sin(theta4_8) +cos(theta1_2)*
    cos(theta4_8)) +nz* sin(theta2_4+theta3_2)* sin(theta4_8);
  X8=nx* ((cos(theta1_2)* cos(theta2_4+theta3_2)* cos(theta4_8) +
    sin(theta1_2)* sin(theta4_8))* cos(theta5_8)-cos(theta1_2)*
    sin(theta2_4+theta3_2)* sin(theta5_8)) +ny* ((sin(theta1_2)*
    cos(theta2_4+theta3_2)* cos(theta4_8) -cos(theta1_2)*
    sin(theta4_8))* cos(theta5_8)-sin(theta1_2)* sin(theta2_4+
    theta3_2)* sin(theta5_8)) -nz* (sin(theta2_4+theta3_2)*
    cos(theta4_8)* cos(theta5_8) +cos(theta2_4+theta3_2)*
    sin(theta5_8));
  theta6_8=atan2(Y8,X8);

  % 输出所有 8 组解,单位转换为度
  Solutions_PUMA560=vpa([[theta1_1,theta2_1,theta3_1,theta4_1,theta5_1,
    theta6_1];[theta1_1,theta2_1,theta3_1,theta4_2,theta5_2,
    theta6_2];[theta1_1,theta2_2,theta3_2,theta4_3,theta5_3
    theta6_3];[theta1_1,theta2_2,theta3_2,theta4_4,theta5_4,
    theta6_4];[theta1_2,theta2_3,theta3_1,theta4_5,theta5_5,
    theta6_5];[theta1_2,theta2_3,theta3_1,theta4_6,theta5_6,
    theta6_6];[theta1_2,theta2_4,theta3_2,theta4_7,theta5_7,
```

```
  theta6_7];[theta1_2,theta2_4,theta3_2,theta4_8,theta5_8,
  theta6_8]]/3.14159265* 180,5)
Solutions_PUMA560 =

[     20.0,     20.0,  20.0,     20.0,     20.0,    20.0]
[     20.0,     20.0,  20.0,   -160.0,    -20.0,  -160.0]
[     20.0,-232.37,165.37,   8.2716,    125.6,  43.719]
[     20.0,-232.37,165.37,-171.73,   -125.6,-136.28]
[ -67.586,   52.37,  20.0,-117.67,   72.485,   114.4]
[ -67.586,   52.37,  20.0,  62.326,-72.485,-65.605]
[ -67.586,  -200.0,165.37,-63.704,   70.394,  -1.575]
[ -67.586,  -200.0,165.37,  116.3,-70.394,  178.43]
% 可以看出第 1 组解就是我们前面设定的正向运动学各关节的转角
% 结合各关节的运动范围,只有第 1、7、8 组解(加粗部分)满足要求
% 检验其中第 7 组解
pose_7=[ -67.586,  -200.0,165.37,-63.704,  70.394,  -1.575]/
      180* 3.14159265;
T_06_7=vpa(subs(T_06_PUMA560,[theta1,theta2,theta3,theta4,
       theta5,theta6],pose_7),3)
T_06_7 =
[  0.532,-0.114,-0.839,  83.3]
[  -0.47,-0.864,-0.181,  189.0]
[ -0.704,  0.49,-0.513,-492.0]
[      0,      0,      0,    1.0]
% 与正向运动学的结果完全一致
```

【例 5-2】 图 5-3 所示为六自由度机器人，先建立其正向运动学方程，再求其逆解。

解： 该机器人是在一个拟人臂的基础上增加一个 RPY 型手腕，但该手腕的 3 轴线并不交于一点，而且为了简化问题，忽略连杆之间的距离（D-H 中所有的 d 值均为 0）。本例采用的是标准的 D-H 法建立各关节的坐标系，其中全局参考系 U 与坐标系 0 重合，省略了 $U\rightarrow 0$ 的变换，坐标坐标系 H 是末端执行器的坐标系，并将其原点设定在坐标系 4 和坐标系 5 的交点处。该机器人的标准 D-H 法参数表见表 5-1。

表 5-1 六自由度机器人的标准 D-H 法参数表

坐标系变换	θ	d	a	α
$0\rightarrow 1$	θ_1	0	0	90°
$1\rightarrow 2$	θ_2	0	a_2	0°
$2\rightarrow 3$	θ_3	0	a_3	0°
$3\rightarrow 4$	θ_4	0	a_4	-90°
$4\rightarrow 5$	θ_5	0	0	90°
$5\rightarrow H$	θ_6	0	0	0°

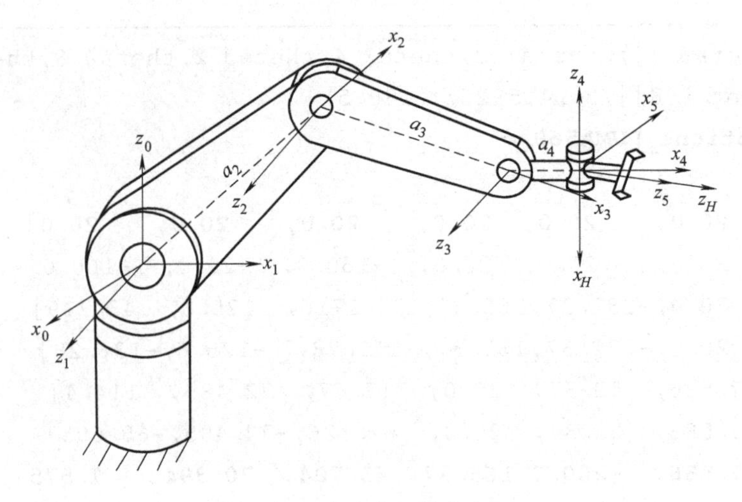

图 5-3 六自由度机器人坐标系

该机器人的正向运动学方程为

$$
{}^0_H\boldsymbol{T} = {}^0_1\boldsymbol{T}{}^1_2\boldsymbol{T}{}^2_3\boldsymbol{T}{}^3_4\boldsymbol{T}{}^4_5\boldsymbol{T}{}^5_H\boldsymbol{T}
= \begin{bmatrix} C_1 & 0 & S_1 & 0 \\ S_1 & 0 & -C_1 & 0 \\ 0 & 1 & 0 & 0 \\ 0 & 0 & 0 & 1 \end{bmatrix}
\begin{bmatrix} C_2 & -S_2 & 0 & a_2C_2 \\ S_2 & C_2 & 0 & a_2S_2 \\ 0 & 0 & 1 & 0 \\ 0 & 0 & 0 & 1 \end{bmatrix}
\begin{bmatrix} C_3 & -S_3 & 0 & a_3C_3 \\ S_3 & C_3 & 0 & a_3S_3 \\ 0 & 0 & 1 & 0 \\ 0 & 0 & 0 & 1 \end{bmatrix}
$$

$$
\begin{bmatrix} C_4 & 0 & -S_4 & a_4C_4 \\ S_4 & 0 & C_4 & a_4S_4 \\ 0 & -1 & 0 & 0 \\ 0 & 0 & 0 & 1 \end{bmatrix}
\begin{bmatrix} C_5 & 0 & S_5 & 0 \\ S_5 & 0 & -C_5 & 0 \\ 0 & 1 & 0 & 0 \\ 0 & 0 & 0 & 1 \end{bmatrix}
\begin{bmatrix} C_6 & -S_6 & 0 & 0 \\ S_6 & C_6 & 0 & 0 \\ 0 & 0 & 1 & 0 \\ 0 & 0 & 0 & 1 \end{bmatrix}
$$

进一步展开可得

$$
{}^0_H\boldsymbol{T} = \begin{bmatrix} C_1(C_{234}C_5C_6-S_{234}S_6)-S_1S_5C_6 & C_1(-C_{234}C_5C_6-S_{234}C_6)+S_1S_5S_6 & C_1C_{234}S_5+S_1C_5 & C_1(a_2C_2+a_3C_{23}+a_4C_{234}) \\ S_1(C_{234}C_5C_6-S_{234}S_6)-C_1S_5C_6 & S_1(-C_{234}C_5C_6-S_{234}C_6)-C_1S_5S_6 & S_1C_{234}S_5-C_1C_5 & S_1(a_2C_2+a_3C_{23}+a_4C_{234}) \\ S_{234}C_5C_6+C_{234}S_6 & -S_{234}C_5C_6+C_{234}C_6 & S_{234}S_5 & a_2S_2+a_3S_{23}+a_4S_{234} \\ 0 & 0 & 0 & 1 \end{bmatrix}
$$

$$
= \begin{bmatrix} n_x & o_x & a_x & p_x \\ n_y & o_y & a_y & p_y \\ n_z & o_z & a_z & p_z \\ 0 & 0 & 0 & 1 \end{bmatrix} \tag{5-41}
$$

(1) 求 θ_1 用 ${}^0_1\boldsymbol{T}^{-1}$ 左乘式（5-41）两边矩阵，得

$$
{}^0_1\boldsymbol{T}^{-1}\begin{bmatrix} n_x & o_x & a_x & p_x \\ n_y & o_y & a_y & p_y \\ n_z & o_z & a_z & p_z \\ 0 & 0 & 0 & 1 \end{bmatrix} = {}^0_1\boldsymbol{T}^{-1}{}^0_1\boldsymbol{T}{}^1_2\boldsymbol{T}{}^2_3\boldsymbol{T}{}^3_4\boldsymbol{T}{}^4_5\boldsymbol{T}{}^5_H\boldsymbol{T} = {}^1_2\boldsymbol{T}{}^2_3\boldsymbol{T}{}^3_4\boldsymbol{T}{}^4_5\boldsymbol{T}{}^5_H\boldsymbol{T} \tag{5-42}
$$

由$_1^0\boldsymbol{T}=\begin{bmatrix} C_1 & 0 & S_1 & 0 \\ S_1 & 0 & -C_1 & 0 \\ 0 & 1 & 0 & 0 \\ 0 & 0 & 0 & 1 \end{bmatrix}$，得$_1^0\boldsymbol{T}^{-1}=\begin{bmatrix} C_1 & S_1 & 0 & 0 \\ 0 & 0 & 1 & 0 \\ S_1 & -C_1 & 0 & 0 \\ 0 & 0 & 0 & 1 \end{bmatrix}$，代入并展开得

$$\begin{bmatrix} n_xC_1+n_yS_1 & o_xC_1+o_yS_1 & a_xC_1+a_yS_1 & p_xC_1+p_yS_1 \\ n_z & o_z & a_z & p_z \\ n_xS_1-n_yC_1 & o_xS_1-o_yC_1 & a_xS_1-a_yC_1 & p_xS_1-p_yC_1 \\ 0 & 0 & 0 & 1 \end{bmatrix}$$

$$=\begin{bmatrix} C_{234}C_5C_6-S_{234}S_6 & -C_{234}C_5C_6-S_{234}C_6 & C_{234}S_5 & a_2C_2+a_3C_{23}+a_4C_{234} \\ S_{234}C_5C_6+C_{234}S_6 & -S_{234}C_5C_6+C_{234}C_6 & S_{234}S_5 & a_2S_2+a_3S_{23}+a_4S_{234} \\ -S_5C_6 & S_5C_6 & C_5 & 0 \\ 0 & 0 & 0 & 1 \end{bmatrix} \tag{5-43}$$

由式（5-43）两边矩阵中元素（3，4）相等可得

$$p_xS_1-p_yC_1=0 \tag{5-44}$$

所以

$$\theta_1=\text{atan2}(p_y,p_x)\ \text{或}\ \theta_1=\text{atan2}(-p_y,-p_x) \tag{5-45}$$

（2）求θ_3　根据式（5-43）两边矩阵中元素（1，4）和（2，4）分别相等可得

$$\begin{cases} p_xC_1+p_yS_1=a_2C_2+a_3C_{23}+a_4C_{234} \\ p_z=a_2S_2+a_3S_{23}+a_4S_{234} \end{cases} \tag{5-46}$$

移项，两边平方相加得

$$\begin{aligned} &(p_xC_1+p_yS_1-a_4C_{234})^2+(p_z-a_4S_{234})^2=(a_2C_2+a_3C_{23})^2+(a_2S_2+a_3S_{23})^2 \\ &=a_2^2+a_3^2+2a_2a_3(S_2S_{23}+C_2C_{23}) \\ &=a_2^2+a_3^2+2a_2a_3\cos(\theta_2+\theta_3-\theta_2) \\ &=a_2^2+a_3^2+2a_2a_3C_3 \end{aligned} \tag{5-47}$$

所以

$$C_3=\frac{(p_xC_1+p_yS_1-a_4C_{234})^2+(p_z-a_4S_{234})^2-a_2^2-a_3^2}{2a_2a_3} \tag{5-48}$$

由于$S_3=\pm\sqrt{1-C_3^2}$，所以

$$\theta_3=\text{atan2}(S_3,C_3) \tag{5-49}$$

式中，除了S_{234}和C_{234}都已知，只要求出S_{234}和C_{234}即可求出θ_3。

为了求S_{234}和C_{234}，式（5-41）两边左乘$_4^0\boldsymbol{T}^{-1}$，得

$$_4^0\boldsymbol{T}^{-1}=(_1^0\boldsymbol{T}_2^1\boldsymbol{T}_3^2\boldsymbol{T}_4^3\boldsymbol{T})^{-1}={}_4^3\boldsymbol{T}^{-1}{}_3^2\boldsymbol{T}^{-1}{}_2^1\boldsymbol{T}^{-1}{}_1^0\boldsymbol{T}^{-1} \tag{5-50}$$

所以

$$_4^3\boldsymbol{T}^{-1}{}_3^2\boldsymbol{T}^{-1}{}_2^1\boldsymbol{T}^{-1}{}_1^0\boldsymbol{T}^{-1}\begin{bmatrix} n_x & o_x & a_x & p_x \\ n_y & o_y & a_y & p_y \\ n_z & o_z & a_z & p_z \\ 0 & 0 & 0 & 1 \end{bmatrix}=({}_4^3\boldsymbol{T}^{-1}{}_3^2\boldsymbol{T}^{-1}{}_2^1\boldsymbol{T}^{-1}{}_1^0\boldsymbol{T}^{-1}){}_1^0\boldsymbol{T}_2^1\boldsymbol{T}_3^2\boldsymbol{T}_4^3\boldsymbol{T}_5^4\boldsymbol{T}_H^5\boldsymbol{T}={}_5^4\boldsymbol{T}_H^5\boldsymbol{T} \tag{5-51}$$

展开得

$$\begin{bmatrix} C_{234}(n_xC_1+n_yS_1)+n_zS_{234} & C_{234}(o_xC_1+o_yS_1)+o_zS_{234} & C_{234}(a_xC_1+a_yS_1)+a_zS_{234} & C_{234}(p_xC_1+p_yS_1)+p_zS_{234}-a_2C_{34}-a_3C_4-a_4 \\ n_yC_1-n_xS_1 & o_yC_1-o_xS_1 & a_yC_1-a_xS_1 & 0 \\ -S_{234}(n_xC_1+n_yS_1)+n_zC_{234} & -S_{234}(o_xC_1+o_yS_1)+o_zC_{234} & -S_{234}(a_xC_1+a_yS_1)+a_zC_{234} & -S_{234}(p_xC_1+p_yS_1)+p_zC_{234}+a_2S_{34}+a_3S_4 \\ 0 & 0 & 0 & 1 \end{bmatrix}$$

$$=\begin{bmatrix} C_5C_6 & -C_5C_6 & S_5 & 0 \\ S_5C_6 & -S_5S_6 & -C_5 & 0 \\ S_6 & C_6 & 0 & 0 \\ 0 & 0 & 0 & 1 \end{bmatrix} \tag{5-52}$$

由式（5-52）两边矩阵中元素（3，3）对应相等可得

$$-S_{234}(a_xC_1+a_yS_1)+a_zC_{234}=0 \tag{5-53}$$

所以

$$\theta_{234}=\text{atan2}(a_z,a_xC_1+a_yS_1) \text{ 或 } \theta_{234}=\text{atan2}(-a_z,-a_xC_1-a_yS_1) \tag{5-54}$$

用上式求得的 θ_{234} 即可根据式来计算 θ_3。由于 θ_1 有两组解，每个解对应的 θ_{234} 也有两个解，θ_3 的计算式中有正负号，所以 θ_3 有 8 组可能的解。

（3）求 θ_2　将 $C_{23}=C_2C_3-S_2S_3$ 和 $S_{23}=S_2C_3+C_2S_3$ 代入式（5-46）得

$$\begin{cases} p_xC_1+p_yS_1-a_4C_{234}=a_2C_2+a_3(C_2C_3-S_2S_3) \\ p_z-a_4S_{234}=a_2S_2+a_3(S_2C_3+C_2S_3) \end{cases} \tag{5-55}$$

上面方程组有两个未知数 C_2 和 S_2，联立解得

$$\begin{cases} S_2=\dfrac{(a_3C_3+a_2)(p_z-a_4S_{234})-a_3S_3(p_xC_1+p_yS_1-a_4C_{234})}{(a_3C_3+a_2)^2+a_3^2S_3^2} \\ C_2=\dfrac{(a_3C_3+a_2)(p_xC_1+p_yS_1-a_4C_{234})+a_3S_3(p_z-a_4S_{234})}{(a_3C_3+a_2)^2+a_3^2S_3^2} \end{cases} \tag{5-56}$$

所以

$$\theta_2=\text{atan2}(S_2,C_2) \tag{5-57}$$

由上式可以看出于 θ_2 与 θ_1、θ_3、θ_{234} 有关，而 θ_1、θ_3、θ_{234} 有 8 种不同组合，所以 θ_2 有 8 组可能的解。

（4）求 θ_4　由 $\theta_{234}=\theta_2+\theta_3+\theta_4$ 得

$$\theta_4=\theta_{234}-\theta_2-\theta_3 \tag{5-58}$$

由上式可以看出于 θ_4 与 θ_2、θ_3、θ_{234} 有关，而 θ_2、θ_3、θ_{234} 有 8 种不同组合，所以 θ_4 有 8 组可能的解。

（5）求 θ_5　根据式（5-52）两边元素（1，3）和（2，3）对应相等可得

$$\begin{cases} S_5=C_{234}(a_xC_1+a_yS_1)+a_zS_{234} \\ C_5=-a_yC_1+a_xS_1 \end{cases} \tag{5-59}$$

所以

$$\theta_5=\operatorname{atan2}(S_5,C_5) \tag{5-60}$$

由上式可以看出于 θ_5 与 θ_1、θ_{234} 有关，而 θ_1、θ_{234} 有 4 种不同组合，所以 θ_5 有 4 组可能的解。

（6）求 θ_6　用${}^4_5\boldsymbol{T}^{-1}$ 左乘式（5-41）两边矩阵，得

$$\begin{bmatrix} C_5[C_{234}(n_xC_1+n_yS_1)+n_zS_{234}] -S_5(n_xS_1-n_yC_1) & C_5[C_{234}(o_xC_1+o_yS_1)+o_zS_{234}] -S_5(o_xS_1-o_yC_1) & 0 & 0 \\ -S_{234}(n_xC_1+n_yS_1)+n_zS_{234} & -S_{234}(o_xC_1+o_yS_1)+o_zS_{234} & 0 & 0 \\ 0 & 0 & 1 & 0 \\ 0 & 0 & 0 & 1 \end{bmatrix}$$

$$=\begin{bmatrix} C_6 & -S_6 & 0 & 0 \\ S_6 & C_6 & 0 & 0 \\ 0 & 0 & 1 & 0 \\ 0 & 0 & 0 & 1 \end{bmatrix} \tag{5-61}$$

根据式（5-61）两边元素（2，1）和（2，2）对应相等可得

$$\begin{cases} S_6=-S_{234}(n_xC_1+n_yS_1)+n_zS_{234} \\ C_6=-S_{234}(o_xC_1+o_yS_1)+o_zS_{234} \end{cases} \tag{5-62}$$

所以

$$\theta_6=\operatorname{atan2}(S_6,C_6) \tag{5-63}$$

由上式可以看出于 θ_6 与 θ_1、θ_{234} 有关，而 θ_1、θ_{234} 有 4 种不同组合，所以 θ_6 有 4 组可能的解。

综上求解过程可知，该机器人的逆向运动学可能存在 8 组解，8 组解的组合关系如图 5-4 所示。

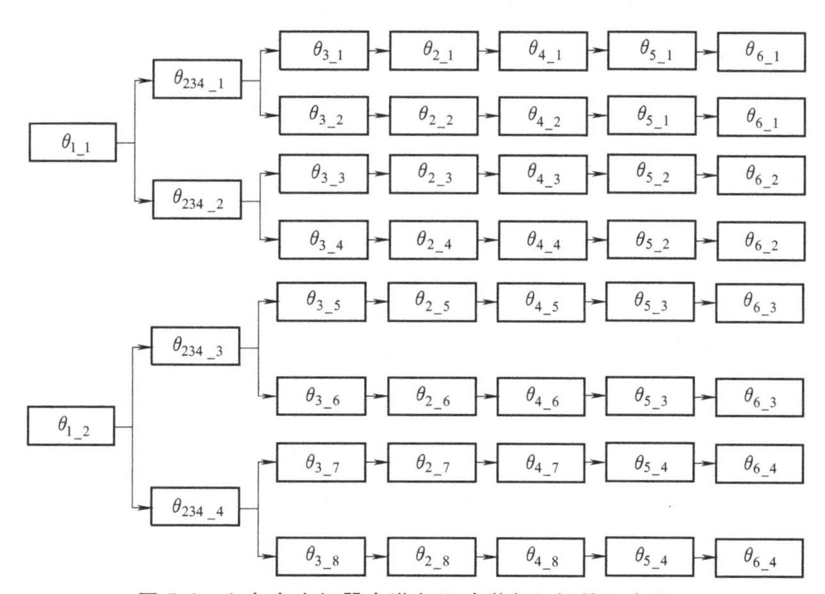

图 5-4　六自由度机器人逆向运动学各组解的组合关系

注：θ_{m_n} 表示 θ_m 的第 n 个解。

读者可以自行仿照前例，编制相应的 MATLAB 程序，这里不再赘述。

第6章

机器人速度分析

前面的章节介绍了机器人正向运动学和逆向运动学问题，主要研究的是机器人末端执行器的位置和姿态与机器人关节变量之间的映射关系。这一章来讨论机器人末端执行器的速度与关节速度之间的关系问题。

从数学上讲，机器人正向运动学方程定义了机器人末端执行器的笛卡儿坐标位置和方位与关节变量之间的函数关系，而速度关系则是这个函数的微分，这一关系称为速度雅可比矩阵，简称雅可比矩阵。雅可比矩阵是机器人运动分析与控制中最重要的指标之一，它几乎出现在机器人操作的各个方面：平滑轨迹的规划和执行、奇异配置的确定、协调的拟人化运动的执行、运动动力学方程的推导，以及从末端执行器到机械手关节的力和力矩的转换等（这一转换关系将在机器人静力学中讨论）。

雅可比矩阵的计算，尤其对于多自由度机器人是不容易的，直接对机器人正向运动学方程进行微分往往十分烦琐，必须寻求其他计算方法。本章借助斜对称矩阵研究了角速度及其表示方法，然后导出了运动坐标系的角速度方程和原点的线速度方程，最终简练地推导出机器人的雅可比矩阵。

6.1 微分运动与雅可比矩阵

这里仍从简单的二连杆机器人入手来研究机器人的速度关系。如图 6-1 所示，在这一瞬间机器人处于如下构型：关节 1 转过的角度为 θ_1，关节 2 转过的角度为 θ_2，假如此时关节 1 的转速为 $\dot{\theta}_1$，关节 2 的转速为 $\dot{\theta}_2$，那么如何计算末端执行器 H 的速度。

前面已经通过二连杆正向运动学分析得到了末端执行器坐标系原点的位置方程：

$$\begin{cases} p_{xH}=l_1\cos\theta_1+l_2\cos(\theta_1+\theta_2) \\ p_{yH}=l_1\sin\theta_1+l_2\sin(\theta_1+\theta_2) \end{cases}$$

分别对上述方程组中的两个变量 θ_1 和 θ_2 微分，可得

$$\begin{cases} \mathrm{d}p_{xH}=-l_1\sin\theta_1\mathrm{d}\theta_1-l_2\sin(\theta_1+\theta_2)(\mathrm{d}\theta_1+\mathrm{d}\theta_2) \\ \mathrm{d}p_{yH}=l_1\cos\theta_1\mathrm{d}\theta_1+l_2\cos(\theta_1+\theta_2)(\mathrm{d}\theta_1+\mathrm{d}\theta_2) \end{cases} \tag{6-1}$$

整理，写成矩阵的形式为

$$\begin{bmatrix} dp_{xH} \\ dp_{yH} \end{bmatrix} = \begin{bmatrix} -l_1\sin\theta_1 - l_2\sin(\theta_1+\theta_2) & l_2\sin(\theta_1+\theta_2) \\ l_1\cos\theta_1 + l_2\cos(\theta_1+\theta_2) & l_2\cos(\theta_1+\theta_2) \end{bmatrix} \begin{bmatrix} d\theta_1 \\ d\theta_2 \end{bmatrix} \tag{6-2}$$

式中，dp_{xH} 和 dp_{yH} 称为机器人沿 x 和 y 轴的微分运动，$d\theta_1$ 和 $d\theta_2$ 称为关节的微分运动。将上式两边同除以 dt，由于 $V_{xH}=dp_{xH}/dt$，$V_{yH}=dp_{yH}/dt$，$\dot{\theta}_1=d\theta_1/dt$，$\dot{\theta}_2=d\theta_2/dt$，因此

$$\begin{bmatrix} dp_{xH} \\ dp_{yH} \end{bmatrix}/dt = \begin{bmatrix} -l_1\sin\theta_1 - l_2\sin(\theta_1+\theta_2) & l_2\sin(\theta_1+\theta_2) \\ l_1\cos\theta_1 + l_2\cos(\theta_1+\theta_2) & l_2\cos(\theta_1+\theta_2) \end{bmatrix} \begin{bmatrix} d\theta_1 \\ d\theta_2 \end{bmatrix}/dt \tag{6-3}$$

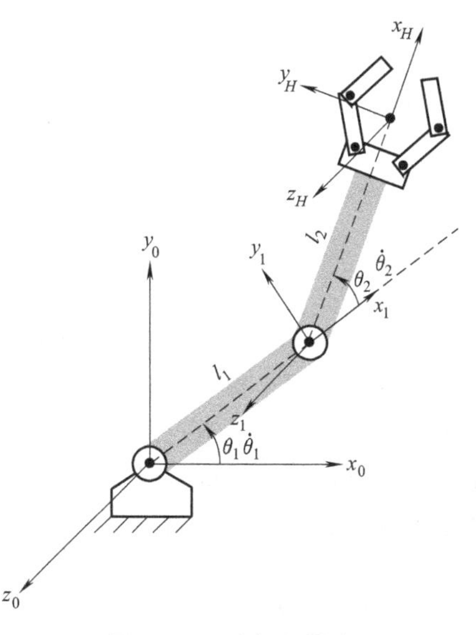

图 6-1 二连杆机器人

即

$$\begin{bmatrix} V_{xH} \\ V_{yH} \end{bmatrix} = \begin{bmatrix} -l_1\sin\theta_1 - l_2\sin(\theta_1+\theta_2) & l_2\sin(\theta_1+\theta_2) \\ l_1\cos\theta_1 + l_2\cos(\theta_1+\theta_2) & l_2\cos(\theta_1+\theta_2) \end{bmatrix} \begin{bmatrix} \dot{\theta}_1 \\ \dot{\theta}_2 \end{bmatrix} = [\boldsymbol{J}][\dot{\boldsymbol{\theta}}] \tag{6-4}$$

上式右边第一项就是二连杆机器人的雅可比矩阵。雅可比矩阵能够将机器人在任意时刻的关节转速（或平移速度）映射为末端执行器的速度。通过观察上式可知，雅可比矩阵是关节转角的函数，由于关节转角是随时间变化的，所以雅可比矩阵也是时间（转角）的函数。

对于上述例子中的平面二连杆机器人而言，雅可比矩阵是 2×2 维矩阵，因为只考虑平面内的平动速度，且机器人有两个自由度。对于一个完整的空间描述而言，雅可比矩阵是一个 6×n 维矩阵，其中 n 为机器人自由度的数目，即

$$\begin{bmatrix} dx \\ dy \\ dz \\ \delta x \\ \delta y \\ \delta z \end{bmatrix}_{6\times1} = \begin{bmatrix} \text{机器人} \\ \text{雅可比矩阵} \end{bmatrix}_{6\times n} \begin{bmatrix} d\theta_1 \\ d\theta_2 \\ \vdots \\ d\theta_n \end{bmatrix}_{n\times1} \tag{6-5}$$

简写为

$$[\boldsymbol{D}] = [\boldsymbol{J}][\boldsymbol{D}_\theta] \tag{6-6}$$

式中，$[\boldsymbol{D}]$ 是一个 6 维矢量，dx、dy 和 dz 分别为机器人末端执行器（原点）沿 x、y 和 z 轴平动的微分运动，δx、δy 和 δz 分别为机器人末端执行器（坐标系）绕 x、y 和 z 轴旋转的微分运动。$[\boldsymbol{D}_\theta]$ 是一个 n 维矢量，表示每一关节的微分运动。等式两边矩阵同除以 dt 即可得到关节速度与末端执行器速度的关系，即

$$[V]=\begin{bmatrix}v\\ \omega\end{bmatrix}=\begin{bmatrix}v_x\\ v_y\\ v_z\\ \omega_x\\ \omega_y\\ \omega_z\end{bmatrix}=\begin{bmatrix}J_v\\ J_\omega\end{bmatrix}[\dot{\theta}]=[J_1\quad J_2\quad\cdots\quad J_n]\begin{bmatrix}\dot{\theta}_1\\ \dot{\theta}_2\\ \vdots\\ \dot{\theta}_n\end{bmatrix}\tag{6-7}$$

式中，$\boldsymbol{v}=[v_x,v_y,v_z]^{\mathrm{T}}$ 为机器人末端执行器坐标系原点的线速度，而 $\boldsymbol{\omega}=[\omega_x,\omega_y,\omega_z]^{\mathrm{T}}$ 为机器人末端执行器坐标系的角速度。值得注意的是，线速度$\boldsymbol{v}$ 是针对刚体上每一点而言的，刚体上的任意一点都有自己的线速度。而角速度则是针对整个刚体（坐标系）而言的，也就是说，当刚体绕某一固定轴旋转时，刚体上所有的点拥有相同的角速度 $\boldsymbol{\omega}$，正是由于旋转角速度的存在，才产生了每一点的线速度，且有：

$$\boldsymbol{v}=\boldsymbol{\omega}\times\boldsymbol{r}$$

式中，$\boldsymbol{r}$ 为该点到旋转轴构成的矢量。如果机器人末端执行器的运动是由多个连杆的旋转造成的，则末端执行器坐标系的角速度和任意一点的线速度就是由多关节的旋转叠加而成。因此，雅可比矩阵的每一列构成的矢量 $\boldsymbol{J}_1$、$\boldsymbol{J}_2$、…、$\boldsymbol{J}_n$ 的含义为：第 n 个关节的旋转（或平动）对于机器人末端执行器线速度和角速度的贡献，理解了这一点有助于后续推导多关节机器人的雅可比矩阵。

【例 6-1】 图 6-2 中二连杆机器人处于两种不同的构型：$\theta_1=0°$，$\theta_2=0°$；$\theta_1=0°$，$\theta_2=30°$。如果 $a_1=a_2=1\mathrm{m}$，$\dot{\theta}_1=\dot{\theta}_2=1\mathrm{rad/s}$，求连杆末端 B 点的速度$\boldsymbol{v}_B$。

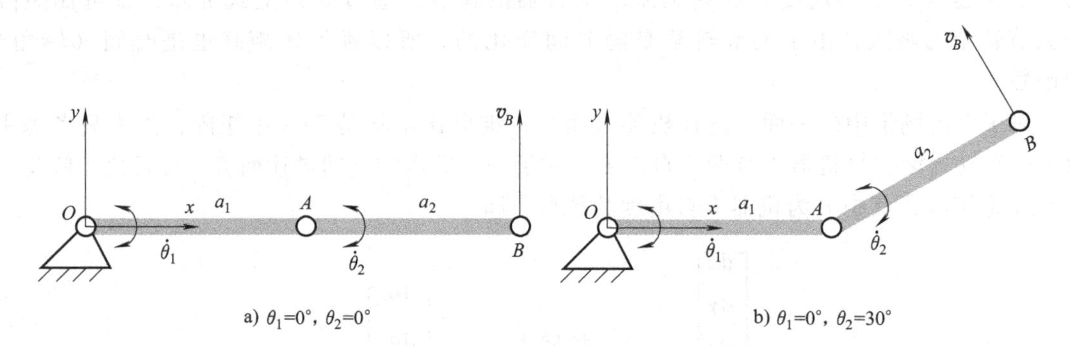

图 6-2　二连杆机器人处于两种不同构型

解：根据式 (6-7)，有

$$[\boldsymbol{v}_B]=\begin{bmatrix}v_x\\ v_y\end{bmatrix}=[\boldsymbol{J}][\dot{\boldsymbol{\theta}}]=\begin{bmatrix}-a_1S_1-a_2S_{12} & -a_2S_{12}\\ a_1C_1+a_2C_{12} & a_2C_{12}\end{bmatrix}\begin{bmatrix}\dot{\theta}_1\\ \dot{\theta}_2\end{bmatrix}$$

针对两种构型分别代入 θ_1、θ_2、$\dot{\theta}_1$、$\dot{\theta}_2$可得

$$[\boldsymbol{v}_{B1}]=\begin{bmatrix}v_{x1}\\ v_{y1}\end{bmatrix}=\begin{bmatrix}0 & 0\\ a_1+a_2 & a_2\end{bmatrix}\begin{bmatrix}\dot{\theta}_1\\ \dot{\theta}_2\end{bmatrix}=\begin{bmatrix}0\\ 3\end{bmatrix}\ \mathrm{m/s}$$

$$[\boldsymbol{v}_{B2}]=\begin{bmatrix}v_{x2}\\v_{y2}\end{bmatrix}=\begin{bmatrix}-\dfrac{a_2}{2} & -\dfrac{a_2}{2}\\ a_1+\dfrac{\sqrt{3}}{2}a_2 & \dfrac{\sqrt{3}}{2}a_2\end{bmatrix}\begin{bmatrix}\dot{\theta}_1\\\dot{\theta}_2\end{bmatrix}=\begin{bmatrix}-1\\2.732\end{bmatrix}\ \mathrm{m/s}$$

其 MATLAB 代码如下：

```
% 定义参数
syms theta1 theta2 omega1 omega2;
a1=1;
a2=1;
omega1=1;
omega2=1;
% 定义二连杆雅可比矩阵
J=[-a1* sin(theta1)-a2* sin(theta1+theta2)-a2* sin(theta1+
    theta2);
    a1* cos(theta1)+a2* cos(theta1+theta2) a2* cos(theta1+
    theta2)];
% 定义连杆转速矢量
Omega=[omega1;omega2];
% 末端执行器速度
VB=J* Omega;
% 第一种构型下末端执行器瞬时速度
pose_1=[0,0];
VB_1=subs(VB,[theta1,theta2],pose_1);
VB_1=vpa(VB_1,3)
VB_1=
  0
 3.0
% 第二种构型下末端执行器瞬时速度
pose_2=[0,30]/180* 3.14159265;
VB_2=subs(VB,[theta1,theta2],pose_2);
VB_2=vpa(VB_2,3)
VB_2=
 -1.0
 2.73
```

6.2 斜对称矩阵

如果一个矩阵满足如下关系：

$$S+S^{T}=0 \tag{6-8}$$

则称该矩阵为斜对称矩阵或反对称矩阵。如果 s_{ij} 为 $\boldsymbol{S}$ 矩阵的元素，上述定义等价于：

$$s_{ij}+s_{ji}=0 \tag{6-9}$$

从式（6-9）可以看出，$\boldsymbol{S}$ 矩阵对角线上的元素 $s_{ii}=0$，且非对角线上的元素满足 $s_{ij}=-s_{ji}$，所以 $\boldsymbol{S}$ 只有三个独立的元素。

前面章节中提到，一个角速度矢量 $\boldsymbol{\omega}=[\omega_1,\omega_2,\omega_3]^{T}$ 可以表示成斜对称矩阵的形式：

$$\hat{\boldsymbol{\omega}}=\boldsymbol{S}(\boldsymbol{\omega})=\begin{bmatrix}0 & -\omega_3 & \omega_2\\ \omega_3 & 0 & -\omega_1\\ -\omega_2 & \omega_1 & 0\end{bmatrix} \tag{6-10}$$

式中，ω_1、ω_2 和 ω_3 分别为角速度矢量的 3 个分量，所以角速度矢量存在一个斜对称矩阵与之对应，也可以说斜对称矩阵是角速度矢量的一种表达形式。

表征坐标系 x、y 和 z 轴的单位矢量分别为

$$\boldsymbol{i}=\begin{bmatrix}1\\0\\0\end{bmatrix},\ \boldsymbol{j}=\begin{bmatrix}0\\1\\0\end{bmatrix},\ \boldsymbol{k}=\begin{bmatrix}0\\0\\1\end{bmatrix} \tag{6-11}$$

上述 3 个矢量也是以单位角速度绕 x、y 和 z 轴旋转的角速度矢量，其斜对称矩阵形式为

$$\boldsymbol{S}(\boldsymbol{i})=\begin{bmatrix}0 & 0 & 0\\ 0 & 0 & -1\\ 0 & 1 & 0\end{bmatrix},\ \boldsymbol{S}(\boldsymbol{j})=\begin{bmatrix}0 & 0 & 1\\ 0 & 0 & 0\\ -1 & 0 & 0\end{bmatrix},\ \boldsymbol{S}(\boldsymbol{k})=\begin{bmatrix}0 & -1 & 0\\ 1 & 0 & 0\\ 0 & 0 & 0\end{bmatrix} \tag{6-12}$$

其 MATLAB 代码如下：

```
% 定义参数
syms s1 s2 s3;
% 定义斜对称矩阵
S=[0 -s3 s2;s3 0 -s1;-s2 s1 0];
% 定义坐标轴单位矢量
x=[1;0;0];
y=[0;1;0];
z=[0;0;1];
% 矢量对应的斜对称矩阵形式
S_x=subs(S,[s1,s2,s3],[x(1),x(2),x(3)]);
S_y=subs(S,[s1,s2,s3],[y(1),y(2),y(3)]);
S_z=subs(S,[s1,s2,s3],[z(1),z(2),z(3)]);
```

斜对称矩阵的重要性质见式（6-13）~式（6-15）。

$$\boldsymbol{S}(\alpha\boldsymbol{a}+\beta\boldsymbol{b})=\alpha\boldsymbol{S}(\boldsymbol{a})+\beta\boldsymbol{S}(\boldsymbol{b}) \tag{6-13}$$

式中，α 和 β 为标量，$\boldsymbol{a}$、$\boldsymbol{b}$ 为三维矢量。

$$\boldsymbol{a}\times\boldsymbol{b}=\boldsymbol{S}(\boldsymbol{a})\cdot\boldsymbol{b} \tag{6-14}$$

即两个矢量的叉乘可以表示成一个矢量的斜对称矩阵形式与另一矢量的点乘。

$$\boldsymbol{S}(\boldsymbol{R}\boldsymbol{a})=\boldsymbol{R}\cdot\boldsymbol{S}(\boldsymbol{a})\cdot\boldsymbol{R}^{T} \tag{6-15}$$

式中，$\boldsymbol{R}\in SO(3)$，为旋转矩阵；$\boldsymbol{a}$ 为三维矢量。式（6-15）的意思是：对一个矢量进行旋转操作后，其斜对称矩阵形式等于原斜对称矩阵左乘 $\boldsymbol{R}$ 再右乘 $\boldsymbol{R}^{\mathrm{T}}$。下面简单地证明一下这个结论：

很容易可以证明有如下关系：

$$\boldsymbol{R}\cdot(\boldsymbol{a}\times\boldsymbol{b})=(\boldsymbol{R}\boldsymbol{a})\times(\boldsymbol{R}\boldsymbol{b})$$

令 $\boldsymbol{b}=\boldsymbol{R}^{\mathrm{T}}\boldsymbol{c}$，$\boldsymbol{c}$ 为任意三维矢量，则有：

$$\boldsymbol{R}\cdot(\boldsymbol{a}\times\boldsymbol{R}^{\mathrm{T}}\boldsymbol{c})=(\boldsymbol{R}\boldsymbol{a})\times(\boldsymbol{R}\boldsymbol{R}^{\mathrm{T}}\boldsymbol{c})$$

由于 $\boldsymbol{R}\boldsymbol{R}^{\mathrm{T}}=\boldsymbol{E}$，并将式中的叉乘写成斜对称矩阵点乘的形式：

$$\boldsymbol{R}\cdot(\boldsymbol{S}(\boldsymbol{a})\cdot\boldsymbol{R}^{\mathrm{T}}\boldsymbol{c})=(\boldsymbol{R}\boldsymbol{a})\times\boldsymbol{c}=\boldsymbol{S}(\boldsymbol{R}\boldsymbol{a})\cdot\boldsymbol{c}$$

两边同乘以 $\boldsymbol{c}^{\mathrm{T}}$ 即可得上式。该式对于不同坐标系下角速度的坐标变换是很重要的。

其 MATLAB 代码如下：

```
syms s1 s2 s3;
% 定义斜对称矩阵
S=[0 -s3 s2;s3 0 -s1;-s2 s1 0];
% 验证式
a=[1;0;0];
b=[0;0;1];
cross(a,b)
ans=
    0
   -1
    0
S_a=subs(S,[s1,s2,s3],[a(1),a(2),a(3)]);
S_a* b
ans=
    0
   -1
    0
% 验证式
R=[0.707 -0.707 0;0.707 0.707 0;0 0 1];% 绕 z 轴旋转 45°
R* cross(a,b)
ans=
    0.7070
   -0.7070
         0
cross(R* a,R* b)
ans=
    0.7070
   -0.7070
         0
```

```
% 验证式
R* S_a* R'
ans=
[         0,        0,  0.707]
[         0,        0,-0.707]
[  -0.707,  0.707,       0]
a1=R* a;
S_a1=subs(S,[s1,s2,s3],[a1(1),a1(2),a1(3)])
S_a1=
[         0,        0,  0.707]
[         0,        0,-0.707]
[  -0.707,  0.707,       0]
```

下面讨论一下旋转矩阵 $\boldsymbol{R}$ 的导数与斜对称矩阵的关系。旋转矩阵 $\boldsymbol{R}$ 是转角 θ 的函数，即 $\boldsymbol{R}=\boldsymbol{R}(\theta)\in SO(3)$，$SO(3)$ 称为特殊正交群，根据 $\boldsymbol{R}$ 的性质有：

$$\boldsymbol{R}(\theta)\cdot\boldsymbol{R}(\theta)^{\mathrm{T}}=\boldsymbol{E} \tag{6-16}$$

上式对 θ 求导，并省略符号 θ：

$$\frac{\mathrm{d}\boldsymbol{R}}{\mathrm{d}\theta}\boldsymbol{R}^{\mathrm{T}}+\boldsymbol{R}\frac{\mathrm{d}\boldsymbol{R}^{\mathrm{T}}}{\mathrm{d}\theta}=0 \tag{6-17}$$

定义

$$\boldsymbol{S}=\frac{\mathrm{d}\boldsymbol{R}}{\mathrm{d}\theta}\boldsymbol{R}^{\mathrm{T}}=\dot{\boldsymbol{R}}\boldsymbol{R}^{\mathrm{T}} \tag{6-18}$$

那么

$$\boldsymbol{S}^{\mathrm{T}}=\left(\frac{\mathrm{d}\boldsymbol{R}}{\mathrm{d}\theta}\boldsymbol{R}^{\mathrm{T}}\right)^{\mathrm{T}}=(\boldsymbol{R}^{\mathrm{T}})^{\mathrm{T}}\frac{\mathrm{d}\boldsymbol{R}^{\mathrm{T}}}{\mathrm{d}\theta}=\boldsymbol{R}\frac{\mathrm{d}\boldsymbol{R}^{\mathrm{T}}}{\mathrm{d}\theta}=\boldsymbol{R}\dot{\boldsymbol{R}}^{\mathrm{T}} \tag{6-19}$$

所以式（6-17）可以写为

$$\boldsymbol{S}^{\mathrm{T}}+\boldsymbol{S}=0$$

即 $\boldsymbol{S}=\dot{\boldsymbol{R}}\boldsymbol{R}^{\mathrm{T}}$ 满足斜对称矩阵的定义，将等式两端同时右乘 $\boldsymbol{R}$ 可得

$$\frac{\mathrm{d}\boldsymbol{R}}{\mathrm{d}\theta}=\boldsymbol{S}\cdot\boldsymbol{R}(\theta) \tag{6-20}$$

上式是非常重要的，运用上式可以将求旋转矩阵 $\boldsymbol{R}$ 对变量的导数转化为一个斜对称矩阵 $\boldsymbol{S}$ 与 $\boldsymbol{R}$ 的乘积。由于经常用到的旋转矩阵 $\boldsymbol{R}$ 一般是对于基本旋转轴（x、y、z 轴）而言的，因而 $\boldsymbol{S}$ 的计算是很容易实现的。

【例 6-2】 若 $\boldsymbol{R}_{x,\theta}(\theta)=\mathrm{Rot}(x,\theta)$，那么有

$$\boldsymbol{R}_{x,\theta}(\theta)=\begin{bmatrix}1&0&0\\0&\cos\theta&-\sin\theta\\0&\sin\theta&\cos\theta\end{bmatrix}$$

$$\boldsymbol{S}=\frac{\mathrm{d}\boldsymbol{R}}{\mathrm{d}\theta}\boldsymbol{R}(\theta)^{\mathrm{T}}=\begin{bmatrix}0&0&0\\0&-\sin\theta&-\cos\theta\\0&\cos\theta&-\sin\theta\end{bmatrix}\begin{bmatrix}1&0&0\\0&\cos\theta&\sin\theta\\0&-\sin\theta&\cos\theta\end{bmatrix}=\begin{bmatrix}0&0&0\\0&0&-1\\0&1&0\end{bmatrix}=\boldsymbol{S}(\boldsymbol{i})$$

所以有

$$\frac{\mathrm{d}\boldsymbol{R}_{x,\theta}}{\mathrm{d}\theta}=\boldsymbol{S}(\boldsymbol{i})\boldsymbol{R}_{x,\theta}$$

同理有

$$\frac{\mathrm{d}\boldsymbol{R}_{y,\theta}}{\mathrm{d}\theta}=\boldsymbol{S}(\boldsymbol{j})\boldsymbol{R}_{y,\theta},\ \frac{\mathrm{d}\boldsymbol{R}_{z,\theta}}{\mathrm{d}\theta}=\boldsymbol{S}(\boldsymbol{k})\boldsymbol{R}_{z,\theta}$$

6.3 角速度及角速度叠加原理

由于机器人关节变量 θ 是时间的函数，那么旋转矩阵 $\boldsymbol{R}$ 也是时间的函数，即 $\boldsymbol{R}=\boldsymbol{R}(t)$，并假设 $\boldsymbol{R}(t)$ 关于时间 t 连续可导，那么有

$$\dot{\boldsymbol{R}}(t)=\boldsymbol{S}(t)\cdot\boldsymbol{R}(t) \tag{6-21}$$

由于 $\boldsymbol{S}(t)$ 代表一个以角速度矢量 $\boldsymbol{\omega}(t)$ 旋转的斜对称矩阵，所以 $\boldsymbol{S}(t)$ 可写成 $\boldsymbol{S}(\boldsymbol{\omega}(t))$，即

$$\dot{\boldsymbol{R}}(t)=\boldsymbol{S}(\boldsymbol{\omega}(t))\cdot\boldsymbol{R}(t) \tag{6-22}$$

对于绕 x 轴匀速旋转的情形：

$$\boldsymbol{\omega}(t)=\boldsymbol{i}\cdot\dot{\theta}(t) \tag{6-23}$$

所以

$$\dot{\boldsymbol{R}}(t)=\boldsymbol{S}(\boldsymbol{i}\cdot\dot{\theta}(t))\cdot\boldsymbol{R}(t)=\dot{\theta}(t)\cdot\boldsymbol{S}(\boldsymbol{i})\boldsymbol{R}(t) \tag{6-24}$$

式中，$\dot{\theta}(t)$ 是角速度的大小，是一个与时间相关的标量；$\boldsymbol{i}=[1,0,0]^{\mathrm{T}}$ 是代表 x 轴的单位矢量。

下面讨论一下不同坐标系下多个旋转产生的角速度叠加问题。仍以图 6-1 中的二连杆机器人为例，其中 $\dot{\theta}_1={}^0_1\omega$ 是第一个连杆相对于坐标系 0 的角速度（旋转轴为坐标系 0 的 z 轴），$\dot{\theta}_2={}^1_{\mathrm{H}}\omega$ 是第一个连杆相对于坐标系 1 的角速度（旋转轴为坐标系 1 的 z 轴）。若只考虑二连杆机器人末端执行器的瞬时姿态（虽然坐标系 0、1 和 H 的原点不重合），则有

$${}^0_{\mathrm{H}}\boldsymbol{R}(t)={}^0_1\boldsymbol{R}(t)\cdot{}^1_{\mathrm{H}}\boldsymbol{R}(t) \tag{6-25}$$

两边同时对 t 求导可得

$${}^0_{\mathrm{H}}\dot{\boldsymbol{R}}={}^0_1\dot{\boldsymbol{R}}\cdot{}^1_{\mathrm{H}}\boldsymbol{R}+{}^0_1\boldsymbol{R}\cdot{}^1_{\mathrm{H}}\dot{\boldsymbol{R}} \tag{6-26}$$

根据式（6-20），等式左边有

$${}^0_{\mathrm{H}}\dot{\boldsymbol{R}}=\boldsymbol{S}({}^0_{\mathrm{H}}\boldsymbol{\omega})\cdot{}^0_{\mathrm{H}}\boldsymbol{R} \tag{6-27}$$

式中，${}^0_{\mathrm{H}}\boldsymbol{\omega}$ 机器人末端执行器总的角速度，该角速度由关节 1 和关节 2 的旋转叠加而成。

式（6-26）右边第一项，有

$${}^0_1\dot{\boldsymbol{R}}\cdot{}^1_{\mathrm{H}}\boldsymbol{R}=\boldsymbol{S}({}^0_1\boldsymbol{\omega})\cdot{}^0_1\boldsymbol{R}\cdot{}^1_{\mathrm{H}}\boldsymbol{R}=\boldsymbol{S}({}^0_1\boldsymbol{\omega})\cdot{}^0_{\mathrm{H}}\boldsymbol{R} \tag{6-28}$$

式中，${}^0_1\boldsymbol{\omega}$ 为坐标系 1 相对于坐标系 0 的角速度。

同理，式（6-26）右边第二项，有

$${}^0_1\boldsymbol{R}\cdot{}^1_{\mathrm{H}}\dot{\boldsymbol{R}}={}^0_1\boldsymbol{R}\cdot\boldsymbol{S}({}^1_{\mathrm{H}}\boldsymbol{\omega}){}^1_{\mathrm{H}}\boldsymbol{R}={}^0_1\boldsymbol{R}\cdot\boldsymbol{S}({}^1_{\mathrm{H}}\boldsymbol{\omega})\cdot{}^0_1\boldsymbol{R}^{\mathrm{T}}\cdot{}^0_1\boldsymbol{R}\cdot{}^1_{\mathrm{H}}\boldsymbol{R}=\boldsymbol{S}({}^0_1\boldsymbol{R}{}^1_{\mathrm{H}}\boldsymbol{\omega})\cdot{}^0_{\mathrm{H}}\boldsymbol{R} \tag{6-29}$$

综合式（6-27）~式（6-29），有

$$S({}^0_{\mathrm{H}}\boldsymbol{\omega})\cdot{}^0_{\mathrm{H}}\boldsymbol{R}=S({}^0_1\boldsymbol{\omega})\cdot{}^0_{\mathrm{H}}\boldsymbol{R}+S({}^0_1\boldsymbol{R}\cdot{}^1_{\mathrm{H}}\boldsymbol{\omega})\cdot{}^0_{\mathrm{H}}\boldsymbol{R}=(S({}^0_1\boldsymbol{\omega})+S({}^0_1\boldsymbol{R}\cdot{}^1_{\mathrm{H}}\boldsymbol{\omega}))\cdot{}^0_{\mathrm{H}}\boldsymbol{R} \tag{6-30}$$

根据斜对称矩阵的线性性质：$S(\boldsymbol{a})+S(\boldsymbol{b})=S(\boldsymbol{a}+\boldsymbol{b})$，有

$${}^0_{\mathrm{H}}\boldsymbol{\omega}={}^0_1\boldsymbol{\omega}+{}^0_1\boldsymbol{R}\cdot{}^1_{\mathrm{H}}\boldsymbol{\omega} \tag{6-31}$$

式中，${}^0_1\boldsymbol{R}\cdot{}^1_{\mathrm{H}}\boldsymbol{\omega}$ 为第 2 个连杆的角速度在坐标系 0 中的表征。

将上述结论进一步推广到任意数量的（连杆）坐标系：

$${}^0_n\boldsymbol{R}={}^0_1\boldsymbol{R}{}^1_2\boldsymbol{R}\cdots{}^{i-1}_{i}\boldsymbol{R}\cdots{}^{n-1}_{n}\boldsymbol{R} \tag{6-32}$$

式中，${}^{i-1}_{i}\boldsymbol{R}$ 为表征相邻两个坐标系 $i-1$ 和 i 之间姿态的旋转矩阵，参照式（6-31）有

$${}^0_n\boldsymbol{\omega}={}^0_1\boldsymbol{\omega}+{}^0_1\boldsymbol{R}\cdot{}^1_2\boldsymbol{\omega}+{}^0_2\boldsymbol{R}\cdot{}^2_3\boldsymbol{\omega}+\cdots+{}^0_{i-1}\boldsymbol{R}\cdot{}^{i-1}_{i}\boldsymbol{\omega}+\cdots+{}^0_{n-1}\boldsymbol{R}\cdot{}^{n-1}_{n}\boldsymbol{\omega} \tag{6-33}$$

上式即为不同坐标系下角速度的叠加原理。结合 D-H 法中对于旋转关节轴线的定义，式中

$${}^{i-1}_{i}\boldsymbol{\omega}=\dot{\theta}_i\,{}^{i-1}_{i-1}\boldsymbol{z}=\dot{\theta}_i\boldsymbol{k} \tag{6-34}$$

式中，$\boldsymbol{k}=[0,0,1]^{\mathrm{T}}$ 是表征坐标系 z 轴的单位矢量。如果该坐标轴为平动关节，则

$${}^{i-1}_{i}\boldsymbol{\omega}=0$$

该关节的运动不会影响末端执行器的角速度，由于 ${}^0_{i-1}\boldsymbol{R}\cdot{}^{i-1}_{i-1}\boldsymbol{z}={}^0_{i-1}\boldsymbol{R}\cdot\boldsymbol{k}={}^0_{i-1}\boldsymbol{z}$ 是第 i 关节坐标系的 z 轴矢量在全局坐标系 0 中的表征，为了使符号更为简洁，将 ${}^0_{i-1}z$ 记为 z_{i-1}，式（6-33）可写为

$${}^0_n\boldsymbol{\omega}=\rho_1\dot{\theta}_1\boldsymbol{k}+\rho_2\dot{\theta}_2{}^0_1\boldsymbol{R}\cdot\boldsymbol{k}+\cdots+\rho_n\dot{\theta}_n{}^0_{n-1}\boldsymbol{R}\cdot\boldsymbol{k}=\sum_{i-1}^{n}\rho_i z_{i-1}\dot{\theta}_i \tag{6-35}$$

式中，$\rho_i=0$（当第 i 关节为平动关节）或者 $\rho_i=1$（当第 i 关节为旋转关节）。所以，通过式（6-35）就可以得到雅可比矩阵关于角速度映射关系的下半部分，即

$$\boldsymbol{J}_{\omega}=[\boldsymbol{J}_{\omega1}\quad\boldsymbol{J}_{\omega2}\quad\cdots\quad\boldsymbol{J}_{\omega n}]=[\rho_1 z_0\quad\rho_2 z_1\quad\cdots\quad\rho_n z_{n-1}] \tag{6-36}$$

6.4 线速度叠加原理

机器人末端执行器坐标系原点的线速度为各关节在同一参考坐标系下产生的线速度的叠加。考虑如图 6-3 所示的机器人，假设只有关节 i 旋转而其他关节静止，该关节的旋转在机器人末端执行器的坐标系原点处产生的线速度为

$$\boldsymbol{v}_i={}^{i-1}_{i}\boldsymbol{\omega}\times\boldsymbol{r}_i=z_{i-1}\dot{\theta}_i\times(\boldsymbol{o}_n-\boldsymbol{o}_{i-1})=z_{i-1}\times(\boldsymbol{o}_n-\boldsymbol{o}_{i-1})\dot{\theta}_i \tag{6-37}$$

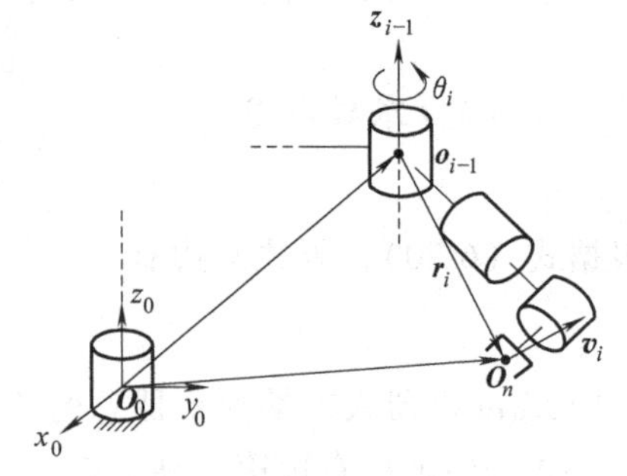

图 6-3　线速度的计算

式中，$\boldsymbol{o}_n$ 为末端执行器原点在参考系中的矢量表征，$\boldsymbol{o}_{i-1}$ 为关节坐标系 $i-1$ 的原点在参考系中的矢量表征，$z_{i-1}={}^0_{i-1}z$ 是第 i 关节坐标系的 z 轴矢量在全局坐标系 0 中的表征，所以有

$$\boldsymbol{J}_{vi}=z_{i-1}\times(\boldsymbol{o}_n-\boldsymbol{o}_{i-1}) \tag{6-38}$$

若关节是平动关节，则有

$$\boldsymbol{J}_{vi}=\boldsymbol{z}_{i-1} \tag{6-39}$$

所以，雅可比矩阵中的上半部分可写为

$$\boldsymbol{J}_v=[\boldsymbol{J}_{v1}\quad \boldsymbol{J}_{v2}\quad \cdots\quad \boldsymbol{J}_{vn}]=[\boldsymbol{z}_0\times(\boldsymbol{o}_n-\boldsymbol{o}_0)\quad \boldsymbol{z}_1\times(\boldsymbol{o}_n-\boldsymbol{o}_1)\quad \cdots\quad \boldsymbol{z}_{n-1}\times(\boldsymbol{o}_n-\boldsymbol{o}_{n-1})] \tag{6-40}$$

6.5　完整雅可比矩阵计算

综合上面角速度和线速度叠加的讨论结果，可以写出 n 连杆机器人雅可比矩阵的完整形式。

1）若第 i 个关节为旋转关节，则有

$$\boldsymbol{J}_i=\begin{bmatrix}\boldsymbol{z}_{i-1}\times(\boldsymbol{o}_n-\boldsymbol{o}_{i-1})\\ \boldsymbol{z}_{i-1}\end{bmatrix} \tag{6-41}$$

2）若第 i 个关节为平动关节，则有

$$\boldsymbol{J}_i=\begin{bmatrix}\boldsymbol{z}_{i-1}\\ 0\end{bmatrix} \tag{6-42}$$

由式（6-41）和式（6-42）可知，计算雅可比矩阵时需要得到坐标系的 z 轴单位矢量 $\boldsymbol{z}_i$ 和表征原点的矢量 $\boldsymbol{o}_i$，这些都可以从机器人正向运动学中获得。

1）$\boldsymbol{z}_i$ 可以从变换矩阵 ${}^0_i\boldsymbol{T}$ 的第 3 列的前 3 个元素中提取，${}^0_i\boldsymbol{T}={}^0_1\boldsymbol{T}{}^1_2\boldsymbol{T}\cdots{}^{i-1}_{i}\boldsymbol{T}$。

2）$\boldsymbol{o}_i$ 可以从变换矩阵 ${}^0_i\boldsymbol{T}$ 的第 4 列的前 3 个元素中提取。

【例 6-3】　计算图 6-1 中的二连杆机器人的雅可比矩阵。

解： 由于该机器人两个关节都是旋转关节，所以其雅可比矩阵的形式为

$$\boldsymbol{J}=\begin{bmatrix}\boldsymbol{z}_0\times(\boldsymbol{o}_{\mathrm{H}}-\boldsymbol{o}_0) & \boldsymbol{z}_1\times(\boldsymbol{o}_{\mathrm{H}}-\boldsymbol{o}_1)\\ \boldsymbol{z}_0 & \boldsymbol{z}_1\end{bmatrix}$$

由于

$${}^0_1\boldsymbol{T}=\begin{bmatrix}C_1 & -S_1 & 0 & l_1C_1\\ S_1 & C_1 & 0 & l_1S_1\\ 0 & 0 & 1 & 0\\ 0 & 0 & 0 & 1\end{bmatrix},\ {}^0_{\mathrm{H}}\boldsymbol{T}=\begin{bmatrix}C_{12} & -S_{12} & 0 & l_1C_1+l_2C_{12}\\ S_{12} & C_{12} & 0 & l_1S_1+l_2S_{12}\\ 0 & 0 & 1 & 0\\ 0 & 0 & 0 & 1\end{bmatrix}$$

所以可得

$$\boldsymbol{o}_0=\begin{bmatrix}0\\0\\0\end{bmatrix},\ \boldsymbol{o}_1=\begin{bmatrix}l_1C_1\\ l_1S_1\\ 0\end{bmatrix},\ \boldsymbol{o}_{\mathrm{H}}=\begin{bmatrix}l_1C_1+l_2C_{12}\\ l_1S_1+l_2S_{12}\\ 0\end{bmatrix},\ \boldsymbol{z}_0=\begin{bmatrix}0\\0\\1\end{bmatrix},\ \boldsymbol{z}_1=\begin{bmatrix}0\\0\\1\end{bmatrix}$$

$$\boldsymbol{z}_0\times(\boldsymbol{o}_{\mathrm{H}}-\boldsymbol{o}_0)=\begin{bmatrix}\boldsymbol{i} & \boldsymbol{j} & \boldsymbol{k}\\ 0 & 0 & 1\\ l_1C_1+l_2C_{12} & l_1S_1+l_2S_{12} & 0\end{bmatrix}=\begin{bmatrix}-l_1S_1-l_2S_{12}\\ l_1C_1+l_2C_{12}\\ 0\end{bmatrix}$$

$$\boldsymbol{z}_1\times(\boldsymbol{o}_{\mathrm{H}}-\boldsymbol{o}_1)=\begin{bmatrix}\boldsymbol{i} & \boldsymbol{j} & \boldsymbol{k}\\ 0 & 0 & 1\\ l_2C_{12} & l_2S_{12} & 0\end{bmatrix}=\begin{bmatrix}-l_2S_{12}\\ l_2C_{12}\\ 0\end{bmatrix}$$

所以

$$J=\begin{bmatrix} -l_1S_1-l_2S_{12} & -l_2S_{12} \\ l_1C_1+l_2C_{12} & l_2C_{12} \\ 0 & 0 \\ 0 & 0 \\ 0 & 0 \\ 1 & 1 \end{bmatrix}$$

该结果与直接微分法完全一致。

其 MATLAB 代码如下：

```
% 代表连杆参数
syms theta1 theta2 l1 l2;
T_01=[cos(theta1)-sin(theta1) 0 l1* cos(theta1);
      sin(theta1) cos(theta1) 0 l1* sin(theta1);
      0 0 1 0; 0 0 0 1];
T_1H=[cos(theta2)-sin(theta2) 0 l2* cos(theta2);
      sin(theta2) cos(theta2) 0 l2* sin(theta2);
      0 0 1 0; 0 0 0 1];
T_0H=T_01* T_1H;
z0=[0;0;1];
z1=[T_01(1,3);T_01(2,3);T_01(3,3)];
o0=[0;0;0];
o1=[T_01(1,4);T_01(2,4);T_01(3,4)];
oH=[T_0H(1,4);T_0H(2,4);T_0H(3,4)];
J1=[cross(z0,(oH-o0));[z0]];
J2=[cross(z1,(oH-o1));[z1]];
J=[J1 J2];
```

【例 6-4】 计算图 4-12 中的斯坦福机械臂的雅可比矩阵。

解： 根据式（6-41）和式（6-42），斯坦福机械臂雅可比矩阵的形式为

$$J=\begin{bmatrix} z_0\times(o_H-o_0) & z_1\times(o_H-o_1) & z_2 & z_3\times(o_H-o_3) & z_4\times(o_H-o_4) & z_5\times(o_H-o_5) \\ z_0 & z_1 & 0 & z_3 & z_4 & z_5 \end{bmatrix}$$

注意到第 3 个关节是平动关节，J_3 的形式与其他不同，坐标系 0 和坐标系 1 原点重合，所以

$$o_0=o_1=\begin{bmatrix}0\\0\\0\end{bmatrix}$$

同样，最后 3 个坐标系以及末端执行器坐标系 H 的原点均重合，即 $o_3=o_4=o_5=o_H$，所以

$$\boldsymbol{o}_H-\boldsymbol{o}_3=\boldsymbol{o}_H-\boldsymbol{o}_4=\boldsymbol{o}_H-\boldsymbol{o}_5=\begin{bmatrix}0\\0\\0\end{bmatrix}$$

所以

$$\boldsymbol{J}=\begin{bmatrix}\boldsymbol{z}_0\times(\boldsymbol{o}_H-\boldsymbol{o}_0) & \boldsymbol{z}_1\times(\boldsymbol{o}_H-\boldsymbol{o}_1) & \boldsymbol{z}_2 & 0 & 0 & 0\\ \boldsymbol{z}_0 & \boldsymbol{z}_1 & 0 & \boldsymbol{z}_3 & \boldsymbol{z}_4 & \boldsymbol{z}_5\end{bmatrix}$$

即当末端执行器坐标系 H 的原点设在最后 3 个关节轴线的交点时，最后 3 个关节的旋转不会在末端执行器上产生线速度。

$\boldsymbol{o}_H$ 可以从${}^0_H\boldsymbol{T}$ 中提取：

$$\boldsymbol{o}_H=\begin{bmatrix}C_1S_2d_3-S_1d_2\\S_1S_2d_3+C_1d_2\\C_2d_3\end{bmatrix}$$

$\boldsymbol{z}_i$ 可以从${}^0_i\boldsymbol{T}$ 中提取：

$$\boldsymbol{z}_0=\begin{bmatrix}0\\0\\1\end{bmatrix},\ \boldsymbol{z}_1=\begin{bmatrix}-S_1\\C_1\\0\end{bmatrix},\ \boldsymbol{z}_2=\begin{bmatrix}C_1S_2\\S_1S_2\\C_2\end{bmatrix},\ \boldsymbol{z}_3=\begin{bmatrix}C_1S_2\\S_1S_2\\C_2\end{bmatrix},\ \boldsymbol{z}_4=\begin{bmatrix}-C_1C_2S_4-S_1C_4\\-S_1C_2S_4+C_1C_4\\S_2S_4\end{bmatrix},$$

$$\boldsymbol{z}_5=\begin{bmatrix}C_1C_2C_4S_5-S_1S_4S_5+C_1S_2C_5\\S_1C_2C_4S_5+C_1S_4S_5+S_1S_2C_5\\-S_2C_4S_5+C_2C_5\end{bmatrix}$$

由于

$$\boldsymbol{J}_{v1}=[\boldsymbol{z}_0\times(\boldsymbol{o}_H-\boldsymbol{o}_0)]=\begin{bmatrix}\boldsymbol{i} & \boldsymbol{j} & \boldsymbol{k}\\0 & 0 & 1\\C_1S_2d_3-S_1d_2 & S_1S_2d_3+C_1d_2 & C_2d_3\end{bmatrix}=\begin{bmatrix}-S_1S_2d_3-C_1d_2\\C_1S_2d_3-S_1d_2\\0\end{bmatrix}$$

$$\boldsymbol{J}_{\omega1}=[\boldsymbol{z}_0]=\begin{bmatrix}0\\0\\1\end{bmatrix}$$

所以

$$\boldsymbol{J}_1=\begin{bmatrix}\boldsymbol{J}_{v1}\\\boldsymbol{J}_{\omega1}\end{bmatrix}=\begin{bmatrix}-S_1S_2d_3-C_1d_2\\C_1S_2d_3-S_1d_2\\0\\0\\0\\1\end{bmatrix}$$

由于

$$\boldsymbol{J}_{v2}=[\boldsymbol{z}_1\times(\boldsymbol{o}_H-\boldsymbol{o}_0)]=\begin{bmatrix}\boldsymbol{i} & \boldsymbol{j} & \boldsymbol{k}\\-S_1 & C_1 & 0\\C_1S_2d_3-S_1d_2 & S_1S_2d_3+C_1d_2 & C_2d_3\end{bmatrix}=\begin{bmatrix}C_1C_2d_3\\S_1C_2d_3\\-S_2d_3\end{bmatrix}$$

$$J_{\omega 2}=[z_1]=\begin{bmatrix}-S_1\\C_1\\0\end{bmatrix}$$

所以

$$J_2=\begin{bmatrix}J_{v2}\\J_{\omega 2}\end{bmatrix}=\begin{bmatrix}C_1C_2d_3\\S_1C_2d_3\\-S_2d_3\\-S_1\\C_1\\0\end{bmatrix}$$

由于

$$J_{v3}=[z_2]=\begin{bmatrix}C_1S_2\\S_1S_2\\C_2\end{bmatrix},\ J_{\omega 3}=\begin{bmatrix}0\\0\\0\end{bmatrix}$$

所以

$$J_3=\begin{bmatrix}J_{v3}\\J_{\omega 3}\end{bmatrix}=\begin{bmatrix}C_1S_2\\S_1S_2\\C_2\\0\\0\\0\end{bmatrix}$$

同理可得

$$J_4=\begin{bmatrix}0\\0\\0\\C_1S_2\\S_1S_2\\C_2\end{bmatrix},\ J_5=\begin{bmatrix}0\\0\\0\\-C_1C_2S_4-S_1C_4\\-S_1C_2S_4+C_1C_4\\S_2S_4\end{bmatrix},\ J_6=\begin{bmatrix}0\\0\\0\\C_1C_2C_4S_5-S_1S_4S_5+C_1S_2C_5\\S_1C_2C_4S_5+C_1S_4S_5+S_1S_2C_5\\-S_2C_4S_5+C_2C_5\end{bmatrix}$$

其 MATLAB 代码如下：

```
% 定义参数
syms theta theta1 theta2 d3 theta4 theta5 theta6;
syms d alpha a;
syms d2 d3 d6;

% 定义 D-H 表每一行参数
dh_1=[theta1,0,0,-pi/2];
dh_2=[theta2,d2,0,pi/2];
```

```
dh_3=[0,d3,0,0];
dh_4=[theta4,0,0,-pi/2];
dh_5=[theta5,0,0,pi/2];
dh_6=[theta6,0,0,0];
% 定义总变换矩阵
T=[cos(theta)-sin(theta)* cos(alpha) sin(theta)* sin(alpha) a
  * cos(theta);
  sin(theta) cos(theta)* cos(alpha)-cos(theta)* sin(alpha)a
  * sin(theta);
  0 sin(alpha) cos(alpha) d; 0 0 0 1];
% 定义每一变换变换矩阵
T_01=subs(T,[theta,d,a,alpha],dh_1);
T_12=subs(T,[theta,d,a,alpha],dh_2);
T_23=subs(T,[theta,d,a,alpha],dh_3);
T_34=subs(T,[theta,d,a,alpha],dh_4);
T_45=subs(T,[theta,d,a,alpha],dh_5);
T_5H=subs(T,[theta,d,a,alpha],dh_6);
% 计算 T_0i
T_02=T_01* T_12;
T_03=T_01* T_12* T_23;
T_04=T_01* T_12* T_23* T_34;
T_05=T_01* T_12* T_23* T_34* T_45;
T_0H=T_01* T_12* T_23* T_34* T_45* T_5H;
% 计算提取 zi
z0=[0;0;1];
z1=[T_01(1,3);T_01(2,3);T_01(3,3)];
z2=[T_02(1,3);T_02(2,3);T_02(3,3)];
z3=[T_03(1,3);T_03(2,3);T_03(3,3)];
z4=[T_04(1,3);T_04(2,3);T_04(3,3)];
z5=[T_05(1,3);T_05(2,3);T_05(3,3)];
% 计算提取 oi
o0=[0;0;0];
o1=[0;0;0];
oH=[T_0H(1,4);T_0H(2,4);T_0H(3,4)];
J1=[cross(z0,(oH-o0));[z0]];
J2=[cross(z1,(oH-o1));[z1]];
J3=[[z2];[0;0;0]];
J4=[[0;0;0];[z3]];
```

```
J5=[[0;0;0];[z4]];
J6=[[0;0;0];[z5]];
J=[J1 J2 J3 J4 J5 J6];
```

6.6 刚体的空间速度与物体速度

这一节从运动旋量理论的角度，利用刚体速度的运动旋量表达来推导机器人的雅可比矩阵，该方法相比于前述的方法要更加简便。空间上某一质点的瞬时线速度是其位置矢量的导数，该速度不但与其轨迹求导的相对坐标系有关，还与观测坐标系有关。

先考虑纯旋转的情况，运动轨迹的曲线为 $\boldsymbol{R}_{ab}(t)\in SO(3)$，设坐标系$\{B\}$与坐标系$\{A\}$共原点并相对于$\{A\}$系旋转，坐标系$\{A\}$称为空间坐标系，坐标系$\{B\}$称为物体坐标系。刚体上一点 q 在物体坐标系中的表示为 $\boldsymbol{q}_B$，$\boldsymbol{q}_B$ 是固定不变的。其在空间坐标系中的运动轨迹为

$$\boldsymbol{q}_A(t)={}_B^A\boldsymbol{R}(t)\cdot\boldsymbol{q}_B \tag{6-43}$$

式中，旋转矩阵${}_B^A\boldsymbol{R}(t)$ 随时间变化。

对 $\boldsymbol{q}_A(t)$ 求导，就会得到该点在空间坐标系下的速度为

$$\boldsymbol{v}_{qA}(t)=\frac{\mathrm{d}}{\mathrm{d}t}\boldsymbol{q}_A(t)={}_B^A\dot{\boldsymbol{R}}(t)\cdot\boldsymbol{q}_B \tag{6-44}$$

一个矩阵的导数可以写成一个反对称矩阵与其自身乘积的形式。为了使等式简练，省略一些矩阵中的上下标及参变量 t，将式（6-44）改写为

$$\boldsymbol{v}_{qA}(t)=\dot{\boldsymbol{R}}(t)\boldsymbol{R}^{-1}(t)\cdot\boldsymbol{R}(t)\boldsymbol{q}_B=\dot{\boldsymbol{R}}(t)\boldsymbol{R}^{-1}(t)\cdot\boldsymbol{q}_A=\hat{\boldsymbol{\omega}}^S\cdot\boldsymbol{q}_A \tag{6-45}$$

式中，$\hat{\boldsymbol{\omega}}^S=\dot{\boldsymbol{R}}\cdot\boldsymbol{R}^{-1}\in so(3)$，称为在参考系中定义的瞬时空间角速度。

同样，式（6-44）还可以改写为

$$\boldsymbol{v}_{qA}(t)=\boldsymbol{R}(t)(\boldsymbol{R}^{-1}(t)\dot{\boldsymbol{R}}(t))\cdot\boldsymbol{q}_B=\boldsymbol{R}\cdot\hat{\boldsymbol{\omega}}^B\cdot\boldsymbol{q}_B=(\boldsymbol{R}\cdot\hat{\boldsymbol{\omega}}^B\cdot\boldsymbol{R}^{-1})\boldsymbol{R}\cdot\boldsymbol{q}_B=\boldsymbol{R}\cdot\hat{\boldsymbol{\omega}}^B\cdot\boldsymbol{R}^{-1}\cdot\boldsymbol{q}_A \tag{6-46}$$

式中，$\hat{\boldsymbol{\omega}}^B=\boldsymbol{R}^{-1}\cdot\dot{\boldsymbol{R}}\in so(3)$，称为在物体坐标系中定义的瞬时物体角速度。

由式（6-45）和式（6-46）可知，空间角速度与物体角速度存在如下关系：

$$\hat{\boldsymbol{\omega}}^S=\boldsymbol{R}\cdot\hat{\boldsymbol{\omega}}^B\cdot\boldsymbol{R}^{-1} \tag{6-47}$$

或其列矢量形式：

$$\boldsymbol{\omega}^S=\boldsymbol{R}\cdot\boldsymbol{\omega}^B \tag{6-48}$$

现在考虑一般的带有旋转和平移的刚体运动的情况，运动轨迹为${}_B^A\boldsymbol{g}(t)\in SE(3)$：

$${}_B^A\boldsymbol{g}(t)=\begin{bmatrix}{}_B^A\boldsymbol{R}(t) & {}_B^A\boldsymbol{p}(t)\\ \boldsymbol{0} & \boldsymbol{1}\end{bmatrix} \tag{6-49}$$

仿照前面空间角速度和物体角速度，若在空间坐标系中固联在刚体上的一点 q，则有

$$\boldsymbol{q}_A(t)={}_B^A\boldsymbol{g}(t)\cdot\boldsymbol{q}_B \tag{6-50}$$

同样可以写出：

$$v_{qA}(t)={}_{B}^{A}\dot{g}(t)\cdot{}_{B}^{A}g^{-1}(t)\cdot{}_{B}^{A}g(t)\cdot q_{B}={}_{B}^{A}\dot{g}(t)\cdot{}_{B}^{A}g^{-1}(t)\cdot q_{A}=\hat{V}^{S}\cdot q_{A}\tag{6-51}$$

式中，$\hat{V}^{S}\in se(3)$，称为在全局参考系中定义的瞬时空间速度，省略掉参变量 t，则有

$$\hat{V}^{S}={}_{B}^{A}\dot{g}\cdot{}_{B}^{A}g^{-1}=\begin{bmatrix}{}_{B}^{A}\dot{R} & {}_{B}^{A}\dot{p}\\ 0 & 0\end{bmatrix}\begin{bmatrix}{}_{B}^{A}R^{\mathrm{T}} & -{}_{B}^{A}R^{\mathrm{T}}\cdot{}_{B}^{A}p\\ 0 & 1\end{bmatrix}=\begin{bmatrix}{}_{B}^{A}\dot{R}\cdot{}_{B}^{A}R^{\mathrm{T}} & -{}_{B}^{A}\dot{R}\cdot{}_{B}^{A}R^{\mathrm{T}}\cdot{}_{B}^{A}p+{}_{B}^{A}\dot{p}\\ 0 & 0\end{bmatrix}\tag{6-52}$$

$\hat{V}^{S}$ 也可以写成6维运动旋量坐标的形式：

$$V^{S}=\begin{bmatrix}v^{S}\\ \omega^{S}\end{bmatrix}=\begin{bmatrix}-{}_{B}^{A}\dot{R}\cdot{}_{B}^{A}R^{\mathrm{T}}\cdot{}_{B}^{A}p+{}_{B}^{A}\dot{p}\\ ({}_{B}^{A}\dot{R}\cdot{}_{B}^{A}R^{\mathrm{T}})^{\vee}\end{bmatrix}\tag{6-53}$$

同样有 $\hat{V}^{B}\in se(3)$，称为在物体坐标系中定义的瞬时物体速度，且

$$\hat{V}^{B}={}_{B}^{A}g^{-1}\cdot{}_{B}^{A}\dot{g}=\begin{bmatrix}{}_{B}^{A}R^{\mathrm{T}} & -{}_{B}^{A}R^{\mathrm{T}}\cdot{}_{B}^{A}p\\ 0 & 1\end{bmatrix}\begin{bmatrix}{}_{B}^{A}\dot{R} & {}_{B}^{A}\dot{p}\\ 0 & 0\end{bmatrix}=\begin{bmatrix}{}_{B}^{A}R^{\mathrm{T}}\cdot{}_{B}^{A}\dot{R} & {}_{B}^{A}R^{\mathrm{T}}\cdot{}_{B}^{A}\dot{p}\\ 0 & 0\end{bmatrix}\tag{6-54}$$

$$V^{B}=\begin{bmatrix}v^{B}\\ \omega^{B}\end{bmatrix}=\begin{bmatrix}{}_{B}^{A}R^{\mathrm{T}}\cdot{}_{B}^{A}\dot{p}\\ ({}_{B}^{A}R^{\mathrm{T}}\cdot{}_{B}^{A}\dot{R})^{\vee}\end{bmatrix}\tag{6-55}$$

类比之前空间角速度和物体角速度，刚体运动的空间速度和物体速度之间的关系为

$$\hat{V}^{S}={}_{B}^{A}g\cdot\hat{V}^{B}\cdot{}_{B}^{A}g^{-1}\tag{6-56}$$

但 $V^{S}\neq{}_{B}^{A}g\cdot V^{B}$，因为${}_{B}^{A}g\in SE(3)$ 为（4×4）矩阵，而 V^{B} 为（6×1）列矢量，不满足矩阵相乘的条件而无法相乘，这时需要通过分析其矩阵内部成分之间的关系得出它们之间的关系。由于

$$
\begin{gathered}
{}_{B}^{A}\dot{p}={}_{B}^{A}R\cdot v^{B}\\
\omega^{S}={}_{B}^{A}R\cdot\omega^{B}
\end{gathered}
$$

$$v^{S}=-{}_{B}^{A}\dot{R}\cdot{}_{B}^{A}R^{\mathrm{T}}\cdot{}_{B}^{A}p+{}_{B}^{A}\dot{p}=-\hat{\omega}^{S}\cdot{}_{B}^{A}p+{}_{B}^{A}\dot{p}={}_{B}^{A}p\times({}_{B}^{A}R\cdot\omega^{B})+{}_{B}^{A}R\cdot v^{B}={}_{B}^{A}\hat{p}\cdot{}_{B}^{A}R\cdot\omega^{B}+{}_{B}^{A}R\cdot v^{B}$$

将上两式合写成矩阵的形式，可得

$$\begin{bmatrix}v^{S}\\ \omega^{S}\end{bmatrix}=\begin{bmatrix}R & \hat{p}R\\ 0 & R\end{bmatrix}\begin{bmatrix}v^{B}\\ \omega^{B}\end{bmatrix}\tag{6-57}$$

即

$$V^{S}=\begin{bmatrix}R & \hat{p}R\\ 0 & R\end{bmatrix}V^{B}\tag{6-58}$$

上式中将一个运动旋量坐标从一个坐标系变换到另一坐标系的6×6矩阵，称为关于 g 的伴随变换，记为 $\mathbf{Ad}_{g}$。因此，对于给定的两坐标之间的变换 $g\in SE(3)$，则有

$$\mathbf{Ad}_{g}=\begin{bmatrix}R & \hat{p}R\\ 0 & R\end{bmatrix}\tag{6-59}$$

$\mathbf{Ad}_{g}$ 是可逆的，其逆矩阵为

$$\mathbf{Ad}_g^{-1} = \begin{bmatrix} \boldsymbol{R}^{\mathrm{T}} & -\boldsymbol{R}^{\mathrm{T}}\hat{\boldsymbol{p}} \\ \mathbf{0} & \boldsymbol{R}^{\mathrm{T}} \end{bmatrix} \tag{6-60}$$

下面讨论一下空间速度与物体速度的物理意义。

物体速度的物理意义比较直观：$\boldsymbol{v}^B$ 表示物体坐标系的原点相对于全局参考系的线速度；$\boldsymbol{\omega}^B$ 表示物体坐标系相对于全局参考系的角速度，但无论是 $\boldsymbol{v}^B$ 还是 $\boldsymbol{\omega}^B$，都是从物体坐标系的角度来观察的。需要指出的是，物体速度并不是物体相对于物体坐标系的速度，因为物体坐标系是固联在刚体上的，物体相对于物体坐标系的速度总是零，一定要深刻理解这一点。

空间速度的物理意义并不直观，$\boldsymbol{v}^S$ 表示刚体上与全局参考坐标系原点相重合的点（这一点很有可能并不真实存在）的瞬时线速度，而并不是指物体坐标系原点的绝对线速度；$\boldsymbol{\omega}^S$ 也表示物体坐标系相对于全局参考系的角速度，是从全局参考系的角度来观察的。

【例 6-5】 如图 6-4 所示的二连杆机器人，若物体坐标系 $\{B\}$ 和全局参考系 $\{A\}$ 的位形已知：

$$ {}_B^A\boldsymbol{g} = \begin{bmatrix} \cos\theta & -\sin\theta & 0 & -l_2\sin\theta \\ \sin\theta & \cos\theta & 0 & l_1+l_2\cos\theta \\ 0 & 0 & 1 & 0 \\ 0 & 0 & 0 & 1 \end{bmatrix} $$

分别计算单自由度机器人的空间速度和物体速度。

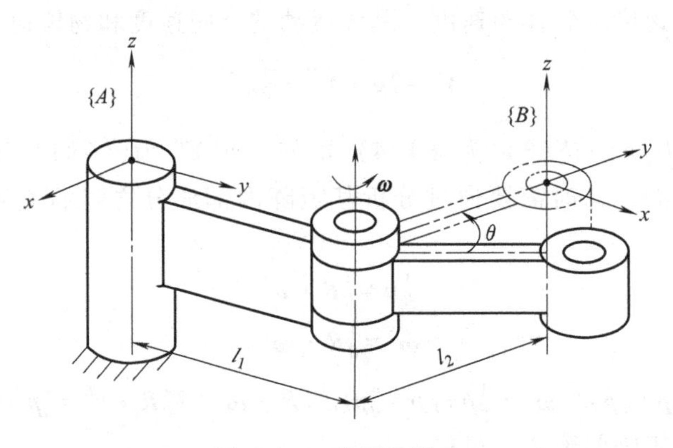

图 6-4 二连杆机器人

解： 由式（6-45）可知

$$\boldsymbol{\omega}^S = ({}_B^A\dot{\boldsymbol{R}} \cdot {}_B^A\boldsymbol{R}^{\mathrm{T}})^{\vee} = \left(\begin{bmatrix} \sin\theta & \cos\theta & 0 \\ -\cos\theta & \sin\theta & 0 \\ 0 & 0 & 0 \end{bmatrix}\begin{bmatrix} \cos\theta & \sin\theta & 0 \\ -\sin\theta & \cos\theta & 0 \\ 0 & 0 & 1 \end{bmatrix}\dot{\theta}\right)^{\vee} = \left(\begin{bmatrix} 0 & \dot{\theta} & 0 \\ -\dot{\theta} & 0 & 0 \\ 0 & 0 & 0 \end{bmatrix}\right)^{\vee} = \begin{bmatrix} 0 \\ 0 \\ \dot{\theta} \end{bmatrix}$$

$$\begin{aligned} \boldsymbol{v}^S &= -{}_B^A\dot{\boldsymbol{R}} \cdot {}_B^A\boldsymbol{R}^{\mathrm{T}} \cdot {}_B^A\boldsymbol{p} + {}_B^A\dot{\boldsymbol{p}} \\ &= \begin{bmatrix} \sin\theta & \cos\theta & 0 \\ -\cos\theta & \sin\theta & 0 \\ 0 & 0 & 0 \end{bmatrix}\begin{bmatrix} \cos\theta & \sin\theta & 0 \\ -\sin\theta & \cos\theta & 0 \\ 0 & 0 & 1 \end{bmatrix}\begin{bmatrix} -l_2\sin\theta \\ l_1+l_2\cos\theta \\ 0 \end{bmatrix}\dot{\theta} + \begin{bmatrix} -l_2\cos\theta \\ -l_2\sin\theta \\ 0 \end{bmatrix}\dot{\theta} \end{aligned}$$

$$=\left(\begin{bmatrix}0&1&0\\-1&0&0\\0&0&0\end{bmatrix}\begin{bmatrix}-l_2\sin\theta\\l_1+l_2\cos\theta\\0\end{bmatrix}+\begin{bmatrix}-l_2\cos\theta\\-l_2\sin\theta\\0\end{bmatrix}\right)\dot{\theta}=\begin{bmatrix}l_1\dot{\theta}\\0\\0\end{bmatrix}$$

$$\boldsymbol{\omega}^B=({}_B^A\boldsymbol{R}^{\mathrm{T}}\cdot{}_B^A\dot{\boldsymbol{R}})^{\vee}=\left(\begin{bmatrix}\cos\theta&\sin\theta&0\\-\sin\theta&\cos\theta&0\\0&0&1\end{bmatrix}\begin{bmatrix}\sin\theta&\cos\theta&0\\-\cos\theta&\sin\theta&0\\0&0&0\end{bmatrix}\dot{\theta}\right)^{\vee}=\left(\begin{bmatrix}0&\dot{\theta}&0\\-\dot{\theta}&0&0\\0&0&0\end{bmatrix}\right)^{\vee}=\begin{bmatrix}0\\0\\\dot{\theta}\end{bmatrix}$$

$$\boldsymbol{v}^B={}_B^A\boldsymbol{R}^{\mathrm{T}}\cdot{}_B^A\dot{\boldsymbol{p}}=\begin{bmatrix}\cos\theta&\sin\theta&0\\-\sin\theta&\cos\theta&0\\0&0&1\end{bmatrix}\begin{bmatrix}-l_2\cos\theta\\-l_2\sin\theta\\0\end{bmatrix}\dot{\theta}=\begin{bmatrix}-l_2\dot{\theta}\\0\\0\end{bmatrix}$$

上述结果可以这样解释：物体速度是假想从物体坐标系的角度来观测物体坐标系原点，其线速度总是沿 x 轴的负方向，其大小由杆长 l_2 和角速度 $\dot{\theta}$ 的乘积来决定，角速度总是沿 z 轴方向；空间速度是假想从全局参考系的原点来观测刚体上的一点，其线速度是指该点通过参考系原点时的瞬时速度，角速度总是沿 z 轴方向。

6.7　基于指数积公式的雅可比矩阵推导

设 $g(\boldsymbol{\theta})\in SE(3)$ 是机器人末端执行器的形位空间，那么机器人末端执行器的空间速度可表示为

$$\hat{\boldsymbol{V}}^S=\dot{g}(\boldsymbol{\theta})g^{-1}(\boldsymbol{\theta})=\sum_{i=1}^{n}\left(\frac{\partial g}{\partial\theta_i}\dot{\theta}_i\right)g^{-1}(\boldsymbol{\theta})=\sum_{i=1}^{n}\left(\frac{\partial g}{\partial\theta_i}g^{-1}(\boldsymbol{\theta})\right)\dot{\boldsymbol{\theta}}_i \tag{6-61}$$

式中，$\dot{\boldsymbol{\theta}}_i=[\dot{\theta}_1,\dot{\theta}_2,\cdots,\dot{\theta}_n]^{\mathrm{T}}$。将上式写成运动旋量坐标的形式，并根据雅可比矩阵的定义：

$$\boldsymbol{V}^S=\sum_{i=1}^{n}\left(\frac{\partial g}{\partial\theta_i}g^{-1}(\boldsymbol{\theta})\right)^{\vee}\dot{\boldsymbol{\theta}}_i=\boldsymbol{J}^S(\boldsymbol{\theta})\dot{\boldsymbol{\theta}} \tag{6-62}$$

所以

$$\boldsymbol{J}^S(\boldsymbol{\theta})=\left[\left(\frac{\partial g}{\partial\theta_1}g^{-1}(\boldsymbol{\theta})\right)^{\vee},\left(\frac{\partial g}{\partial\theta_2}g^{-1}(\boldsymbol{\theta})\right)^{\vee},\cdots,\left(\frac{\partial g}{\partial\theta_n}g^{-1}(\boldsymbol{\theta})\right)^{\vee}\right] \tag{6-63}$$

$\boldsymbol{J}^S(\boldsymbol{\theta})$ 称为机器人空间速度的雅可比矩阵，下面来讨论一下其计算方法和几何意义。由正向运动学的指数积公式：$g(\boldsymbol{\theta})=\mathrm{e}^{\hat{\boldsymbol{\xi}}_1\theta_1}\mathrm{e}^{\hat{\boldsymbol{\xi}}_2\theta_2}\cdots\mathrm{e}^{\hat{\boldsymbol{\xi}}_n\theta_n}g(0)$，对参数 θ 求导可得

$$\begin{aligned}\frac{\partial g}{\partial\theta_i}g^{-1}(\boldsymbol{\theta})&=\mathrm{e}^{\hat{\boldsymbol{\xi}}_1\theta_1}\mathrm{e}^{\hat{\boldsymbol{\xi}}_2\theta_2}\cdots\mathrm{e}^{\hat{\boldsymbol{\xi}}_{i-1}\theta_{i-1}}\frac{\partial(\mathrm{e}^{\hat{\boldsymbol{\xi}}_i\theta_i})}{\partial\theta_i}\mathrm{e}^{\hat{\boldsymbol{\xi}}_{i+1}\theta_{i+1}}\cdots\mathrm{e}^{\hat{\boldsymbol{\xi}}_n\theta_n}g(0)g^{-1}(\boldsymbol{\theta})\\&=\mathrm{e}^{\hat{\boldsymbol{\xi}}_1\theta_1}\mathrm{e}^{\hat{\boldsymbol{\xi}}_2\theta_2}\cdots\mathrm{e}^{\hat{\boldsymbol{\xi}}_{i-1}\theta_{i-1}}\mathrm{e}^{\hat{\boldsymbol{\xi}}_i\theta_i}(\hat{\boldsymbol{\xi}}_i)\mathrm{e}^{\hat{\boldsymbol{\xi}}_{i+1}\theta_{i+1}}\cdots\mathrm{e}^{\hat{\boldsymbol{\xi}}_n\theta_n}g(0)g^{-1}(\boldsymbol{\theta})\end{aligned} \tag{6-64}$$

由于

$$g(0)=(\mathrm{e}^{\hat{\boldsymbol{\xi}}_1\theta_1}\mathrm{e}^{\hat{\boldsymbol{\xi}}_2\theta_2}\cdots\mathrm{e}^{\hat{\boldsymbol{\xi}}_n\theta_n})^{-1}g(\boldsymbol{\theta})=\mathrm{e}^{-\hat{\boldsymbol{\xi}}_n\theta_n}\cdots\mathrm{e}^{-\hat{\boldsymbol{\xi}}_2\theta_2}\mathrm{e}^{-\hat{\boldsymbol{\xi}}_1\theta_1}g(\boldsymbol{\theta}) \tag{6-65}$$

将上式代入式（6-64）得

$$
\begin{aligned}
\frac{\partial g}{\partial \theta_i} g^{-1}(\boldsymbol{\theta}) &= \mathrm{e}^{\hat{\boldsymbol{\xi}}_1\theta_1}\mathrm{e}^{\hat{\boldsymbol{\xi}}_2\theta_2}\cdots\mathrm{e}^{\hat{\boldsymbol{\xi}}_{i-1}\theta_{i-1}}\frac{\partial(\mathrm{e}^{\hat{\boldsymbol{\xi}}_i\theta_i})}{\partial\theta_i}\mathrm{e}^{\hat{\boldsymbol{\xi}}_{i+1}\theta_{i+1}}\cdots\mathrm{e}^{\hat{\boldsymbol{\xi}}_n\theta_n}g(0)g^{-1}(\boldsymbol{\theta}) \\
&= \mathrm{e}^{\hat{\boldsymbol{\xi}}_1\theta_1}\mathrm{e}^{\hat{\boldsymbol{\xi}}_2\theta_2}\cdots\mathrm{e}^{\hat{\boldsymbol{\xi}}_{i-1}\theta_{i-1}}(\hat{\boldsymbol{\xi}}_i)\mathrm{e}^{\hat{\boldsymbol{\xi}}_i\theta_i}\mathrm{e}^{\hat{\boldsymbol{\xi}}_{i+1}\theta_{i+1}}\cdots\mathrm{e}^{\hat{\boldsymbol{\xi}}_n\theta_n}\cdot \\
&\quad \mathrm{e}^{-\hat{\boldsymbol{\xi}}_n\theta_n}\cdots\mathrm{e}^{-\hat{\boldsymbol{\xi}}_{i+1}\theta_{i+1}}\mathrm{e}^{-\hat{\boldsymbol{\xi}}_i\theta_i}\mathrm{e}^{-\hat{\boldsymbol{\xi}}_{i-1}\theta_{i-1}}\cdots\mathrm{e}^{-\hat{\boldsymbol{\xi}}_2\theta_2}\mathrm{e}^{-\hat{\boldsymbol{\xi}}_1\theta_1}g(\boldsymbol{\theta})g^{-1}(\boldsymbol{\theta}) \\
&= \mathrm{e}^{\hat{\boldsymbol{\xi}}_1\theta_1}\mathrm{e}^{\hat{\boldsymbol{\xi}}_2\theta_2}\cdots\mathrm{e}^{\hat{\boldsymbol{\xi}}_{i-1}\theta_{i-1}}(\hat{\boldsymbol{\xi}}_i)\mathrm{e}^{-\hat{\boldsymbol{\xi}}_{i-1}\theta_{i-1}}\cdots\mathrm{e}^{-\hat{\boldsymbol{\xi}}_2\theta_2}\mathrm{e}^{-\hat{\boldsymbol{\xi}}_1\theta_1}
\end{aligned} \tag{6-66}
$$

上式是运动旋量 $\boldsymbol{\xi}_i$ 关于 $\mathrm{e}^{\hat{\boldsymbol{\xi}}1\theta_1}\mathrm{e}^{\hat{\boldsymbol{\xi}}_2\theta_2}\cdots\mathrm{e}^{\hat{\boldsymbol{\xi}}_{i-1}\theta_{i-1}}$ 的伴随变换，写成运动旋量坐标的形式：

$$
\left(\frac{\partial g}{\partial \theta_i} g^{-1}(\boldsymbol{\theta})\right)^{\vee} = \mathrm{Ad}_{(\mathrm{e}^{\hat{\xi}_1\theta_1}\mathrm{e}^{\hat{\xi}_2\theta_2}\cdots\mathrm{e}^{\hat{\xi}_{i-1}\theta_{i-1}})}\cdot\boldsymbol{\xi}_i = \boldsymbol{\xi}_i' \tag{6-67}
$$

式中，$\boldsymbol{\xi}_i'$为经刚体变换 $\mathrm{e}^{\hat{\boldsymbol{\xi}}_1\theta_1}\mathrm{e}^{\hat{\boldsymbol{\xi}}_2\theta_2}\cdots\mathrm{e}^{\hat{\boldsymbol{\xi}}_{i-1}\theta_{i-1}}$，由初始位形的 $\boldsymbol{\xi}_i$ 变换到机器人当前位形的 $\boldsymbol{\xi}_i'$。所以，机器人的空间速度雅可比矩阵的第 i 列就是机器人当前位形下的第 i 个关节的单位运动旋量（观察坐标系为全局坐标系）。

所以，式（6-62）变为

$$
\boldsymbol{V}^S = \boldsymbol{J}^S(\boldsymbol{\theta})\dot{\boldsymbol{\theta}} = [\boldsymbol{\xi}_1', \boldsymbol{\xi}_2', \cdots, \boldsymbol{\xi}_n']\begin{bmatrix}\dot{\theta}_1 \\ \dot{\theta}_2 \\ \vdots \\ \dot{\theta}_n\end{bmatrix} \tag{6-68}
$$

式中：

$$
\begin{cases}
\boldsymbol{J}^S(\boldsymbol{\theta}) = [\boldsymbol{\xi}_1', \boldsymbol{\xi}_2', \cdots, \boldsymbol{\xi}_n'] \\
\boldsymbol{\xi}_i' = \mathrm{Ad}_{(\mathrm{e}^{\hat{\xi}_1\theta_1}\mathrm{e}^{\hat{\xi}_2\theta_2}\cdots\mathrm{e}^{\hat{\xi}_{i-1}\theta_{i-1}})}\boldsymbol{\xi}_i
\end{cases} \tag{6-69}
$$

根据运动旋量的定义，有

$$
\boldsymbol{\xi}_i' = \begin{bmatrix} -\boldsymbol{\omega}_i' \times \boldsymbol{q}_i' \\ \boldsymbol{\omega}_i' \end{bmatrix}
$$

式中，$\boldsymbol{\omega}_i'$为当前位形下表征旋转关节轴线的单位矢量，$\boldsymbol{q}_i'$为当前位形下轴线上一点的位置矢量，并且满足：

$$
\boldsymbol{\omega}_i' = (\mathrm{e}^{\hat{\boldsymbol{\omega}}_1\theta_1}\mathrm{e}^{\hat{\boldsymbol{\omega}}_2\theta_2}\cdots\mathrm{e}^{\hat{\boldsymbol{\omega}}_{i-1}\theta_{i-1}})\boldsymbol{\omega}_i \tag{6-70}
$$

$$
\begin{bmatrix}\boldsymbol{q}_i' \\ 1\end{bmatrix} = (\mathrm{e}^{\hat{\boldsymbol{\omega}}_1\theta_1}\mathrm{e}^{\hat{\boldsymbol{\omega}}_2\theta_2}\cdots\mathrm{e}^{\hat{\boldsymbol{\omega}}_{i-1}\theta_{i-1}})\begin{bmatrix}\boldsymbol{q}_i(0) \\ 1\end{bmatrix} \tag{6-71}
$$

式中，$\boldsymbol{q}_i(0)$ 为初始位形下轴线上一点的位置矢量。

当关节为平动关节时，有：

$$
\boldsymbol{\xi}_i' = \begin{bmatrix}\boldsymbol{v}_i' \\ 0\end{bmatrix}
$$

式中，$\boldsymbol{v}_i' = (\mathrm{e}^{\hat{\boldsymbol{\omega}}_1\theta_1}\mathrm{e}^{\hat{\boldsymbol{\omega}}_2\theta_2}\cdots\mathrm{e}^{\hat{\boldsymbol{\omega}}_{i-1}\theta_{i-1}})\boldsymbol{v}_i$。

利用同样的方法可以推导出机器人物体速度的雅可比矩阵 $\boldsymbol{J}^B(\boldsymbol{\theta})$，即

$$
\boldsymbol{V}^B = \boldsymbol{J}^B(\boldsymbol{\theta})\dot{\boldsymbol{\theta}} \tag{6-72}
$$

式中：

$$\begin{cases} \boldsymbol{J}^B(\boldsymbol{\theta}) = [\boldsymbol{\xi}_1'', \boldsymbol{\xi}_2'', \cdots, \boldsymbol{\xi}_n''] \\ \boldsymbol{\xi}_i'' = \mathrm{Ad}^{-1}_{(\mathrm{e}^{\hat{\xi}_i\theta_i}\mathrm{e}^{\hat{\xi}_{i+1}\theta_{i+1}}\cdots\mathrm{e}^{\hat{\xi}_n\theta_n})}\boldsymbol{\xi}_i \end{cases} \tag{6-73}$$

机器人的物体速度雅可比矩阵的第 i 列就是机器人当前位形下的第 i 个关节的单位运动旋量（观察坐标系为工具坐标系）。空间速度雅可比矩阵与物体速度雅可比矩阵之间的映射关系可用伴随变换来表示：

$$\boldsymbol{J}^S(\boldsymbol{\theta}) = \mathrm{Ad}_g \cdot \boldsymbol{J}^B(\boldsymbol{\theta}) \tag{6-74}$$

$$\boldsymbol{J}^B(\boldsymbol{\theta}) = \mathrm{Ad}_g^{-1} \cdot \boldsymbol{J}^S(\boldsymbol{\theta}) \tag{6-75}$$

先以图 6-5 中最简单的单关节机械手为例求其空间速度雅可比、物体速度雅可比，并讨论与前面章节介绍的直接微分法计算的雅可比之间的关系。首先，建立如图 6-5 所示的全局参考系 $\{S\}$ 和工具坐标系 $\{T\}$，初始位形下有

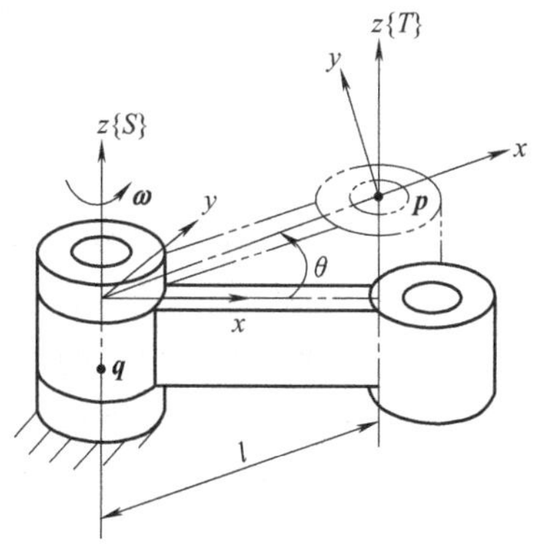

图 6-5　单关节机械手

$$\boldsymbol{\omega} = \begin{bmatrix} 0 \\ 0 \\ 1 \end{bmatrix}, \boldsymbol{q} = \begin{bmatrix} 0 \\ 0 \\ 0 \end{bmatrix}, \boldsymbol{p} = \begin{bmatrix} l\cos\theta \\ l\sin\theta \\ 0 \end{bmatrix}$$

在运动过程中，关节对应的运动旋量的方向和位置都不发生改变，所以有

$$\boldsymbol{\omega}' = \begin{bmatrix} 0 \\ 0 \\ 1 \end{bmatrix}, \boldsymbol{q}' = \begin{bmatrix} 0 \\ 0 \\ 0 \end{bmatrix}$$

所以

$$\boldsymbol{\xi}' = \begin{bmatrix} -\boldsymbol{\omega}' \times \boldsymbol{q}' \\ \boldsymbol{\omega}' \end{bmatrix} = \begin{bmatrix} 0 \\ 0 \\ 0 \\ 0 \\ 0 \\ 1 \end{bmatrix}$$

所以，计算得到的单关节机械手空间速度雅可比矩阵为

$$\boldsymbol{J}^S(\boldsymbol{\theta}) = [\boldsymbol{\xi}'] = \begin{bmatrix} 0 \\ 0 \\ 0 \\ 0 \\ 0 \\ 1 \end{bmatrix}$$

很明显，这一结果与前面介绍的方法求得的雅可比矩阵不相同（想一下为什么），通过伴随变换计算一下机械手的物体速度雅可比矩阵，有

$$\mathbf{Ad}_g^{-1}=\begin{bmatrix}\boldsymbol{R}^{\mathrm{T}} & -\boldsymbol{R}^{\mathrm{T}}\hat{\boldsymbol{p}}\\ \mathbf{0} & \boldsymbol{R}^{\mathrm{T}}\end{bmatrix}$$

式中：

$$\boldsymbol{R}=\begin{bmatrix}\cos\theta & -\sin\theta & 0\\ \sin\theta & \cos\theta & 0\\ 0 & 0 & 1\end{bmatrix},\ \hat{\boldsymbol{p}}=\begin{bmatrix}0 & 0 & l\sin\theta\\ 0 & 0 & -l\cos\theta\\ -l\sin\theta & l\cos\theta & 0\end{bmatrix}$$

所以

$$\boldsymbol{J}^B(\boldsymbol{\theta})=\mathbf{Ad}_g^{-1}\cdot\boldsymbol{J}^S(\boldsymbol{\theta})=\begin{bmatrix}0\\ l\\ 0\\ 0\\ 0\\ 1\end{bmatrix}$$

$\boldsymbol{J}^B(\boldsymbol{\theta})$ 的计算结果说明，机械手末端执行器的物体速度大小为 $l\dot{\theta}$，方向沿着物体坐标系的 y 轴正向，但这一结果是从物体坐标系的角度观察的，若要将 $\boldsymbol{J}^B(\boldsymbol{\theta})$ 或者 $\boldsymbol{J}^S(\boldsymbol{\theta})$ 转换为前面章节通过微分得到的基于全局坐标系的雅可比矩阵（再一次提醒：v^S 并不是指刚体坐标系原点相对于全局坐标系的绝对线速度，因此，$\boldsymbol{J}^S(\boldsymbol{\theta})$ 也不是将关节速度映射为刚体坐标系原点相对于全局坐标系绝对速度的变换矩阵），还应做如下变换：

$$\begin{aligned}\boldsymbol{J}(\boldsymbol{\theta})&=\begin{bmatrix}\boldsymbol{R} & \mathbf{0}\\ \mathbf{0} & \boldsymbol{R}\end{bmatrix}\boldsymbol{J}^B(\boldsymbol{\theta})=\begin{bmatrix}\boldsymbol{R} & \mathbf{0}\\ \mathbf{0} & \boldsymbol{R}\end{bmatrix}\cdot\mathrm{Ad}_g^{-1}\boldsymbol{J}^S(\boldsymbol{\theta})\\ &=\begin{bmatrix}\boldsymbol{R} & \mathbf{0}\\ \mathbf{0} & \boldsymbol{R}\end{bmatrix}\cdot\begin{bmatrix}\boldsymbol{R}^{\mathrm{T}} & -\boldsymbol{R}^{\mathrm{T}}\hat{\boldsymbol{p}}\\ \mathbf{0} & \boldsymbol{R}^{\mathrm{T}}\end{bmatrix}\boldsymbol{J}^S(\boldsymbol{\theta})\\ &=\begin{bmatrix}\boldsymbol{E} & -\hat{\boldsymbol{p}}\\ \mathbf{0} & \boldsymbol{E}\end{bmatrix}\boldsymbol{J}^S(\boldsymbol{\theta})\end{aligned}\tag{6-76}$$

式中，$\boldsymbol{R}$ 为物体坐标系在全局参考系中的姿态描述。若将 $\boldsymbol{J}^S(\boldsymbol{\theta})$ 进一步分解为

$$\boldsymbol{J}^S(\boldsymbol{\theta})=\begin{bmatrix}\boldsymbol{J}_{v1}^S & \boldsymbol{J}_{v2}^S & \cdots & \boldsymbol{J}_{vn}^S\\ \boldsymbol{J}_{\omega1}^S & \boldsymbol{J}_{\omega2}^S & \cdots & \boldsymbol{J}_{\omega n}^S\end{bmatrix}=\begin{bmatrix}-\boldsymbol{\omega}_1'\times\boldsymbol{q}_1' & -\boldsymbol{\omega}_2'\times\boldsymbol{q}_2' & \cdots & -\boldsymbol{\omega}_n'\times\boldsymbol{q}_n'\\ \boldsymbol{\omega}_1' & \boldsymbol{\omega}_2' & \cdots & \boldsymbol{\omega}_n'\end{bmatrix}\tag{6-77}$$

所以

$$\begin{aligned}\boldsymbol{J}(\boldsymbol{\theta})&=\begin{bmatrix}\boldsymbol{E} & -\hat{\boldsymbol{p}}\\ \mathbf{0} & \boldsymbol{E}\end{bmatrix}\cdot\begin{bmatrix}-\boldsymbol{\omega}_1'\times\boldsymbol{q}_1' & -\boldsymbol{\omega}_2'\times\boldsymbol{q}_2' & \cdots & -\boldsymbol{\omega}_n'\times\boldsymbol{q}_n'\\ \boldsymbol{\omega}_1' & \boldsymbol{\omega}_2' & \cdots & \boldsymbol{\omega}_n'\end{bmatrix}\\ &=\begin{bmatrix}-\boldsymbol{\omega}_1'\times(\boldsymbol{q}_1'-\boldsymbol{p}) & -\boldsymbol{\omega}_1'\times(\boldsymbol{q}_1'-\boldsymbol{p}) & \cdots & -\boldsymbol{\omega}_1'\times(\boldsymbol{q}_1'-\boldsymbol{p})\\ \boldsymbol{\omega}_1' & \boldsymbol{\omega}_2' & \cdots & \boldsymbol{\omega}_n'\end{bmatrix}\\ &=\begin{bmatrix}\boldsymbol{\omega}_1'\times(\boldsymbol{p}-\boldsymbol{q}_1') & \boldsymbol{\omega}_2'\times(\boldsymbol{p}-\boldsymbol{q}_2') & \cdots & \boldsymbol{\omega}_n'\times(\boldsymbol{p}-\boldsymbol{q}_n')\\ \boldsymbol{\omega}_1' & \boldsymbol{\omega}_2' & \cdots & \boldsymbol{\omega}_n'\end{bmatrix}\end{aligned}\tag{6-78}$$

上式与前面推导的雅可比矩阵在形式上很相似。上面例子中单关节机械手的雅可比矩阵为

$$J(\theta)=\begin{bmatrix}R & 0\\ 0 & R\end{bmatrix}J^B(\theta)=\begin{bmatrix}-l\sin\theta\\ l\cos\theta\\ 0\\ 0\\ 0\\ 1\end{bmatrix}$$

这一结果与对关节参数求微分的结果一致，读者可根据式（6-76）的形式，深刻理解 $J^S(\theta)$、$J^B(\theta)$ 与 $J(\theta)$ 之间的联系。

【例 6-6】 计算图 6-1 中的二连杆机器人的雅可比矩阵。

解： 建立如图 6-6 所示的全局参考系$\{S\}$和工具坐标系$\{T\}$，初始位形下有

$$\omega_1=\omega_2=\begin{bmatrix}0\\0\\1\end{bmatrix},\ q_1=\begin{bmatrix}0\\0\\0\end{bmatrix},\ q_2=\begin{bmatrix}l_1\\0\\0\end{bmatrix},\ p=\begin{bmatrix}l_1C_1+l_2C_{12}\\ l_1S_1+l_2S_{12}\\ 0\end{bmatrix}$$

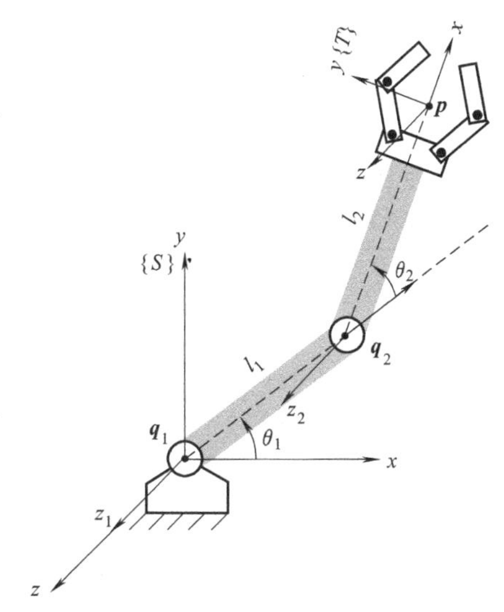

图 6-6 建立全局参考系 $\{S\}$ 和工具坐标系 $\{T\}$

在运动过程中，两关节对应的运动旋量的方向不发生改变，第一个关节轴线的位置也不发生变化，有

$$\omega_1'=\omega_2'=\begin{bmatrix}0\\0\\1\end{bmatrix},\ q_1'=\begin{bmatrix}0\\0\\0\end{bmatrix}$$

而第二个关节轴线位置发生了变化，有

$$q_2'=\begin{bmatrix}l_1\cos\theta_1\\ l_1\sin\theta_1\\ 0\end{bmatrix}$$

$$\xi_1'=\begin{bmatrix}-\omega_1'\times q_1'\\ \omega_1'\end{bmatrix}=\begin{bmatrix}0\\0\\0\\0\\0\\1\end{bmatrix},\ \xi_2'=\begin{bmatrix}-\omega_2'\times q_2'\\ \omega_2'\end{bmatrix}=\begin{bmatrix}l_1\sin\theta_1\\ -l_1\cos\theta_1\\ 0\\ 0\\ 0\\ 1\end{bmatrix}$$

所以，计算得到的单关节机械手空间速度雅可比矩阵为

$$J^S(\theta)=[\xi_1'\quad \xi_2']=\begin{bmatrix}0 & l_1\sin\theta_1\\ 0 & -l_1\cos\theta_1\\ 0 & 0\\ 0 & 0\\ 0 & 0\\ 1 & 1\end{bmatrix}$$

转换为参考坐标系下的绝对速度雅可比为

$$J(\boldsymbol{\theta})=\begin{bmatrix} \boldsymbol{E} & -\hat{\boldsymbol{p}} \\ \boldsymbol{0} & \boldsymbol{E} \end{bmatrix}\cdot \boldsymbol{J}^{S}(\boldsymbol{\theta})=\begin{bmatrix} -l_1S_1-l_2S_{12} & -l_2S_{12} \\ l_1C_1+l_2C_{12} & l_2C_{12} \\ 0 & 0 \\ 0 & 0 \\ 0 & 0 \\ 1 & 1 \end{bmatrix}$$

式中：

$$\hat{\boldsymbol{p}}=\begin{bmatrix} 0 & 0 & l_1S_1+l_2S_{12} \\ 0 & 0 & -l_1C_1-l_2C_{12} \\ -l_1S_1-l_2S_{12} & l_1C_1+l_2C_{12} & 0 \end{bmatrix}$$

该结果与直接微分法完全一致。

其 MATLAB 代码如下：

```
% 定义参数
syms theta1 theta2 l1 l2
w1=[0;0;1];
w2=[0;0;1];
q1=[0;0;0];
q2=[l1* cos(theta1);l1* sin(theta1);0];
zeta1=[-cross(w1,q1);w1];
zeta2=[-cross(w2,q2);w2];
J_S=[zeta1 zeta2]
p=[l1* cos(theta1)+l2* cos(theta1+theta2); l1* sin(theta1)+
  l2* sin(theta1+theta2);0];
p_hat=[0 -p(3) p(2);p(3) 0 -p(1);-p(2) p(1) 0];
E=[1 0 0;0 1 0;0 0 1];
zeros=[0 0 0;0 0 0;0 0 0];
Transformer=[E -p_hat;zeros E];
J=Transformer* zeta
J=
[- l2* sin(theta1 + theta2) -l1* sin(theta1),-l2* sin(theta1 +
theta2)]
[  l2* cos(theta1 + theta2) + l1* cos(theta1),  l2* cos(theta1 +
theta2)]
[                0,                  0]
[                0,                  0]
[                0,                  0]
[                1,                  1]
```

6.8　雅可比矩阵的逆与奇异性

在机器人轨迹规划时，往往是已知机器人末端执行器的速度，而需要计算机器人各关节的转动速速（或平动速度），这就是机器人速度问题的反解，由：

$$\boldsymbol{V}=\boldsymbol{J}(\theta)\dot{\boldsymbol{\theta}} \tag{6-79}$$

若 $\boldsymbol{J}(\theta)$ 可逆，则有

$$\dot{\boldsymbol{\theta}}=\boldsymbol{J}^{-1}(\theta)\cdot\boldsymbol{V} \tag{6-80}$$

也就是说，只要知道了雅可比矩阵的逆，就可以计算出每个关节需要以多快的速度运动，才能使机器人末端执行器产生所期望的速度。

【例 6-7】 图 6-7 中二连杆机器人处于位形 $\theta_1=0°$，$\theta_2=30°$，$a_1=a_2=1\text{m}$，若要使连杆末端 B 点的速度满足：

$$\boldsymbol{V}=\begin{bmatrix} v_x \\ v_y \end{bmatrix}=\begin{bmatrix} -1 \\ 2.732 \end{bmatrix}\ \text{m/s}$$

求各关节的角速度 $\dot{\boldsymbol{\theta}}=\begin{bmatrix} \dot{\theta}_1 \\ \dot{\theta}_2 \end{bmatrix}$。

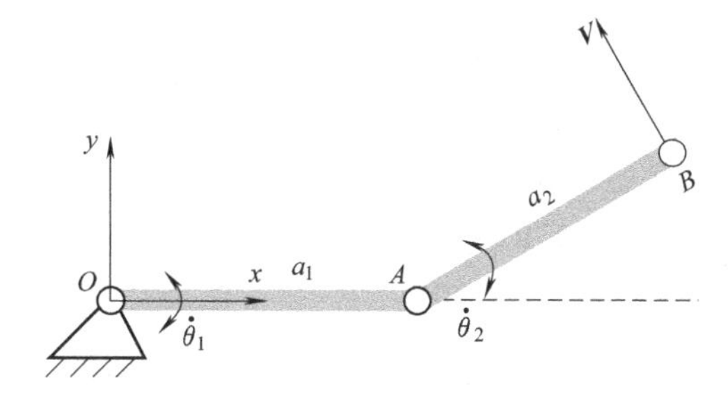

图 6-7　二连杆机器人（$\theta_1=0°$，$\theta_2=30°$，$a_1=a_2=1\text{m}$）

解： 二连杆机器人的雅可比矩阵为

$$\boldsymbol{J}(\theta)=\begin{bmatrix} -a_1S_1-a_2S_{12} & -a_2S_{12} \\ a_1C_1+a_2C_{12} & a_2C_{12} \end{bmatrix}$$

由于机器人不处于其奇异位形下，即 $\boldsymbol{J}^{-1}$ 存在，所以

$$\dot{\boldsymbol{\theta}}=\boldsymbol{J}^{-1}(\theta)\cdot\boldsymbol{V}$$

分别代入 θ_1、θ_2、$\boldsymbol{V}$ 可得

$$\dot{\boldsymbol{\theta}}=\boldsymbol{J}^{-1}(\theta)\cdot\boldsymbol{V}=\frac{1}{a_1a_2S_2}\begin{bmatrix} a_1C_{12} & a_2S_{12} \\ -a_1C_1-a_2C_{12} & -a_1S_1-a_2S_{12} \end{bmatrix}\begin{bmatrix} v_x \\ v_y \end{bmatrix}$$

$$=\begin{bmatrix} 1.732 & 1 \\ -3.732 & -1 \end{bmatrix}\begin{bmatrix} -1 \\ 2.732 \end{bmatrix}\text{rad/s}=\begin{bmatrix} 1 \\ 1 \end{bmatrix}\ \text{rad/s}$$

其 MATLAB 代码如下：

```
% 定义参数
syms theta1 theta2;
a1=1;
a2=1;
vx=-1;
vy=2.732;
```

```
V=[vx;vy];
% 定义二连杆雅可比矩阵
J=[-a1* sin(theta1)-a2* sin(theta1+theta2)-a2* sin(theta1+
   theta2);
   a1* cos(theta1)+a2* cos(theta1+theta2) a2* cos(theta1+
   theta2)];
% 定义连杆转速矢量
pose_1=[0,30]/180* pi;
J_1=subs(J,[theta1,theta2],pose_1);
J_1=vpa(J_1,5);

Omega_1=inv(J_1)* V;
Omega_1=vpa(Omega_1,5)
Omega_1=
0.99995
  1.0001
```

雅可比矩阵 $\boldsymbol{J}(\theta)$ 是 θ 的函数，但并不是针对所有的 θ 值雅可比矩阵都是可逆的，大多数机器人都有使雅可比矩阵不可逆的 θ 值，这些 θ 值对应的机器人所处的位形就成为机器人的奇异位形，简称奇异性。这些位置一般出现在两种情形：

1）工作空间边界的奇异位形：出现在操作臂完全展开或者收回，使得末端执行器处于或者非常接近工作空间。

2）工作空间内部的奇异位形：通常是由于两个或两个以上的关节轴线共线引起。

当机器人处于奇异位形时，它会失去一个或多个自由度。这也意味着，在直角坐标空间的某个方向上，无论选择什么样的关节速度，都不能使机器人按照期望的速度运动。需要注意的是，雅可比矩阵的奇异性与坐标系的选取无关，也就是说，使用 $\boldsymbol{J}^B(\theta)$ 或者 $\boldsymbol{J}^S(\theta)$ 进行奇异性分析，结果都是相同的。

【例 6-8】 对于图 6-6 所示的二连杆机器人，求其奇异位形以及对应的关节角度。

解：可以通过计算雅可比矩阵的行列式的值来求机器人的奇异点：如果一个方阵的行列式的值为 0，那么该矩阵就是非满秩的，也就是奇异的，所以

$$\det[\boldsymbol{J}(\theta)] = \begin{vmatrix} -l_1S_1-l_2S_{12} & -l_2S_{12} \\ l_1C_1+l_2C_{12} & l_2C_{12} \end{vmatrix} = l_1l_2(C_1S_{12}-S_1C_{12}) = 0$$

要满足上式，很明显 $(C_1S_{12}-S_1C_{12})=0$，即

$$\tan\theta_1 = \tan(\theta_1+\theta_2)$$

显然，当 $\theta_2=0°$ 或者 180°时，机器人处于奇异位形，且 $\theta_2=0°$ 时，如图 6-8a 所示，机器人两连杆完全展开，此时，末端执行器只能沿着 y 轴运动，相当于失去了一个自由度。同样，当 $\theta_2=180°$ 时，如图 6-8b 所示，连杆 2 完全收回，末端执行器也只能沿着 y 轴运动。

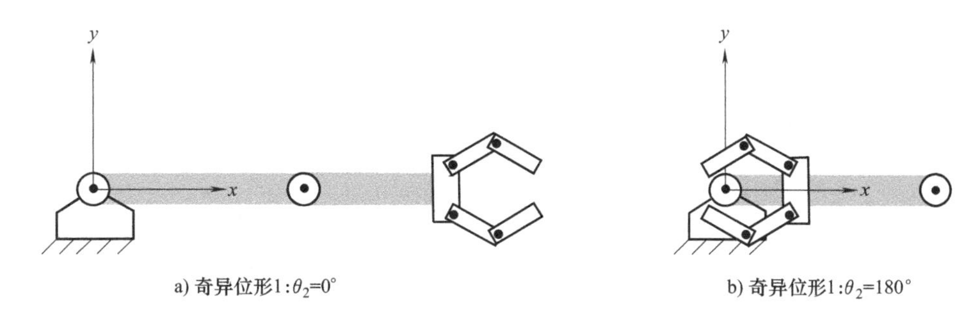

a) 奇异位形1: θ_2=0°　　b) 奇异位形1: θ_2=180°

图 6-8　二连杆机器人的奇异位形

6.9 雅可比矩阵的伪逆

如果雅可比矩阵是满秩的方阵（机器人处于非奇异位形），很容易利用式（6-80）求得机器人关节的速度。但当雅可比矩阵不是方阵，例如对于冗余自由度机器人（$m<n$），雅可比矩阵无法求逆，在这种情况下，若 $\boldsymbol{J}$ 为 $m \times n$ 阶矩阵，$m<n$，且 $\mathrm{Rank}(\boldsymbol{J})=m$，则 $(\boldsymbol{J}\boldsymbol{J}^{\mathrm{T}})^{-1}$ 存在，且有

$$(\boldsymbol{J}\boldsymbol{J}^{\mathrm{T}})(\boldsymbol{J}\boldsymbol{J}^{\mathrm{T}})^{-1}=\boldsymbol{E}$$

$$\boldsymbol{J}[\boldsymbol{J}^{\mathrm{T}}(\boldsymbol{J}\boldsymbol{J}^{\mathrm{T}})^{-1}]=\boldsymbol{E} \tag{6-81}$$

即

$$\boldsymbol{J}\boldsymbol{J}^{+}=\boldsymbol{E} \tag{6-82}$$

式中，$\boldsymbol{J}^{+}=\boldsymbol{J}^{\mathrm{T}}(\boldsymbol{J}\boldsymbol{J}^{\mathrm{T}})^{-1}$ 称为雅可比矩阵 $\boldsymbol{J}$ 的右伪逆。利用这一定义，式（6-80）的全部解为

$$\dot{\boldsymbol{\theta}}=\boldsymbol{J}^{+}\boldsymbol{V}+(\boldsymbol{E}-\boldsymbol{J}^{+}\boldsymbol{J})\boldsymbol{b} \tag{6-83}$$

式中，$\boldsymbol{b}\in R^{n}$ 为任意的 n 维矢量。可以验证，上式两边同左乘 $\boldsymbol{J}$：

$$\boldsymbol{J}\dot{\boldsymbol{\theta}}=\boldsymbol{J}[\boldsymbol{J}^{+}\boldsymbol{V}+(\boldsymbol{E}-\boldsymbol{J}^{+}\boldsymbol{J})\boldsymbol{b}]=\boldsymbol{J}\boldsymbol{J}^{+}\boldsymbol{V}+(\boldsymbol{J}-\boldsymbol{J}\boldsymbol{J}^{+}\boldsymbol{J})\boldsymbol{b}=\boldsymbol{V}+(\boldsymbol{J}-\boldsymbol{J})\boldsymbol{b}=\boldsymbol{V}$$

式（6-83）中 $\boldsymbol{J}^{+}\boldsymbol{V}$ 称为方程的特解，该解使得关节速度矢量 $\dot{\boldsymbol{\theta}}$ 的范数最小；$(\boldsymbol{E}-\boldsymbol{J}^{+}\boldsymbol{J})\boldsymbol{b}$ 称为方程的零空间解，即 $\dot{\boldsymbol{\theta}}=(\boldsymbol{E}-\boldsymbol{J}^{+}\boldsymbol{J})\boldsymbol{b}$ 且 $\boldsymbol{J}\dot{\boldsymbol{\theta}}=0$，此时由于关节冗余而产生的多余的解不会影响机器人末端执行器的位姿、速度等，这代表可以利用零空间解来做一些额外的任务，如避障等，同时可以使机器人末端执行器保持原来的位姿、速度不变。若没有特殊要求，为了使关节速度最小化以节省能量，可以取 $\boldsymbol{b}=\boldsymbol{0}$，因为式（6-83）满足三角不等式关系：

$$\|\dot{\boldsymbol{\theta}}\|=\|\boldsymbol{J}^{+}\boldsymbol{V}+(\boldsymbol{E}-\boldsymbol{J}^{+}\boldsymbol{J})\boldsymbol{b}\|\leqslant\|\boldsymbol{J}^{+}\boldsymbol{V}\|+\|(\boldsymbol{E}-\boldsymbol{J}^{+}\boldsymbol{J})\boldsymbol{b}\| \tag{6-84}$$

【例 6-9】 图 6-9 中三连杆机器人对于平面定位（仅考虑 x、y 方向自由度）而言是一种冗余自由度机器人，当处于位形 $\theta_1=0°$，$\theta_2=30°$，$\theta_3=-30°$，$a_1=a_2=a_3=1\mathrm{m}$，若要使连杆末端 C 点的速度满足：

$$\boldsymbol{V}=\begin{bmatrix} v_x \\ v_y \end{bmatrix}=\begin{bmatrix} 0 \\ 1 \end{bmatrix}\ \mathrm{m/s}$$

求

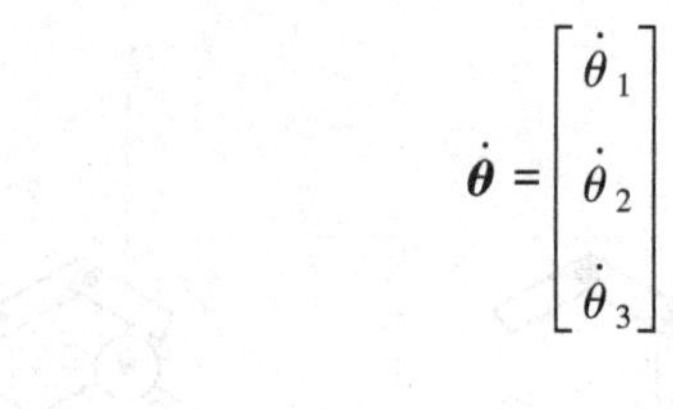

$$\dot{\boldsymbol{\theta}}=\begin{bmatrix}\dot{\theta}_1\\ \dot{\theta}_2\\ \dot{\theta}_3\end{bmatrix}$$

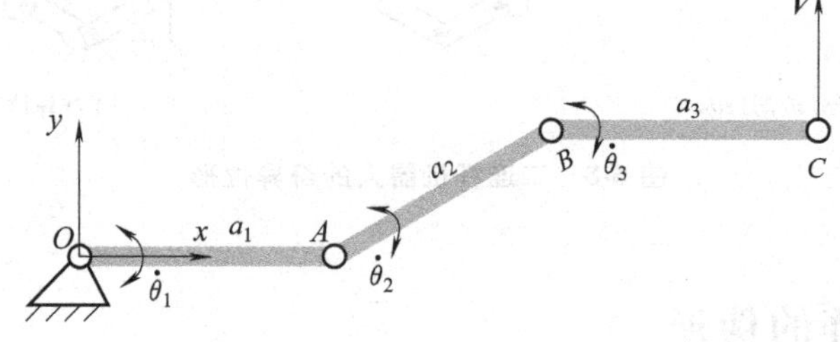

图 6-9　三连杆机器人

解：在该形位下，平面三连杆机器人的雅可比矩阵为

$$\boldsymbol{J}(\theta)=\begin{bmatrix}-a_1S_1-a_2S_{12}-a_3S_{123} & -a_3S_{123}-a_2S_{12} & -a_3S_{123}\\ a_1C_1+a_2C_{12}+a_3C_{123} & a_3C_{123}+a_2C_{12} & a_3C_{123}\end{bmatrix}=\begin{bmatrix}-0.5 & -0.5 & 0\\ 2.866 & 1.866 & 1\end{bmatrix}$$

其伪逆为

$$\boldsymbol{J}^{+}=\boldsymbol{J}^{\mathrm{T}}(\boldsymbol{J}\boldsymbol{J}^{\mathrm{T}})^{-1}=\begin{bmatrix}0.577 & 0.333\\ -2.577 & -0.333\\ 3.1547 & 0.667\end{bmatrix}$$

其特解（$\boldsymbol{b}=0$）为

$$\dot{\boldsymbol{\theta}}=\boldsymbol{J}^{+}\boldsymbol{V}=\begin{bmatrix}0.577 & 0.333\\ -2.577 & -0.333\\ 3.1547 & 0.667\end{bmatrix}\begin{bmatrix}0\\ 1\end{bmatrix}=\begin{bmatrix}0.333\\ -0.333\\ 0.667\end{bmatrix}$$

可以验证一下：

$$\boldsymbol{V}=\boldsymbol{J}(\theta)\dot{\boldsymbol{\theta}}=\begin{bmatrix}-0.5 & -0.5 & 0\\ 2.866 & 1.866 & 1\end{bmatrix}\cdot\begin{bmatrix}0.333\\ -0.333\\ 0.667\end{bmatrix}=\begin{bmatrix}0\\ 1\end{bmatrix}$$

其零空间解为

$$(\boldsymbol{E}-\boldsymbol{J}^{+}\boldsymbol{J})\boldsymbol{b}=\begin{bmatrix}0.333 & -0.333 & -0.333\\ -0.333 & 0.333 & 0.333\\ -0.333 & 0.333 & 0.333\end{bmatrix}\boldsymbol{b}$$

$\boldsymbol{b}$ 为任意三维非零矢量，若取 $\boldsymbol{b}=[1\ 1\ 1]^{\mathrm{T}}$，则有：

$$\dot{\boldsymbol{\theta}}=\boldsymbol{J}^{+}\boldsymbol{V}+(\boldsymbol{E}-\boldsymbol{J}^{+}\boldsymbol{J})\boldsymbol{b}=\begin{bmatrix}0.577 & 0.333\\ -2.577 & -0.333\\ 3.1547 & 0.667\end{bmatrix}\begin{bmatrix}0\\ 1\end{bmatrix}+\begin{bmatrix}0.333 & -0.333 & -0.333\\ -0.333 & 0.333 & 0.333\\ -0.333 & 0.333 & 0.333\end{bmatrix}\begin{bmatrix}1\\ 1\\ 1\end{bmatrix}=\begin{bmatrix}0\\ 0\\ 1\end{bmatrix}$$

很容易验证该解满足 $\boldsymbol{V}=\boldsymbol{J}(\theta)\dot{\boldsymbol{\theta}}$。再取一组 $\boldsymbol{b}=[1\ 2\ 1]^{\mathrm{T}}$，则有

$$\dot{\boldsymbol{\theta}}=\boldsymbol{J}^{+}\boldsymbol{V}+(\boldsymbol{E}-\boldsymbol{J}^{+}\boldsymbol{J})\boldsymbol{b}=\begin{bmatrix}0.577 & 0.333\\ -2.577 & -0.333\\ 3.1547 & 0.667\end{bmatrix}\begin{bmatrix}0\\ 1\end{bmatrix}+\begin{bmatrix}0.333 & -0.333 & -0.333\\ -0.333 & 0.333 & 0.333\\ -0.333 & 0.333 & 0.333\end{bmatrix}\begin{bmatrix}1\\ 2\\ 1\end{bmatrix}=\begin{bmatrix}-0.333\\ 0.333\\ 1.333\end{bmatrix}$$

依然满足速度条件。

其 MATLAB 代码如下：

```
% 定义参数
syms theta1 theta2 theta3;
syms a1 a2 a3;
V=[0;1];
% 定义雅可比矩阵
J1=[-a1* sin(theta1)-a2* sin(theta1+theta2)-a3* sin(theta1+
    theta2+theta3);a1* cos(theta1)+a2* cos(theta1+theta2)+a3*
    cos(theta1+theta2+theta3)];
J2=[-a2* sin(theta1+theta2)-a3* sin(theta1+theta2+theta3);
    a2* cos(theta1+theta2)+a3* cos(theta1+theta2+theta3)];
J3=[-a3* sin(theta1+theta2+theta3);a3* cos(theta1+theta2+
    theta3)];
J=[J1 J2 J3];
  J = subs(J,[theta1, theta2, theta3, a1, a2, a3],[0, 30/180 *
     3.1415926,-30/180* 3.1415926,1,1,1]);
J=vpa(J,4)
J=
[  -0.5,  -0.5,  0]
[ 2.866,1.866,1.0]
% 求伪逆
J_plus=vpa(J.'* inv(J* J.'),4)
J_plus=
[ 0.5774,0.3333]
[ -2.577,-0.3333]
[  3.155,  0.6667]
% 特解
omega_particular=vpa(J_plus* V,4)
omega_particular=
  0.3333
-0.3333
  0.6667
% 特解验证
V_particular=vpa(J* omega_particular,3)
V_particular=
 -1.84e-40
      1.0
```

```
E=[1 0 0;0 1 0;0 0 1];
% 第一组特解+零空间解,b=[1;1;1]
b=[1;1;1];
omega_1=vpa(J_plus* V+(E-J_plus* J)* b,4)
omega_1=
  2.755e-40
-1.469e-39
        1.0
% 验证
V_1=vpa(J* omega_1,4)
V_1=
 5.969e-40
      1.0
% 第二组特解+零空间解,b=[1;2;1]
b=[1;2;1];
omega_2=vpa(J_plus* V+(E-J_plus* J)* b,4)
omega_2=
-0.3333
  0.3333
  1.333
% 验证
V_2=vpa(J* omega_2,4)
V_2=
8.265e-40
      1.0
```

6.10 雅可比矩阵与灵巧度

机器人雅可比矩阵的奇异性只是定性地描述了机器人的运动性能，如对于非冗余度机器人，其雅可比矩阵为 n 阶方阵，当机器人处于奇异位形时，其雅可比矩阵降秩，雅可比矩阵的行列式为 0，机器人处于自由度退化的状态。但从实际的机器人操作及精度控制角度出发，机器人不但要避开几个特定的奇异位形，还要尽量远离奇异位形区域。因为当机器人接近奇异位形时，其雅可比矩阵呈病态分布，其逆矩阵的计算精度降低，从而使运动输入与输出之间的传递关系失真，这就需要定量地描述雅可比矩阵的奇异程度。这种可以定量地来衡量这种运动失真程度的指标称为灵巧度，目前衡量机器人灵巧度主要有两类指标：一是雅可比条件数，另一个是可操作度。

1. 雅可比条件数

由矩阵理论可知，矩阵的条件数可以描述一个矩阵的病态程度。对于一般矩阵 $\boldsymbol{A}$，其条

件数可定义为

$$c=\|A\|\cdot\|A^{-1}\| \tag{6-85}$$

式中，$\|A\|$称为矩阵的范数。所以雅可比矩阵的条件数为

$$c(\theta)=\|J\|\cdot\|J^{-1}\| \tag{6-86}$$

若已知 $\sigma_{\max}$ 为矩阵 J 的最大奇异值，$\sigma_{\min}$ 为矩阵 J 的最小奇异值，上式又可写为

$$c=\frac{\sigma_{\max}}{\sigma_{\min}} \tag{6-87}$$

由式（6-86）可知，雅可比条件数也与机器人的位形有关，不同位形下机器人对应的条件数一般不同，其最小值为 1。工作空间内，雅可比条件数为 1 时所对应的位形称为各向同性位形，此时，机器人的运动性能最佳；反之，如果雅可比条件数很大，说明机器人处于奇异位形区域，有些方向上的运动性能很差。

2. 可操作度

一般情况下，可以对机器人的雅可比矩阵 J 进行奇异值分解为

$$J=U\Sigma V^{\mathrm{T}} \tag{6-88}$$

式中，U 及 V 是 $m\times m$ 及 $n\times n$ 阶正交矩阵，Σ 由下式确定：

$$\Sigma=\begin{bmatrix}\sigma_1 & & & \\ & \sigma_2 & & \\ & & \ddots & \\ & & & \sigma_m\end{bmatrix}\quad(\sigma_1\geqslant\sigma_2\geqslant\cdots\geqslant\sigma_m\geqslant 0) \tag{6-89}$$

式中，σ_1、σ_2、…、σ_m 为雅可比矩阵 J 的奇异值，且是 $J^{\mathrm{T}}J$ 的特征值 λ_i（$i=1, 2, \cdots, n$）的平方根 $\sqrt{\lambda_i}$ 从大到小排列的结果。

机器人的操作度可由下式定义：

$$m=\sqrt{\det(J^{\mathrm{T}}J)} \tag{6-90}$$

即雅可比矩阵转置与其矩阵乘积的行列式值的平方根，即利用 J 的奇异值与 $J^{\mathrm{T}}J$ 特征值的关系，式（6-90）也可以写为

$$m=\sigma_1\sigma_2\cdots\sigma_m \tag{6-91}$$

由雅可比矩阵 J 的奇异值 σ_1、σ_2、…、σ_m 及对应的特征矢量，或者 $J^{\mathrm{T}}J$ 的特征值的算数平方根 $\sqrt{\lambda_1}$、$\sqrt{\lambda_2}$、…、$\sqrt{\lambda_m}$ 及对应的特征矢量 v_1、v_2、…、v_m，可形成 m 维椭球体（两自由度机器人则为椭圆），称可操作性椭球体，如图 6-10 所示，用可操作性椭球体可以更直观地表征机器人的操作能力。

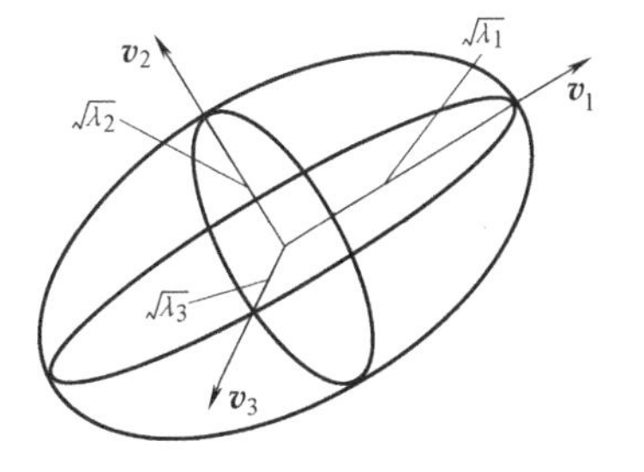

图 6-10 三自由度可操作性椭球

【例 6-10】 对于图 6-6 所示的二连杆机器人，$l_1=l_2=1\mathrm{m}$，当分别处于 $\theta_1=15°$、$\theta_2=-30°$，$\theta_1=35°$、$\theta_2=-65°$，$\theta_1=50°$、$\theta_2=-100°$，$\theta_1=60°$、$\theta_2=-130°$，$\theta_1=70°$、$\theta_2=-145°$，$\theta_1=80°$、$\theta_2=-165°$位形时，求机器人的可操作度，并绘制可操作椭圆。

解： 二连杆机器人的雅可比矩阵为

$$
\boldsymbol{J}=\begin{bmatrix}-l_1S_1-l_2S_{12} & -l_2S_{12}\\ l_1C_1+l_2C_{12} & l_2C_{12}\end{bmatrix}
$$

其可操作度可由下式计算：

$$
m=\sqrt{\det(\boldsymbol{J}^{\mathrm{T}}\boldsymbol{J})}=|\det(\boldsymbol{J})|=l_1l_2|\sin\theta_2|
$$

那么6种情况下的可操作度分别为0.500、0.906、0.985、0.766、0.574、0.259，其可操作性椭圆如图6-11所示。

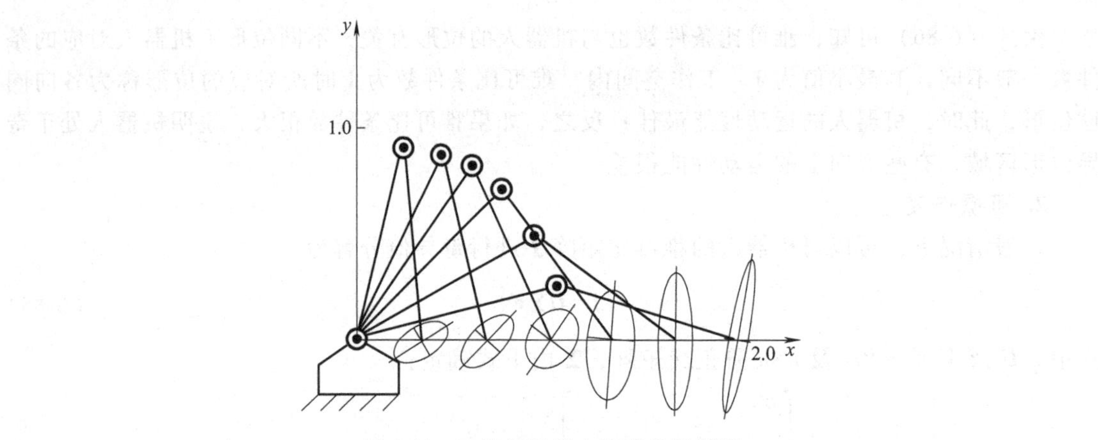

图6-11　二连杆机器人可操作性椭圆

第7章

机器人静力学分析

本章研究机器人维持某一位形处于静止状态，各关节驱动力矩与机器人受到的外部载荷之间处于平衡关系，称之为机器人静力学分析。机器人静力学的正问题是已知外界环境对机器人末端的作用力，求相应的满足静力平衡条件的关节驱动力矩；机器人静力学的逆问题则是已知关节驱动力矩，确定机器人末端对外界环境的作用力或负载的质量。

若忽略关节摩擦及各杆件的重力，利用虚功原理推导机器人末端广义力与关节力矩间的映射关系，即力的雅可比矩阵。通过力的雅可比矩阵，可以将机器人末端的广义力映射为各关节的驱动力矩。

7.1 连杆的受力和平衡分析

机器人是由连杆和关节组成的。若将机器人的连杆当成刚体，以其中一个连杆 i 为对象对其进行静力分析，连杆 i 及其相邻连杆之间的力和力矩关系如图 7-1 所示。

图 7-1 中 $\boldsymbol{f}_i$ 为前一连杆 $i-1$ 作用在连杆 i 上的力，$\boldsymbol{f}_{i+1}$ 为后一连杆 $i+1$ 作用在连杆 i 上的力；$\boldsymbol{n}_i$ 为前一连杆 $i-1$ 作用在连杆 i 上的力矩，$\boldsymbol{n}_{i+1}$ 为后一连杆 $i+1$ 作用在连杆 i 上的力矩；$m_i\boldsymbol{g}$ 为连杆 i 的重力，作用在连杆 i 的质心上，$\boldsymbol{r}_i$ 为连杆 i 的质心位置矢量；${}^i\boldsymbol{P}_{i+1}$ 为关节坐标系 $i+1$ 的原点在关节坐标系 i 中的位置矢量。

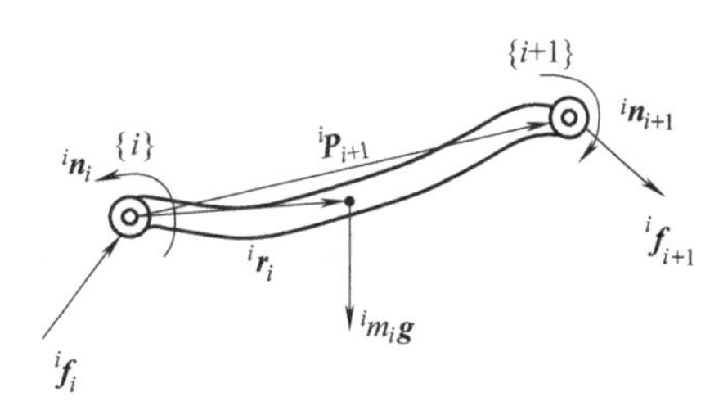

图 7-1　作用在连杆上的力和力矩

连杆处于平衡状态时，连杆受到的合力和合力矩为零，结合作用力（矩）与反作用力（矩）有：

$$ {}^i\boldsymbol{f}_i - {}^i\boldsymbol{f}_{i+1} + {}^i m_i\boldsymbol{g} = 0 \tag{7-1} $$

$$ {}^i\boldsymbol{n}_i - {}^i\boldsymbol{n}_{i+1} - {}^i\boldsymbol{P}_{i+1} \times {}^i\boldsymbol{f}_{i+1} + {}^i\boldsymbol{r}_i \times {}^i m_i\boldsymbol{g} = 0 \tag{7-2} $$

上标 i 表示该量在坐标系 i 中的表征，符号“×”表示两个矢量叉乘。

如果忽略掉重力，上两式可简化为

$$ {}^i\boldsymbol{f}_i = {}^i\boldsymbol{f}_{i+1} \tag{7-3} $$

$$ {}^i\boldsymbol{n}_i = {}^i\boldsymbol{n}_{i+1} + {}^i\boldsymbol{P}_{i+1} \times {}^i\boldsymbol{f}_{i+1} \tag{7-4} $$

可以看出，若要使一个连杆受力平衡，作用在连杆上的力和力矩要相等，这些力或力矩均要在同一坐标系下进行表征才能进行叠加运算。

注意各变量上下标的差异，有如下变换关系：

$$ {}^{i}\boldsymbol{f}_{i+1} = {}^{i}\boldsymbol{R}_{i+1} \cdot {}^{i+1}\boldsymbol{f}_{i+1} \tag{7-5} $$

$$ {}^{i}\boldsymbol{n}_{i+1} = {}^{i}\boldsymbol{R}_{i+1} \cdot {}^{i+1}\boldsymbol{n}_{i+1} \tag{7-6} $$

式中，${}^{i}\boldsymbol{R}_{i+1}$ 表示参考系$\{i+1\}$相对于参考系$\{i\}$的旋转坐标变换矩阵。

那么，式（7-4）可变为

$$ {}^{i}\boldsymbol{n}_{i} = {}^{i}\boldsymbol{R}_{i+1} \cdot {}^{i+1}\boldsymbol{n}_{i+1} + {}^{i}\boldsymbol{P}_{i+1} \times ({}^{i}\boldsymbol{R}_{i+1} \cdot {}^{i+1}\boldsymbol{f}_{i+1}) \tag{7-7} $$

若不考虑关节中的摩擦，关节除了绕转轴的关节扭矩外，其余各方向的力和力矩都由关节结构件来承受，为保持连杆平衡，施加的关节驱动力矩应是关节轴矢量与施加在连杆上的力矩矢量的点积，即

$$ \boldsymbol{\tau}_i = {}^{i}\boldsymbol{n}_i^{\mathrm{T}} \cdot {}^{i}\boldsymbol{z}_i \tag{7-8} $$

式中，$\boldsymbol{\tau}_i$ 为关节扭矩，${}^{i}\boldsymbol{z}_i$ 为关节 i 旋转轴矢量。对于移动关节，关节驱动力为

$$ \boldsymbol{\tau}_i = {}^{i}\boldsymbol{f}_i^{\mathrm{T}} \cdot {}^{i}\boldsymbol{z}_i \tag{7-9} $$

7.2 力雅可比矩阵

若将操作臂末端所受到的力和力矩组成六维矢量，即

$$ {}^{\mathrm{H}}\boldsymbol{F} = \begin{bmatrix} f_x \\ f_y \\ f_z \\ n_x \\ n_y \\ n_z \end{bmatrix} = \begin{bmatrix} f \\ n \end{bmatrix} \tag{7-10} $$

${}^{\mathrm{H}}\boldsymbol{F}$ 又称为力旋量，上角标“H”说明 F 是在机械手末端执行器坐标系下描述的，为了简化形式以后将省略。

将各关节驱动力矩组成 n 维矢量：

$$ \boldsymbol{\tau} = \begin{bmatrix} \tau_1 \\ \tau_2 \\ \vdots \\ \tau_n \end{bmatrix} \tag{7-11} $$

关节驱动力矩 $\boldsymbol{\tau}$ 看成操作臂驱动装置的输入，末端产生的广义力 $\boldsymbol{F}$ 作为操作臂的输出，可以采用虚功原理推导它们之间的关系。令各关节的虚位移为 $\delta \boldsymbol{q}_i$，末端操作臂的虚位移为 $\boldsymbol{D}$，虚位移是满足机械系统的几何约束条件的无限小位移，则各关节所做的虚功之和为

$$ W = \boldsymbol{\tau}^{\mathrm{T}} \cdot \delta \boldsymbol{q} = \boldsymbol{\tau}_1 \cdot \delta \boldsymbol{q}_1 + \cdots + \boldsymbol{\tau}_n \cdot \delta \boldsymbol{q}_n \tag{7-12} $$

末端操作臂所做的虚功为

$$ W = \boldsymbol{F}^{\mathrm{T}} \cdot \boldsymbol{D} = \boldsymbol{f}_x \mathrm{d}x + \boldsymbol{f}_y \mathrm{d}y + \boldsymbol{f}_z \mathrm{d}z + \boldsymbol{n}_x \delta_x + \boldsymbol{n}_y \delta_y + \boldsymbol{n}_z \delta_z \tag{7-13} $$

根据虚功原理，任意虚位移产生的虚功和为零，即关节空间虚位移产生的虚功等于操作

空间虚位移产生的虚功，所以

$$\boldsymbol{\tau}^{\mathrm{T}} \cdot \delta \boldsymbol{q}=\boldsymbol{F}^{\mathrm{T}} \cdot \boldsymbol{D} \tag{7-14}$$

由于 $\boldsymbol{D}=\boldsymbol{J} \cdot \delta \boldsymbol{q}$，所以

$$\boldsymbol{\tau}^{\mathrm{T}} \cdot \delta \boldsymbol{q}=\boldsymbol{F}^{\mathrm{T}} \cdot \boldsymbol{J} \cdot \delta \boldsymbol{q} \tag{7-15}$$

即

$$\boldsymbol{\tau}^{\mathrm{T}}=\boldsymbol{F}^{\mathrm{T}} \cdot \boldsymbol{J}$$

所以

$$\boldsymbol{\tau}=\boldsymbol{J}^{\mathrm{T}} \cdot \boldsymbol{F} \tag{7-16}$$

上式即为不考虑关节之间的摩擦力，在外力 $\boldsymbol{F}$ 的作用下操作臂平衡的条件。$\boldsymbol{J}^{\mathrm{T}}$ 称为力雅可比，是机器人速度雅可比的转置。与速度雅可比类似，如果力雅可比不满秩也意味着机器人处于奇异状态，即末端操作器在某些方向上处于失控，不能施加所需的力和力矩，沿这些方向的广义力可随意变化，而不会对关节力矩的大小产生影响。

由式（7-16）可知，若 $(\boldsymbol{J}^{\mathrm{T}})^{-1}$ 存在，则静力学的逆问题，即已知关节驱动力矩 $\boldsymbol{\tau}$，确定机器人末端对外界环境的作用力 $\boldsymbol{F}$，可由下式求得

$$\boldsymbol{F}=(\boldsymbol{J}^{\mathrm{T}})^{-1}\boldsymbol{\tau} \tag{7-17}$$

如果机器人的力雅可比矩阵不是方阵，则 $\boldsymbol{J}^{\mathrm{T}}$ 就没有逆矩阵，此时不能得到唯一的解。如果 $\boldsymbol{F}$ 的维度比 $\boldsymbol{\tau}$ 的维度低，且 $\boldsymbol{J}^{\mathrm{T}}$ 满秩，即满足：

$$\begin{cases}\mathrm{Dim}(\boldsymbol{F})<\mathrm{Dim}(\boldsymbol{\tau}) \\ |\boldsymbol{J}^{\mathrm{T}}| \neq 0\end{cases} \tag{7-18}$$

则可利用最小二乘法求得 $\boldsymbol{F}$ 的估计值：

$$\boldsymbol{F}=(\boldsymbol{J}\boldsymbol{J}^{\mathrm{T}})^{-1}\boldsymbol{J}\boldsymbol{\tau} \tag{7-19}$$

式中，$(\boldsymbol{J}\boldsymbol{J}^{\mathrm{T}})^{-1}\boldsymbol{J}$ 实际就是速度雅可比伪逆 $\boldsymbol{J}^{+}$ 的转置阵，因为

$$(\boldsymbol{J}^{+})^{\mathrm{T}}=[\boldsymbol{J}^{\mathrm{T}}(\boldsymbol{J}\boldsymbol{J}^{\mathrm{T}})^{-1}]^{\mathrm{T}}=[(\boldsymbol{J}\boldsymbol{J}^{\mathrm{T}})^{-1}]^{\mathrm{T}}\boldsymbol{J}=[(\boldsymbol{J}\boldsymbol{J}^{\mathrm{T}})^{\mathrm{T}}]^{-1}\boldsymbol{J}=(\boldsymbol{J}\boldsymbol{J}^{\mathrm{T}})^{-1}\boldsymbol{J} \tag{7-20}$$

【例 7-1】 以图 7-2 中的平面二连杆机器人为例，各关节 z 轴沿纸面向外，此时各关节的转角 $\theta_1=45°$，$\theta_2=-45°$，$l_1=l_2=1.0\mathrm{m}$。忽略连杆的质量，在末端施加一个力 $\boldsymbol{F}=[0,-10,0]^{\mathrm{T}}$，如果想维持二连杆机器人在该状态下保持平衡，求各关节的力矩，值得注意的是 $^2f_3$ 表示该力矢量是关于坐标系 2 的表征。

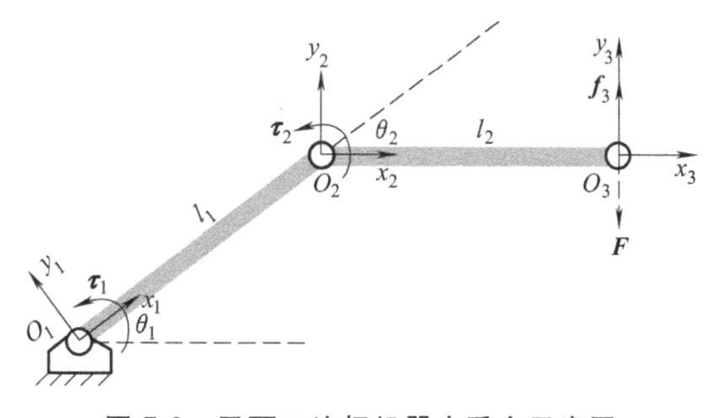

图 7-2 平面二连杆机器人受力示意图

解：对第 2 个连杆，有

$$^2\boldsymbol{f}_3={}^3\boldsymbol{f}_3=\begin{bmatrix}0\\10\\0\end{bmatrix},\ {}^2\boldsymbol{P}_3=\begin{bmatrix}1\\0\\0\end{bmatrix}$$

注意：机械手末端对外施加的力 $^3\boldsymbol{f}_3$ 与外界力大小相等，方向相反。

$$^2\boldsymbol{n}_2={}^2\boldsymbol{P}_3\times{}^2\boldsymbol{f}_3=\begin{bmatrix}\boldsymbol{i}&\boldsymbol{j}&\boldsymbol{k}\\1&0&0\\0&10&0\end{bmatrix}=\begin{bmatrix}0\\0\\10\end{bmatrix}$$

所以

$$\boldsymbol{\tau}_2={}^2\boldsymbol{n}_2^{\mathrm{T}}\,{}^2\boldsymbol{z}_2=[0\quad 0\quad 10]\cdot\begin{bmatrix}0\\0\\1\end{bmatrix}\mathrm{N}\cdot\mathrm{m}=10\mathrm{N}\cdot\mathrm{m}$$

对第一个连杆，有

$${}^1\boldsymbol{n}_1={}^1\boldsymbol{n}_2+{}^1\boldsymbol{P}_2\times{}^1\boldsymbol{f}_2={}^1\boldsymbol{R}_2\cdot{}^2\boldsymbol{n}_2+{}^1\boldsymbol{P}_2\times({}^1\boldsymbol{R}_2\cdot{}^2\boldsymbol{f}_2)$$

$${}^1\boldsymbol{R}_2=\begin{bmatrix}C_2 & -S_2 & 0\\S_2 & C_2 & 0\\0 & 0 & 1\end{bmatrix},\ {}^1\boldsymbol{P}_2=\begin{bmatrix}1\\0\\0\end{bmatrix},\ {}^2\boldsymbol{f}_2={}^2\boldsymbol{f}_3$$

代入计算可得

$${}^1\boldsymbol{n}_1=\begin{bmatrix}0\\0\\17.07\end{bmatrix}$$

所以

$$\boldsymbol{\tau}_1={}^1\boldsymbol{n}_1^{\mathrm{T}}\cdot{}^1\boldsymbol{z}_1=[0\quad 0\quad 17.07]\cdot\begin{bmatrix}0\\0\\1\end{bmatrix}\mathrm{N}\cdot\mathrm{m}=17.07\mathrm{N}\cdot\mathrm{m}$$

所以

$$\boldsymbol{\tau}=\begin{bmatrix}\tau_1\\\tau_2\end{bmatrix}=\begin{bmatrix}17.07\\10\end{bmatrix}\mathrm{N}\cdot\mathrm{m}$$

下面用输出外力与力雅可比之间的关系来计算关节驱动力矩。对于二连杆，其速度雅可比为

$$\boldsymbol{J}=\begin{bmatrix}-l_1S_1-l_2S_{12} & -l_2S_{12}\\l_1C_1+l_2C_{12} & l_2C_{12}\\0 & 0\end{bmatrix}$$

根据式（7-15）可得

$$\boldsymbol{\tau}=\boldsymbol{J}^{\mathrm{T}}\cdot\boldsymbol{F}=\begin{bmatrix}-l_1S_1-l_2S_{12} & l_1C_1+l_2C_{12} & 0\\-l_2S_{12} & l_2C_{12} & 0\end{bmatrix}\cdot\begin{bmatrix}0\\10\\0\end{bmatrix}\mathrm{N}=\begin{bmatrix}17.07\\10\end{bmatrix}\mathrm{N}\cdot\mathrm{m}$$

与上面分析的结果相同。

其 MATLAB 代码如下：

```
% 定义参数
f_23=[0;10;0];
f_22=f_23;
P_23=[1;0;0];
n_22=cross(P_23,f_23);
z_22=[0;0;1];
```

```
Tau2=n_22'* z_22;
R_12=[cos(pi/4) -sin(pi/4) 0;sin(pi/4) cos(pi/4) 0;0 0 1];
P_12=[1;0;0];
n_11=R_12* n_22+cross(P_12,R_12* f_22);
z_11=[0;0;1];
Tau1=n_11'* z_11;
Tau=[Tau1;Tau2]
Tau=
  17.0711
  10.0000
% 采用力雅可比矩阵与外界力的关系计算
syms l1 l2 theta1 theta2;
F_H=[0;10;0];
J=[-l1* sin(theta1)-l2* sin(theta1+theta2) -l2* sin(theta1+
  theta2);
  l1* cos(theta1)+l2* cos(theta1+theta2) l2* cos(theta1+theta2);
  0 0];
pose=[pi/4,-pi/4];
J_pose=vpa(subs(J,[theta1,theta2,l1,l2],[pose,1,1]),3);
Tau=J_pose'* F_H
Tau=
  17.071067811921238899230957031 25
                 10.0
```

【**例 7-2**】 图 7-3 中的平面二连杆机器人，各关节的转角 $\theta_1=45°$，$\theta_2=-45°$。两连杆的质量均为 5.196kg，长度均为 1m，$r_1=r_2=0.5\text{m}$，在机械手末端施加一个力 $\boldsymbol{F}=[0\ -10\ 0]^{\mathrm{T}}$，如果希望二连杆机器人在该状态下保持平衡，求各关节的力矩。

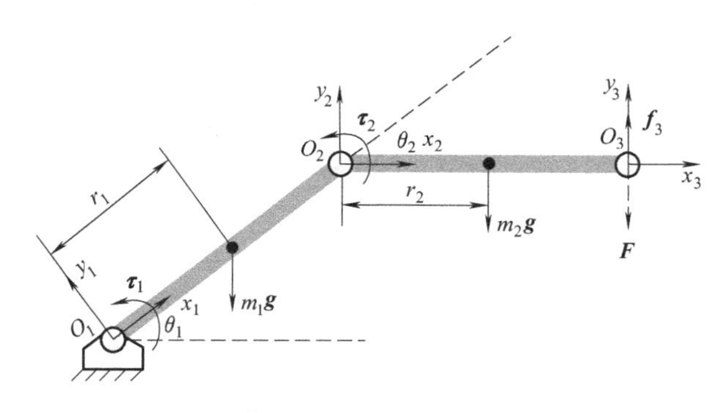

图 7-3 平面二连杆机器人受力示意图（考虑连杆质量）

解： 对第 2 个连杆，有

$$
{}^{2}\boldsymbol{f}_{3}=\begin{bmatrix}0\\10\\0\end{bmatrix},\ {}^{2}m_{2}\boldsymbol{g}=5.196\begin{bmatrix}0\\-9.8\\0\end{bmatrix}=\begin{bmatrix}0\\-50.92\\0\end{bmatrix},\ {}^{2}\boldsymbol{P}_{3}=\begin{bmatrix}1\\0\\0\end{bmatrix},\ {}^{2}\boldsymbol{r}_{2}=\begin{bmatrix}0.5\\0\\0\end{bmatrix}
$$

$$
{}^{2}\boldsymbol{f}_{2}={}^{2}\boldsymbol{f}_{3}-{}^{2}m_{2}\boldsymbol{g}=\begin{bmatrix}0\\10\\0\end{bmatrix}-\begin{bmatrix}0\\-50.92\\0\end{bmatrix}=\begin{bmatrix}0\\60.92\\0\end{bmatrix}
$$

$$
{}^{2}\boldsymbol{n}_{2}={}^{2}\boldsymbol{P}_{3}\times{}^{2}\boldsymbol{f}_{3}-{}^{2}\boldsymbol{r}_{2}\times{}^{2}m_{2}\boldsymbol{g}=\begin{bmatrix}\boldsymbol{i}&\boldsymbol{j}&\boldsymbol{k}\\1&0&0\\0&10&0\end{bmatrix}-\begin{bmatrix}\boldsymbol{i}&\boldsymbol{j}&\boldsymbol{k}\\0.5&0&0\\0&-50.92&0\end{bmatrix}=\begin{bmatrix}0\\0\\10\end{bmatrix}+\begin{bmatrix}0\\0\\25.46\end{bmatrix}=\begin{bmatrix}0\\0\\35.46\end{bmatrix}
$$

所以

$$
\boldsymbol{\tau}_{2}={}^{2}\boldsymbol{n}_{2}^{\mathrm{T}}\cdot{}^{2}\boldsymbol{z}_{2}=\begin{bmatrix}0&0&35.46\end{bmatrix}\cdot\begin{bmatrix}0\\0\\1\end{bmatrix}\mathrm{N\cdot m}=35.46\mathrm{N\cdot m}
$$

对第一个连杆，有

$$
{}^{1}\boldsymbol{n}_{1}={}^{1}\boldsymbol{n}_{2}+{}^{1}\boldsymbol{P}_{2}\times{}^{1}\boldsymbol{f}_{2}-{}^{1}\boldsymbol{r}_{1}\times{}^{1}m_{1}\boldsymbol{g}={}^{1}\boldsymbol{R}_{2}\cdot{}^{2}\boldsymbol{n}_{2}+{}^{1}\boldsymbol{P}_{2}\times({}^{1}\boldsymbol{R}_{2}\cdot{}^{2}\boldsymbol{f}_{2})-{}^{1}\boldsymbol{r}_{1}\times({}^{1}\boldsymbol{R}_{2}\cdot{}^{2}m_{1}\boldsymbol{g})
$$

$$
{}^{1}\boldsymbol{R}_{2}=\begin{bmatrix}C_{2}&-S_{2}&0\\S_{2}&C_{2}&0\\0&0&1\end{bmatrix},\ {}^{1}\boldsymbol{P}_{2}=\begin{bmatrix}1\\0\\0\end{bmatrix},\ {}^{2}\boldsymbol{f}_{2}=\begin{bmatrix}0\\60.92\\0\end{bmatrix},\ {}^{1}\boldsymbol{r}_{1}=\begin{bmatrix}0.5\\0\\0\end{bmatrix},\ {}^{2}m_{1}\boldsymbol{g}=\begin{bmatrix}0\\-50.92\\0\end{bmatrix}
$$

代入计算可得

$$
{}^{1}\boldsymbol{n}_{1}=\begin{bmatrix}0\\0\\35.46\end{bmatrix}+\begin{bmatrix}0\\0\\43.07\end{bmatrix}-\begin{bmatrix}0\\0\\-18.00\end{bmatrix}=\begin{bmatrix}0\\0\\96.53\end{bmatrix}
$$

所以

$$
\boldsymbol{\tau}_{1}={}^{1}\boldsymbol{n}_{1}^{\mathrm{T}}\cdot{}^{1}\boldsymbol{z}_{1}=\begin{bmatrix}0&0&96.53\end{bmatrix}\cdot\begin{bmatrix}0\\0\\1\end{bmatrix}\mathrm{N\cdot m}=96.53\mathrm{N\cdot m}
$$

所以

$$
\boldsymbol{\tau}=\begin{bmatrix}\tau_{1}\\\tau_{2}\end{bmatrix}=\begin{bmatrix}96.53\\35.46\end{bmatrix}\ \mathrm{N\cdot m}
$$

其 MATLAB 代码如下：

```
% 定义参数
f_23=[0;10;0];
% 计算第一个关节转矩
m2=5.196;
g=[0;-9.8;0];
```

```
mg_22=m2* g;
P_23=[1;0;0];
r_22=[0.5;0;0];
f_22=f_23-mg_22;
n_22=cross(P_23,f_23)-cross(r_22,mg_22);
z_22=[0;0;1];
Tau2=n_22'* z_22;
% 计算第二个关节转矩
R_12=[cos(pi/4) -sin(pi/4) 0;sin(pi/4) cos(pi/4) 0;0 0 1];
P_12=[1;0;0];
r_11=[0.5;0;0];
m1=5.196;
m_21=m1* g;
n_11=R_12* n_22+cross(P_12,R_12* f_22)-cross(r_11,R_12* m_21);
z_11=[0;0;1];
Tau1=n_11'* z_11;
Tau=[Tau1;Tau2]
Tau=
  96.5411
  35.4604
```

7.3 二连杆机器人静力学建模

本节采用前面建立的二连杆模型来验证静力学理论分析的结果。如例7-2分析，在第2个连杆的末端施加一个沿y负向的力，大小为10N，分别仿真忽略连杆重力和考虑连杆重力的影响。为了保持机器人静止，验证施加在二连杆上的转矩。

7.3.1 初始位姿调整

前述建立的ADAMS模型，二连杆机器人处于其零位，即$\theta_1=0°$，$\theta_2=0°$，而本例中$\theta_1=45°$，$\theta_2=-45°$，因此需要预先调整机器人的位姿。在左侧模型导航树中，单击base和Link1之间的旋转副Joint2，在弹出的对话框中，单击Initial Conditions...，勾选Rot. Displ.，将其值设为45，勾选Rot. Velo.，将其值设为0，如图7-4所示。同样的方法，将base和Link1之间的旋转副Joint3的初始角度修改为-45°，初始速度修改为0，如图7-5所示。值得注意的是，ADAMS只允许设置5°~60°之间的关节初始角度值，超过这一范围将报错，此时就需要在建模时考虑机器人的初始姿态，在CAD软件中进行零部件装配时加以调整。

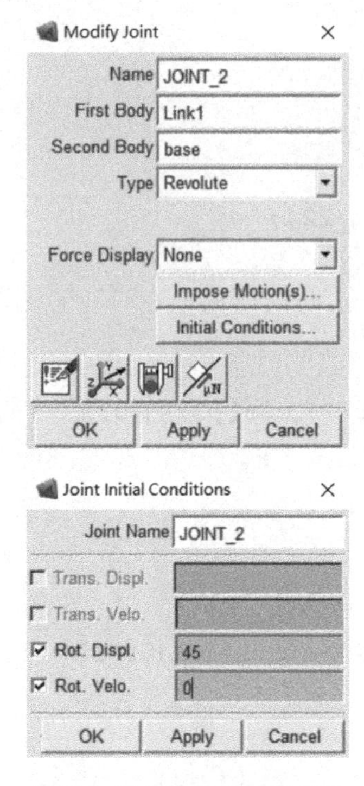

图 7-4 Joint2 初始条件修改

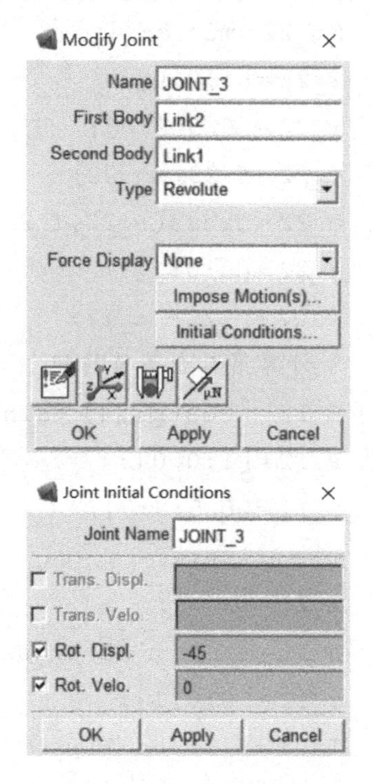

图 7-5 Joint3 初始条件修改

7.3.2 施加负载和转矩

（1）考虑重力　在左侧模型导航树中，双击 Forces→Load，将 Function 文本框数值改为 10，如图 7-6 所示。

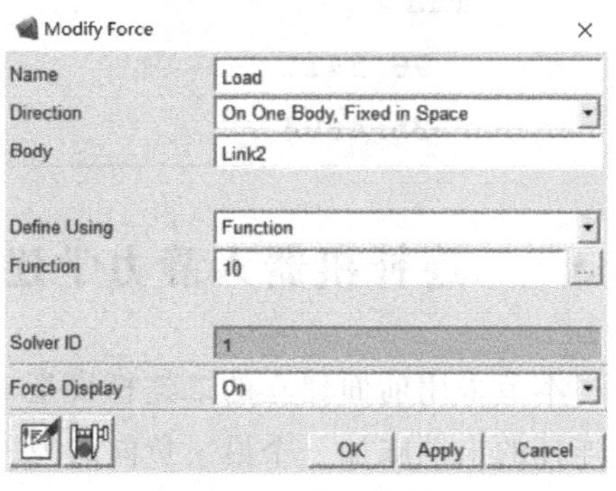

图 7-6 施加负载

在左侧模型导航树中，双击 Forces→Torque1，根据前述分析的结果，修改 Function 文本框的数值为 96.53。同样的方法，将 Torque2 的数值改为 35.46，如图 7-7 所示。

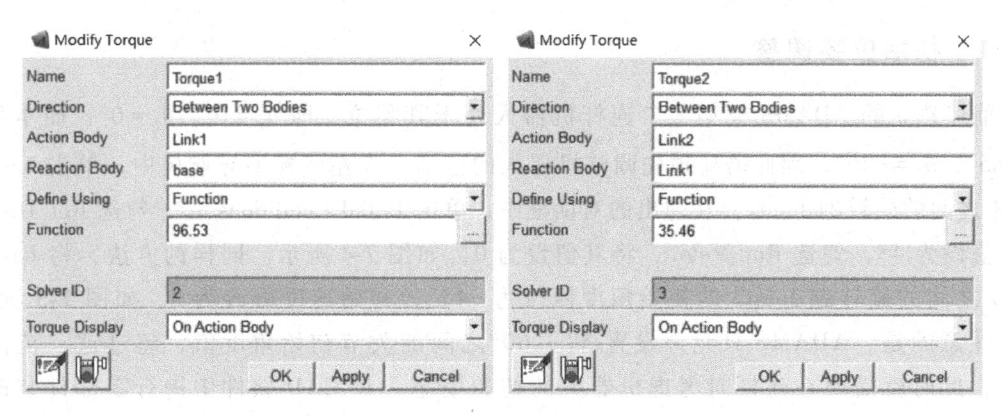

图 7-7 考虑重力时施加的两个转矩

（2）忽略重力　忽略重力的情形需要将重力选项关闭。在左侧模型导航树中，右击 Forces→gravity→(De) active，取消 Object Active 和 Object's Dependents Active 复选框，关闭重力选项，如图 7-8 所示。其他的设置与考虑重力的情形相同，只是两个转矩值分别为 17.07 和 10，如图 7-9 所示。

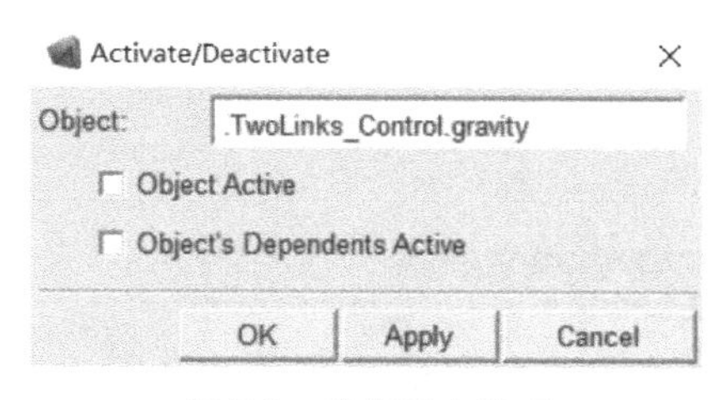

图 7-8　关闭重力选项

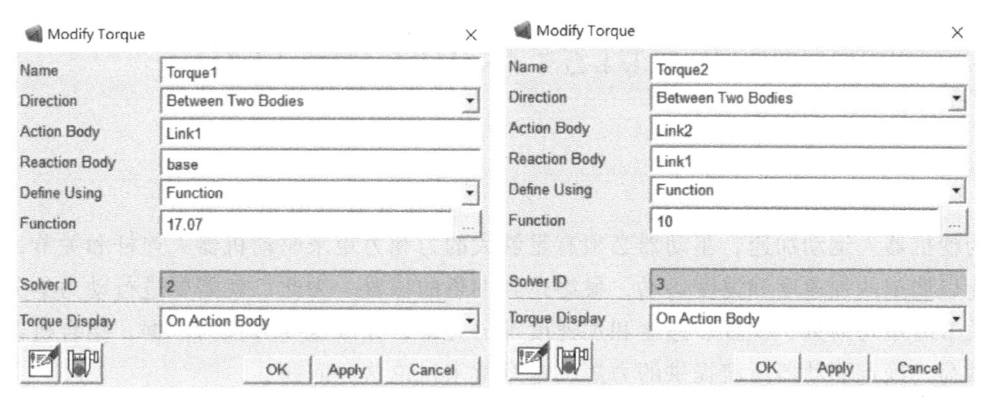

图 7-9　忽略重力时施加的两个转矩

7.3.3　仿真设置及结果

在工具栏中选择 Simulation→Run an Interactive Simulation，在弹出的仿真控制对话框中，设置仿真终止时间（End Time）为 1.0s，仿真步数（Steps）为 200，其他默认。

单击仿真控制对话框中的开始仿真按钮（Start Simulation），启动仿真。可以看出，在两种情形下，二连杆机器人保持静止，说明达到静力平衡状态。

第8章 机器人动力学分析

为使机器人运动加速，驱动器必须有足够大的力和力矩来驱动机器人连杆和关节，以使它们能以期望的加速度和速度运动，最终达到期望的位置。为此，就需要进行动力学分析来计算关节力矩与惯量、位置、速度和加速度等的关系，并以这些方程为依据，结合机器人的外部载荷，确定驱动器所需提供的力矩，本章就来讨论这一问题。

机器人的动力学同样有正、逆之分：如果已知各关节的力矩，希望求解机器人各关节的运动状态（位置、速度、加速度），那么称之为机器人的正向动力学；如果已知机器人各关节的期望运动轨迹，希望求出各关节所需的驱动力矩，则称之为机器人的逆向动力学。人们比较关心的一般是机器人的逆向动力学问题。

拉格朗日法是机器人动力学的一般推导方法。虽然该方法难以从直观上理解，但用拉格朗日法建立系统动力学方程时只需考虑系统能量，而不必进行复杂的受力分析，在很多情况下使用起来比较容易，因此本章主要对该方法进行阐述。随着对机器人控制实时性要求越来越高，便于递归迭代计算的牛顿-欧拉法逐步发展起来，本章最后也对该方法进行了介绍了。

8.1 拉格朗日法

拉格朗日法的基础是系统能量对系统变量及时间的微分。对于简单的情况，运用该方法比运用牛顿力学烦琐，然而随着系统复杂程度的增加，运用拉格朗日法将变得相对简单。

首先，定义拉格朗日函数为

$$L=K-P \tag{8-1}$$

式中，L 是拉格朗日函数，K 是系统动能，P 是系统势能。

拉格朗日法针对直线运动和旋转运动，分别有

$$F_i=\frac{\partial}{\partial t}\frac{\partial L}{\partial \dot{x}_i}-\frac{\partial L}{\partial x_i} \tag{8-2}$$

$$T_i=\frac{\partial}{\partial t}\frac{\partial L}{\partial \dot{\theta}_i}-\frac{\partial L}{\partial \theta_i} \tag{8-3}$$

式中，F_i 是产生线运动的所有外力之和；T_i 是产生转动的所有外力矩之和；x_i 和 θ_i 是系统变量。

因此，采用拉格朗日法求解系统的动力学方程的一般步骤为：首先需要选择合适的系统变量；其次是推导系统的能量方程（主要是计算系统的动能和势能），建立拉格朗日函数；最后根据式（8-2）和式（8-3）对拉格朗日函数求导。下面以两个简单的例子来说明拉格朗日法的应用。

【例 8-1】 分别用牛顿力学法和拉格朗日法推导图 8-1 中单自由度系统的动力学方程（忽略轮子的质量和转动惯量）。

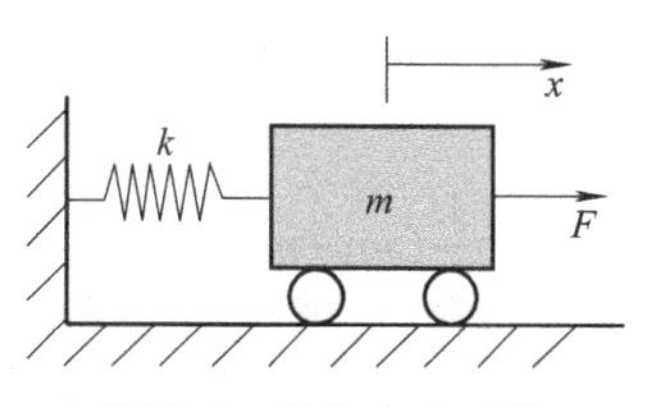

图 8-1 单自由度系统

解：由于该系统是一个单自由度系统，所以一个变量就可以完整地描述系统的运动。取小车相对于其平衡位置的位移 x 为系统变量。

（1）牛顿力学法　根据小车在 x 方向的受力分析，其力学的平衡方程为

$$\sum F = ma$$

$$F_x - kx = ma_x = m\ddot{x}$$

所以系统的动力学方程为

$$F = m\ddot{x} + kx$$

（2）拉格朗日法　首先计算小车的动能 K 和势能 P：

$$K = \frac{1}{2}mv^2 = \frac{1}{2}m\dot{x}^2,\ P = \frac{1}{2}kx^2$$

系统的拉格朗日函数为

$$L = K - P = \frac{1}{2}m\dot{x}^2 - \frac{1}{2}kx^2$$

所以

$$F = \frac{\partial}{\partial t}\frac{\partial L}{\partial \dot{x}} - \frac{\partial L}{\partial x},\ \frac{\partial L}{\partial \dot{x}} = m\dot{x},\ \frac{\partial(m\dot{x})}{\partial t} = m\ddot{x},\ \frac{\partial L}{\partial x} = -kx$$

于是得到小车的动力学方程为

$$F = m\ddot{x} + kx$$

该结果与牛顿力学法的结果完全相同，且对于简单的系统而言，牛顿力学法更为简便。

【例 8-2】 用拉格朗日法推导图 8-2 中两自由度系统的动力学方程（忽略轮子的质量和转动惯量）。

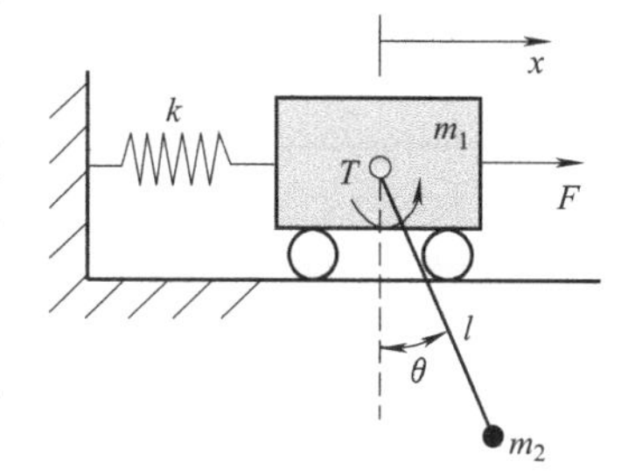

图 8-2 两自由度系统

解：这是一个两自由度系统，需要两个系统变量才能完整地描述系统的运动。取小车相对于其平衡位置的位移 x 和摆的角度 θ 为系统变量。

首先计算系统的动能，包括车的动能 K_1 和摆的动能 K_2。

$$K_1 = \frac{1}{2}m_1\dot{x}^2$$

注意到摆的速度是小车的速度与摆相对于车的速度之和，这里两个速度都是矢量，如图 8-3 所示。

$$\boldsymbol{v}_p = (\dot{x} + l\dot{\theta}\cos\theta)\boldsymbol{i} + (l\dot{\theta}\sin\theta)\boldsymbol{j}$$

$$v_p^2=(\dot{x}+l\dot{\theta}\cos\theta)^2+(l\dot{\theta}\sin\theta)^2$$

$$K_2=\frac{1}{2}m_2v_p^2=\frac{1}{2}m_2[(\dot{x}+l\dot{\theta}\cos\theta)^2+(l\dot{\theta}\sin\theta)^2]$$

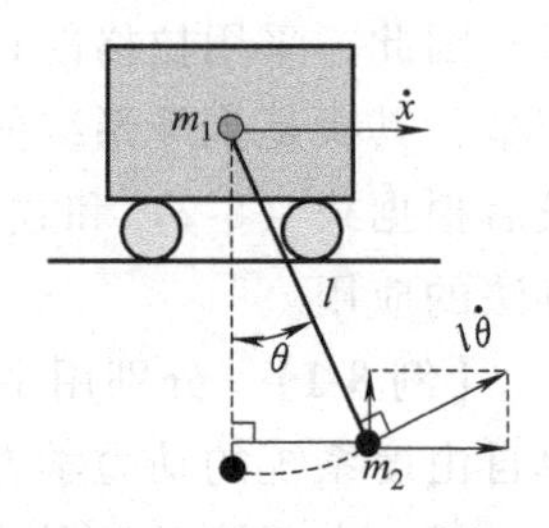

图 8-3 摆的速度的合成

于是有

$$K=K_1+K_2=\frac{1}{2}m_1\dot{x}^2+\frac{1}{2}m_2[(\dot{x}+l\dot{\theta}\cos\theta)^2+(l\dot{\theta}\sin\theta)^2]$$

$$=\frac{1}{2}(m_1+m_2)\dot{x}^2+\frac{1}{2}m_2(l^2\dot{\theta}^2+2l\dot{\theta}\dot{x}\cos\theta)$$

然后计算系统的势能，包括弹簧的弹性势能 P_1 和摆的位势能 P_2，以 $\theta=0°$处为零势能线，则有

$$P_1=\frac{1}{2}kx^2$$

$$P_2=m_2gl(1-\cos\theta)$$

于是有

$$P=P_1+P_2=\frac{1}{2}kx^2+m_2gl(1-\cos\theta)$$

所以拉格朗日函数为

$$L=K-P=\frac{1}{2}(m_1+m_2)\dot{x}^2+\frac{1}{2}m_2(l^2\dot{\theta}^2+2l\dot{\theta}\dot{x}\cos\theta)-\frac{1}{2}kx^2-m_2gl(1-\cos\theta)$$

对于直线运动，有

$$\frac{\partial L}{\partial \dot{x}}=(m_1+m_2)\dot{x}+m_2l\dot{\theta}\cos\theta$$

$$\frac{\partial}{\partial t}\frac{\partial L}{\partial \dot{x}}=(m_1+m_2)\ddot{x}+m_2l\ddot{\theta}\cos\theta-m_2l\dot{\theta}\sin\theta$$

$$\frac{\partial L}{\partial x}=-kx$$

$$F=\frac{\partial}{\partial t}\frac{\partial L}{\partial \dot{x}}-\frac{\partial L}{\partial x}=(m_1+m_2)\ddot{x}+m_2l\ddot{\theta}\cos\theta-m_2l\dot{\theta}\sin\theta+kx$$

对于旋转运动，有

$$\frac{\partial L}{\partial \dot{\theta}}=m_2l^2\dot{\theta}+m_2l\dot{x}\cos\theta$$

$$\frac{\partial}{\partial t}\frac{\partial L}{\partial \dot{\theta}}=m_2l^2\ddot{\theta}+m_2l\ddot{x}\cos\theta-m_2l\dot{x}\dot{\theta}\sin\theta$$

$$\frac{\partial L}{\partial \theta}=-m_2gl\sin\theta-m_2l\dot{x}\dot{\theta}\sin\theta$$

$$T=\frac{\partial}{\partial t}\frac{\partial L}{\partial \dot{\theta}}-\frac{\partial L}{\partial \theta}=m_2l^2\ddot{\theta}+m_2l\ddot{x}\cos\theta+m_2gl\sin\theta$$

将两个运动方程写成矩阵的形式为

$$\begin{bmatrix}F\\T\end{bmatrix}=\begin{bmatrix}m_1+m_2 & m_2l\cos\theta\\m_2l\cos\theta & m_2l^2\end{bmatrix}\begin{bmatrix}\ddot{x}\\\ddot{\theta}\end{bmatrix}+\begin{bmatrix}0 & -m_2l\sin\theta\\0 & 0\end{bmatrix}\begin{bmatrix}\dot{x}^2\\\dot{\theta}^2\end{bmatrix}+\begin{bmatrix}kx\\m_2gl\sin\theta\end{bmatrix}$$

8.2 单连杆机械人动力学分析

下面以最简单的单连杆机器人为例，推导其动力学方程。如图 8-4 所示，连杆的长度 l，为匀质杆，其质量为 m，关节的驱动力矩为 T，θ 为关节角，以顺时针为负，逆时针为正（图中姿态下 $\theta>0$）。

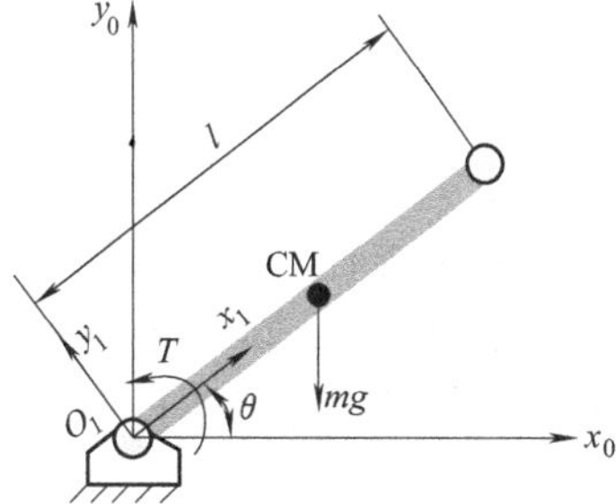

图 8-4 单连杆机器人受力分析

（1）求连杆的动能 连杆动能为

$$K=\frac{1}{2}I_{O_1}\dot{\theta}^2=\frac{1}{2}\left(\frac{1}{3}ml^2\right)\dot{\theta}^2=\frac{1}{6}ml^2\dot{\theta}^2$$

式中，I_{O_1} 为连杆相对于 O_1 点的惯性矩，其计算公式为

$$I_{O_1}=\int_0^{l_1}\rho x^2\mathrm{d}x=\int_0^{l}\frac{m}{l}x^2\mathrm{d}x=\frac{1}{3}ml^2$$

式中，ρ 为连杆的线密度。

（2）求连杆的势能 以全局参考系 0 的 x 轴为零势能线，连杆的势能为

$$P=\frac{1}{2}mgl\sin\theta$$

（3）求拉格朗日函数

$$L=K-P=\frac{1}{6}ml^2\dot{\theta}^2-\frac{1}{2}mgl\sin\theta$$

（4）基于拉格朗日函数列写动力学方程 关节的驱动力矩为

$$T=\frac{\partial}{\partial t}\frac{\partial L}{\partial\dot{\theta}}-\frac{\partial L}{\partial\theta}=\frac{1}{3}ml^2\ddot{\theta}+\frac{1}{2}mgl\cos\theta=I_{O_1}\ddot{\theta}+\frac{1}{2}mgl\cos\theta$$

8.3 二连杆机器人动力学分析

如图 8-5 所示，二连杆机器人机械手臂的连杆 1 长度 l_1，连杆 2 长度 l_2，均为匀质杆，其质量分别为 m_1 和 m_2，转动惯量分别是 I_1 和 I_2，关节 1、2 的驱动力矩分别为 T_1 和 T_2，忽略关节摩擦的影响。建立如图 8-5 所示的坐标系，其中，坐标系 0 为全局参考坐标系，固

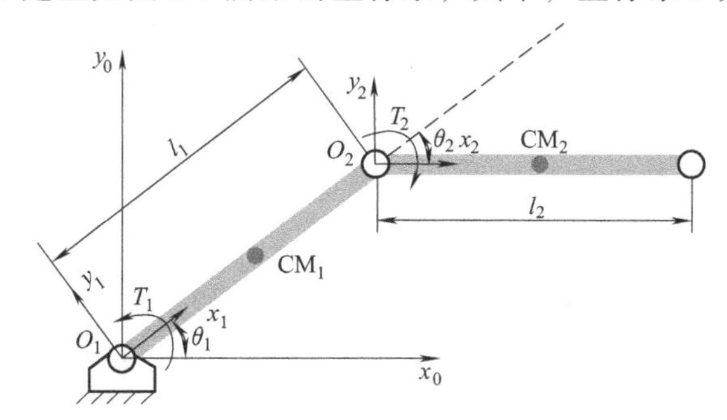

图 8-5 二连杆机器人受力分析

定在基座上，坐标系 1、坐标系 2 为关节坐标系，分别固结在连杆 1 和连杆 2 上并随它们一起运动。θ_1 和 θ_2 为关节角，以顺时针为负，逆时针为正（图中姿态下 $\theta_1>0$，$\theta_2<0$）。

（1）求总的动能　由于连杆 1 只有绕 z_1 轴（连杆 1 的端点）的旋转运动，所以其动能为

$$K_1=\frac{1}{2}I_{O_1}\dot{\theta}_1^2=\frac{1}{2}\left(\frac{1}{3}m_1l_1^2\right)\dot{\theta}_1^2=\frac{1}{6}m_1l_1^2\dot{\theta}_1^2$$

式中，I_{O_1} 为连杆相对于 O_1 点的惯性矩，其计算公式为

$$I_{O_1}=\int_0^{l_1}\rho_1x^2\mathrm{d}x=\int_0^{l_1}\frac{m_1}{l_1}x^2\mathrm{d}x=\frac{1}{3}m_1l_1^2$$

式中，ρ_1 为连杆 1 的线密度。

对于连杆 2，其动能等于绕质心轴转动的动能与连杆平动的动能之和。连杆 2 质心 CM_2 处的线速度可通过对连杆 2 质心位置求导得到。连杆 2 质心位置为

$$x_{\mathrm{CM}_2}=l_1\cos\theta_1+\frac{1}{2}l_2\cos(\theta_1+\theta_2)$$

$$y_{\mathrm{CM}_2}=l_1\sin\theta_1+\frac{1}{2}l_2\sin(\theta_1+\theta_2)$$

连杆 2 质心速度为

$$\dot{x}_{\mathrm{CM}_2}=-l_1\sin\theta_1\cdot\dot{\theta}_1-\frac{1}{2}l_2\sin(\theta_1+\theta_2)\cdot(\dot{\theta}_1+\dot{\theta}_2)$$

$$\dot{y}_{\mathrm{CM}_2}=l_1\cos\theta_1\cdot\dot{\theta}_1+\frac{1}{2}l_2\cos(\theta_1+\theta_2)\cdot(\dot{\theta}_1+\dot{\theta}_2)$$

$$V_{\mathrm{CM}_2}^2=\dot{x}_{\mathrm{CM}_2}^2+\dot{y}_{\mathrm{CM}_2}^2=\left(l_1^2+\frac{1}{4}l_2^2+l_1l_2\cos\theta_2\right)\dot{\theta}_1^2+\frac{1}{4}l_2^2\dot{\theta}_2^2+\left(\frac{1}{2}l_2^2+l_1l_2\cos\theta_2\right)\dot{\theta}_1\dot{\theta}_2$$

连杆 2 的动能为

$$\begin{aligned}K_2&=\frac{1}{2}I_{\mathrm{CM}_2}(\dot{\theta}_1+\dot{\theta}_2)^2+\frac{1}{2}m_2V_{\mathrm{CM}_2}^2\\&=\frac{1}{2}\left(\frac{1}{12}m_2l_2^2\right)(\dot{\theta}_1+\dot{\theta}_2)^2+\frac{1}{2}m_2\left[\left(l_1^2+\frac{1}{4}l_2^2+l_1l_2\cos\theta_2\right)\dot{\theta}_1^2+\frac{1}{4}l_2^2\dot{\theta}_2^2+\left(\frac{1}{2}l_2^2+l_1l_2\cos\theta_2\right)\dot{\theta}_1\dot{\theta}_2\right]\\&=\frac{1}{2}m_2\left(l_1^2+\frac{1}{3}l_2^2+l_1l_2\cos\theta_2\right)\dot{\theta}_1^2+\frac{1}{6}m_2l_2^2\dot{\theta}_2^2+\frac{1}{2}m_2\left(\frac{2}{3}l_2^2+l_1l_2\cos\theta_2\right)\dot{\theta}_1\dot{\theta}_2\end{aligned}$$

式中，I_{CM_2} 为连杆 2 相对于其质心 CM_2 的惯性矩，其计算公式为

$$I_{\mathrm{CM}_2}=\int_{-l_2/2}^{l_2/2}\rho_2x^2\mathrm{d}x=\int_{-l_2/2}^{l_2/2}\frac{m_2}{l_2}x^2\mathrm{d}x=\frac{1}{12}m_2l_2^2$$

式中，ρ_2 为连杆 2 的线密度。

系统总动能为

$$K=K_1+K_2$$

$$=\frac{1}{6}m_1l_1^2\dot{\theta}_1^2+\frac{1}{2}m_2\left(l_1^2+\frac{1}{3}l_2^2+l_1l_2\cos\theta_2\right)\dot{\theta}_1^2+\frac{1}{6}m_2l_2^2\dot{\theta}_2^2+\frac{1}{2}m_2\left(\frac{2}{3}l_2^2+l_1l_2\cos\theta_2\right)\dot{\theta}_1\dot{\theta}_2$$

$$=\left(\frac{1}{2}m_2l_1^2+\frac{1}{6}m_1l_1^2+\frac{1}{6}m_2l_2^2+\frac{1}{2}m_2l_1l_2\cos\theta_2\right)\dot{\theta}_1^2+\frac{1}{6}m_2l_2^2\dot{\theta}_2^2+\left(\frac{1}{3}m_2l_2^2+\frac{1}{2}m_2l_1l_2\cos\theta_2\right)\dot{\theta}_1\dot{\theta}_2$$

（2）求系统总势能　以全局参考系0的x轴为零势能线，系统总势能为

$$P=\frac{1}{2}m_1gl_1\sin\theta_1+m_2g\left[l_1\sin\theta_1+\frac{1}{2}l_2\sin(\theta_1+\theta_2)\right]$$

（3）求拉格朗日函数

$$L=K-P$$

$$=\left(\frac{1}{2}m_2l_1^2+\frac{1}{6}m_1l_1^2+\frac{1}{6}m_2l_2^2+\frac{1}{2}m_2l_1l_2\cos\theta_2\right)\dot{\theta}_1^2+\frac{1}{6}m_2l_2^2\dot{\theta}_2^2+\left(\frac{1}{3}m_2l_2^2+\frac{1}{2}m_2l_1l_2\cos\theta_2\right)\dot{\theta}_1\dot{\theta}_2-$$

$$\frac{1}{2}m_1gl_1\sin\theta_1-m_2g\left[l_1\sin\theta_1+\frac{1}{2}l_2\sin(\theta_1+\theta_2)\right]$$

（4）基于拉格朗日函数列写动力学方程　关节1、2的驱动力矩分别为

$$T_1=\frac{\partial}{\partial t}\frac{\partial L}{\partial\dot{\theta}_1}-\frac{\partial L}{\partial\theta_1}$$

$$T_2=\frac{\partial}{\partial t}\frac{\partial L}{\partial\dot{\theta}_2}-\frac{\partial L}{\partial\theta_2}$$

$$\frac{\partial L}{\partial\dot{\theta}_1}=\left(m_2l_1^2+\frac{1}{3}m_1l_1^2+\frac{1}{3}m_2l_2^2+m_2l_1l_2\cos\theta_2\right)\dot{\theta}_1+\left(\frac{1}{3}m_2l_2^2+\frac{1}{2}m_2l_1l_2\cos\theta_2\right)\dot{\theta}_2$$

$$\frac{\partial}{\partial t}\frac{\partial L}{\partial\dot{\theta}_1}=\left(m_2l_1^2+\frac{1}{3}m_1l_1^2+\frac{1}{3}m_2l_2^2+m_2l_1l_2\cos\theta_2\right)\ddot{\theta}_1+\left(\frac{1}{3}m_2l_2^2+\frac{1}{2}m_2l_1l_2\cos\theta_2\right)\ddot{\theta}_2-$$

$$m_2l_1l_2\sin\theta_2\dot{\theta}_1\dot{\theta}_2-\frac{1}{2}m_2l_1l_2\sin\theta_2\dot{\theta}_2^2$$

$$\frac{\partial L}{\partial\theta_1}=-\left(\frac{1}{2}m_1+m_2\right)gl_1\cos\theta_1-\frac{1}{2}m_2gl_2\cos(\theta_1+\theta_2)$$

所以

$$T_1=\left(m_2l_1^2+\frac{1}{3}m_1l_1^2+\frac{1}{3}m_2l_2^2+m_2l_1l_2\cos\theta_2\right)\ddot{\theta}_1+\left(\frac{1}{3}m_2l_2^2+\frac{1}{2}m_2l_1l_2\cos\theta_2\right)\ddot{\theta}_2-$$

$$m_2l_1l_2\sin\theta_2\dot{\theta}_1\dot{\theta}_2-\frac{1}{2}m_2l_1l_2\sin\theta_2\dot{\theta}_2^2+\left(\frac{1}{2}m_1+m_2\right)gl_1\cos\theta_1+\frac{1}{2}m_2gl_2\cos(\theta_1+\theta_2)$$

同理有

$$\frac{\partial L}{\partial \dot{\theta}_2}=\frac{1}{3}m_2 l_2^2\dot{\theta}_2+\left(\frac{1}{3}m_2 l_2^2+\frac{1}{2}m_2 l_1 l_2\cos\theta_2\right)\dot{\theta}_1$$

$$\frac{\partial}{\partial t}\frac{\partial L}{\partial \dot{\theta}_2}=\left(\frac{1}{3}m_2 l_2^2+\frac{1}{2}m_2 l_1 l_2\cos\theta_2\right)\ddot{\theta}_1+\frac{1}{3}m_2 l_2^2\ddot{\theta}_2-\frac{1}{2}m_2 l_1 l_2\sin\theta_2\dot{\theta}_1\dot{\theta}_2$$

$$\frac{\partial L}{\partial \theta_2}=-\frac{1}{2}m_2 l_1 l_2\sin\theta_2\dot{\theta}_1^2-\frac{1}{2}m_2 l_1 l_2\sin\theta_2\dot{\theta}_1\dot{\theta}_2-\frac{1}{2}m_2 g l_2\cos(\theta_1+\theta_2)$$

$$T_2=\left(\frac{1}{3}m_2 l_2^2+\frac{1}{2}m_2 l_1 l_2\cos\theta_2\right)\ddot{\theta}_1+\frac{1}{3}m_2 l_2^2\ddot{\theta}_2+\frac{1}{2}m_2 l_1 l_2\sin\theta_2\dot{\theta}_1^2+\frac{1}{2}m_2 g l_2\cos(\theta_1+\theta_2)$$

写成矩阵的形式为

$$\begin{bmatrix}T_1\\T_2\end{bmatrix}=\begin{bmatrix}m_2 l_1^2+\frac{1}{3}m_1 l_1^2+\frac{1}{3}m_2 l_2^2+m_2 l_1 l_2\cos\theta_2 & \frac{1}{3}m_2 l_2^2+\frac{1}{2}m_2 l_1 l_2\cos\theta_2\\ \frac{1}{3}m_2 l_2^2+\frac{1}{2}m_2 l_1 l_2\cos\theta_2 & \frac{1}{3}m_2 l_2^2\end{bmatrix}\begin{bmatrix}\ddot{\theta}_1\\ \ddot{\theta}_2\end{bmatrix}+$$

$$\begin{bmatrix}0 & -\frac{1}{2}m_2 l_1 l_2\sin\theta_2\\ \frac{1}{2}m_2 l_1 l_2\sin\theta_2 & 0\end{bmatrix}\begin{bmatrix}\dot{\theta}_1^2\\ \dot{\theta}_2^2\end{bmatrix}+\begin{bmatrix}-m_2 l_1 l_2\sin\theta_2 & 0\\ 0 & 0\end{bmatrix}\begin{bmatrix}\dot{\theta}_1\dot{\theta}_2\\ \dot{\theta}_1\dot{\theta}_2\end{bmatrix}+ \tag{8-4}$$

$$\begin{bmatrix}\left(\frac{1}{2}m_1+m_2\right)g l_1\cos\theta_1+\frac{1}{2}m_2 g l_2\cos(\theta_1+\theta_2)\\ \frac{1}{2}m_2 g l_2\cos(\theta_1+\theta_2)\end{bmatrix}$$

式（8-4）可以写成更一般的形式：

$$\boldsymbol{M}(\boldsymbol{\theta})\ddot{\boldsymbol{\theta}}+\boldsymbol{C}(\boldsymbol{\theta},\dot{\boldsymbol{\theta}})\dot{\boldsymbol{\theta}}+\boldsymbol{G}(\boldsymbol{\theta})=\boldsymbol{T} \tag{8-5}$$

式中，$\boldsymbol{M}(\boldsymbol{\theta})$ 为惯量矩阵；$\boldsymbol{C}(\boldsymbol{\theta},\dot{\boldsymbol{\theta}})$ 为哥氏力离心力矩阵；$\boldsymbol{G}(\boldsymbol{\theta})$ 为重力矩阵；$\boldsymbol{\theta}$、$\dot{\boldsymbol{\theta}}$、$\ddot{\boldsymbol{\theta}}$、$\boldsymbol{T}$ 分别为

$$\boldsymbol{\theta}=\begin{bmatrix}\theta_1\\ \theta_2\end{bmatrix},\ \dot{\boldsymbol{\theta}}=\begin{bmatrix}\dot{\theta}_1\\ \dot{\theta}_2\end{bmatrix},\ \ddot{\boldsymbol{\theta}}=\begin{bmatrix}\ddot{\theta}_1\\ \ddot{\theta}_2\end{bmatrix},\ \boldsymbol{T}=\begin{bmatrix}T_1\\ T_2\end{bmatrix}$$

如果连杆不是匀质杆，而是位于其质心或者连杆末端的集中质量，会有什么影响呢？转动惯量应该如何计算？读者可以自行推导。

8.4 单连杆机器人动力学仿真

这一节利用第 2 章中建立的单连杆机器人 ADMAS 模型，结合三次多项式轨迹规划（详

见第 9 章）来进行动力学仿真分析。

8.4.1 问题描述

对于单连杆机器人，若期望关节在 2s 内由 0°转动 45°，初始和终止的角速度均为 0。采用三次多项式轨迹规划方法，可以得到期望的关节转角、角速度和角加速度函数为

$$\begin{cases} \theta(t)=33.75t^2-11.25t^3 \\ \dot{\theta}(t)=67.5t-33.75t^2 \\ \ddot{\theta}(t)=67.5-67.5t \end{cases}$$

要求计算实现该轨迹所需的关节转矩。很明显，该问题是已知机器人关节的运动轨迹，反求关节所需的驱动力矩，是机器人的逆向动力学问题。

8.4.2 创建系统变量和输入对象

若已知机器人关节角加速度 $\ddot{\theta}(t)$ 和转角 $\theta(t)$，由单连杆机器人动力学方程就可计算实现该轨迹所需的关节转矩。而 $\ddot{\theta}(t)$ 和 $\theta(t)$ 均由三次多项式轨迹规划模块来生成，因此在第 2 章中建立的单连杆机器人 ADMAS 模型的基础上，再创建两个系统变量 THETA1_r 和 ddTHETA1_r，以及对应的输入对象 PINPUT_THETA1_r 和 PINPUT_ddTHETA1_r，来接收期望的转角变量和角加速度变量，如图 8-6~图 8-8 所示。

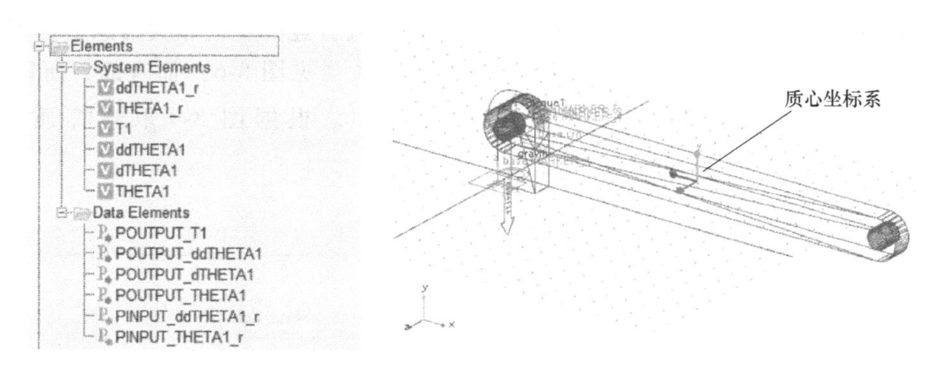

图 8-6 创建系统变量和输入对象

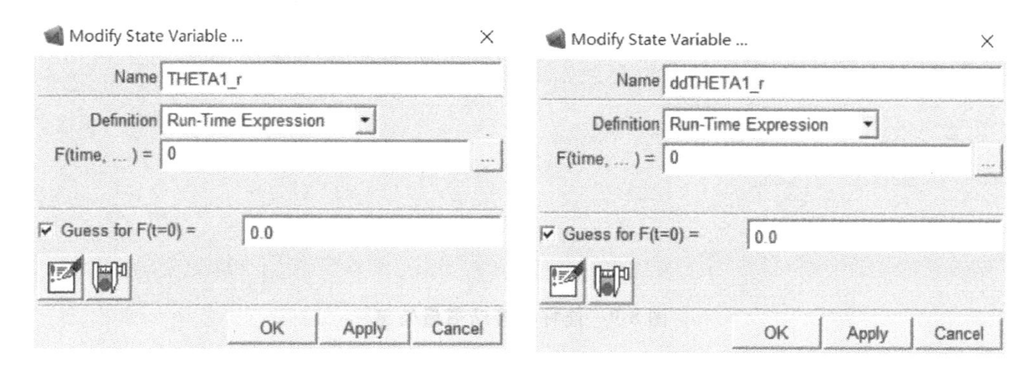

图 8-7 系统变量设置

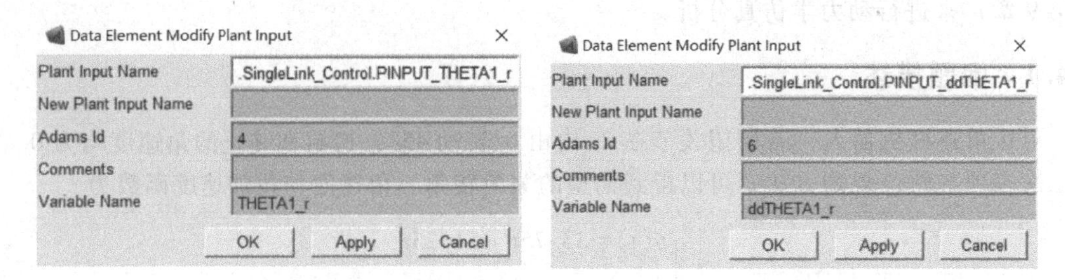

图 8-8　输入对象设置

8.4.3　修正关节转矩变量表达式

关节的转矩与连杆绕旋转轴的转动惯量有关，本例中的连杆是三维实体，其绕过质心的三个轴线的转动惯量可由下式计算：

$$\begin{cases} I_{xx} = \int (y^2 + z^2)\,\mathrm{d}m = \iint \rho (y^2 + z^2)\,\mathrm{d}y\mathrm{d}z \\ I_{yy} = \int (x^2 + z^2)\,\mathrm{d}m = \iint \rho (x^2 + z^2)\,\mathrm{d}x\mathrm{d}z \\ I_{zz} = \int (x^2 + y^2)\,\mathrm{d}m = \iint \rho (x^2 + y^2)\,\mathrm{d}x\mathrm{d}y \end{cases} \tag{8-6}$$

式中，ρ 为连杆的面密度。由于本例中连杆两端关节连接处有圆角和孔，直接利用式（8-6）有些复杂，可通过在左侧导航树中右击 Link1→Info，查看连杆 1 的相关信息，如图 8-9 所示。注意，图 8-9 中 I_{xx}、I_{yy} 和 I_{zz} 是相对于质心坐标系（见图 8-6）而言的，所以这里应选择 I_{xx} 作为连杆的转动惯量，取 0.47868kg · m^2。根据图 8-9 取连杆质量 m 为 5.19635kg。

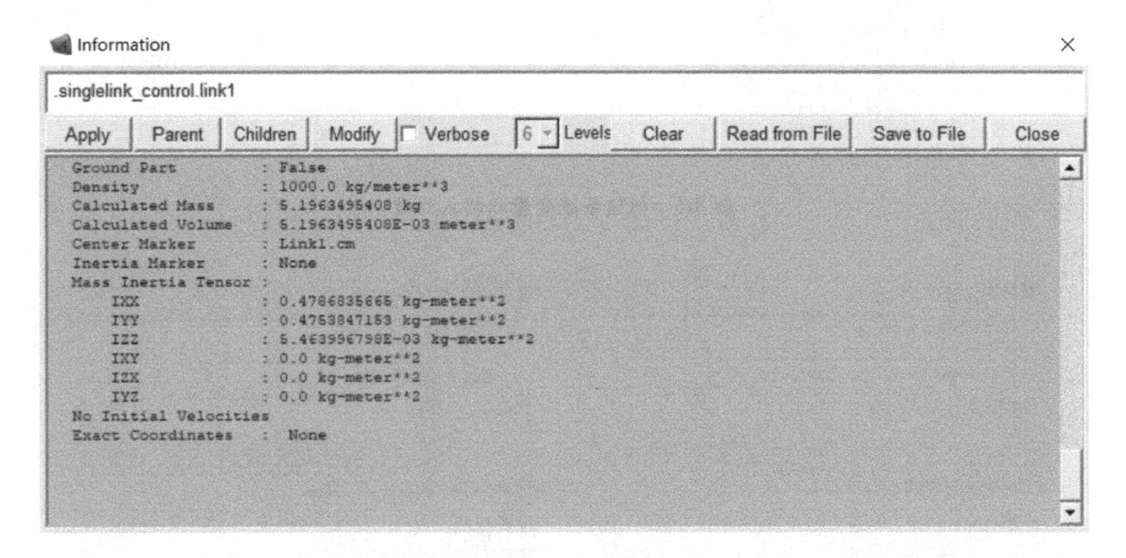

图 8-9　连杆 1 转动惯量信息

根据平行移轴定理，就可以计算出连杆 1 绕关节轴线的转动惯量：

$$I_{O_1}=I_{xx}+md^2=0.47868\text{kg}\cdot\text{m}^2+5.19635\times\left(\frac{1}{2}\right)^2\text{kg}\cdot\text{m}^2=1.7778\text{kg}\cdot\text{m}^2$$

式中，d 为连杆长度的 1/2（由图 2-18 可知，连杆长度为 1000mm，即 1m）。

最后，修正变量 T1 和关节转矩的表达式，如图 8-10 所示，其中变量 T1 的时间函数为：1.7778 * (VARVAL(ddTHETA1_r)/180 * PI) + 1/2 * 5.19635 * 9.80 * 1 * COS(VARVAL(THETA1_r)/180 * PI)；将关节转矩 Torque1 的时间函数表达式仍设为 VARVARL(.SingleLink_Control.T1)。

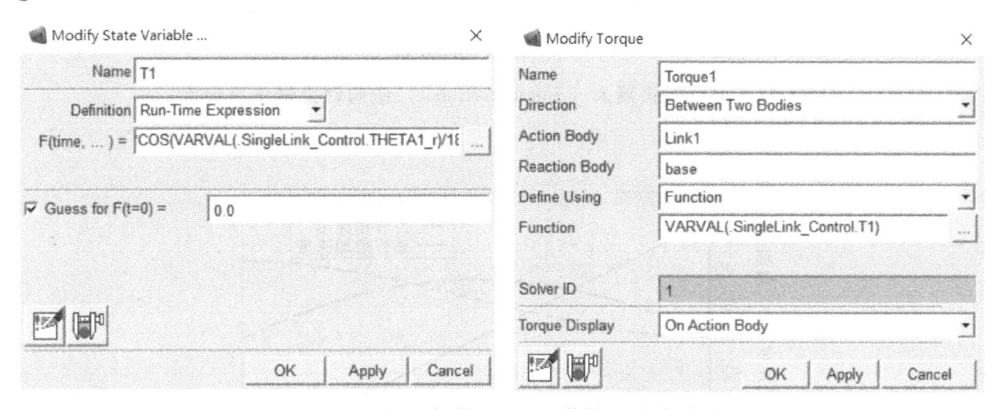

图 8-10 修正变量 T1 和关节转矩的表达式

将输入和输出对象导出，其设置如图 8-11 所示。

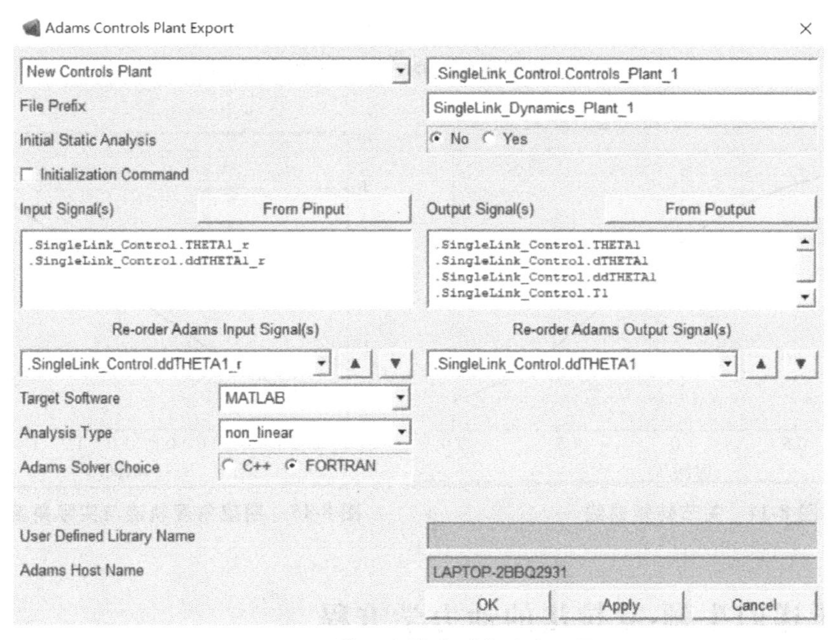

图 8-11 输入和输出对象导出设置

以导出的控制对象为基础，在 MATLAB/Simulink 中搭建如图 8-12 所示的仿真模型，其中关节转角指令（THETA1）采用第 9 章图 9-3 所示的轨迹生成模块，仿真时间设为 2s。图 8-13 所示为关节的角度、角速度和角加速度曲线，图 8-14 所示为关节转矩曲线，图 8-15 所示为期望角度轨迹与实际角度轨迹的对比。

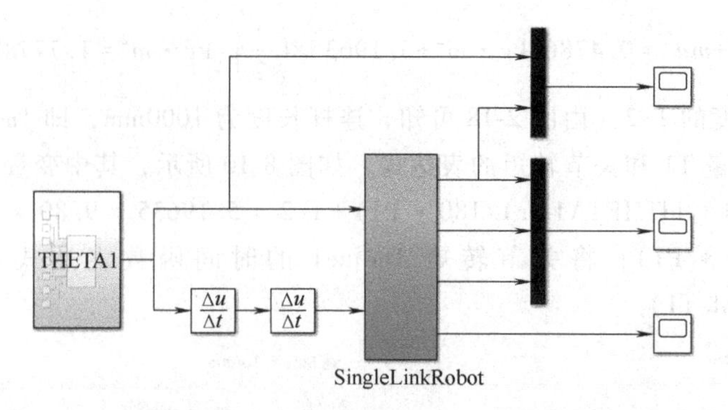

图 8-12　单连杆机器人（SinglelinkRobot）逆向动力学仿真模型

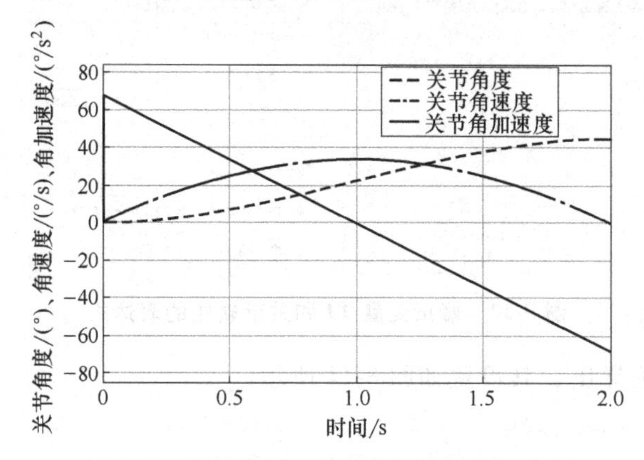

图 8-13　关节角度、角速度和角加速度曲线

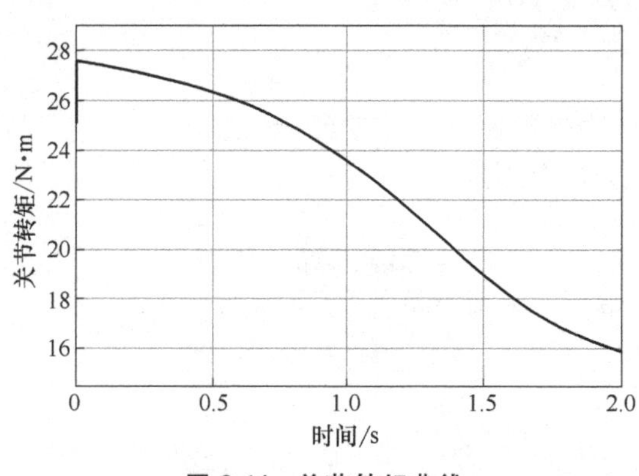

图 8-14　关节转矩曲线

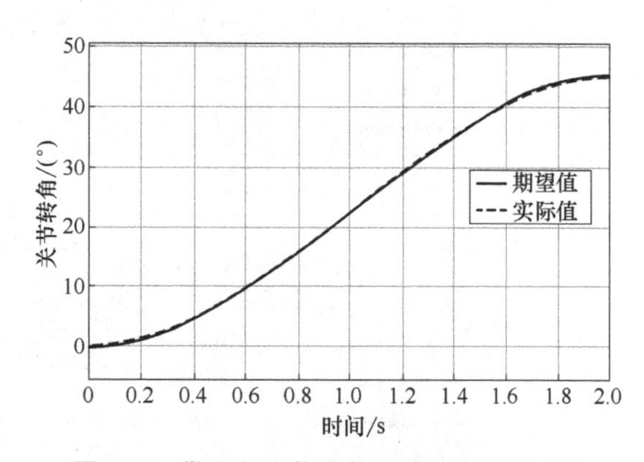

图 8-15　期望角度轨迹与实际角度轨迹对比

8.5　基于递归牛顿-欧拉法的动力学方程

递归的牛顿-欧拉法是一种高效的动力学计算方法，尤其适用于串联多刚体系统，牛顿方程和用于转动情况的欧拉方程一起，描述了机器人驱动力矩、负载力（力矩）、惯量和加速度之间的关系。为了更好地理解牛顿-欧拉法，首先要推导一下刚体线加速度和角加速度的表达式，然后介绍了一个用于度量物体惯性矩的重要概念：惯性张量，最后推导了采用递

归牛顿-欧拉法建立机器人的动力学方程的两个步骤，即速度、加速度的外推和关节力矩的内推。

8.5.1 刚体的线加速度和角加速度

假设有两个坐标系{A}和坐标系{B}，坐标系{A}为参考系，坐标系{B}固连在一个刚体上，刚体上有一运动点 ^{B}Q，如图 8-16 所示。假设坐标系{A}是固定的，坐标系{B}相对于坐标系{A}的位姿可以用位置矢量 $^{A}\boldsymbol{P}_{BORG}$ 和旋转矩阵 $^{A}_{B}\boldsymbol{R}$ 来描述，则 Q 点在坐标系{A}中的线速度可以表示为

$$^{A}\boldsymbol{v}_{Q}={}^{A}\boldsymbol{v}_{BORG}+{}^{A}_{B}\boldsymbol{R}\cdot{}^{B}\boldsymbol{v}_{Q} \tag{8-7}$$

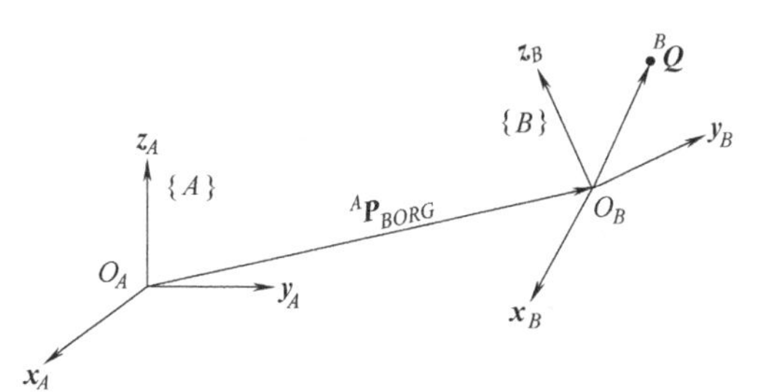

图 8-16 坐标系{B}中一点 Q 的线速度在坐标系{A}中的表达

式中，$^{A}\boldsymbol{v}_{BORG}$ 为 $^{A}\boldsymbol{P}_{BORG}$ 关于时间的导数。对上式进行求导可得 Q 点在坐标系{A}中的线加速度的表达式为

$$^{A}\dot{\boldsymbol{v}}_{Q}={}^{A}\dot{\boldsymbol{v}}_{BORG}+{}^{A}\boldsymbol{\omega}_{B}\times({}^{A}\boldsymbol{\omega}_{B}\times{}^{B}_{A}\boldsymbol{R}\cdot{}^{B}\boldsymbol{Q})+{}^{A}\dot{\boldsymbol{\omega}}_{B}\times{}^{B}_{A}\boldsymbol{R}\cdot{}^{B}\boldsymbol{Q} \tag{8-8}$$

同上假设，存在三个坐标系{A}、{B}和{C}，坐标系{A}为参考系。当关节转动时，坐标系{B}相对于坐标系{A}的旋转角速度为 $^{A}\boldsymbol{\omega}_{B}$，而坐标系{C}相对于坐标系{B}的旋转角速度为 $^{B}\boldsymbol{\omega}_{C}$，则坐标系{C}相对于坐标系{A}的旋转角速度为

$$^{A}\boldsymbol{\omega}_{C}={}^{A}\boldsymbol{\omega}_{B}+{}^{A}_{B}\boldsymbol{R}\cdot{}^{B}\boldsymbol{\omega}_{C} \tag{8-9}$$

对上式求导可得坐标系{C}相对于坐标系{A}的旋转角加速度为

$$^{A}\dot{\boldsymbol{\omega}}_{C}={}^{A}\dot{\boldsymbol{\omega}}_{B}+{}^{A}_{B}\boldsymbol{R}\cdot{}^{B}\dot{\boldsymbol{\omega}}_{C}+{}^{A}\boldsymbol{\omega}_{B}\times{}^{A}_{B}\boldsymbol{R}\cdot{}^{B}\boldsymbol{\omega}_{C} \tag{8-10}$$

式（8-9）和式（8-10）可分别用来计算机器人连杆的线加速度和角加速度。

8.5.2 惯性张量

惯性张量给出的是刚体质量在参考系中分布的信息，图 8-17 所示的刚体在参考系{A}中的惯性张量可用如下 3×3 矩阵表示：

$$^{A}\boldsymbol{I}=\begin{bmatrix} I_{xx} & -I_{xy} & -I_{xz} \\ -I_{xy} & I_{yy} & -I_{yz} \\ -I_{xz} & -I_{yz} & I_{zz} \end{bmatrix} \tag{8-11}$$

式中，$I_{xx}=\iiint_{V}(y^{2}+z^{2})\rho\mathrm{d}v$；$I_{yy}=\iiint_{V}(x^{2}+z^{2})\rho\mathrm{d}v$；$I_{zz}=\iiint_{V}(x^{2}+y^{2})\rho\mathrm{d}v$；$I_{xy}=\iiint_{V}xy\rho\mathrm{d}v$；$I_{xz}=\iiint_{V}xz\rho\mathrm{d}v$；$I_{yz}=\iiint_{V}yz\rho\mathrm{d}v$。

式中，$\mathrm{d}v$ 为体微元，ρ 为刚体的密度，惯性张量的对角线元素 I_{xx}、I_{yy} 和 I_{zz} 称为惯性矩（这一概念在本书范围内与在 8.4.3 中提到的转动惯量的概念相同），它们是质量微元 $\rho\mathrm{d}v$ 乘以体微元到相应转轴垂直距离的平方在整个刚体上的积分。其余 3 个交叉项称为惯性积。对于一个刚体来说，这 6 个相互独立的参数取决于所在坐标系的位置和姿态，当选择特定的坐标系时，可能会使刚体的惯性积为零。此时，坐标系的轴称为主轴，而相应的惯性矩称为主惯性矩。

【例 8-3】 如图 8-18 所示的质量为 m 的长方体，已知参考坐标系{C}位于长方体的质心处，假设该长方体密度为 ρ 且质量均匀分布，求其惯性张量。

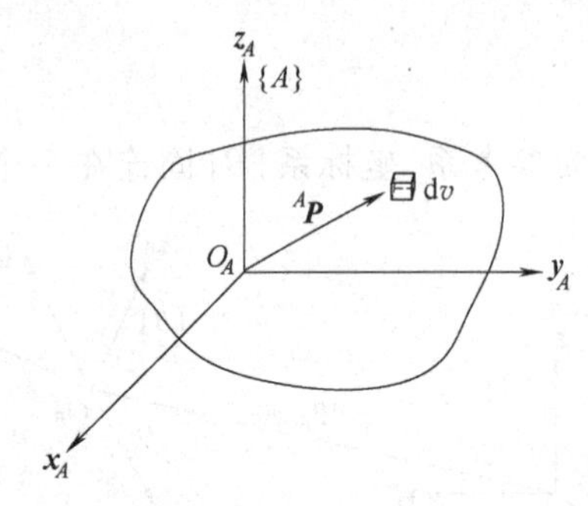

图 8-17 坐标系{A}中的惯性张量

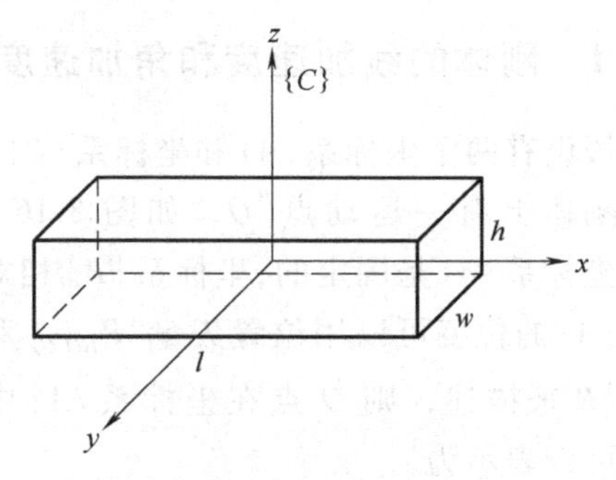

图 8-18 均匀密度长方体

解：首先计算惯性矩 I_{xx}，已知质量微元 $\rho\mathrm{d}v=\mathrm{d}x\mathrm{d}y\mathrm{d}z$，所以

$$
\begin{aligned}
I_{xx} &= \iiint_V (y^2+z^2)\rho\mathrm{d}v \\
&= \int_{-h/2}^{h/2}\int_{-l/2}^{l/2}\int_{-w/2}^{w/2}(y^2+z^2)\rho\mathrm{d}x\mathrm{d}y\mathrm{d}z = \int_{-h/2}^{h/2}\int_{-w/2}^{w/2}(y^2+z^2)\rho l\mathrm{d}y\mathrm{d}z \\
&= \rho l\int_{-h/2}^{h/2}\left(\frac{w^3}{12}+z^2 w\right)\mathrm{d}z = \rho l\left(\frac{hw^3}{12}+\frac{h^3 w}{12}\right) \\
&= \rho lhw\left(\frac{w^2}{12}+\frac{h^2}{12}\right) = \frac{m}{12}(w^2+h^2)
\end{aligned}
$$

同理可得 I_{yy} 和 I_{zz}：

$$I_{yy}=\frac{m}{12}(l^2+h^2)$$

$$I_{zz}=\frac{m}{12}(w^2+l^2)$$

然后计算 I_{xy}：

$$I_{xy} = \iiint_V xy\rho\mathrm{d}v = \int_{-h/2}^{h/2}\int_{-l/2}^{l/2}\int_{-w/2}^{w/2}xy\rho\mathrm{d}x\mathrm{d}y\mathrm{d}z = 0$$

同理可得 $I_{xz}=0$，$I_{yz}=0$。

因此，该长方体的在其质心参考系{C}下的惯性张量为

$$
{}^C\boldsymbol{I}=\begin{bmatrix}
\frac{m}{12}(w^2+h^2) & 0 & 0 \\
0 & \frac{m}{12}(l^2+h^2) & 0 \\
0 & 0 & \frac{m}{12}(l^2+w^2)
\end{bmatrix}
$$

8.5.3 速度和加速度的外推

这一步的基本思路是在已知连杆 i 角度的情况下，从连杆 i 到连杆 $i+1$ 向外推计算连杆的角速度和角加速度，然后对机器人所有的连杆使用牛顿-欧拉方程，得到作用在连杆质心

上的力和力矩。对于坐标系{$i+1$}的角速度，有

$$^{i+1}\boldsymbol{\omega}_{i+1}={}^{i+1}\boldsymbol{\omega}_i+\dot{\boldsymbol{\theta}}_{i+1}\,{}^{i+1}\boldsymbol{Z}_{i+1} \tag{8-12}$$

式中，$\dot{\boldsymbol{\theta}}_{i+1}$为连杆 $i+1$ 绕轴$^{i+1}\boldsymbol{Z}_{i+1}$ 的角速度值。

利用坐标系{i}与坐标系{$i+1$}之间的旋转变换关系，有

$$^{i+1}\boldsymbol{\omega}_{i+1}={}_i^{i+1}\boldsymbol{R}\cdot{}^i\boldsymbol{\omega}_i+\dot{\theta}_{i+1}\,{}^{i+1}\boldsymbol{Z}_{i+1} \tag{8-13}$$

对式（8-13）关于时间求导可以得到连杆角加速度之间的变换关系，即

$$^{i+1}\dot{\boldsymbol{\omega}}_{i+1}={}_i^{i+1}\boldsymbol{R}\cdot{}^i\dot{\boldsymbol{\omega}}_i+{}_i^{i+1}\boldsymbol{R}\cdot{}^i\boldsymbol{\omega}_i\times\dot{\theta}_{i+1}\,{}^{i+1}\boldsymbol{Z}_{i+1}+\ddot{\theta}_{i+1}\,{}^{i+1}\boldsymbol{Z}_{i+1} \tag{8-14}$$

根据式（8-8），结合坐标系{$i+1$}和{i}之间的旋转变换关系，可得在连杆坐标系{$i+1$}中表示的坐标系 $i+1$ 原点线加速度为

$$^{i+1}\dot{\boldsymbol{v}}_{i+1}={}_i^{i+1}\boldsymbol{R}[\,{}^i\dot{\boldsymbol{\omega}}_i\times{}^i\boldsymbol{P}_{i+1}+{}^i\boldsymbol{\omega}_i\times({}^i\boldsymbol{\omega}_i\times{}^i\boldsymbol{P}_{i+1})+{}^i\dot{\boldsymbol{v}}_i\,] \tag{8-15}$$

式中，$^i\boldsymbol{P}_{i+1}$ 是在坐标系{i}的原点指向坐标系{$i+1$}原点的矢量。

同理可得，连杆 $i+1$ 质心处的线加速度为

$$^{i+1}\dot{\boldsymbol{v}}_{C_{i+1}}={}^{i+1}\dot{\boldsymbol{\omega}}_i\times{}^{i+1}\boldsymbol{P}_{C_{i+1}}+{}^{i+1}\boldsymbol{\omega}_{i+1}\times({}^{i+1}\boldsymbol{\omega}_{i+1}\times{}^{i+1}\boldsymbol{P}_{C_{i+1}})+{}^{i+1}\dot{\boldsymbol{v}}_{i+1} \tag{8-16}$$

利用牛顿-欧拉方程计算出连杆 $i+1$ 的合外力（矩）：

$$^{i+1}\boldsymbol{F}_{i+1}=m_{i+1}\,{}^{i+1}\dot{\boldsymbol{v}}_{C_{i+1}}\text{（牛顿方程）} \tag{8-17}$$

$$^{i+1}\boldsymbol{N}_{i+1}={}^{C_{i+1}}\boldsymbol{I}_{i+1}\cdot{}^{i+1}\dot{\boldsymbol{\omega}}_{i+1}+{}^{i+1}\boldsymbol{\omega}_{i+1}\times({}^{C_{i+1}}\boldsymbol{I}_{i+1}\cdot{}^{i+1}\boldsymbol{\omega}_{i+1})\text{（欧拉方程）} \tag{8-18}$$

式中，$^{i+1}\boldsymbol{F}_{i+1}$ 为作用于质心的外力，$^{i+1}\boldsymbol{N}_{i+1}$ 为作用于质心 C 的外力矩，m_{i+1} 为连杆的质量，$^{i+1}\dot{\boldsymbol{v}}_{C_{i+1}}$为质心 C 的线加速度，$^{i+1}\dot{\boldsymbol{\omega}}_{i+1}$为连杆的角加速度，$^{i+1}\boldsymbol{\omega}_{i+1}$ 为连杆的角速度，$^{C_{i+1}}\boldsymbol{I}_{i+1}$ 为连杆关于质心旋转轴的惯性张量。

式（8-12）~式（8-18）中，i 取 $0,1,2,\cdots,n$，是由连杆 1 到连杆 n 向外递推。

8.5.4　关节力矩的内推

根据图 8-19，施加在连杆 i 上的力和力矩有如下递推关系：

$$^i\boldsymbol{f}_i={}^i\boldsymbol{F}_i+{}^i\boldsymbol{f}_{i+1}={}^i\boldsymbol{F}_i+{}_{i+1}^{i}\boldsymbol{R}\cdot{}^{i+1}\boldsymbol{f}_{i+1} \tag{8-19}$$

$$^i\boldsymbol{n}_i={}^i\boldsymbol{N}_i+{}^i\boldsymbol{n}_{i+1}+{}^i\boldsymbol{p}_{C_i}\times{}^i\boldsymbol{F}_i+{}^i\boldsymbol{P}_{i+1}\times{}^i\boldsymbol{f}_{i+1}={}^i\boldsymbol{N}_i+{}_{i+1}^{i}\boldsymbol{R}\cdot{}^{i+1}\boldsymbol{n}_{i+1}+{}^i\boldsymbol{p}_{C_i}\times{}^i\boldsymbol{F}_i+{}^i\boldsymbol{P}_{i+1}\times({}_{i+1}^{i}\boldsymbol{R}\cdot{}^{i+1}\boldsymbol{f}_{i+1}) \tag{8-20}$$

$$\boldsymbol{\tau}_i={}^i\boldsymbol{n}_i^{\mathrm{T}}\cdot{}^i\boldsymbol{Z}_i \tag{8-21}$$

式（8-19）~式（8-21）中，i 取 $n,n-1,\cdots,2,1$，是由连杆 n 到连杆 1 向后递推。

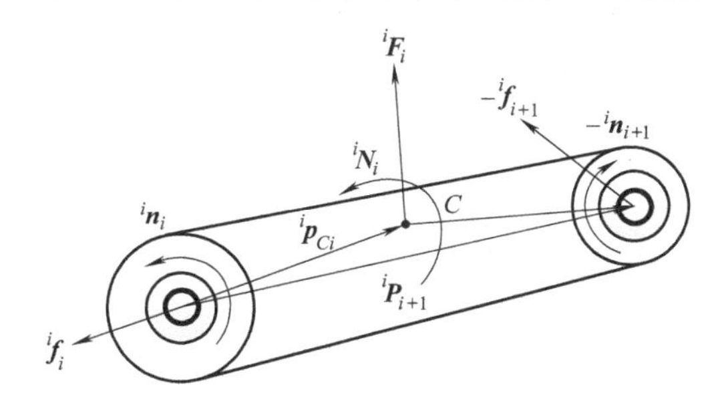

图 8-19　力和力矩的递推关系

最后，重力因素对连杆作用的影响可以通过设置机座（即第 0 杆）的线加速度与重力加速度大小相等、方向相反来实现，例如，若重力加速度的方向为沿 y 轴负向，固定机座的初始条件可设为

$$
{}^{0}\boldsymbol{\omega}_{0}=\begin{bmatrix}0\\0\\0\end{bmatrix},\quad {}^{0}\dot{\boldsymbol{\omega}}_{0}=\begin{bmatrix}0\\0\\0\end{bmatrix},\quad {}^{0}\dot{\boldsymbol{v}}_{0}=\begin{bmatrix}0\\g\\0\end{bmatrix} \tag{8-22}
$$

这样就将各连杆的重力影响包括在动力学方程中了。

上面给出了关节型机器人的动力学计算方法，对于移动关节也可以推导相应的方程，这里不再赘述。牛顿-欧拉法是一种递归算法，可以用于任意自由度数的机器人动力学方程，十分适合计算机的计算。

8.5.5 基于牛顿-欧拉法的二连杆机械臂动力学仿真分析

本例采用第 2 章生成的二连杆 ADAMS 模型来验证牛顿-欧拉法的正确性。两关节均期望在 1s 内由 0°转动 90°，初始和终止的角速度均为 0。采用三次多项式轨迹规划方法（详见第 9 章），可以得到期望的关节转角、角速度和角加速度函数，要求计算实现该轨迹所需的关节转矩。该问题同样是机器人的逆向动力学问题，在 MATLAB/Simulink 中建立的仿真模型如图 8-20 所示。

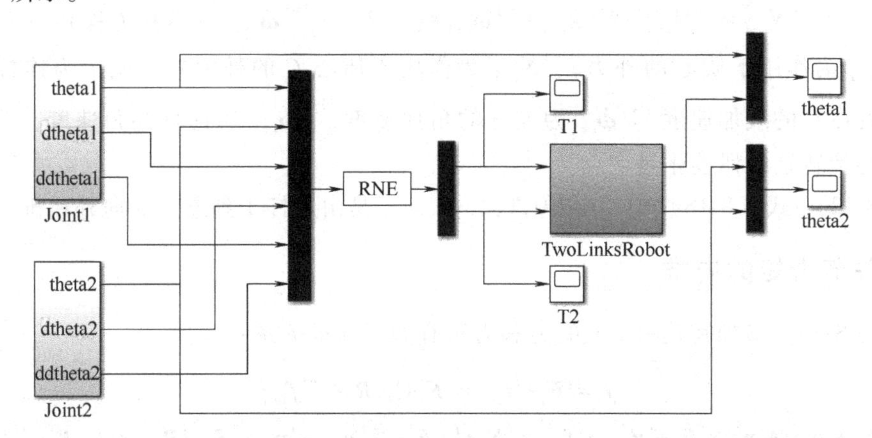

图 8-20 基于递归牛顿-欧拉法的二连杆机器人动力学仿真模型

注：Joint1、Joint2 分别为关节 1、关节 2 轨迹规划模块；RNE 为基于递归的牛顿-欧拉法动力学计算模块；TwoLinksRobot 为二连杆机器人。

其中 S-Function 函数模块 RNE 的 MATLAB 代码如下：

```
function [sys,x0,str,ts]=RNE(t,x,u,flag)
    switch flag
    case 0
        [sys,x0,str,ts]=mdlInitializeSizes;
    case 3
        sys=mdlOutputs(t,x,u);
    case {1,2,4,9}
```

```
        sys=[];
    otherwise
        error(['Unhandled flag=',num2str(flag)]);
    end
function [sys,x0,str,ts]=mdlInitializeSizes
    sizes=simsizes;
    sizes.NumContStates  =0;
    sizes.NumDiscStates  =0;
    sizes.NumOutputs     =2;
    sizes.NumInputs      =6;
    sizes.DirFeedthrough=1;
    sizes.NumSampleTimes=1;
    sys=simsizes(sizes);
    x0=[];
    str=[];
    ts=[0 0];
function sys=mdlOutputs(~,~,u)
    % 设置静态变量用于迭代,静态变量的作用是当退出该函数时,该变量的值仍然保存在内存中
    persistent w dw dv dvc F N f n
    theta(1)=u(1)/180* pi;
    theta(2)=u(2)/180* pi;
    dtheta(1)=u(3)/180* pi;
    dtheta(2)=u(4)/180* pi;
    ddtheta(1)=u(5)/180* pi;
    ddtheta(2)=u(6)/180* pi;
    m1=5.19635;
    m2=5.19635;
    L1=1.0;
    L2=1.0;
    % 二连杆机械臂修正的D-H参数表,这里用修正的D-H法较为方便,顺序为α、a、d、θ
    dh_list=[0,0,0,theta(1);
             0,L1,0,theta(2);
             0,L2,0,0];
    % 质心位置
    mass_center_list=[L1/2,  0,  0;
                      L2/2,  0,  0];
    mass_list=[m1,m2];
```

```
% 惯性矩,可在 ADAMS 模型中查看,注意质心坐标系方向的差异
Ixx_1=5.463996798E-03;
Iyy_1=0.4753847153;
Izz_1=0.4786835665;
Ixx_2=5.463996798E-03;
Iyy_2=0.4753847153;
Izz_2=0.4786835665;
% 惯性张量矩阵,由于坐标系在质心位置,所以非对角元素为零
inertia_1=[Ixx_1,      0,         0;
               0,      Iyy_1,     0;
               0,      0,         Izz_1];
inertia_2=[Ixx_2,      0,         0;
               0,      Iyy_2,     0;
               0,      0,         Izz_2];
inertia_tensor_list(:,:,1)=inertia_1;
inertia_tensor_list(:,:,2)=inertia_2;
% 修正的 D-H 表的行数
rows=3;
% 连杆数量
number_of_links=2;
% 基于修正的 D-H 表的齐次变换矩阵,参见式(5-9)
for i=1:rows
    dh=dh_list(i,:); % 提取 D-H 表某一行
    alpha(i)=dh(1);
    a(i)=dh(2);
    d(i)=dh(3);
    theta(i)=dh(4);
    T(:,:,i)=[cos(theta(i)),  -sin(theta(i)),    0,    a(i);
              sin(theta(i))* cos(alpha(i)),cos(theta(i))*
              cos(alpha(i)),-sin(alpha(i)),-sin(alpha(i))* d(i);
              sin(theta(i))* sin(alpha(i)),cos(theta(i))*
              sin(alpha(i)),cos(alpha(i)),cos(alpha(i))* d(i);
                                      0,          0,     0,     1];
    T=T(:,:,i);
    % 提取旋转矩阵 R(T 的 1-3 行,1-3 列),并求逆(也可直接转置 R^-1=R')
    R(:,:,i)=inv(T(1:3,1:3));
```

```
        % 提取位置矢量,即 T 的第 4 列 1-3 行
        P(:,:,i)=T(1:3,4:4);
    end
    % 速度加速度外推--->
    % 定义旋转轴矢量
    z=[0,0,1]';
    for i=0 : number_of_links-1
        % 定义连杆 0(机座)的角速度,角加速度和线加速度
        if i==0
            wi=[0,0,0]';
            dwi=[0,0,0]';
            dvi=[0,9.8065,0]';
        else
            wi=w(:,i);
            dwi=dw(:,i);
            dvi=dv(:,i);
        end
        w(:,i+1)=R(:,:,i+1)* wi + dtheta(i+1)* z;
        dw(:,i+1)=R(:,:,i+1)* dwi + cross(R(:,:,i+1)* wi,dtheta(i+
                1)* z)...+ddtheta(i+1)* z;
    dv(:,i+1)=R(:,:,i+1)* (cross(dwi,P(:,:,i+1)) +...cross(wi,
              cross(wi,P(:,:,i+1))) + dvi);
    dvc(:,i+1)=cross(dw(:,i+1),mass_center_list(i+1,:)')...+
              cross(w(:,i+1),cross(w(:,i+1),...
              mass_center_list(i+1,:)')) + dv(:,i+1);
    F(:,i+1)=mass_list(i+1)* dvc(:,i+1);
    N(:,i+1)=inertia_tensor_list(:,:,i+1)* dw(:,i+1) ...
            +cross(w(:,i+1),inertia_tensor_list(:,:,i+1)* w(:,i+1));
end
% 关节力矩的内推 <---
% 外部作用力,这里假设最后一连杆末端没有外力作用
f_external=[0,0,0;0,0,0]';
for i=number_of_links:-1:1
    if i==number_of_links
      f(:,i+1)=f_external(:,1);
      n(:,i+1)=f_external(:,2);
    end
```

```
        f(:,i)=R(:,:,i+1)\f(:,i+1) + F(:,i);
        n(:,i)=N(:,i)+R(:,:,i+1)\n(:,i+1) ...
                        +cross(mass_center_list(i,:)',F(:,i)) ...
                        +cross(P(:,i+1),R(:,:,i+1)\f(:,i+1));
        torque_list(i)=dot(n(:,i),z);
    end
    sys(1)=torque_list(1);
    sys(2)=torque_list(2);
```

图 8-21 和图 8-22 所示分别为牛顿-欧拉法迭代计算得到的关节 1 和关节 2 转矩曲线，图 8-23 和图 8-24 所示为期望角度轨迹曲线与实际角度轨迹曲线的对比。

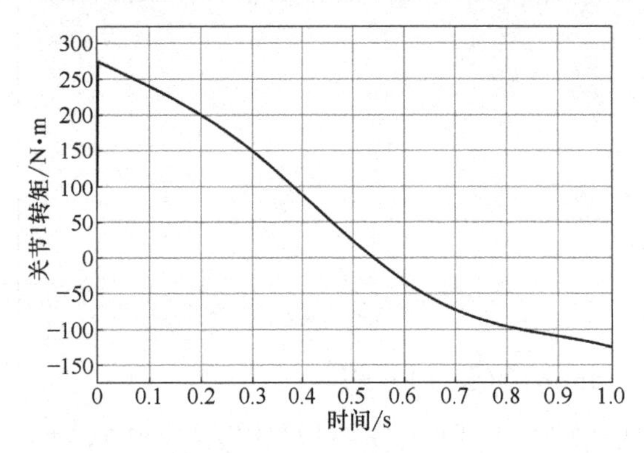

图 8-21　关节 1 转矩曲线

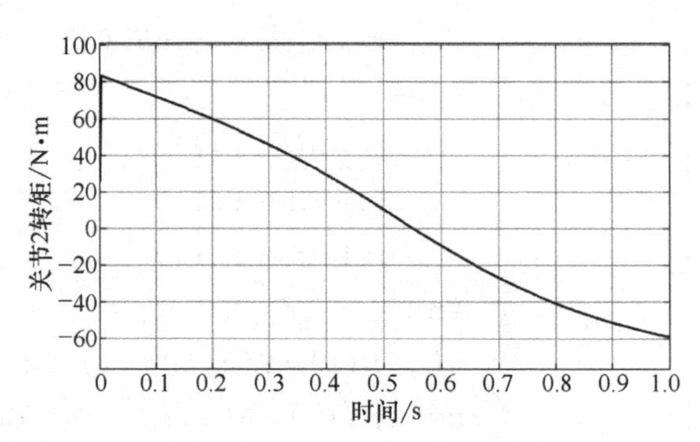

图 8-22　关节 2 转矩曲线

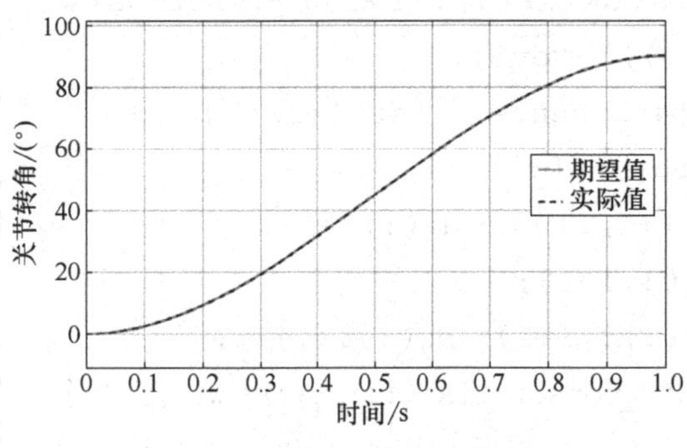

图 8-23　关节 1 角度曲线对比

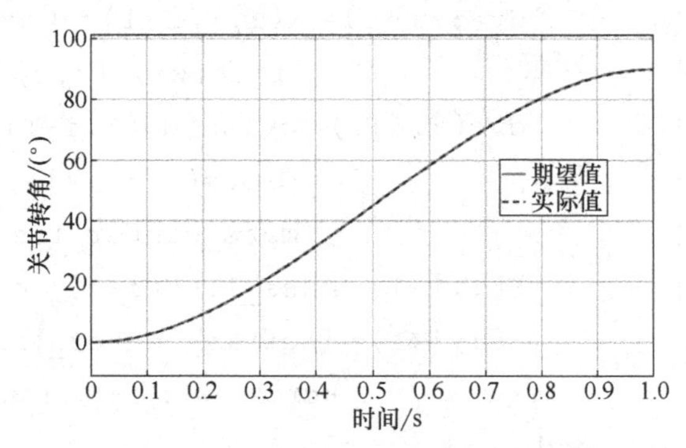

图 8-24　关节 2 角度曲线对比

第9章 机器人轨迹规划

轨迹规划是指为了完成某项任务，使机器人从一个位姿运动到另一位姿过程时所需的位移、速度和加速度的计算。本章讨论的内容是：已知机器人的初始位姿、终点的位姿、运动过程持续的时间等，如何由机器人轨迹规划器规划出合理的轨迹函数（主要是多项式），确定起点和终点间的路径点、持续时间、运动速度等参数。这些轨迹函数必须连续且平滑，从而使机器人的运动平稳，如果轨迹规划不合理，如起始的加速度过大或者有比较大的跳跃，则会使机器人产生冲击振动，不仅使机器人的运动看起来很机械，甚至影响使用。

9.1 轨迹规划基本原理

如果作业任务，例如码垛、点焊等，只需考虑起始状态和目标状态，则实际是一种点到点的轨迹规划，称为点位运动。这种轨迹规划并不考虑两点间所经过的路径点，如图 9-1 中曲线 1 的轨迹。有时，还需要在两点之间设定一些必须经过的中间过渡点，以满足避开障碍物等要求，如图 9-1 中曲线 2 的轨迹，但机器人在这些中间点并不停留（速度不为零）。对于机器人曲线弧焊、增材制造等作业，不仅要考虑起点和终点，还需要在两点之间根据特定目标形状进行路径插值，生成插值点来逼近原始路径，称为轮廓运动。

轨迹规划分为关节空间轨迹规划和直角空间轨迹规划。关节空间轨迹规划是以关节角度、角速度和角加速度的时间函数来描述机器人的轨迹，而不考虑对应的直角坐标空间中两个路径点之间的路径形状，因此，关节空间轨迹规划的起始点和目标点都以角度的形式给出。直角空间轨迹规划则是将机器人末端执行器的位姿、速度和加速度表示为时间的函数。直角空间轨迹规划需要通过运动学反解得出路径点对应的关节角度，用逆雅可比求出关节的转速，用逆雅可比及其导数求出关节的角加速度，从而将直角空间轨迹规划问题转化为关节空间轨迹规划。因此，后续内容着重考虑关节空间轨迹规划。

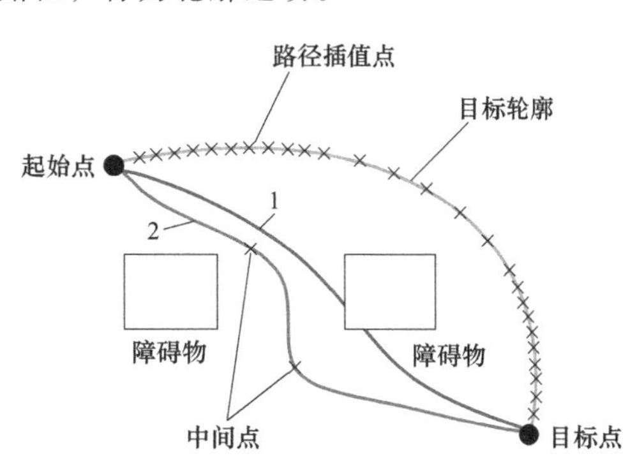

图 9-1 不同要求的轨迹规划

对于多个关节的机器人关节空间轨迹规划，多数情况下每个关节转过的角度是不相同的，在轨迹规划时，多个关节要同时起停，从而使机器人的运动更平顺。

9.2 关节空间轨迹规划

9.2.1 三次多项式插值

对于一般的点对点的机器人轨迹规划而言，某一关节起始点的关节角度 θ_0 是已知的，而终止点的关节角度 θ_f 可以通过运动学的逆解求得。同时，运动轨迹在起始点和终止点还应满足关节转速的要求，通常情况下某段轨迹的起始点和终止点的关节转速为 0，但如果某段轨迹的起始点和终止点都是中间过渡点，则关节转速不为 0。因此，一个合理的运动轨迹函数，是能够满足起始关节角度、终止关节角度、起始关节转速以及终止关节转速 4 个边界约束条件的平滑插值函数，很明显，4 个约束条件可以唯一确定一个三次多项式：

$$\theta(t)=a_0+a_1t+a_2t^2+a_3t^3 \tag{9-1}$$

且满足：

$$\begin{cases}\theta(0)=\theta_0\\ \theta(t_f)=\theta_f\\ \dot{\theta}(0)=\dot{\theta}_0\\ \dot{\theta}(t_f)=\dot{\theta}_f\end{cases} \tag{9-2}$$

将 4 个约束条件代入式（9-1）中，可以得到关于 a_0、a_1、a_2 和 a_3 的 4 个线性方程：

$$\begin{cases}\theta_0=a_0\\ \theta_f=a_0+a_1t_f+a_2t_f^2+a_3t_f^3\\ \dot{\theta}_0=a_1\\ \dot{\theta}_f=a_1+2a_2t_f+3a_3t_f^2\end{cases} \tag{9-3}$$

解得

$$\begin{cases}a_0=\theta_0\\ a_1=\dot{\theta}_0\\ a_2=\dfrac{3}{t_f^2}(\theta_f-\theta_0)-\dfrac{1}{t_f}(2\dot{\theta}_0+\dot{\theta}_f)\\ a_3=-\dfrac{2}{t_f^3}(\theta_f-\theta_0)+\dfrac{1}{t_f^2}(\dot{\theta}_0+\dot{\theta}_f)\end{cases} \tag{9-4}$$

式（9-1）对应的运动轨迹上的关节速度和关节加速度为

$$\begin{cases}\dot{\theta}(t)=a_1+2a_2t+3a_3t^2\\ \ddot{\theta}(t)=2a_2+6a_3t\end{cases} \tag{9-5}$$

【例 9-1】 机器人某关节在 2s 内由初始角 0°旋转到终止角 45°，试用三次多项式对该段轨迹进行规划。

解：将边界条件

$$\begin{cases}\theta(0)=0\\ \theta(t_f)=45\\ \dot{\theta}(0)=0\\ \dot{\theta}(t_f)=0\end{cases}$$

代入式（9-1）可得

$$\begin{cases}a_0=0\\ a_1=0\\ a_2=33.75\\ a_3=-11.25\end{cases}$$

由此得到关节角度、角速度和角加速度的函数方程为

$$\begin{cases}\theta(t)=33.75t^2-11.25t^3\\ \dot{\theta}(t)=67.5t-33.75t^2\\ \ddot{\theta}(t)=67.5-67.5t\end{cases}$$

其 MATLAB 代码如下：

```
theta_0=0;
theta_f=45;
dtheta_0=0;
dtheta_f=0;
tf=2;
a0=theta_0;
a1=dtheta_0;
a2=3* (theta_f-theta_0)/tf^2-(2* dtheta_0+dtheta_f)/tf;
a3=-2* (theta_f-theta_0)/tf^3+(dtheta_0+dtheta_f)/tf^2;
t=[0:0.01:tf];
theta=a0+a1* t+a2* t.^2+a3* t.^3;
dtheta=a1+2* a2* t+3* a3* t.^2;
ddtheta=2* a2+6* a3* t;
plot(t,theta,t,dtheta,t,ddtheta,' LineWidth' ,2)
```

关节角度函数为三次多项式，关节速度函数为抛物线，在整个运动过程中二者是连续和平滑的，但加速度函数并不连续（在 0 时刻有跳跃），且并没有考虑实际电动机的驱动能力，如图 9-2 所示。这也是三次多项式轨迹规划的一个问题。

后续机器人控制章节中会用到机器人的三次多项式轨迹规划，为了方便使用，将其设计成自定义函数，并设计成子模型的形式，如图 9-3 所示。

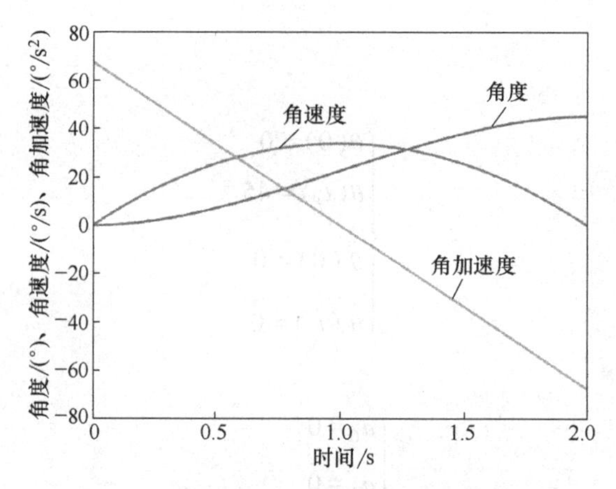

图 9-2 关节的角度、角速度和角加速度曲线

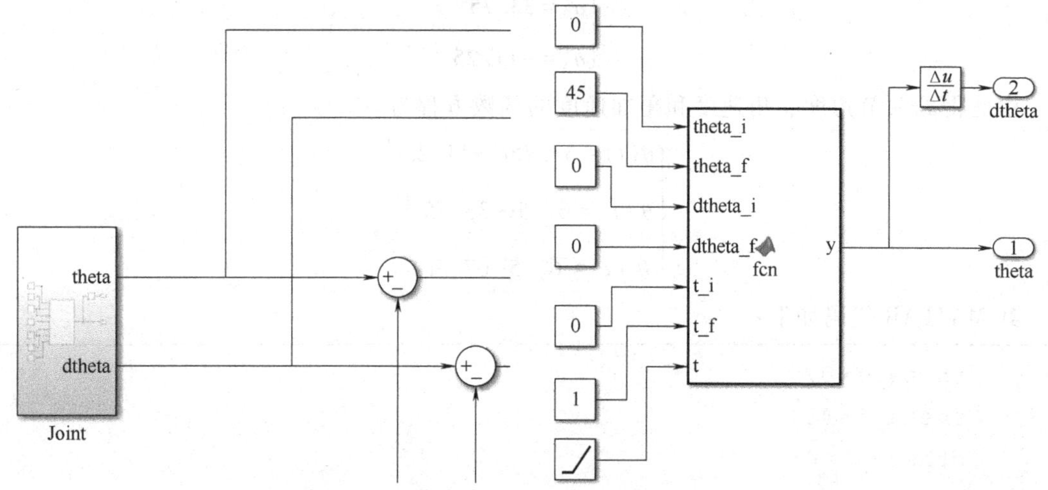

图 9-3 关节空间三次多项式轨迹规划模块

注：Joint 为关节轨迹规划模块；theta_i 为关节起始角度，theta_f 为关节终止角度，dtheta_i 为关节起始角速度，dtheta_f 为关节终止角速度，t_i 为起始时间，t_f 为终止时间。

双击图 9-3 中的 fcn 函数模块，其 MATLAB 代码如下：

```
function y=fcn(theta_i,theta_f,dtheta_i,dtheta_f,t_i,t_f,t)
  h=theta_f-theta_i;
  T=t_f-t_i;
  a0=theta_i;
  a1=dtheta_i;
  a2=(3* h-(2* dtheta_i+dtheta_f)* T)/(T^2);
  a3=(-2* h+(dtheta_i+dtheta_f)* T)/(T^3);
  if(t_i<=t)&&(t<=t_f)
    y=a0+a1* t+a2* t^2+a3* t^3;
  else
    y=0; % 如果终止时间以后的值为 0
end
```

9.2.2 五次多项式插值

前面提到，三次多项式没有考虑关节驱动电动机加速的能力。为了满足这一要求，除了指定路径起始点和终止点关节的角度、速度外，还可以指定路径起始点和终止点关节的角加速度值，那么约束条件就由 4 个变为 6 个，可以唯一确定一个五次多项式：

$$\theta(t)=a_0+a_1t+a_2t^2+a_3t^3+a_4t^4+a_5t^5 \tag{9-6}$$

且满足：

$$\begin{cases}\theta(0)=\theta_0\\ \theta(t_f)=\theta_f\\ \dot{\theta}(0)=\dot{\theta}_0\\ \dot{\theta}(t_f)=\dot{\theta}_f\\ \ddot{\theta}(0)=\ddot{\theta}_0\\ \ddot{\theta}(t_f)=\ddot{\theta}_f\end{cases} \tag{9-7}$$

将 6 个约束条件代入式中，可以得到关于 a_0、a_1、a_2、a_3、a_4、a_5 的 6 个线性方程：

$$\begin{cases}\theta_0=a_0\\ \theta_f=a_0+a_1t_f+a_2t_f^2+a_3t_f^3+a_4t_f^4+a_5t_f^5\\ \dot{\theta}_0=a_1\\ \dot{\theta}_f=a_1+2a_2t_f+3a_3t_f^2+4a_4t_f^3+5a_5t_f^4\\ \ddot{\theta}_0=2a_2\\ \ddot{\theta}_f=2a_2+6a_3t_f+12a_4t_f^2+20a_5t_f^3\end{cases} \tag{9-8}$$

解得

$$\begin{cases}a_0=\theta_0\\ a_1=\dot{\theta}_0\\ a_2=\dfrac{\ddot{\theta}_0}{2}\\ a_3=\dfrac{20\theta_f-20\theta_0-(8\dot{\theta}_f+12\dot{\theta}_0)t_f-(3\ddot{\theta}_0-\ddot{\theta}_f)t_f^2}{2t_f^3}\\ a_4=\dfrac{30\theta_0-30\theta_f+(14\dot{\theta}_f+16\dot{\theta}_0)t_f+(3\ddot{\theta}_0-2\ddot{\theta}_f)t_f^2}{2t_f^4}\\ a_5=\dfrac{12\theta_f-12\theta_0-(6\dot{\theta}_f+6\dot{\theta}_0)t_f-(\ddot{\theta}_0-\ddot{\theta}_f)t_f^2}{2t_f^5}\end{cases} \tag{9-9}$$

式（9-6）对应的运动轨迹上的关节速度和关节加速度为

$$\begin{cases}\dot{\theta}(t)=a_1+2a_2t+3a_3t^2+4a_4t^3+5a_5t^4\\ \ddot{\theta}(t)=2a_2+6a_3t+12a_4t^2+20a_5t^3\end{cases} \tag{9-10}$$

【例 9-2】 机器人某关节在 2s 内由初始角 0°旋转到终止角 45°，试用五次多项式对该段轨迹进行规划。

解：将边界条件

$$\begin{cases}\theta(0)=0\\ \theta(t_f)=45\\ \dot{\theta}(0)=0\\ \dot{\theta}(t_f)=0\\ \ddot{\theta}(0)=0\\ \ddot{\theta}(t_f)=0\end{cases}$$

代入式（9-6）可解得

$$\begin{cases}a_0=0\\ a_1=0\\ a_2=0\\ a_3=56.25\\ a_4=-42.1875\\ a_5=8.4375\end{cases}$$

由此得到关节角度、角速度和角加速度的函数方程为

$$\begin{cases}\theta(t)=56.25t^3-42.1875t^4+8.4375t^5\\ \dot{\theta}(t)=168.75t^2-168.75t^3+42.1875t^4\\ \ddot{\theta}(t)=337.5t-506.25t^2+168.75t^3\end{cases}$$

其 MATLAB 代码如下：

```
theta_0 = 0;
theta_f = 45;
dtheta_0 = 0;
dtheta_f = 0;
ddtheta_0 = 0;
ddtheta_f = 0;
tf = 2;
a0 = theta_0;
a1 = dtheta_0;
a2 = ddtheta_0/2;
a3 = (20* theta_f-20* theta_0-(8* dtheta_f+12* dtheta_0)* tf-
    (3* ddtheta_0-ddtheta_f)* tf^2)/(2* tf^3);
```

```
    a4 = (30* theta_0-30* theta_f+(14* dtheta_f+16* dtheta_0)* tf+
        (3* ddtheta_0-2* ddtheta_f)* tf^2)/(2* tf^4);
    a5 = (12* theta_f-12* theta_0-(6* dtheta_f+6* dtheta_0)* tf-
        (ddtheta_0-ddtheta_f)* tf^2)/(2* tf^5);
    t = [0:0.01:tf];
    theta = a0+a1* t+a2* t.^2+a3* t.^3+a4* t.^4+a5* t.^5;
    dtheta = a1+2* a2* t+3* a3* t.^2+4* a4* t.^3+5* a5* t.^4;
    ddtheta = 2* a2+6* a3* t+12* a4* t.^2+20* a5* t.^3;
    plot(t,theta,t,dtheta,t,ddtheta,' LineWidth' ,2)
```

这样，关节速度函数为四次多项式，加速度函数为三次多项式，在整个运动过程中都是连续和平滑的，如图 9-4 所示。

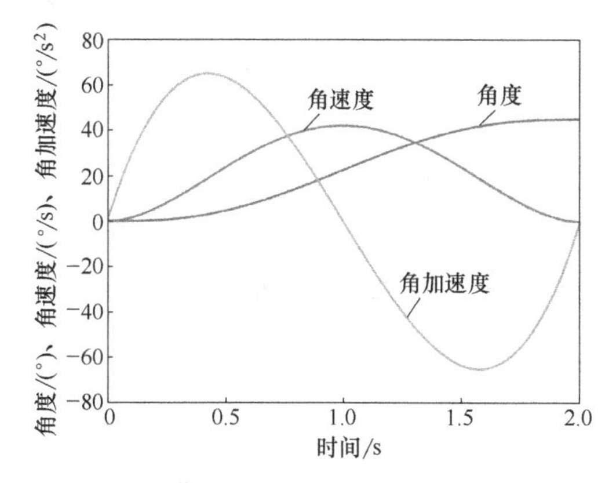

图 9-4 关节的角度、角速度和角加速度曲线

同样，可以将机器人的五次多项式轨迹规划方法设计成自定义模块，如图 9-5 所示。

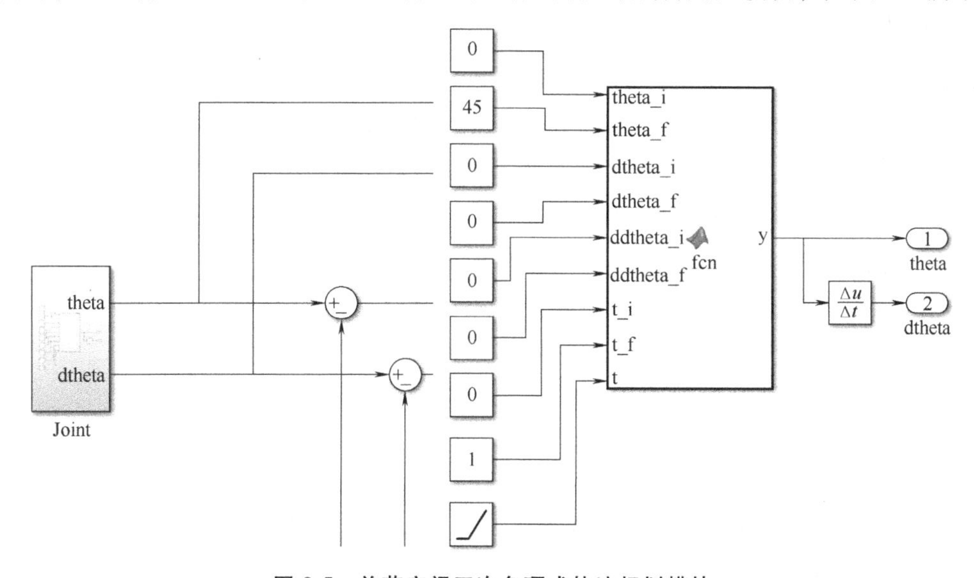

图 9-5 关节空间五次多项式轨迹规划模块

注：ddtheta_i 为关节起始角加速度；ddtheta_f 为关节终止角加速度。其他说明见图 9-3 注。

模块 fcn 的 MATLAB 代码如下：

```
function y= fcn(theta_i,theta_f,dtheta_i,dtheta_f,ddtheta_i,
ddtheta_f,t_i,t_f,t)
% 五阶多项式 theta(t) = a0 + a1* t + a2* t^2 + a3* t^3 + a4* t^4 + a5* t^5
T=t_f-t_i;
a0= theta_i;
a1= dtheta_i;
a2= ddtheta_i/2;
a3= (20* theta_f-20* theta_i-(8* dtheta_f + 12* dtheta_i)* T-
    (3* ddtheta_i-ddtheta_f)* T^2) / (2* T^3);
a4= (30* theta_i-30* theta_f + (14* dtheta_f + 16* dtheta_i)* T +
    (3* ddtheta_i-2* ddtheta_f)* T^2) / (2* T^4);
a5= (12* theta_f-12* theta_i-(6* dtheta_f + 6* dtheta_i)* T-(ddthe-
    ta_i-ddtheta_f)* T^2) / (2* T^5);
if (t_i<=t) && (t<=t_f)
y = a0+a1* (t-t_i)+a2* (t-t_i)^2+a3* (t-t_i)^3+a4* (t-t_i)^4+a5*
    (t-t_i)^5;
else
y = 0; % 如果终止时间以后的值保持不变,则 y = theta_f
end
```

9.2.3 带抛物线过渡线性插值

对于给定的起始点和终止点的关节角度，也可以选择直线插值函数来表示路径的形状。然而，单纯线性插值将导致在路径点处关节运动速度不连续，加速度必须无限大才能实现。为了生成一条位移和速度都连续的平滑运动轨迹，在使用线性插值时，在每个路径点的邻域内增加一段抛物线的过渡段。由于抛物线对于时间的二阶导数为常数，即相应区段内的加速度恒定不变，这样便得平滑过渡，不致在节点处产生跳跃，从而使整个轨迹上的位移和速度都连续。线性函数与两段抛物线函数平滑地衔接在一起形成轨迹的方法称为带有抛物线过渡的线性插值，如图 9-6 所示。

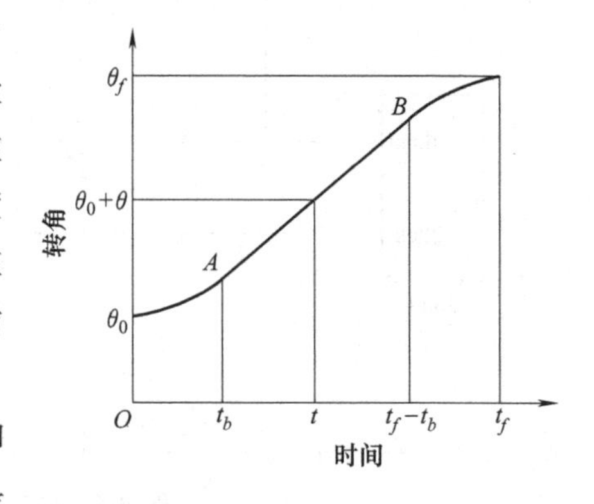

图 9-6　抛物线过渡线性插值规划方法

假设在起始时刻和终止时刻的关节转角为 θ_0 和 θ_f，抛物线与直线部分的过渡段在时间 t_b 和 t_f-t_b 处是对称的，因此，对于起点抛物线段，有

$$\begin{cases}\theta(t)=a_0+a_1t+\dfrac{1}{2}a_2t^2\\ \dot{\theta}(t)=a_1+a_2t\\ \ddot{\theta}(t)=a_2t\end{cases} \tag{9-11}$$

可以看出，抛物线段的加速度是一常数，并在公共点 A 和 B 上产生连续的速度。将边界条件代入抛物线方程，可得

$$\begin{cases}\theta(0)=\theta_0=a_0\\ \dot{\theta}(0)=0=a_1\\ \ddot{\theta}(t)=a_2\end{cases}$$

得到的起点段抛物线方程为

$$\begin{cases}\theta(t)=\theta_0+\dfrac{1}{2}a_2t^2\\ \dot{\theta}(t)=a_2t\\ \ddot{\theta}(t)=a_2\end{cases} \tag{9-12}$$

对于直线段，速度保持常值，需要根据驱动装置的性能来选择。将线性段初始速度、设置的常值速度 ω 及终止速度代入式（9-12）可得

$$\theta_A=\theta_0+\frac{1}{2}c_2{t_b}^2$$

$$\dot{\theta}_A=c_2t_b=\omega$$

$$\theta_B=\theta_A+\omega(t_f-2t_b)$$

$$\dot{\theta}_B=\dot{\theta}_A=\omega$$

$$\theta_f=\theta_B+\theta_A-\theta_0$$

$$\dot{\theta}_f=0$$

可以解得过渡时间为

$$t_b=\frac{\theta_0-\theta_f+\omega t_f}{\omega} \tag{9-13}$$

且有

$$c_2=\frac{\omega}{t_b}$$

所以直线段的方程为

$$\begin{cases}\theta(t)=\theta_A+\omega(t-t_b)\\ \dot{\theta}(t)=\omega\\ \ddot{\theta}(t)=0\end{cases} \tag{9-14}$$

过渡时间 t_b 不能大于总时间 t_f 的一半，否则在整个过程中将没有直线段而只有抛物线加速段和抛物线减速段。由式（9-13）可以计算出最大的速度为

$$\omega_{\max}=\frac{2(\theta_f-\theta_0)}{t_f} \tag{9-15}$$

终点抛物线段与起点抛物线段是对称的，只是加速度为负值，因此可以表示为

$$\begin{cases}\theta(t)=\theta_f-\dfrac{1}{2}a_2(t_f-t)^2\\ \dot{\theta}(t)=a_2(t_f-t)\\ \ddot{\theta}(t)=-a_2\end{cases} \tag{9-16}$$

【例 9-3】 机器人某关节以速度 10°/s 在 5s 内由初始角 30°旋转到终止角 70°，试用抛物线过渡的线性插值方法对该段轨迹进行规划。

解：首先计算过渡时间：

$$t_b=\frac{\theta_0-\theta_f+\omega t_f}{\omega}=\frac{30-70+10\times5}{10}\text{s}=1\text{s}$$

起点段抛物线函数：

$$\begin{cases}\theta=30+5t^2\\ \dot{\theta}=10t\\ \ddot{\theta}=10\end{cases}$$

直线段函数：

$$\begin{cases}\theta=35+10(t-1)\\ \dot{\theta}=10\\ \ddot{\theta}=0\end{cases}$$

终点段抛物线函数：

$$\begin{cases}\theta=70-5(5-t)^2\\ \dot{\theta}=10(5-t)\\ \ddot{\theta}=-10\end{cases}$$

其 MATLAB 代码如下：

```
theta_0 = 30;
theta_f = 70;
omega = 10;
tf = 5;
tb = (theta_0-theta_f + omega* tf)/omega;
a2 = omega/tb;
% 起点段抛物线函数
t = [0:0.01:tf];
theta_start = theta_0 + (1/2)* a2* t.^2;
dtheta_start = a2* t;
ddtheta_start = a2;
% 直线段函数
```

```
theta_A = theta_0 + (1/2)* a2* tb.^2;
theta_linear = theta_A + omega* (t-tb)
dtheta_linear = omega;
ddtheta_linear = 0;
% 终点段抛物线函数
theta_finish = theta_f-(1/2)* a2* (tf-t).^2;
dtheta_finish = a2* (tf-t);
ddtheta_finish =-a2;
theta = (t>=0&t<tb).* theta_start +(t>=tb&t<tf-tb).* theta_linear +
       (t>= (tf-tb) &t<=tf).* theta_finish;
dtheta = (t>=0&t<tb).* dtheta_start +(t>=tb&t<tf-tb).* dtheta_linear +
        (t>= (tf-tb) &t<=tf).* dtheta_finish;
ddtheta = (t>=0&t<tb).* ddtheta_start + (t>=tb&t<tf-tb).* ddtheta_linear +
          (t>= (tf-tb) &t<=tf).* ddtheta_finish;
plot(t,theta,t,dtheta,t,ddtheta,' LineWidth' ,2)
```

图 9-7 所示为该关节的角度、角速度和角加速度曲线。

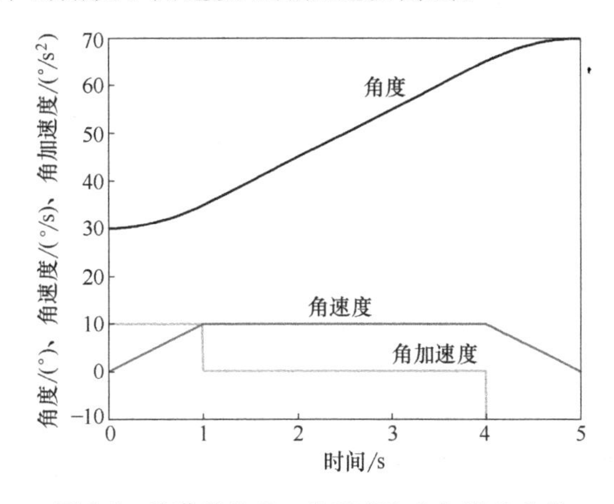

图 9-7 关节的角度、角速度和角加速度曲线

9.3 直角坐标空间轨迹规划

直角坐标空间轨迹规划与关节空间轨迹规划类似，所有用于关节空间轨迹规划的方法都可用于直角坐标空间的轨迹规划。二者最根本的差别在于，关节空间轨迹规划函数生成的值就是关节值，而直角坐标空间轨迹规划函数生成的值是机器人末端手的位姿，并根据实时的机器人末端手位姿反复求解逆向运动学方程来计算关节角，将直角坐标空间的位姿变量转化为关节量传递给控制器。

在实际的工业应用中，最实用的直角坐标空间轨迹规划是点到点之间的直线运动。

【例 9-4】 考虑如图 9-8 所示的两自由度机械手，$l_1 = l_2 = 0.25\text{m}$，在 10s 内由起点 P_1

(0.41122, 0.26359) 沿直线移动到终点 P_2 (-0.0282, 0.37783)，且满足起点和终点的速度均为 0，试用三次多项式进行直角坐标轨迹规划，并将其转换为关节空间轨迹。

解：由起点和终点确定的直线方程为

$$\frac{Y-0.37783}{0.26359-0.37783}=\frac{X-(-0.0282)}{0.41122-(-0.0282)}$$

即

$$Y=-0.25998X+0.3705$$

对于 X 坐标，对其进行三次多项式轨迹规划后有：$X(t)=a_0+a_1t+a_2t^2+a_3t^3$，且满足以下边界条件：

$$\begin{cases}X(0)=0.41122\\X(10)=-0.0282\\\dot{X}(0)=0\\\dot{X}(10)=0\end{cases}$$

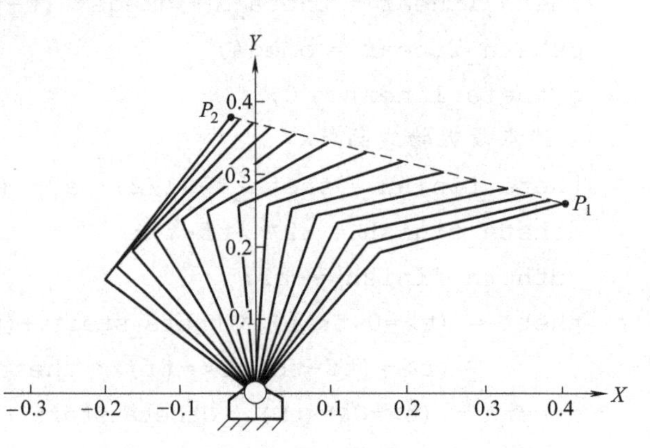

图 9-8 两自由度机械手三次多项式轨迹规划

将边界条件代入 $X(t)=a_0+a_1t+a_2t^2+a_3t^3$，解得

$$\begin{cases}a_0=0.41122\\a_1=0\\a_2=-0.0131826\\a_3=0.00087884\end{cases}$$

所以，X 坐标的直角坐标空间路径为

$$X(t)=0.41122-0.0131826t^2+0.00087884t^3 \tag{9-17}$$

采用同样的方式可以对坐标 Y 进行三次多项式规划（也可以将上式代入直线方程中得到 Y），得到 Y 坐标的直角坐标空间路径为

$$Y(t)=0.26359+0.03427t^2-0.00022848t^3 \tag{9-18}$$

根据前述二连杆机器人逆向运动学的解，这里只取其“上肘位”，则有

$$\theta_1(t)=\arctan\left(\frac{Y}{X}\right)+\arccos\left(\frac{l_1^2+r^2-l_2^2}{2l_1r}\right)$$

$$\theta_2(t)=\pi+\arccos\left(\frac{l_1^2+l_2^2-r^2}{2l_1l_2}\right)$$

式中，$r=\sqrt{X^2+Y^2}$。将式 (9-17) 和式 (9-18) 代入可得对应的关节空间轨迹。

计算过程的 MATLAB 代码如下：

```
L1=0.25;
L2=0.25;
tf=10;
t=[0:0.2:tf];
% 起点坐标
```

```
X_i = 0.41122;
Y_i = 0.26359;
dX_i = 0;
dX_f = 0;
% 终点坐标
X_f = -0.0282;
Y_f = 0.37783;
dY_i = 0;
dY_f = 0;
% X 坐标三次多项式轨迹规划
a0_X = X_i;
a1_X = dX_i;
a2_X = 3* (X_f-X_i)/tf^2-(2* dX_i+dX_f)/tf;
a3_X = -2* (X_f-X_i)/tf^3+(dX_i+dX_f)/tf^2;
X = a0_X+a1_X* t+a2_X* t.^2+a3_X* t.^3;
dX = a1_X+2* a2_X* t+3* a3_X* t.^2;
ddX = 2* a2_X+6* a3_X* t;

% Y 坐标三次多项式轨迹规划
a0_Y = Y_i;
a1_Y = dY_i;
a2_Y = 3* (Y_f-Y_i)/tf^2-(2* dY_i+dY_f)/tf;
a3_Y = -2* (Y_f-Y_i)/tf^3+(dY_i+dY_f)/tf^2;
Y = a0_Y+a1_Y* t+a2_Y* t.^2+a3_Y* t.^3;
dY = a1_Y+2* a2_Y* t+3* a3_Y* t.^2;
ddY = 2* a2_Y+6* a3_Y* t;

% 基于逆向运动学解(上肘位)将直角坐标空间轨迹转换为关节空间
r = sqrt(X.^2+Y.^2);
theta1 = (atan2(Y,X)+acos((L1^2+r.^2-L2^2)./(2* L1* r)))/pi* 180;
theta2 = (-pi+acos((L1^2+L2^2-r.^2)/(2* L1* L2)))/pi* 180;
% 也可以是 theta2 = (pi+acos((L1^2+L2^2-r.^2)/(2* L1* L2)))/pi* 180;
plot(t,X,t,Y,' LineWidth' ,2)
plot(t,dX,t,dY,' LineWidth' ,2)
plot(t,ddX,t,ddY,' LineWidth' ,2)
plot(t,theta1,t,theta2,' LineWidth' ,2)
```

机械手末端的位置、速度、加速度以及对应的关节角度曲线如图 9-9～图 9-12 所示。

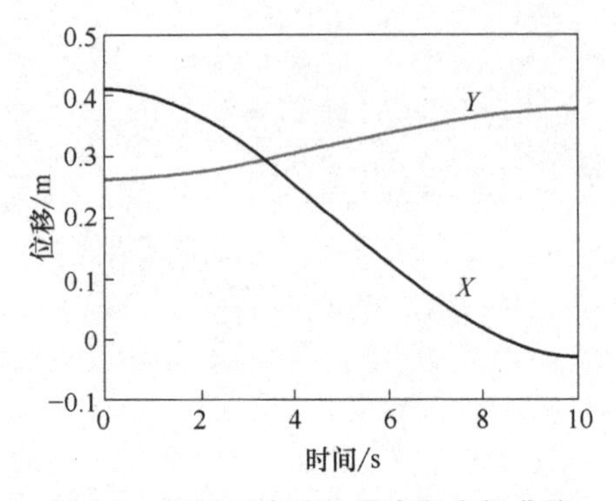

图 9-9　机械手末端位置直角坐标曲线

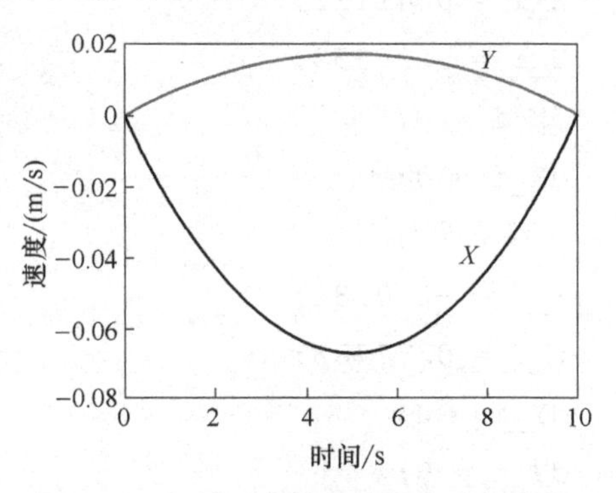

图 9-10　机械手末端速度直角坐标曲线

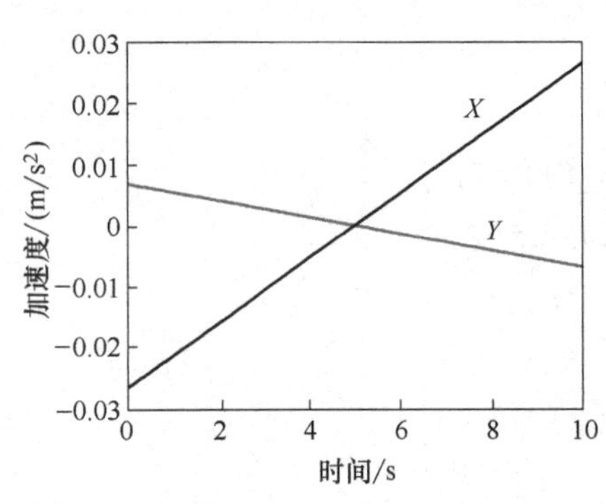

图 9-11　机械手末端加速度直角坐标曲线

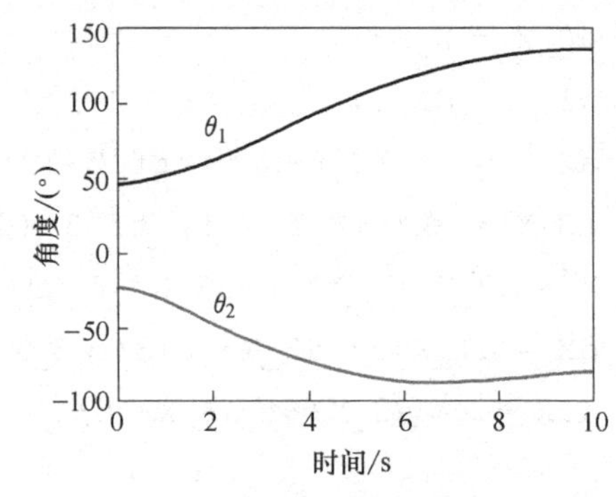

图 9-12　两关节角度曲线

同样可以在 MATLAB/Simulink 中将直角坐标空间轨迹规划制成模块，结合某一机器人的逆向运动学方程的解，即可将直角坐标空间轨迹转换为关节空间的轨迹，如图 9-13 所示，其中的 Ctraj 子模块如图 9-14 所示。将该模块生成的轨迹作为指令轨迹，结合各种控制策略，可以实现机器人在直角坐标空间轨迹实时跟随。图 9-15 所示为二连杆机器人控制仿真模型，具体的控制原理将在后续章节详细讨论。

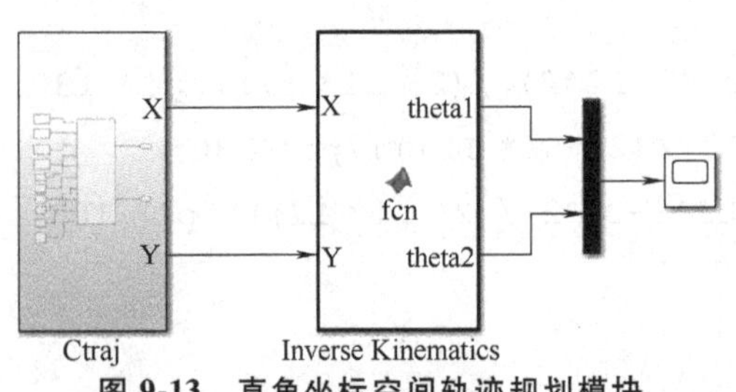

图 9-13　直角坐标空间轨迹规划模块

注：Ctraj 为三次多项式直角坐标轨迹规划模块；Inverse Kinematics 为逆向运动学计算函数模块。

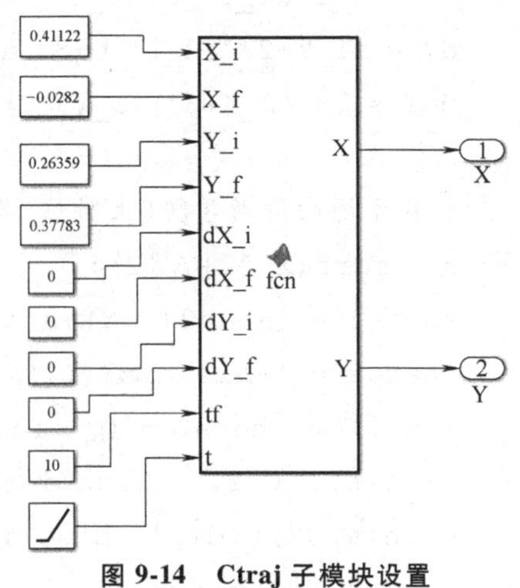

图 9-14　Ctraj 子模块设置

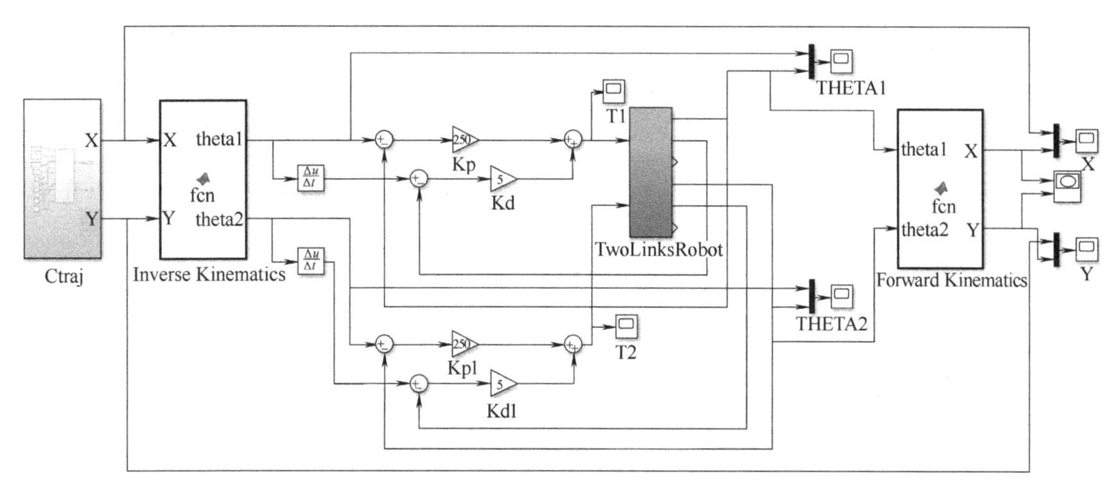

图 9-15 二连杆机器人控制仿真模型

注：TwoLinksRobot 为二连杆机器人；Forward Kinematics 为正向运动学计算函数模块。其他说明见图 9-13 注。

用户自定义函数 Ctraj 模块的程序如下：

```
function [X,Y] = fcn(X_i,X_f,Y_i,Y_f,dX_i,dX_f,dY_i,dY_f,i_t,f_t,t)
  % 直角坐标三次多项式轨迹规划
  T=f_t-i_t;
  a0_X = X_i;
  a1_X = dX_i;
  a2_X=(3* (X_f-X_i)-(2* dX_i+dX_f)* T)/(T^2);
  a3_X=(-2* (X_f-X_i)+(dX_i+dX_f)* T)/(T^3);
  a0_Y = Y_i;
  a1_Y = dY_i;
  a2_Y=(3* (Y_f-Y_i)-(2* dY_i+dY_f)* T)/(T^2);
  a3_Y=(-2* (Y_f-Y_i)+(dY_i+dY_f)* T)/(T^3);
if (i_t<=t) && (t<=f_t)
  X = a0_X+a1_X* (t-i_t)+a2_X* (t-i_t)^2+a3_X* (t-i_t)^3;
  Y = a0_Y+a1_Y* (t-i_t)+a2_Y* (t-i_t)^2+a3_Y* (t-i_t)^3;
else
  X = 0;
  Y = 0;
end
```

用户自定义函数 Inverse Kinematics 模块的程序如下：

```
function [theta1,theta2] = fcn(X,Y)
  % 两关节机器人运动学反解
  L1=0.25; % 机器人连杆 1 长度
```

```
L2=0.25; % 机器人连杆 2 长度
r = sqrt(X^2+Y^2);
theta1 = (atan2(Y,X)+acos((L1^2+r^2-L2^2)/(2* L1* r)))/pi* 180;
theta2 = (-pi+acos((L1^2+L2^2-r^2)/(2* L1* L2)))/pi* 180;
```

【例 9-5】 对于拟人臂机械手，$l_1=0.5\mathrm{m}$，$l_2=1.0\mathrm{m}$，$l_3=1.0\mathrm{m}$，机械手末端点在 10s 内由点 P_1 运动到 P_2：

$$\boldsymbol{P}_1=\begin{bmatrix}2.0\\0\\0.5\end{bmatrix},\boldsymbol{P}_2=\begin{bmatrix}1.0\\0.5\\1.0\end{bmatrix}$$

利用五次多项式进行轨迹规划，并在 ADAMS 中进行仿真验证。

解：由前面所述的五次多项式轨迹规划的方法，可以求得 X 坐标的函数为

$$X(t)=2-0.01t^3+0.0015t^4-0.00006t^5$$

根据点 P_1 和点 P_2 构成的空间直线方程，可以确定 Y 坐标和 Z 坐标的函数分别为

$$Y(t)=Y_{P_1}+\frac{Y_{P_2}-Y_{P_1}}{X_{P_2}-X_{P_1}}(X-X_{P_1})=0.005t^3-0.00075t^4+0.00003t^5$$

$$Z(t)=Z_{P_1}+\frac{Z_{P_2}-Z_{P_1}}{Z_{P_2}-Z_{P_1}}(X-X_{P_1})=0.5+0.005t^3-0.0075t^4+0.00003t^5$$

利用逆向运动学方程，可以计算出拟人臂机械手关节变量的函数为

$$\theta_3(t)=\arccos\left(\frac{l_1-Z+l_2\sin\theta_2}{l_3}\right)-\theta_2-\frac{\pi}{2}$$

$$\theta_2(t)=2\mathrm{atan2}(-C_2+\sqrt{C_2^2-C_1C_3},C_1)$$

$$\theta_1(t)=\mathrm{atan2}(Y,X)$$

式中：

$$C_1=l_1^2-2l_1Z+l_2^2+\frac{2l_2X}{\cos\theta_1}-l_3^2+\frac{X^2}{\cos^2\theta_1}+Z^2$$

$$C_2=2l_1l_2-2l_2Z$$

$$C_3=l_1^2-2l_1Z+l_2^2-\frac{2l_2X}{\cos\theta_1}-l_3^2+\frac{X^2}{\cos^2\theta_1}+Z^2$$

在第 2 章中 ADAMS 建立的拟人臂机器人模型基础上，另建立 3 个接收由 MATLAB/Simulink 根据轨迹计算得到的各关节转角状态变量：theta1t、theta2t 和 theta3t，并分别建立对应的输入对象 PINPUT_THETA1、PINPUT_THETA2 和 PINPUT_THETA3，删除多余的状态变量和输出对象，只保留与 3 个关节转角相关的，如图 9-16 所示。

建立 3 个关节驱动，以第 1 个关节（腰关节）为例，在工具栏中选择 Motions→Rotational Joint Motion（Applicable to Revolute or Cylindrical Joint），在视图区单击 JOINT_2（移动指针到合适位置，系统提示选择对象），在左侧导航树里双击刚建立的 Motion，将 Function (time) 文本框中的值改为 VARVAL（.Robot_HumanoidArm_Ctraj.theta1t），这样就可以将由

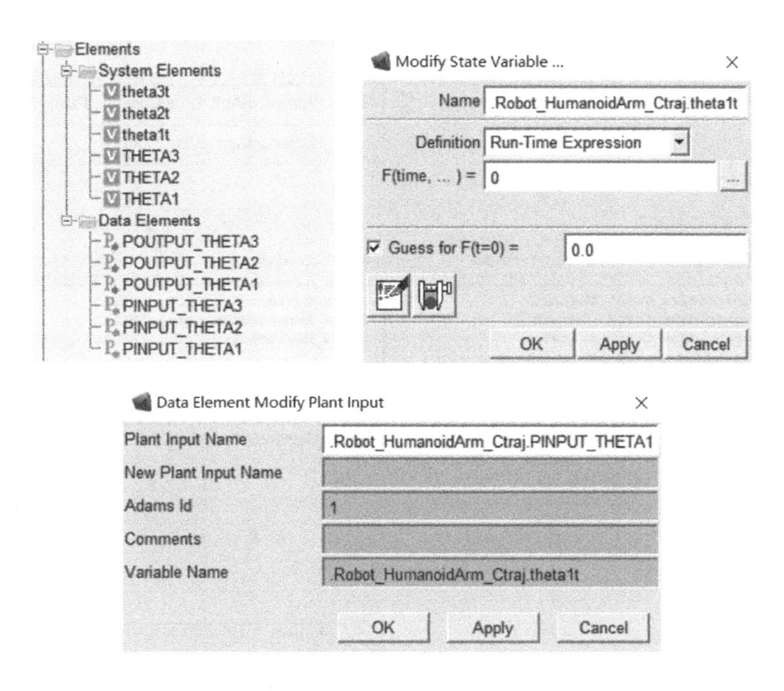

图 9-16 新建转角状态变量和输入对象

Simulink 输入的关节转角状态变量与关节驱动绑定，如图 9-17 所示。同样的方法可以建立另外两个关节的驱动，并将 Function 分别改为 VARVAL（.Robot_HumanoidArm_Ctraj. theta2t）和 VARVAL（.Robot_HumanoidArm_Ctraj. theta3t）。

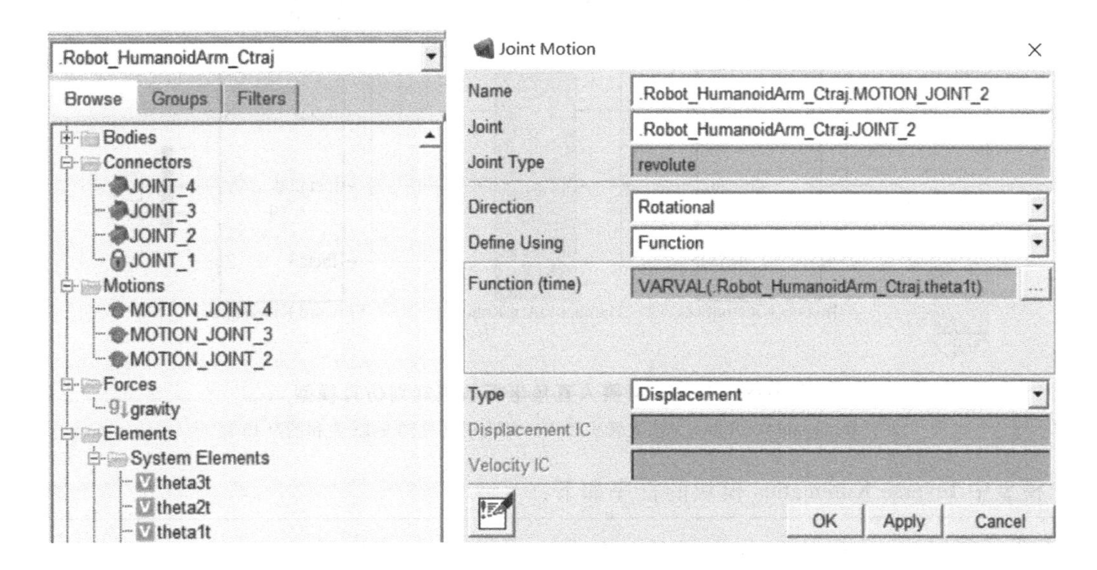

图 9-17 建立关节驱动

按照前述导出方法，选择输入输出信号，导出控制对象，如图 9-18 所示。

在 MATLAB/Simulink 中建立如图 9-19 所示的仿真模型。

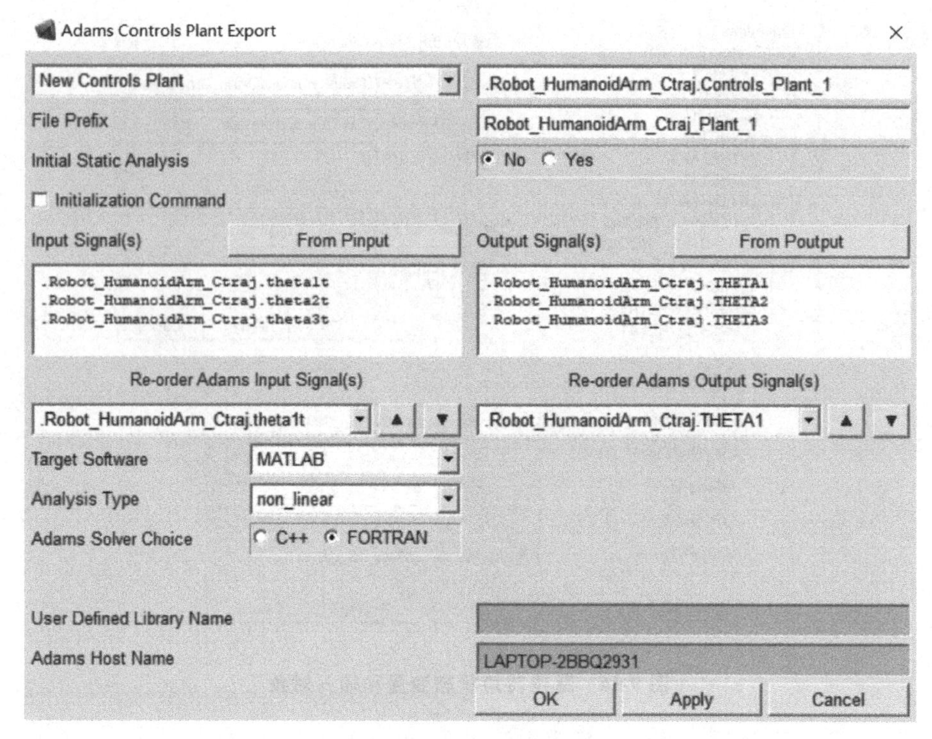

图 9-18 控制对象的导出

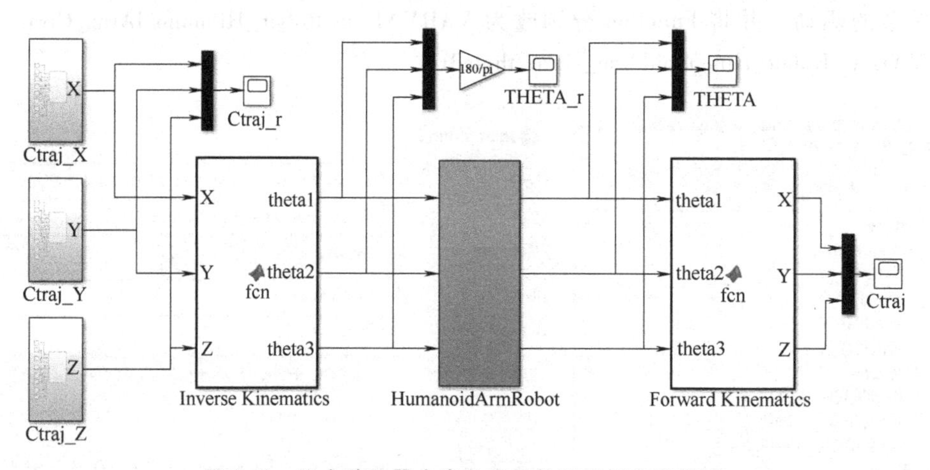

图 9-19 拟人臂机器人直角坐标轨迹规划仿真模型

注：HumanoidArmRobot 为拟人臂机器人。其他说明见图 9-13 注和图 9-15 注。

模型中 Inverse Kinematics 模块的程序如下：

```
function [theta1,theta2,theta3]= fcn(X,Y,Z)
    % 三关节拟人臂机器人逆向运动学方程
    % 注意输出关节角度单位为弧度
    L1=0.5;
    L2=1.0;
```

```
    L3=1.0;
    theta1 =atan2(Y,X);
    C1=L1^2-2* L1* Z+L2^2+2* L2* X/cos(theta1)-L3^2
      +X^2/(cos(theta1)* cos(theta1))+Z^2;
    C2=2* L1* L2-2* L2* Z;
    C3=L1^2-2* L1* Z+L2^2-2* L2* X/cos(theta1)-L3^2
      +X^2/(cos(theta1)* cos(theta1))+Z^2;
    theta2 = 2* atan2(-C2+sqrt(C2^2-C1* C3),C1);
    theta3 = acos((L1-Z+L2* sin(theta2))/L3)-theta2-pi/2;
```

模型中 Forward Kinematics 模块的程序如下：

```
function [X,Y,Z]= fcn(theta1,theta2,theta3)
    % 三关节拟人臂机器人正向运动学方程
    % 注意输入关节角度单位为度
    L1=0.5;
    L2=1.0;
    L3=1.0;
    theta1=theta1/180* pi;
    theta2=theta2/180* pi;
    theta3=theta3/180* pi;
    X=cos(theta1)* (L2* cos(theta2)+L3* cos(theta2+theta3));
    Y=sin(theta1)* (L2* cos(theta2)+L3* cos(theta2+theta3));
    Z=L1+L2* sin(theta2)+L3* sin(theta2+theta3);
```

最终仿真得到的拟人臂末端直角坐标 3 个方向的轨迹曲线和各关节角度曲线如图 9-20 和图 9-21 所示。仔细观察仿真时机器人运动的动画（将动画模式改为交互式），可以看出，机器人末端沿直线由点 P_1 运动到点 P_2。

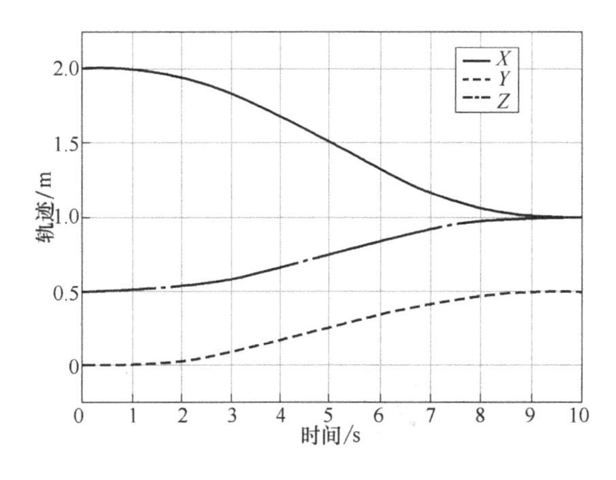

图 9-20　拟人臂机器人直角坐标轨迹曲线

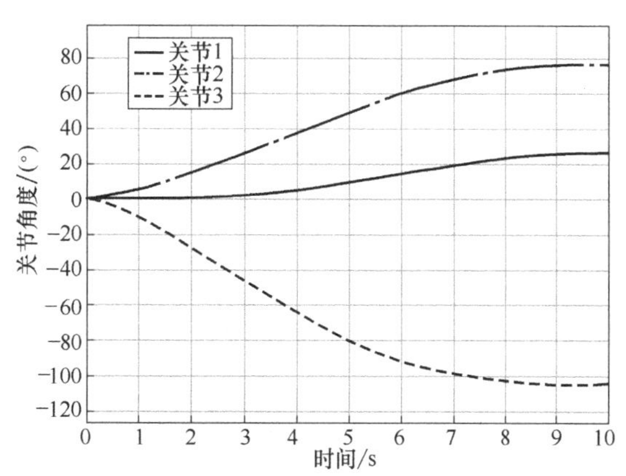

图 9-21　拟人臂机器人各关节角度曲线

9.4 考虑姿态的直角坐标空间轨迹规划

前面的直角坐标空间轨迹规划中，只关注了机器人末端执行器位置（即固定在末端执行器的坐标系的原点），并没有过多地关注机器人末端执行器姿态的规划问题。实际上，机器人末端执行器的姿态通常不是任意的，如图 9-22 所示的平面二连杆机器人，其末端执行器从点 P_1 运动到点 P_2 时，轨迹上每一点的姿态只能是固定的，不可任意选取。这一点从平面二连杆机器人的正向运动学方程就可以看出：轨迹上的任意一点最多可以有两个姿态。

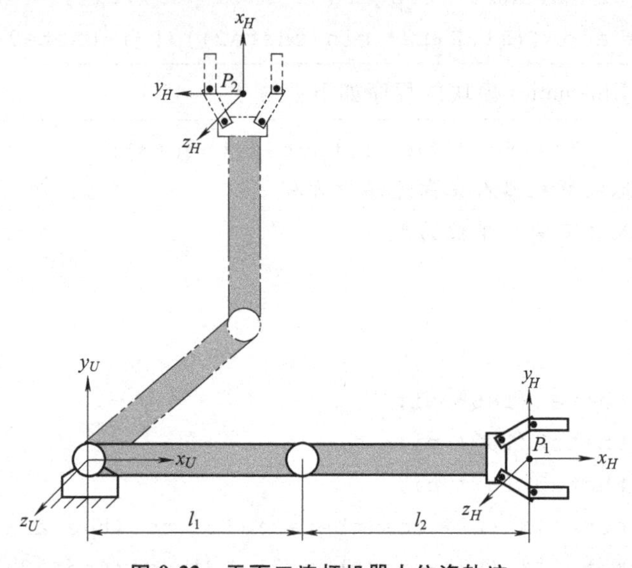

图 9-22　平面二连杆机器人位姿轨迹

而对于图 9-23 所示的平面三连杆机器人，在给定末端执行器的终点位置时，还应指定固定在末端执行器的坐标系在任意时刻的姿态。这样才能确定有限组逆向运动学的解，否则将有无数多组解满足位置轨迹。

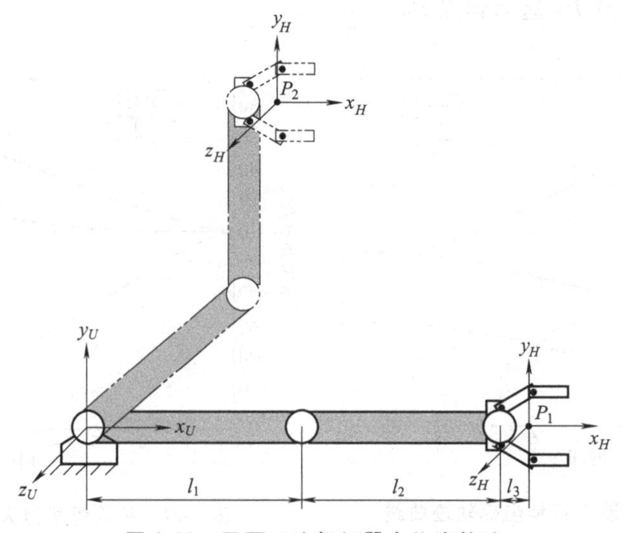

图 9-23　平面三连杆机器人位姿轨迹

如图 9-23 所示，机器人末端执行器从点 P_1 运动到点 P_2，其初始位姿矩阵为

$$ {}_H^U\boldsymbol{T}_0=\begin{bmatrix} {}^U\boldsymbol{R}_0 & {}^U\boldsymbol{P}_1 \\ \boldsymbol{0} & \boldsymbol{1} \end{bmatrix} $$

其终止位姿矩阵为

$$ {}_H^U\boldsymbol{T}_f=\begin{bmatrix} {}^U\boldsymbol{R}_f & {}^U\boldsymbol{P}_2 \\ \boldsymbol{0} & \boldsymbol{1} \end{bmatrix} $$

三连杆的正向运动学方程为

$$ {}_H^U\boldsymbol{T}=\begin{bmatrix} C_{123} & -S_{123} & 0 & l_1C_1+l_2C_{12}+l_3C_{123} \\ S_{123} & C_{123} & 0 & l_1S_1+l_2S_{12}+l_3C_{123} \\ 0 & 0 & 1 & 0 \\ 0 & 0 & 0 & 1 \end{bmatrix} \tag{9-19} $$

在进行轨迹规划时，可以首先根据三连杆机器人运动学逆解，求出终止时刻各关节的转角 θ_{1f}、θ_{2f}、θ_{3f}，结合初始各关节转角 θ_{10}、θ_{20}、θ_{30}，以及初始时刻和终止时刻的速度、加速度等条件，选择三次多项式、带抛物线过渡线性插值或者五次多项式等轨迹规划方法，在关节空间内进行轨迹规划。如果在运动过程中必须遵循特定的轨迹，如直线、圆弧等，则需要先在直角坐标空间进行轨迹规划，再利用运动学逆解转化为各关节的转角。

【例 9-6】 图 9-23 中三连杆机器人，$l_1=1.0\text{m}$，$l_2=1.0\text{m}$，$l_3=0.2\text{m}$，采用五次多项式轨迹规划使末端执行器在 2s 内沿直线从初始位姿：

$$ {}_H^U\boldsymbol{T}_0=\begin{bmatrix} 1 & 0 & 0 & 2.2 \\ 0 & 1 & 0 & 0 \\ 0 & 0 & 1 & 0 \\ 0 & 0 & 0 & 1 \end{bmatrix} $$

到达其终止位姿：

$$ {}_H^U\boldsymbol{T}_f=\begin{bmatrix} 1 & 0 & 0 & 0.8 \\ 0 & 1 & 0 & 1.5 \\ 0 & 0 & 1 & 0 \\ 0 & 0 & 0 & 1 \end{bmatrix} $$

在运动过程中，末端执行器的姿态保持不变，并在 ADAMS 中进行仿真验证。

解： 采用五次多项式轨迹规划的方法，可以求得 X 坐标的函数为

$$ X(t)=2.2-1.75t^3+1.3125t^4-0.2625t^5 $$

同理可以确定 Y 坐标函数为

$$ Y(t)=1.875t^3-1.4063t^4+0.2813t^5 $$

由于固定在末端执行器上的工具坐标系是在 XY 平面内旋转，即绕 Z 轴旋转，为了方便姿态数据的输入，这里采用一个角 $\theta(t)$，即工具坐标系 H 的 X 轴与参考系 U 的 X 轴之间的夹角来表征的末端执行器姿态，绕 Z 轴的旋转矩阵为

$$ \boldsymbol{R}(z,\theta)=\begin{bmatrix} \cos\theta & -\sin\theta & 0 \\ \sin\theta & \cos\theta & 0 \\ 0 & 0 & 1 \end{bmatrix}=\begin{bmatrix} 1 & 0 & 0 \\ 0 & 1 & 0 \\ 0 & 0 & 1 \end{bmatrix} $$

因此

$$\theta(0)=\theta(f)=\arccos(1)=0$$

为了使运动平滑，依然对其采用五次多项式轨迹规划：

$$\theta(t)=0$$

采用第 2 章方法，建立 ADAMS 模型并输出控制对象，如图 9-24 所示，具体操作这里不再详述。

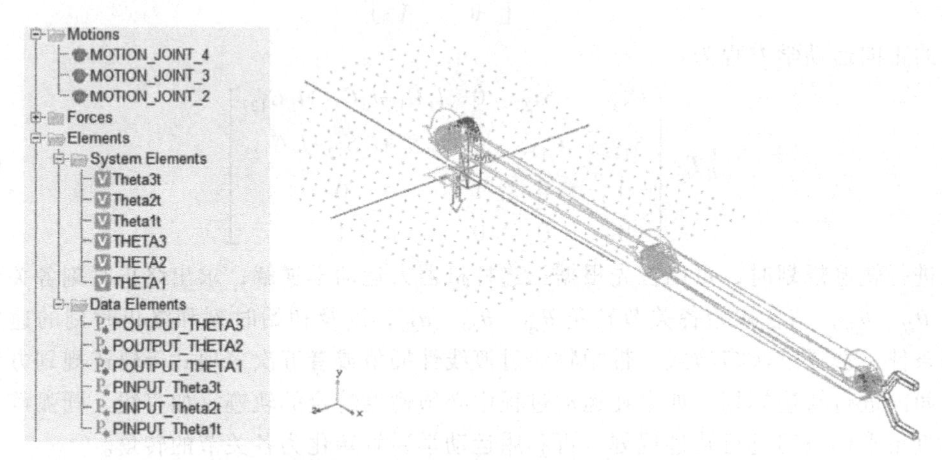

图 9-24　三连杆机器人 ADAMS 模型

在 MATLAB/Simulink 中建立如图 9-25 所示的仿真模型。

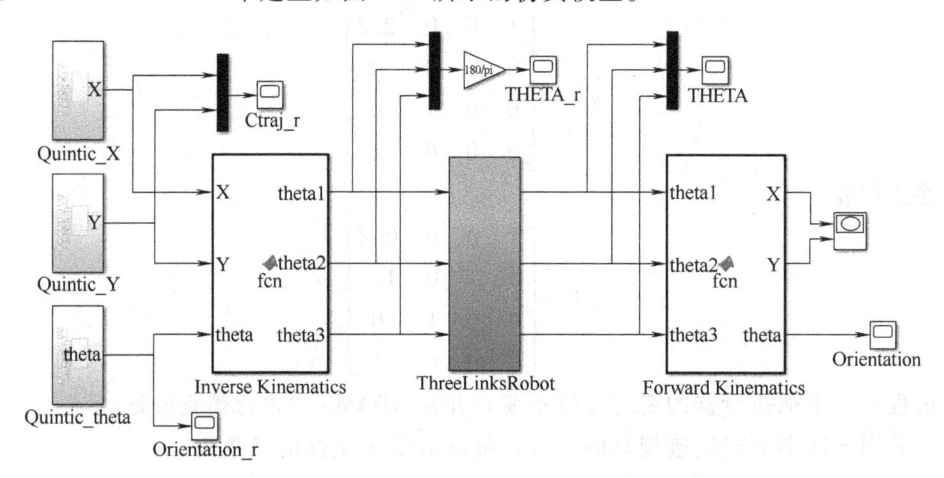

图 9-25　三连杆机器人直角坐标轨迹规划仿真模型

注：Quintic_X、Quintic_Y、Quintic_theta 为五次多项式轨迹规划模块；ThreeLinksRobot 为三连杆机器人；Orientation 为机械手末端执行器方位（姿态）。其他说明见图 9-13 注和图 9-15 注。

模型中 Inverse Kinematics 模块的程序如下：

```
function [theta1,theta2,theta3]= fcn(X,Y,theta)
    % 三关节平面机器人逆向运动学方程,下肘位
    % 由于是平面机器人,省略了 Z 方向坐标,
    % 同时为了方便输入,机器人末端机械手的姿态采用一个角度 theta 来表征
```

```
% R=[cos(theta) -sin(theta) 0;
%   sin(theta)  cos(theta) 0;
%       0        0       1]
% 注意输入角度单位为角度,输出角度单位为弧度
% 三个连杆的长度
L1=1.0;
L2=1.0;
L3=0.2;
theta=theta/180* pi;
X_w=X-L3* cos(theta);
Y_w=Y-L3* sin(theta);
r = sqrt(X_w^2+Y_w^2);
theta2 = pi-acos((L1^2+L2^2-r^2)/(2* L1* L2));
theta1 = atan2(Y_w,X_w)-acos((L1^2+r^2-L2^2)/(2* L1* r));
theta3 = theta-theta1-theta2;
```

模型中 Forward Kinematics 模块的程序如下：

```
function [X,Y,theta]= fcn(theta1,theta2,theta3)
  % 输入角度单位为度
  % 输出角度单位为度
  L1=1.0;
  L2=1.0;
  L3=0.2;
  theta1=theta1/180* pi;
  theta2=theta2/180* pi;
  theta3=theta3/180* pi;
  X=L1* cos(theta1)+L2* cos(theta1+theta2)
    +L3* cos(theta1+theta2+theta3);
  Y=L1* sin(theta1)+L2* sin(theta1+theta2)
    +L3* sin(theta1+theta2+theta3);
  theta=(theta1+theta2+theta3)/pi* 180;
```

仿真得到的平面三连杆机器人末端执行器的实际轨迹如图 9-26 所示，X、Y 方向的轨迹曲线如图 9-27 所示，各关节角度曲线如图 9-28 所示。仔细观察仿真时机器人运动的动画，可以看出，机器人末端执行器沿直线由点 P_1 运动到 P_2，且姿态在运动过程中始终保持不变。

读者可试着修改表征终止姿态的角度 θ，重新仿真以观察机器人末端执行器姿态在运动过程中的变化。

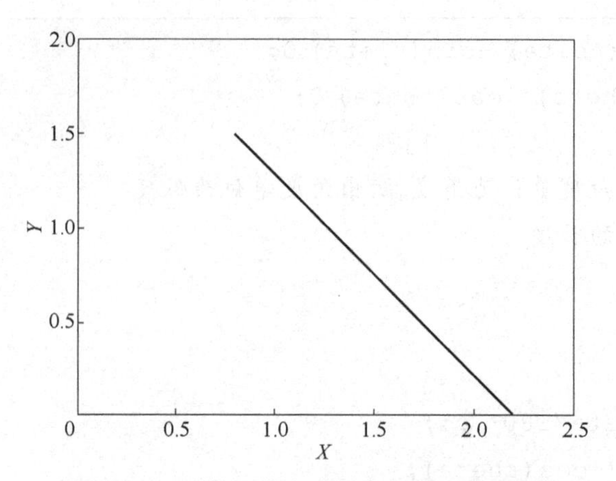

图 9-26　三连杆机器人末端执行器的实际轨迹

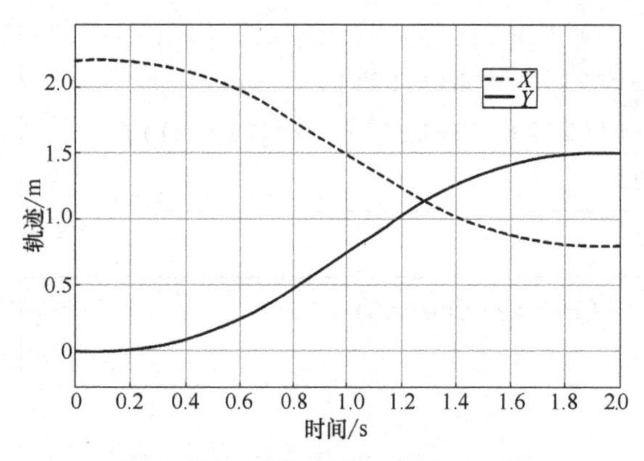

图 9-27　三连杆机器人末端执行器 X、Y 方向轨迹曲线

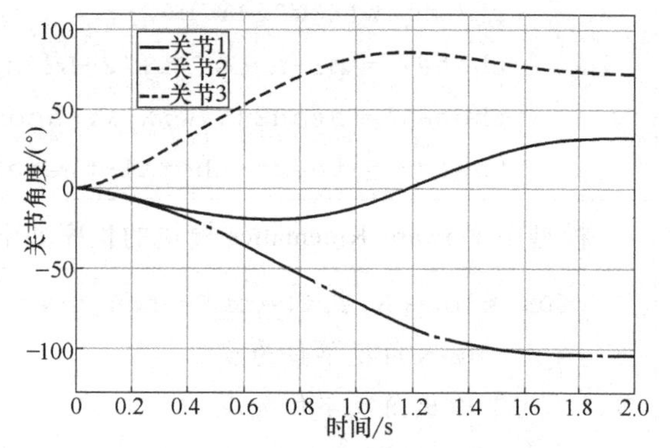

图 9-28　三连杆机器人各关节角度曲线

机器人控制

通过前面的章节，我们已经得到了机器人各关节的时间函数曲线，通过正向运动学就可以计算出对应的末端执行器的期望运动。本章讨论机器人的控制问题，即如何才能使机器人较好地完成这些期望运动。比较简单的控制策略就是将每个关节作为一个独立的系统单独控制，而将各关节之间的耦合作用视作外部干扰，那么对于一个 N 关节的机器人而言，就是要设计 N 个单输入单输出（SISO）控制系统，这也是目前大多数工业机器人控制器采用的方法。然而，由机器人的动力学方程可知，机器人是一个强耦合系统，其控制是典型的多输入多输出（MIMO）系统的控制问题。需要指出的是，对于多关节机器人控制，由于其动力学模型中的诸如惯性矩阵、哥氏力离心力矩阵等是关节变量的函数，因此属于非线性时变系统控制的问题，经典的基于传递函数的线性定常模型将不再适用，本章采用的是 ADAMS 软件导出的基于状态空间的模型。

10.1 关节独立 PD 控制

最简单的机器人控制方法是基于 PD 控制器对每个关节分别进行独立控制。该控制方法基于位置误差 $e=\theta_r-\theta$ 的计算，确定控制器的参数，并最终减小或者抑制该误差，如图 10-1 所示。位置误差 e 经过位置增益 K_p 后放大，作为控制分量输入到机器人系统中。过大的 K_p 会引起系统响应的超调（即过冲，有的机器人不允许出现过冲），K_p 太小又会降低系统响应的精度。为了使系统稳定，在位置环的基础上又增加了速度反馈，相当于在系统中增加了阻尼项，K_d 为速度环的增益，所以最终控制器的控制率为

$$u=K_p(\theta_r-\theta)-K_d\dot{\theta} \tag{10-1}$$

很明显，在该种控制策略下，当关节的转速很高时将产生很大的阻尼效应，这在某些场合是不必要的，甚至是不合适的，因为阻尼过大会降低系统的响应速度。一种改进的控制策略就是在控制率中引入参考速度 $\dot{\theta}_r$，如图 10-2 所示，此时的控制率为

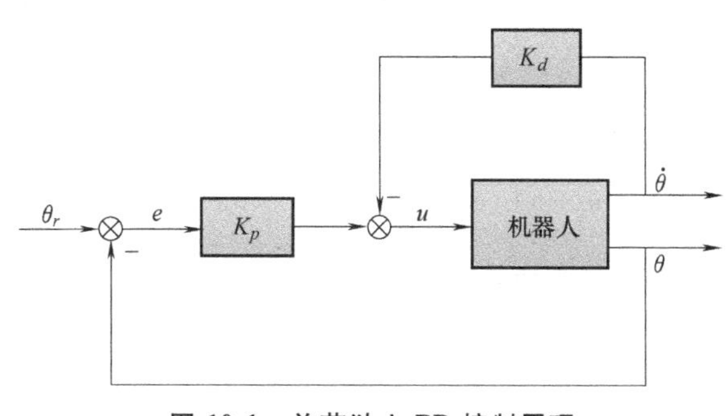

图 10-1　关节独立 PD 控制原理

$$u=K_p(\theta_r-\theta)-K_d(\dot{\theta}_r-\dot{\theta}) \tag{10-2}$$

这样阻尼效应就降低了，从而加快了系统的响应速度。

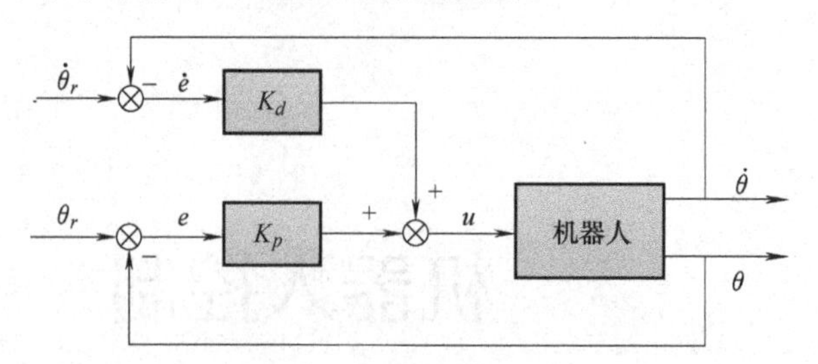

图 10-2　关节独立 PD 控制原理（引入参考速度）

10.2　单连杆 PD 控制仿真

在 MATLAB/Simulink 中建立的单连杆 PD 控制仿真模型如图 10-3 所示。其中期望的轨迹是采用三次多项式轨迹规划，在 1s 内关节角度从 0°转到 45°，起始和终止时转速都为 0。设置 PD 控制器参数 $K_{p1}=100$，$K_{d1}=5$，其关节转角曲线如图 10-4 所示，控制转矩曲线如图 10-5 所示。适当的提高位置环的比例增益 K_p 可以提高跟随的精度。

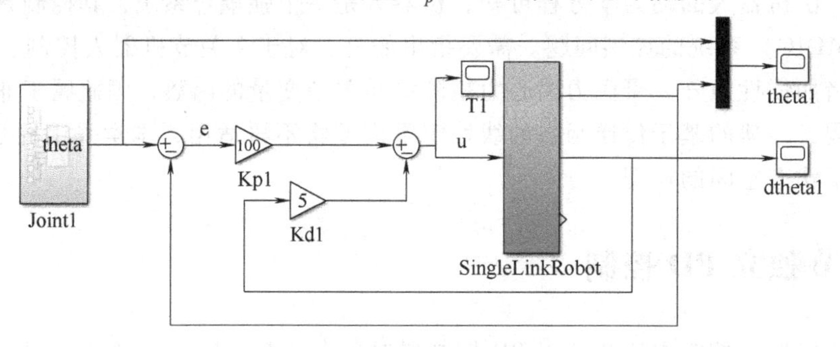

图 10-3　单连杆 PD 控制仿真模型

注：Joint1 为关节 1 轨迹规划模块；SingleLinkRobot 为单连杆机器人。

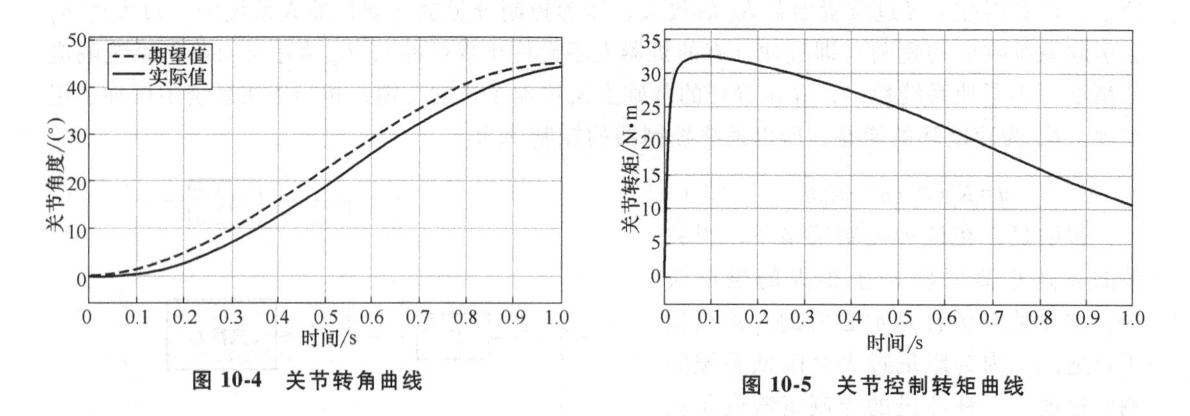

图 10-4　关节转角曲线

图 10-5　关节控制转矩曲线

改进后在控制率中引入参考速度 $\dot{\theta}_r$（可由参考转角函数求导得到），如图 10-6 所示。可以看出，采用改进控制策略后系统的精度大大提高，如图 10-7 所示。

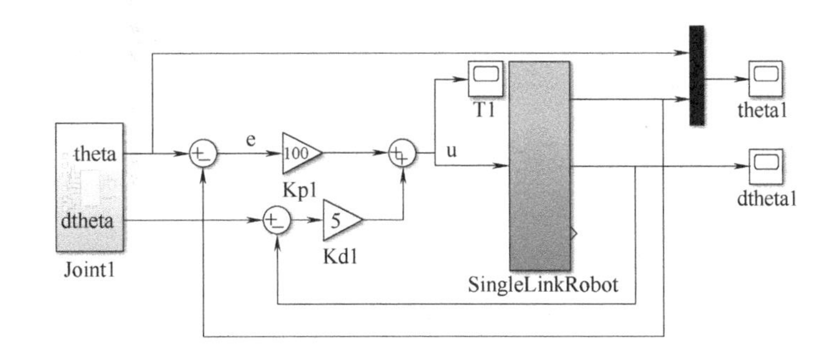

图 10-6 单连杆 PD 控制仿真模型（引入参考速度）

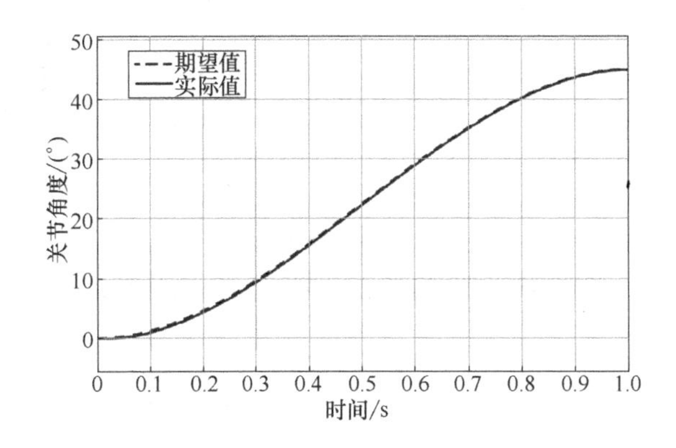

图 10-7 关节转角曲线（改进后）

10.3 带重力补偿的单连杆 PD 控制

机器人单连杆 PD 控制中，诸如重力、摩擦力、负载等都是作为外界干扰来考虑的。如果这些干扰可以较为精确地确定，那么就可以采用前馈或者反馈的策略来对这些干扰加以补偿，从而减轻 PD 控制器的压力。

以重力的补偿为例，其控制策略如图 10-8 所示。前馈和反馈二者的区别在于关节转角的来源不同：采用前馈补偿策略时，关节的转角来自于指令信号；而采用反馈补偿策略时，关节的转角来自于反馈测量信号。

设单关节连杆的质量 $m=5.19635\text{kg}$，连杆质心距离关节的距离 $r=0.5\text{m}$，重力加速度 $g=9.8\text{m/s}^2$，则图 10-8 中模块 $f(u)$ 的表达式为：$m*g*\cos(u(1))*r$。

期望的轨迹同样采用三次多项式轨迹规划，在 1s 内关节角度从 0°转到 45°，起始和终止时转速都为 0，关节转角的仿真结果如图 10-9 所示。与图 10-7 对比可知，采用较小的 PD 参数即可达到相同的控制效果（$K_{p1}=50$，$K_{d1}=2$）。进一步对比控制转矩 u 可知，采用重力补偿的控制策略时，u 在初始零时刻存在约 25N · m 的重力补偿项，其动态跟随性能略优于不带重力补偿的 PD 控制策略，如图 10-10 所示。

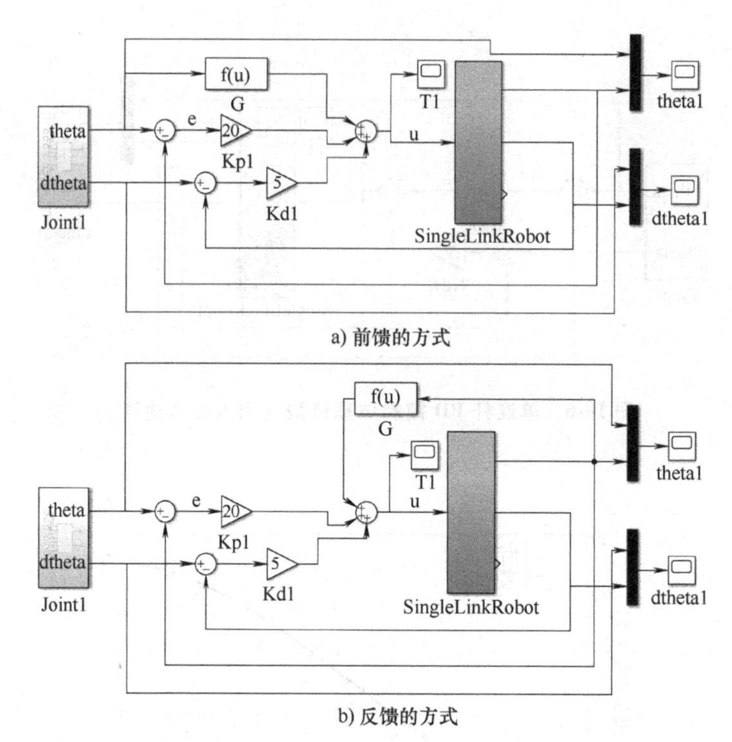

a) 前馈的方式

b) 反馈的方式

图 10-8　带重力补偿的单连杆 PD 控制策略

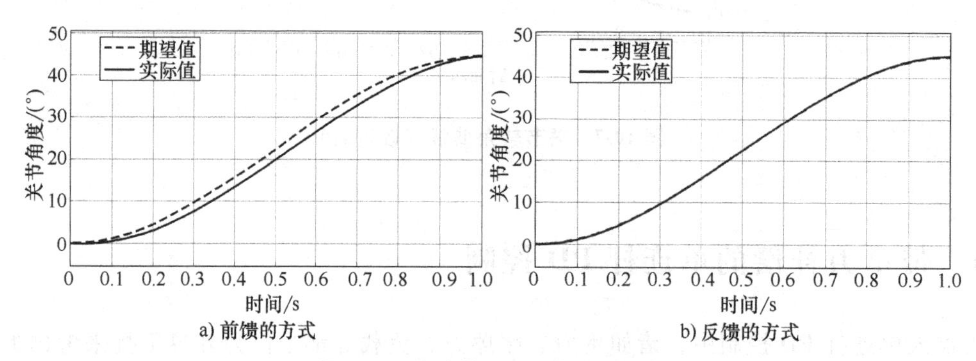

a) 前馈的方式　　b) 反馈的方式

图 10-9　单关节 PD 关节转角曲线

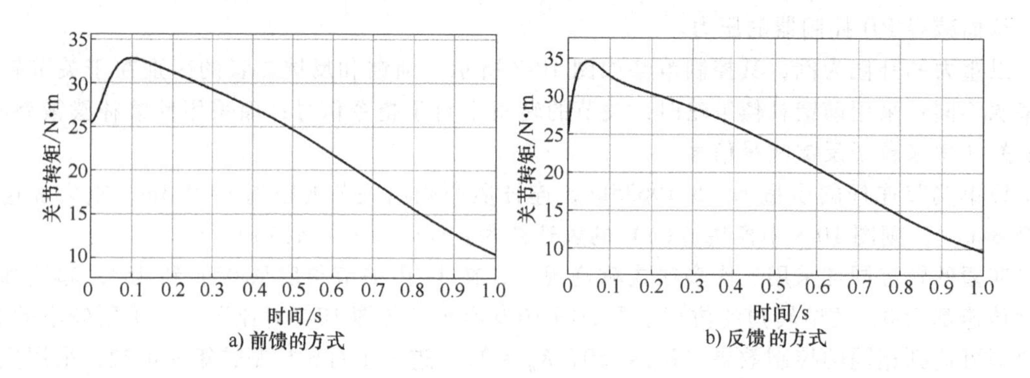

a) 前馈的方式　　b) 反馈的方式

图 10-10　单关节 PD 控制转矩曲线

10.4 二连杆 PD 控制仿真

对于二连杆机器人而言，各连杆仍采用 PD 独立控制，但除了各连杆自身的重力、摩擦力、负载等外界干扰外，连杆之间的相互作用力（矩）也看作是重要的干扰因素，所以这是一个强耦合、强非线性的时变系统。

期望的轨迹采用三次多项式轨迹规划，在 1s 内关节角度从 0°转到 45°，起始和终止时转速都为 0。图 10-11～图 10-13 所示分别为二连杆机器人带速度反馈的 PD 控制、改进的 PD 控制、带重力前馈补偿的 PD 控制 Simulink 仿真模型。

读者可以试着运动一下仿真模型，比较一下三种控制方法的优劣。

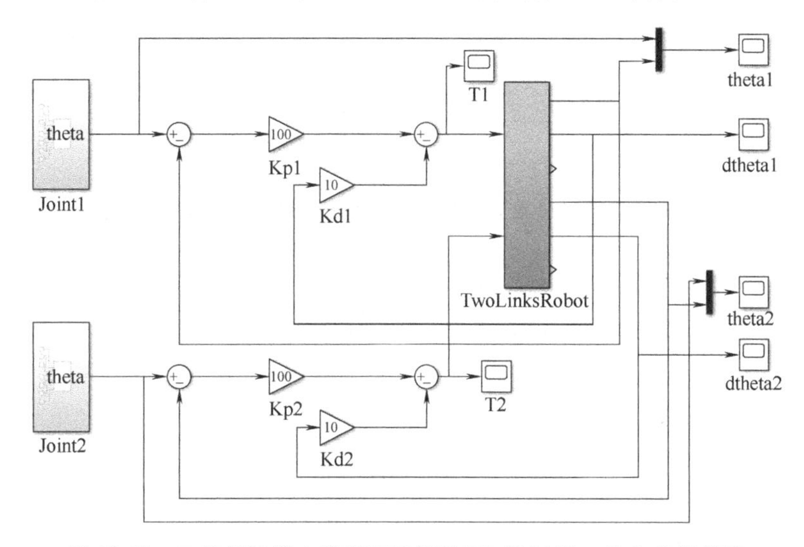

图 10-11　二连杆机器人带速度反馈的 PD 控制 Simulink 仿真模型

注：Joint1、Joint2 分别为关节 1、关节 2 轨迹规划模块；TwoLinksRobot 为二连杆机器人。

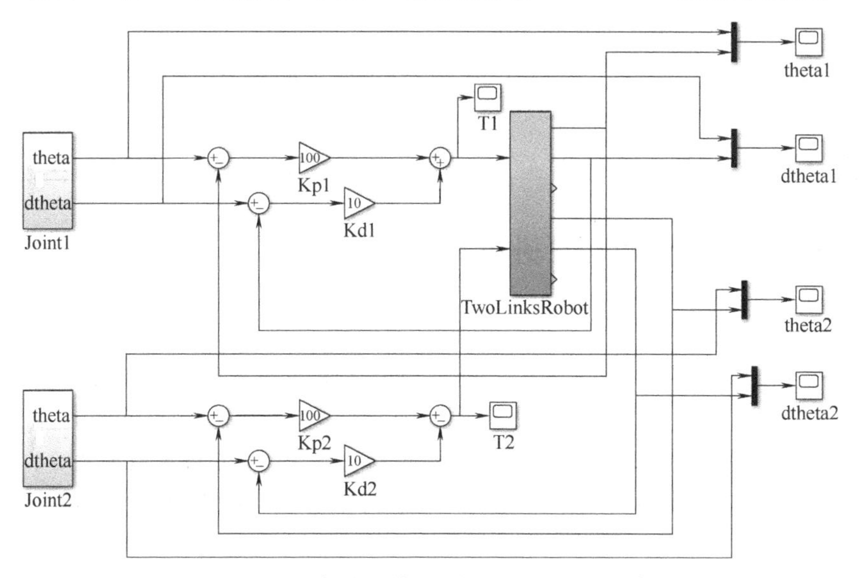

图 10-12　二连杆改进的 PD 控制 Simulink 仿真模型

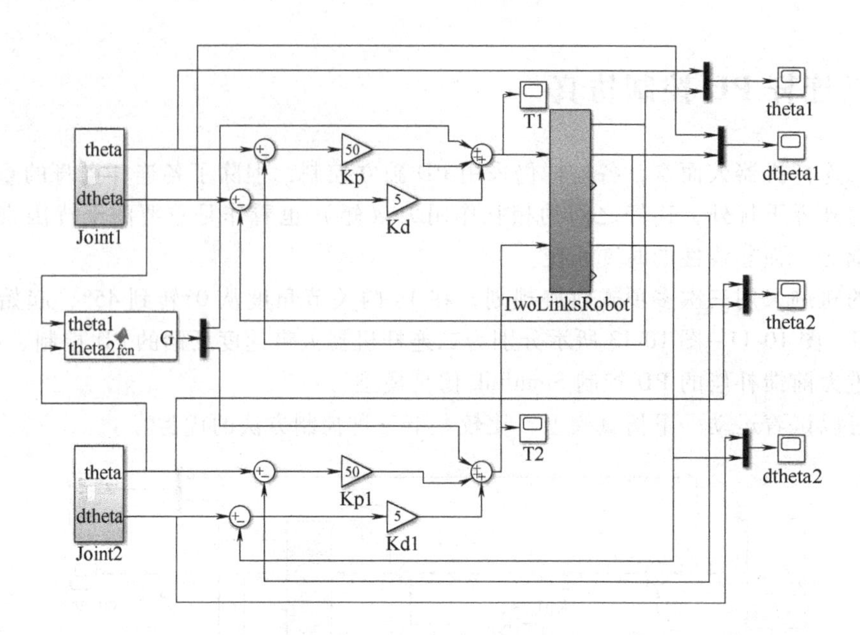

图 10-13　二连杆带重力前馈补偿的 PD 控制 Simulink 仿真模型

图 10-13 中 fcn 模块的函数表达式如下：

```
function y = fcn(theta1,theta2)
    m1 = 5.19635;
    m2 = 5.19635;
    r1=0.5;
    r2=0.5;
    g = 9.80665;
    g1 = (m1+m2)* r1* cos(theta2/180* pi)+m2* r2* cos(theta1/180*
        pi+theta2/180* pi);
    g2 = m2* r2* cos(theta1/180* pi+theta2/180* pi);
    G = [g1* g;g2* g];
    y = G;
```

10.5　拟人臂机械手 PD 控制仿真

对于拟人臂机械手，采用 PD 独立控制，期望的轨迹采用五次多项式轨迹规划，在 1s 内关节角度从 0°转到 45°，起始和终止时转速为 0，起始和终止时加速度也为 0。本例除了采用重力补偿外，还在第一关节伺服力矩的输出中施加了范围在幅值［-1，1］区间均匀分布的干扰信号（当然，读者也可以施加其他方式的干扰信号），以考察 PD 控制器对于干扰信号的抑制能力。第 1、2 关节的 PD 控制器 K_p 取 50，K_d 取 2，第 3 关节的 PD 控制器 K_p 取 20，K_d 取 2，如图 10-14 所示。三个关节转角的仿真结果如图 10-15～图 10-17 所示。

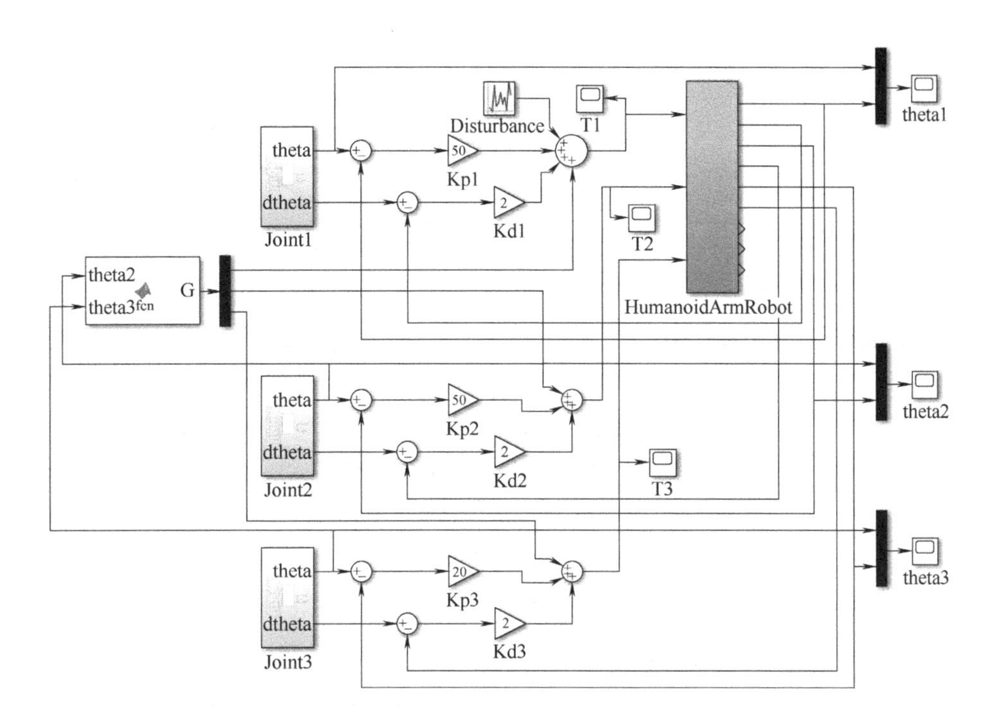

图 10-14 拟人臂机械手带重力前馈补偿的 PD 控制 Simulink 仿真模型

注：Joint1、Joint2、Joint3 分别为关节 1、关节 2、关节 3 轨迹规划模块；Disturbance 为外部干扰模块；HumanoidArmRobot 为拟人臂机器人。

模型中 fcn 模块的函数表达式如下：

```
function y = fcn(theta2,theta3)
    m2 = 11.9235;
    m3 = 4.6336;
    r2 = 0.33;
    r3 = 0.24;
    l2 = 0.75;
    g = 9.80665;
    b1 = (m2* r2+m3* l2)* g;
    b2 = m3* r3* g;
    g1 = 0;
    g2 = b1* cos(theta2/180* pi)+b2* cos(theta2/180* pi+theta3/180* pi);
    g3 = b2* cos(theta2/180* pi+theta3/180* pi);
    G = [g1;g2;g3];
    y = G;
```

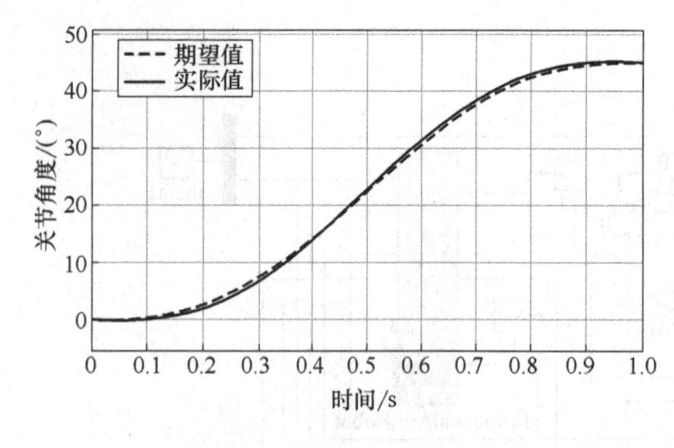

图 10-15 关节 1 角度曲线

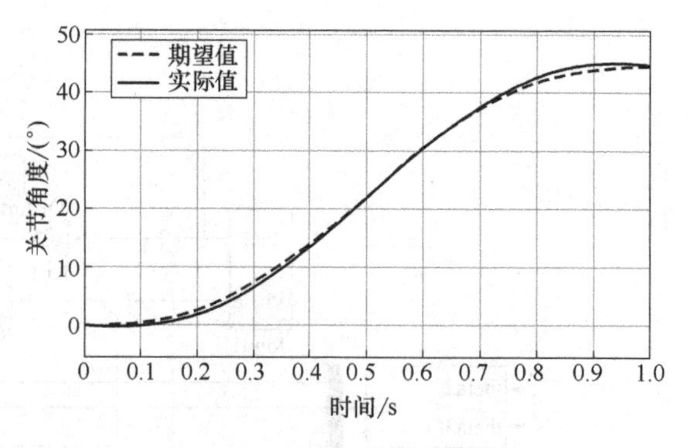

图 10-16 关节 2 角度曲线

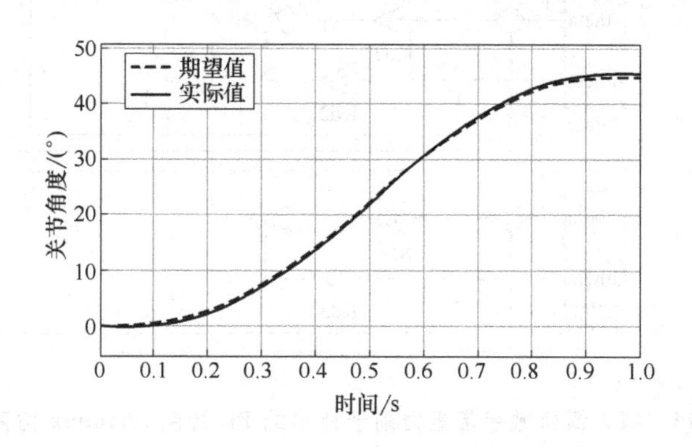

图 10-17 关节 3 角度曲线

10.6 基于逆向动力学模型的控制

不考虑关节的摩擦时，机器人的动力学方程为

$$\boldsymbol{M}(\boldsymbol{\theta})\ddot{\boldsymbol{\theta}}+\boldsymbol{C}(\boldsymbol{\theta},\dot{\boldsymbol{\theta}})\dot{\boldsymbol{\theta}}+\boldsymbol{G}(\boldsymbol{\theta})=\boldsymbol{u} \tag{10-3}$$

很明显，这是一个具有强耦合、强非线性、时变的模型，各关节变量之间存在着较强的相互作用。在使用重力补偿的 PD 控制器时，将重力项 $\boldsymbol{G}(\boldsymbol{\theta})$ 通过前馈或者反馈的方式加入到控制力矩中，以提高控制的效率，减轻 PD 控制器的压力。本节基于逆向动力学模型的控制方法，将这一概念将进一步升级，其实质是一种非线性系统反馈线性化的方法，有的书中也叫计算力矩（转矩）控制。

10.6.1 非线性模型的反馈线性化

以旋转关节机器人为例，作为一个机械系统，各关节输入量为驱动电动机的转矩，输出量为各关节的位置（转角），将式（10-3）变化一下：

$$\ddot{\boldsymbol{\theta}}=\boldsymbol{M}^{-1}(\boldsymbol{\theta})[\boldsymbol{u}-\boldsymbol{C}(\boldsymbol{\theta},\dot{\boldsymbol{\theta}})\dot{\boldsymbol{\theta}}-\boldsymbol{G}(\boldsymbol{\theta})] \tag{10-4}$$

将上式积分一次即可得到机器人的关节速度，将速度再积分一次即可得到机器人各关节的位置，式（10-4）代表的机器人模型可用图 10-18 表示。

假设能够得到一个机器人大概的动力学模型，如图 10-19 所示，$\hat{\boldsymbol{M}}(\boldsymbol{\theta})$ 为机器人惯性矩阵 $\boldsymbol{M}(\boldsymbol{\theta})$ 的估计，$\hat{\boldsymbol{C}}(\boldsymbol{\theta},\dot{\boldsymbol{\theta}})$ 为机器人哥氏力和离心力矩阵 $\boldsymbol{C}(\boldsymbol{\theta},\dot{\boldsymbol{\theta}})$ 的估计，$\hat{\boldsymbol{G}}(\boldsymbol{\theta})$ 为机器人重力矩阵 $\boldsymbol{G}(\boldsymbol{\theta})$ 估计。采用如下控制率：

$$\boldsymbol{u}=\hat{\boldsymbol{M}}(\boldsymbol{\theta})\boldsymbol{y}+\hat{\boldsymbol{C}}(\boldsymbol{\theta},\dot{\boldsymbol{\theta}})\dot{\boldsymbol{\theta}}+\hat{\boldsymbol{G}}(\boldsymbol{\theta}) \tag{10-5}$$

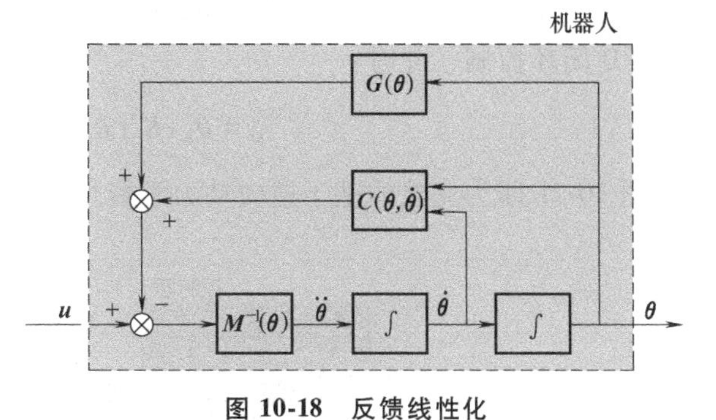

图 10-18 反馈线性化

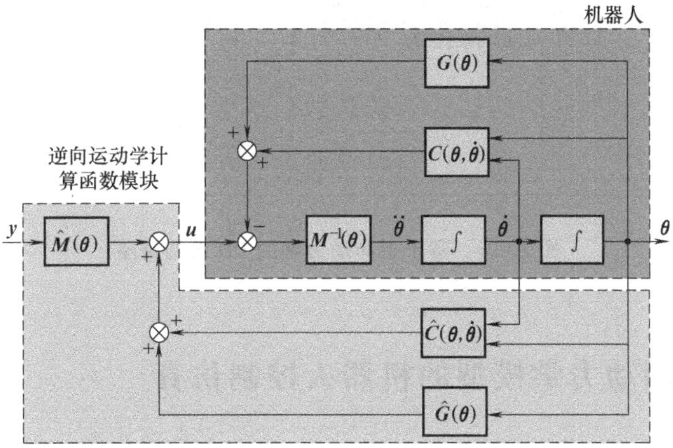

图 10-19 基于逆向动力学模型的线性化控制系统

假设上述模型是基本精确的，$\hat{\boldsymbol{M}}(\boldsymbol{\theta})$、$\hat{\boldsymbol{C}}(\boldsymbol{\theta},\dot{\boldsymbol{\theta}})$、$\hat{\boldsymbol{G}}(\boldsymbol{\theta})$ 与 $\boldsymbol{M}(\boldsymbol{\theta})$、$\boldsymbol{C}(\boldsymbol{\theta},\dot{\boldsymbol{\theta}})$、$\boldsymbol{G}(\boldsymbol{\theta})$ 可以分别等价，分析图中控制系统可知，各项相乘后抵消，控制系统的模型可等价为图 10-20 中的模型。

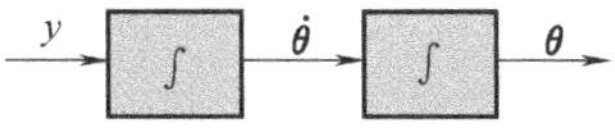

图 10-20 线性化后的等效模型

这样，经过基于逆向动力学的反馈线性化处理，模型实现了线性化，模型的行为就好像是在输入变量 $\boldsymbol{y}$ 和输出变量 $\boldsymbol{\theta}$ 之间仅存在两个积分环节一样。同时，模型还得到了解耦，向量 $\boldsymbol{y}$ 中的第一个元素只会影响向量 $\boldsymbol{\theta}$ 中的第一个元素（第一个关节的转角）。最后，输入变量 $\boldsymbol{y}$ 也很容易实现，可以令：

$$\boldsymbol{y}=\ddot{\boldsymbol{\theta}}_r \tag{10-6}$$

10.6.2 模型线性化+闭环反馈控制

在实际的应用中，机器人精确的动力学模型是很难得到的，实际的模型与理想的模型或多或少总会存在一定的误差，如没有考虑关节摩擦力矩的影响（实际的关节摩擦力矩也是很难精确确定的），惯性矩阵、哥氏力离心力矩阵中的一些参数不精确等，实际机器人输出的位置和速度存在误差：

$$\widetilde{\boldsymbol{\theta}}=\boldsymbol{\theta}_r-\boldsymbol{\theta} \tag{10-7}$$

$$\widetilde{\dot{\boldsymbol{\theta}}}=\dot{\boldsymbol{\theta}}_r-\dot{\boldsymbol{\theta}} \tag{10-8}$$

为了克服基于逆向动力学模型控制由于模型不确定性带来的这些误差，在输入变量 y 中引入 PD 闭环控制，此时：

$$y=\ddot{\boldsymbol{\theta}}_r+K_p(\boldsymbol{\theta}_r-\boldsymbol{\theta})+K_d(\dot{\boldsymbol{\theta}}_r-\dot{\boldsymbol{\theta}}) \tag{10-9}$$

图 10-21 即为完整的基于逆向动力学模型的机器人控制策略。

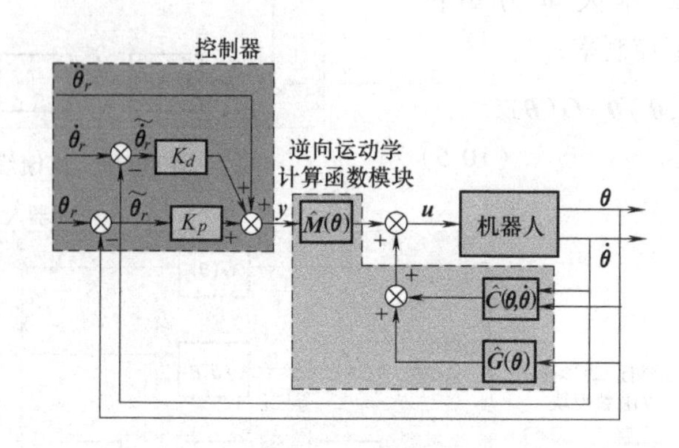

图 10-21 基于逆向动力学的 PD 控制策略

10.7 基于逆向动力学模型的机器人控制仿真

在 Simulink 中，利用前面章节导出的二连杆 ADAMS 控制模型，搭建如图 10-22 所示的仿真模型。本例中采用了 S-Function 模块来描述二连杆机器人的逆向动力学模型（关于 S-Function 的使用方法可以见参考文献），如图 10-23 所示。当然，也可以采用 fcn 模块来描述二连杆机器人的逆向动力学模型。

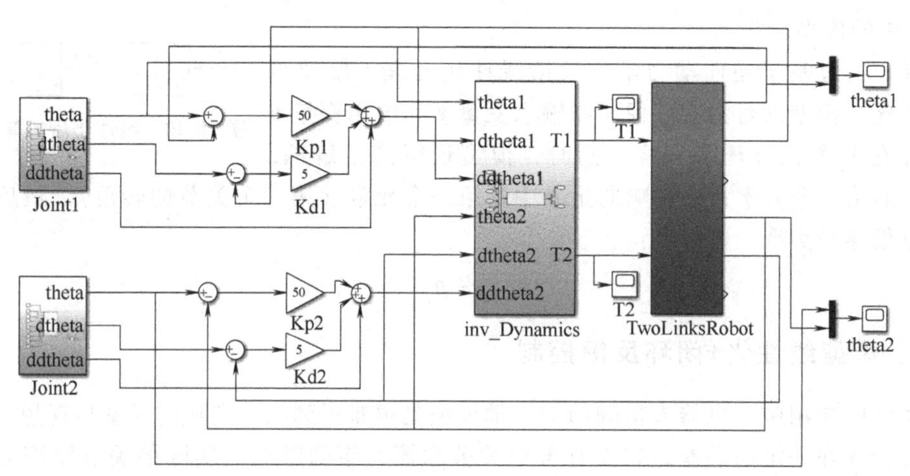

图 10-22 基于逆向动力学的二连杆机器人 PD 控制仿真模型

注：Joint1、Joint2 分别为关节 1、关节 2 轨迹规划模块；inv_Dynamics 为逆向动力学模块，TwoLinksRobot 为二连杆机器人。

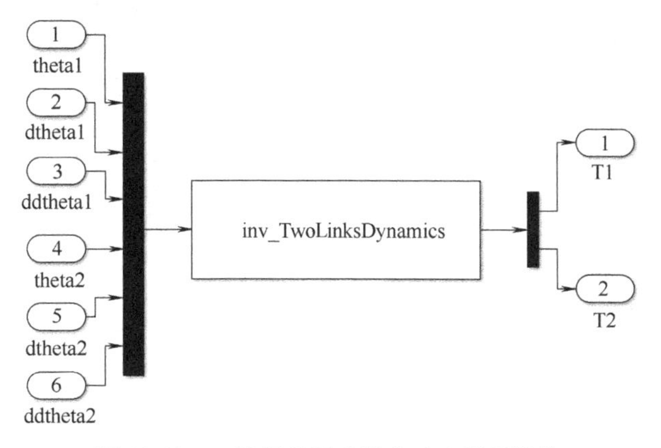

图 10-23　二连杆机器人逆向动力学子模块

注：inv_TwoLinksDynamics 为二连杆逆向动力学模块。

图 10-23 中 S-Function 模块 inv_TwoLinksDynamics 的程序如下：

```
function[sys,x0,UTr,ts] = inv_TwolinksDynamics(t,x,u,flag)
  switch flag
  case 0
      [sys,x0,UTr,ts] = mdlInitializeSizes;
  case 3
      sys = mdlOutputs(t,x,u);
  case{2,4,9}
      sys = [];
  otherwise
      error(['Unhandled flag = ',num2UTr(flag)]);
End

function[sys,x0,UTr,ts] = mdlInitializeSizes
  sizes = simsizes;
  sizes.NumOutputs   = 2;
  sizes.NumInputs   = 6;
  sizes.DirFeedthrough   = 1;
  sizes.NumSampleTimes   = 0;
  sys = simsizes(sizes);
  x0 = [];
  UTr = [];
  ts = [];

function sys = mdlOutputs(t,x,u)
  theta1 = u(1)/180* pi;
```

```
  dtheta1 = u(2)/180* pi;
  ddqtheta1= u(3)/180* pi;
  theta2 = u(4)/180* pi;
  dtheta2 = u(5)/180* pi;
  ddtheta2= u(6)/180* pi;
  theta=[theta1;theta2];
  dtheta=[dtheta1;dtheta2];
  ddtheta=[ddtheta1;ddtheta2];

  m1 = 5.19635;
  m2 = 5.19635;                    % 机器人的双臂连杆的质量
  l1 = 1;
  l2 = 1;                          % 机器人连杆长度,匀质杆
  g = 9.80665;                     % 重力加速度 g
  % 机器人的惯性矩阵
  D11 = m2 * l1 ^ 2 + 1/3 * m1 * l1 ^ 2 + 1/3 * m2 * l2 ^ 2 + m2 * l1 * l2 * cos
(theta2);
  D12 = 1/3* m2* l2^2+1/2* m2* l1* l2* cos(theta2);
  D22 = 1/3* m2* l2^2;
  D = [D11 D12;D12 D22];
  % 机器人的离心力和哥氏力
  C12 = 1/2* m2* l1* l2* sin(theta2);
  C = [-C12* dtheta2-C12* (dtheta1+dtheta2);C12* dtheta1 0];
  % 机器人的重力项
  g1 = (1/2 * m1 + m2) * l1 * cos (theta1) + 1/2 * m2 * l2 * cos (theta1 +
theta2);
  g2 = 1/2* m2* l2* cos(theta1+theta2);
  G = [g1* g;g2* g];
  T=D* ddtheta+C* dtheta+G;

  sys(1) = T(1);
  sys(2) = T(2);
```

S-Function 模块 inv_TwolinksDynamics 描述的模型实际是存在误差的，比如程序中关于机器人惯性矩阵的描述是基于长方形连杆的，而真实的连杆在关节处是圆形且带孔，因此在计算连杆的惯性矩时并不精确，这也是引入位置和速度反馈的原因。从图 10-24~图 10-27 可以看出，只需要较小的 K_p 和 K_d 参数就能得到很好的控制效果。用户可以采用 8.5.5 中的基于递归牛顿-欧拉法的 RNE 模块来代替 inv_TwolinksDynamics，会得到更好的控制效果。

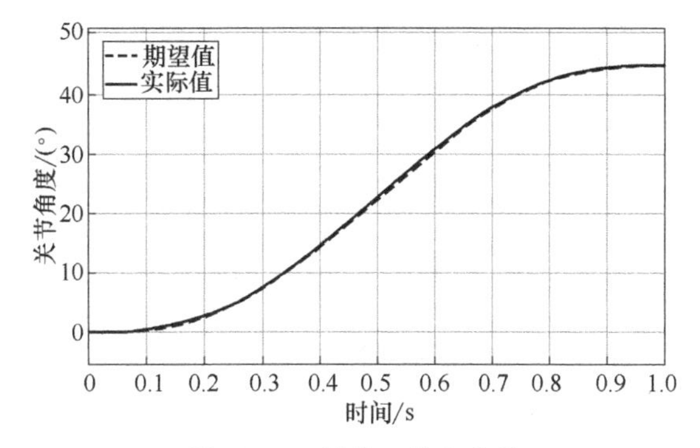

图 10-24 关节 1 转角曲线

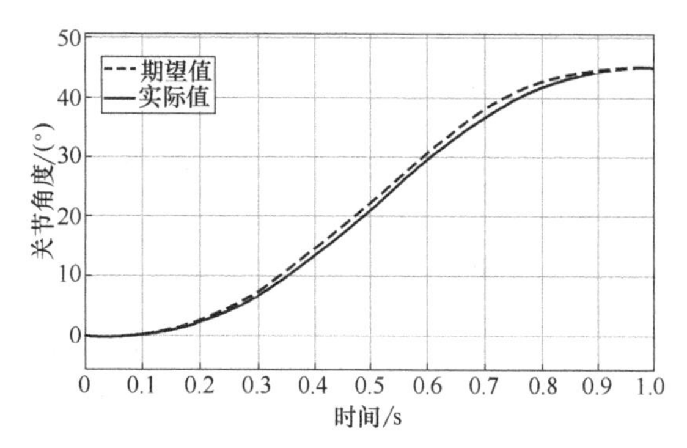

图 10-25 关节 2 转角曲线

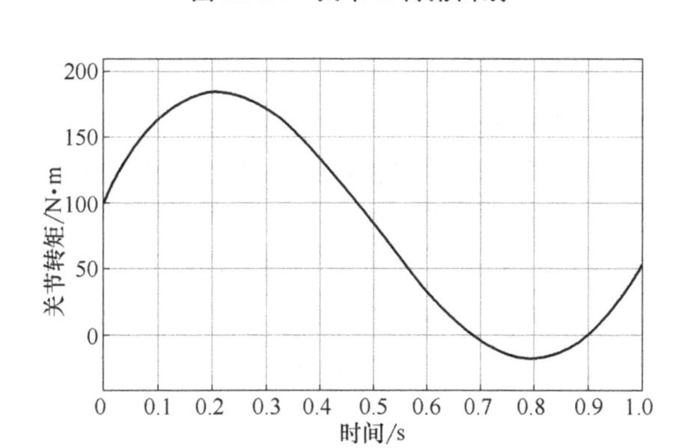

图 10-26 关节 1 控制转矩曲线

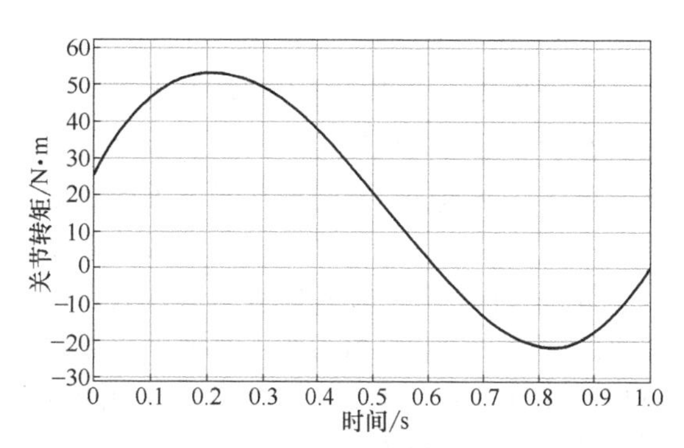

图 10-27 关节 2 控制转矩曲线

第11章 机器人力的控制

前面章节所述的机器人控制绝大多数是基于位置控制的，比如搬运机器人，从规定的位置出发—到达指定位置—装货—按设计的路线移动—卸货。基于位置控制的机器人能控制位置、速度、加速度，在工业现场常见的作业是搬运、焊接、喷漆等。但是只要求对位置控制是远远不够的，比如打磨、抛光、装配等工作，要求机器人还要有效地控制力的输出。

机器人执行某一作业时有时必须表现出低刚度，使机器人的末端能够对外力的变化做出相应的响应，此时机器人既不是要严格跟随某一位置指令，也不是要输出一定的力或力矩，而是展现出一种“柔顺”的性质，称为机器人的柔顺控制。本章将对机器人的力控制和柔顺控制方法加以阐述。

11.1 机器人被动柔顺控制

被动柔顺是指不需要对机器人进行专门的控制即具有的柔顺能力，柔顺能力主要由机械装置提供，如在机械手末端设计一些弹簧装置。被动柔顺只能用于一些特定的任务，如螺栓的装配，优点是响应速度快，成本低。图 11-1 所示就是一种简单的被动柔顺控制装置。

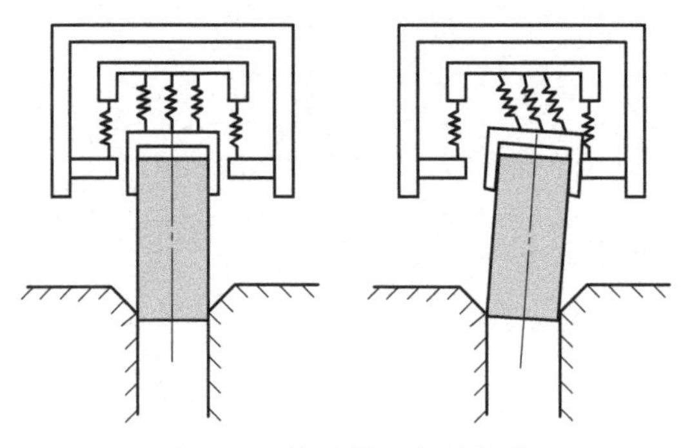

图 11-1　被动柔顺控制装置

11.2 机器人主动柔顺控制

主动柔顺是指通过对机器人进行专门的控制获得的柔顺能力。主动柔顺通过控制机器人各关节的刚度，使机器人末端表现出所需要的柔顺性。如图 11-2 所示的清洁机器人擦玻璃的例子，可以将机器人末端毛刷的轨迹设置为图中的双点画线，由于玻璃墙面的约束，毛刷只能沿玻璃面 $x=x_w$ 运动，并与墙面产生接触力，从而实现玻璃的清洁。合理调整机器人的柔顺特性，就能大体控制接触力的大小，实现不同的清洁效果。

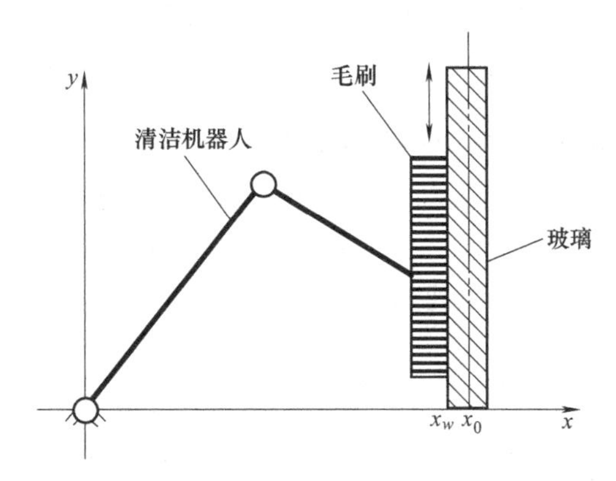

图 11-2 清洁机器人擦玻璃主动柔顺控制原理

11.3 机器人阻抗控制

机器人阻抗的控制是间接力控制的一种方法，是通过调整机器人的运动（位置、速度、加速度）以及力与运动之间的动态关系，以实现柔顺控制。阻抗控制的目的既不直接控制机器人的位置，也不直接控制机械臂末端与环境接触力，而是通过分析机械臂末端与环境之间的动态关系，将力和位置综合起来控制。最典型的方法就是将力和位置的关系简化成一个二阶系统，通过改变二阶系统的特性来调整机器人的柔顺性。机器人阻抗的控制又可分为关节空间阻抗控制和直角坐标空间阻抗控制。

11.3.1 机器人关节空间阻抗控制

机器人关节空间阻抗控制是将力与关节变量结合起来控制的方法。如图 11-3 所示，假设机器人的每个关节都表现出质量—弹簧—阻尼系统的特性，如振荡、衰减、超调等，可以采用如下模型来表征这一 2 阶系统：

$$\boldsymbol{M}_d\ddot{\tilde{\boldsymbol{\theta}}}+\boldsymbol{C}_d\dot{\tilde{\boldsymbol{\theta}}}+\boldsymbol{K}_d\tilde{\boldsymbol{\theta}}=\boldsymbol{\tau}_{ext} \tag{11-1}$$

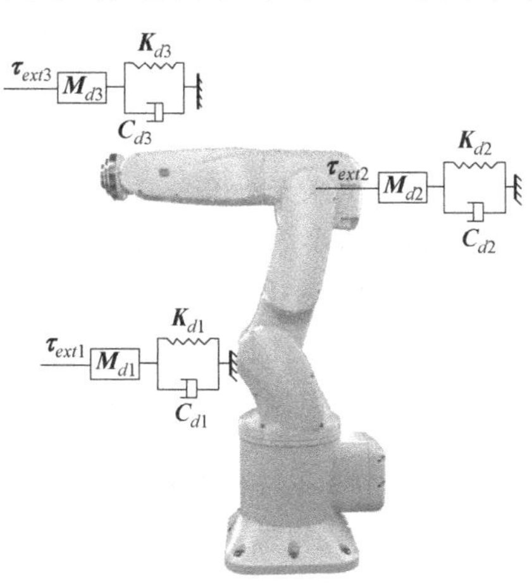

图 11-3 机器人关节空间阻抗系统

式中，$\tilde{\boldsymbol{\theta}}=\boldsymbol{\theta}_r-\boldsymbol{\theta}$，$\boldsymbol{\theta}_r$ 为关节角度的设定值，$\boldsymbol{\theta}$ 为实际测量值，二者的差值实际为关节的动态误差；$\boldsymbol{M}_d$、$\boldsymbol{C}_d$、$\boldsymbol{K}_d$ 分别代表目标阻抗模型的惯性矩阵、阻尼矩阵和刚度矩阵，三者均为方阵，其维度等于机器人关节的个数，且一般设置为正定的对角阵，代表各关节模型之间没有耦合，并保证 2 阶系统的稳定性；$\boldsymbol{\tau}_{ext}$ 为施加在关节上的外力（矩）。所以该模型描述的是外力（矩）与关节控制误差之间的动态关系，这一关系采用了一个 2 阶系统来描述。

由前面章节可知，机器人的动力学方程为

$$\boldsymbol{M}(\boldsymbol{\theta})\ddot{\boldsymbol{\theta}}+\boldsymbol{C}(\boldsymbol{\theta},\dot{\boldsymbol{\theta}})\dot{\boldsymbol{q}}+\boldsymbol{G}(\boldsymbol{\theta})=\boldsymbol{\tau}-\boldsymbol{\tau}_{ext} \tag{11-2}$$

假定机器人的任务是跟随某一轨迹，机器人控制器给出的各关节设定值为 $\boldsymbol{\theta}_r$、$\dot{\boldsymbol{\theta}}_r$ 和 $\ddot{\boldsymbol{\theta}}_r$，那么根据式（11-1）和式（11-2），可以将输入关节的控制转矩定义为

$$\boldsymbol{\tau}=\boldsymbol{M}(\boldsymbol{\theta})\ddot{\boldsymbol{\theta}}_r+\boldsymbol{C}(\boldsymbol{\theta},\dot{\boldsymbol{\theta}})\dot{\boldsymbol{q}}+\boldsymbol{G}(\boldsymbol{\theta})+\boldsymbol{M}(\boldsymbol{\theta})\boldsymbol{M}_d^{-1}(\boldsymbol{C}_d\dot{\tilde{\boldsymbol{\theta}}}+\boldsymbol{K}_d\tilde{\boldsymbol{\theta}})+[\boldsymbol{E}-\boldsymbol{M}(\boldsymbol{\theta})\boldsymbol{M}_d^{-1}]\boldsymbol{\tau}_{ext} \tag{11-3}$$

很容易证明：将上式代入机器人动力学方程中，消去相同项，两边同时乘以 $\boldsymbol{M}_d\cdot\boldsymbol{M}^{-1}(\boldsymbol{\theta})$ 恰好能够得到式（11-1）。那么，在此种输入力矩下，机器人各关节就会表现出期望的 2 阶系统的特性。机器人阻抗控制原理如图 11-4 所示。

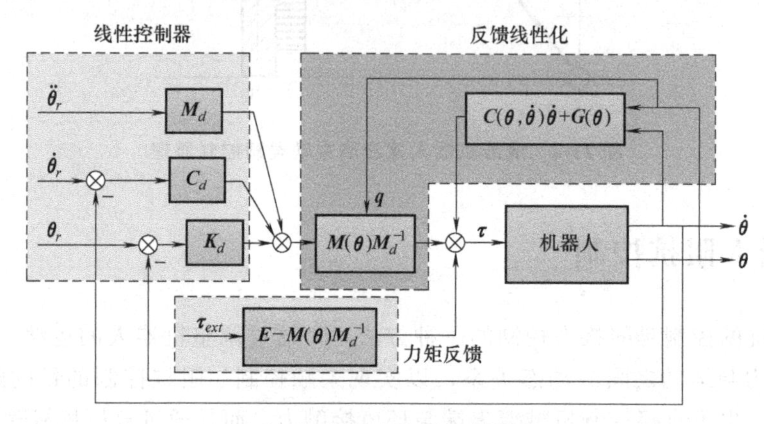

图 11-4　机器人阻抗控制原理

由图 11-4 可以看出，关节的控制转矩 $\boldsymbol{\tau}$ 由 3 部分组成：

1）反馈线性化部分：该部分通过反馈的方式，使原本非线性的机器人系统对外表现出线性系统的特性，以便于进行线性控制。

2）线性控制器部分：该部分关节角度和角速度采用反馈的方式，而关节角加速度采用前馈的方式，每部分增益的大小就是设定的阻抗模型的惯性、阻尼和刚度。

3）力矩反馈部分：该部分通过测量每个关节所受的转矩，并乘以相应的增益。

要想实现机器人的阻抗控制，必须满足以下几个条件：

1）机器人动态特性及其相关参数已知。

2）机器人关节转角、关节角速度的实时反馈。

3）机器人关节力矩的实时反馈。

阻抗控制对于模型参数以及反馈量的要求是比较高的，尤其是机器人关节力矩的实时反馈并不容易实现。因此，实际的阻抗控制有必要做一些简化处理。常见的简化方法有：

1）直接在控制转矩中删除与关节转矩相关的项，即令

$$\boldsymbol{\tau}=\boldsymbol{M}(\boldsymbol{\theta})\ddot{\boldsymbol{\theta}}_r+\boldsymbol{C}(\boldsymbol{\theta},\dot{\boldsymbol{\theta}})\dot{\boldsymbol{\theta}}+\boldsymbol{G}(\boldsymbol{\theta})+\boldsymbol{M}(\boldsymbol{\theta})\boldsymbol{M}_d^{-1}(\boldsymbol{C}_d\dot{\tilde{\boldsymbol{\theta}}}+\boldsymbol{K}_d\tilde{\boldsymbol{\theta}}) \tag{11-4}$$

将上式代入机器人动力学方程中可得

$$\boldsymbol{M}_d\ddot{\tilde{\boldsymbol{\theta}}}+\boldsymbol{C}_d\dot{\tilde{\boldsymbol{\theta}}}+\boldsymbol{K}_d\tilde{\boldsymbol{\theta}}=\boldsymbol{M}_d\boldsymbol{M}^{-1}(\boldsymbol{\theta})\boldsymbol{\tau}_{ext} \tag{11-5}$$

可以看出经过上述简化后，机器人仍能对外表现出阻抗的特性，但由于 $M_d M^{-1}(\theta)$ 一般不为对角阵，所以各关节之间存在耦合，因此并不是一个较好的方法。

2）直接令 $M_d = M(\theta)$，则 $M(\theta) M_d^{-1} = E$，控制转矩变为

$$\tau = M(\theta)\ddot{\theta}_r + C(\theta,\dot{\theta})\dot{q} + G(\theta) + C_d\dot{\tilde{\theta}} + K_d\tilde{\theta} \tag{11-6}$$

将上式代入机器人动力学方程中可得

$$M(\theta)\ddot{\tilde{\theta}} + C_d\dot{\tilde{\theta}} + K_d\tilde{\theta} = \tau_{ext} \tag{11-7}$$

机器人仍能表现出阻抗特性，由于 $M_d \neq M(\theta)$，与质量相关的项存在耦合，但由于关节的角加速度一般较小，由 $M(\theta)$ 替换 M_d 对系统的影响很小，所以耦合作用的影响也很小。因此，这种情形可称之为“弱耦合”阻抗控制。

3）在上一种简化方法的基础上，进一步令 $\ddot{\theta}_r = 0$，$\dot{\theta}_r = 0$，即各关节的角速度和角加速度指令值设为 0，同时忽略 M_d 和 $M(\theta)$，则控制转矩简化为

$$\tau = C(\theta,\dot{\theta})\dot{\theta} + G(\theta) - C_d\dot{\theta} + K_d\tilde{\theta} \tag{11-8}$$

将上式代入机器人动力学方程中可得

$$-M(\theta)\ddot{\theta} - C_d\dot{\theta} + K_d\tilde{\theta} = \tau_{ext} \tag{11-9}$$

机器人仍能表现出阻抗特性，但会与设定值相差较大。当关机角加速度很小时，由于 $M(\theta)$ 很小，$-M(\theta)\ddot{\theta} \approx 0$，2 阶阻抗系统几乎可以看成是 1 阶惯性系统。由于该种方法与 PD 控制类似，有时被称为“PD+”阻抗控制，有的文献直接称其为关节柔顺控制。

11.3.2　机器人直角坐标空间阻抗控制

机器人直角坐标空间阻抗控制又叫位置型阻抗控制，其原理与关节空间阻抗控制类似，如图 11-5 所示，只是要求机器人末端执行器在直角坐标空间的每个方向上都表现出质量—弹簧—阻尼系统的特性，仍然可以采用如下 2 阶系统来表征：

$$M_d\ddot{\tilde{x}} + C_d\dot{\tilde{x}} + K_d\tilde{x} = F_{ext} \tag{11-10}$$

式中，$\tilde{x} = x_r - x$，x_r 为末端执行器的轨迹设定值，x 为实际测量值；M_d、C_d、K_d 分别代表目标阻抗模型的惯性矩阵、阻尼矩阵和刚度矩阵，三者一般均为正定的对角方阵（也可不为对角阵，但一定为正定矩阵），其阶次等于机器人末端执行器维度，最高为 6 阶方阵，若只考虑 xy 平面内平动的阻抗特性，则为 2 阶方阵，若考虑三维空间内的平动特性，则为 3 阶方阵。

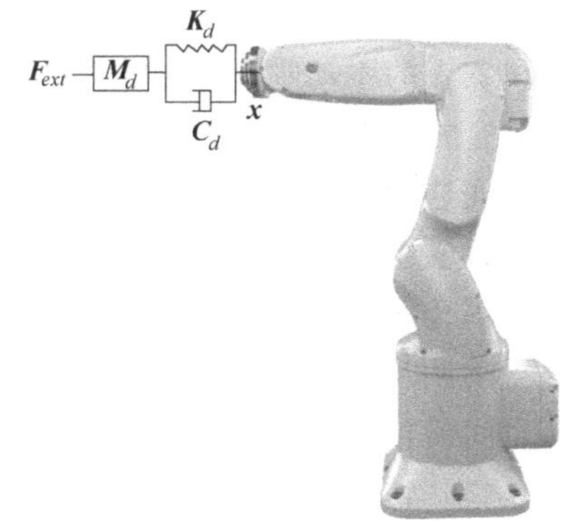

图 11-5　机器人直角坐标空间阻抗系统

同样，假定机器人的任务是在直角坐标空间内跟随某一轨迹，x_r、$\dot{x}_r$ 和 $\ddot{x}_r$，可以定义如下输入关节的控制转矩为

$$\tau = M(\theta)J^{-1}(\theta)M_d^{-1}[M_d\ddot{x}_d + C_d\dot{\tilde{x}} + K_d\tilde{x} - M_d\dot{J}(\theta,\dot{\theta})\dot{\theta}] +$$
$$[J^{T}(\theta) - M(\theta)J^{-1}(\theta)M_d^{-1}]F_{ext} + C(\theta,\dot{\theta})\dot{\theta} + G(\theta) \tag{11-11}$$

很容易证明，将上式代入机器人动力学方程中，结合如下关系式：

$$\begin{cases}\dot{\boldsymbol{x}}=\boldsymbol{J}(\boldsymbol{\theta})\dot{\boldsymbol{\theta}}\\ \ddot{\boldsymbol{x}}=\dot{\boldsymbol{J}}(\boldsymbol{\theta},\dot{\boldsymbol{\theta}})\dot{\boldsymbol{\theta}}+\boldsymbol{J}(\boldsymbol{\theta})\ddot{\boldsymbol{\theta}}\end{cases} \tag{11-12}$$

消去相同项，恰好能够得到式（11-10）。

在实际中，要想实现机器人直角坐标空间的阻抗控制同样难度较大，必须满足以下几个条件：

1）实时计算机器人雅可比矩阵的逆（或伪逆）及雅可比矩阵的导数矩阵。

2）机器人关节转角、关节角速度的实时反馈。

3）机器人末端执行器外力的实时反馈。

4）机器人精确的动力学模型。

所以，实际的直角坐标阻抗控制也有必要做一些简化处理，简化的方法有很多，这里只介绍直角坐标空间的“PD+”控制。令控制转矩为

$$\boldsymbol{\tau}=\boldsymbol{C}(\boldsymbol{\theta},\dot{\boldsymbol{\theta}})\dot{\boldsymbol{\theta}}+\boldsymbol{G}(\boldsymbol{\theta})+\boldsymbol{J}^{\mathrm{T}}(\boldsymbol{\theta})(\boldsymbol{C}_d\dot{\tilde{\boldsymbol{x}}}+\boldsymbol{K}_d\tilde{\boldsymbol{x}}) \tag{11-13}$$

将上式代入机器人动力学方程中可得

$$-\boldsymbol{J}^{-\mathrm{T}}(\boldsymbol{\theta})\boldsymbol{M}(\boldsymbol{\theta})\ddot{\boldsymbol{\theta}}+\boldsymbol{C}_d\dot{\tilde{\boldsymbol{x}}}+\boldsymbol{K}_d\tilde{\boldsymbol{x}}=\boldsymbol{F}_{ext} \tag{11-14}$$

由于计算雅可比矩阵的转置比计算其逆矩阵或者导数矩阵要简单得多，所以该种简化可以大大降低计算难度。“PD+”直角坐标阻抗控制实际是根据位置偏差和速度偏差产生直角坐标空间的广义控制力，经雅可比转置矩阵转换为关节空间的力矩后，控制机器人的运动。虽然机器人在不同方向仍能表现出阻抗特性会与设定值有一定的差距，但一般也不要求机器人严格遵循某一阻抗特性，所以该方法仍然被广泛采用。

11.4 机器人主动刚度控制

机器人的主动刚度控制也是常用的一种力控方法，通过对关节变量的控制，可以使机器人在特定方向上的刚度降低或加强，其控制原理图如图 11-6 所示。图中 K_p 是机器人末端执行器直角空间的刚性矩阵，可以人为设定，若设置为对角阵，则代表各方向之间没有耦合作用。

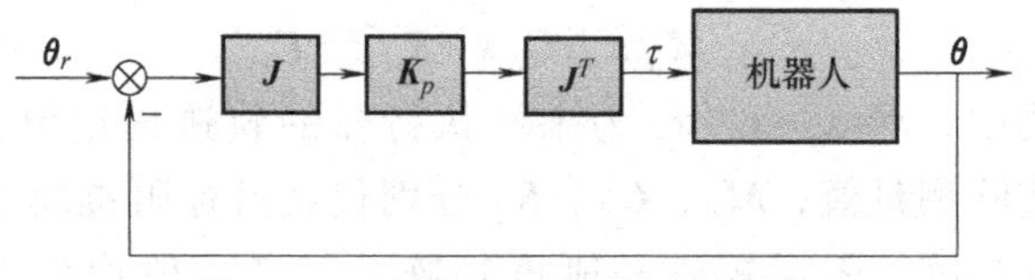

图 11-6 机器人主动刚度控制原理

主动刚度控制首先通过反馈，得到关节空间的位置偏差 $\boldsymbol{\theta}_r-\boldsymbol{\theta}$，利用雅可比矩阵 $\boldsymbol{J}$ 将其转换为机器人末端的位姿偏差，由于

$$\dot{\boldsymbol{x}}=\boldsymbol{J}(\boldsymbol{\theta})\dot{\boldsymbol{\theta}} \tag{11-15}$$

$$\dot{\boldsymbol{\theta}}\approx\frac{\Delta\boldsymbol{\theta}}{\Delta t}=\frac{\boldsymbol{\theta}_r-\boldsymbol{\theta}}{\Delta t} \tag{11-16}$$

$$\dot{\boldsymbol{x}}\approx\frac{\Delta\boldsymbol{x}}{\Delta t}=\frac{\boldsymbol{x}_r-\boldsymbol{x}}{\Delta t} \tag{11-17}$$

所以

$$\boldsymbol{x}_r-\boldsymbol{x}=\boldsymbol{J}(\boldsymbol{\theta})(\boldsymbol{\theta}_r-\boldsymbol{\theta}) \tag{11-18}$$

机器人末端执行器位姿偏差经过刚性对称矩阵 $\boldsymbol{K}_p$，转换为末端广义力，即

$$\boldsymbol{F}=\boldsymbol{K}_p(\boldsymbol{x}_r-\boldsymbol{x})=\boldsymbol{K}_p\boldsymbol{J}(\boldsymbol{\theta})(\boldsymbol{\theta}_r-\boldsymbol{\theta}) \tag{11-19}$$

再通过广义力与关节空间力矩变换关系 $\boldsymbol{\tau}=\boldsymbol{J}^{\mathrm{T}}\cdot\boldsymbol{F}$，转换为关节空间的力矩，作为机器人关节的驱动力矩。为了使控制更加稳定，可在控制力矩中再加入科里奥利力（简称科氏力）和重力的补偿项，最终机器人主动刚性控制的控制律为

$$\boldsymbol{\tau}=\boldsymbol{C}(\boldsymbol{\theta},\dot{\boldsymbol{\theta}})\dot{\boldsymbol{\theta}}+\boldsymbol{G}(\boldsymbol{\theta})+\boldsymbol{J}^{\mathrm{T}}(\boldsymbol{\theta})\boldsymbol{K}_p\boldsymbol{J}(\boldsymbol{\theta})(\boldsymbol{\theta}_r-\boldsymbol{\theta}) \tag{11-20}$$

由于 $\widetilde{\boldsymbol{x}}=\boldsymbol{x}_r-\boldsymbol{x}=\boldsymbol{J}(\boldsymbol{\theta})(\boldsymbol{\theta}_r-\boldsymbol{\theta})$，结合直角坐标空间“PD+”阻抗控制的控制律式(11-13)，可以看出，两种控制方法很相似，只是直角坐标空间“PD+”阻抗控制多了阻尼 $\boldsymbol{J}^{\mathrm{T}}(\boldsymbol{\theta})\boldsymbol{C}_d(\dot{\boldsymbol{\theta}}_r-\dot{\boldsymbol{\theta}})$ 这一项。

11.5 力位置混合控制

前面所述的控制方法大都不带力的反馈，所以实际上并不同时考虑位置的要求和力的控制要求，只是要求机器人在某些方向上产生“柔顺”的特性，且这种特性并不那么精确。而在一些高级的场合，对于位置和力都有精确控制的要求。比如上述二连杆机器人的例子，若不但需要机器人末端执行器沿壁面运动要有一定的精度，还需要对壁面产生指定的法向压力就属于这一类控制。力位置混合控制基本策略就是在位置/速度控制回路的基础上，在控制力矩中增加力控制回路，其控制原理如图 11-7 所示。

位置/速度控制部分产生的关节空间力矩为

$$\boldsymbol{\tau}_p=(\boldsymbol{K}_{pp}+\boldsymbol{K}_{pi}/s)\boldsymbol{J}^{-1}\boldsymbol{C}_p(\boldsymbol{x}_r-\boldsymbol{x})+\boldsymbol{K}_{pd}\boldsymbol{J}^{-1}\boldsymbol{C}_p(\dot{\boldsymbol{x}}_r-\dot{\boldsymbol{x}}) \tag{11-21}$$

式中，$\boldsymbol{K}_{pp}$ 为位置通道的比例系数；$\boldsymbol{K}_{pi}$ 为位置通道的积分系数；$\boldsymbol{K}_{pd}$ 为速度环的比例系数；$\boldsymbol{C}_p$ 为位置和速度反馈权重矩阵；$\boldsymbol{x}_r$ 为末端执行器的位置的期望值；$\boldsymbol{x}$ 为位置的实际测量值，且有 $\boldsymbol{x}=\boldsymbol{T}(\boldsymbol{\theta})$，$\boldsymbol{T}(\boldsymbol{\theta})$ 为机器人的运动学方程，即基坐标系到末端执行器坐标系的变换矩阵；$\dot{\boldsymbol{x}}_r$ 为末端执行器的速度的期望值，$\dot{\boldsymbol{x}}$ 为速度的实际测量值，且有 $\dot{\boldsymbol{x}}=\boldsymbol{J}(\boldsymbol{\theta})\dot{\boldsymbol{\theta}}$。

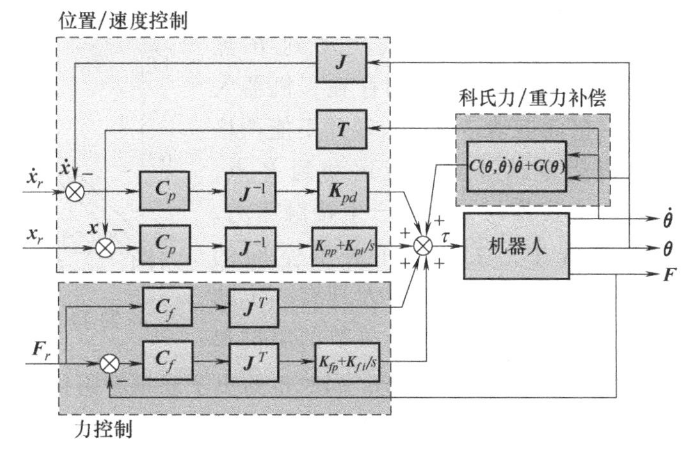

图 11-7 力位置混合控制原理

位置通道以末端期望的直角坐标空间位置作为给定，位置反馈由关节转角利用运动学方程计算获得。利用雅可比矩阵，将直角坐标空间的位姿偏差转换为关节空间的位置偏差，经过比例积分运算后作为关节控制力矩的一部分。速度通道以末端期望的直角坐标空间速度作为给定，速度反馈由关节角速度利用雅可比矩阵计算获得。同样地，速度通道也是利用雅可比矩阵，将直角坐标空间的速度偏差转换为关节空间的角速度偏差，经过比例运算，其结果

作为关节控制力矩的一部分。C_p 为位置/速度控制部分各个分量的选择矩阵，用于对各个分量的作用大小进行选择，表现在机器人末端为各个分量的柔顺性不同。

力控制部分产生的关节空间力矩为

$$\boldsymbol{\tau}_f=(\boldsymbol{K}_{fp}+\boldsymbol{K}_{fi}/s)\boldsymbol{J}^{\mathrm{T}}\boldsymbol{C}_f(\boldsymbol{F}_r-\boldsymbol{F})+\boldsymbol{J}^{\mathrm{T}}\boldsymbol{C}_f\boldsymbol{F}_r \tag{11-22}$$

式中，$\boldsymbol{K}_{fp}$ 为力通道的比例系数；$\boldsymbol{K}_{fi}$ 为力通道的积分系数；$\boldsymbol{C}_f$ 为力反馈权重矩阵；$\boldsymbol{F}_r$ 为期望的末端执行器的广义力；$\boldsymbol{F}$ 为的实际测量值。

力控制部分由 PI 和力前馈两个通道构成。PI 通道以机器人末端期望的广义力 $\boldsymbol{F}_r$ 作为给定，力反馈由力传感器测量获得。利用雅可比矩阵，将直角坐标空间的力偏差转换为关节空间的力矩偏差，经过 PI 运算后作为关节控制力矩的一部分。力前馈通道直接利用雅可比矩阵将 $\boldsymbol{F}_r$ 转换到关节空间，作为关节控制力矩的一部分，其作用是加快系统对期望力 $\boldsymbol{F}_r$ 的响应速度。$\boldsymbol{C}_f$ 为力控制部分各个分量的选择矩阵，用于对各个分量的作用大小进行选择。

最后，为了使系统更加稳定，在控制力矩中加入科氏力和重力的补偿项，最终的总控制力矩为

$$\boldsymbol{\tau}=\boldsymbol{\tau}_p+\boldsymbol{\tau}_f+\boldsymbol{C}(\boldsymbol{\theta},\dot{\boldsymbol{\theta}})\dot{\boldsymbol{\theta}}+\boldsymbol{G}(\boldsymbol{\theta}) \tag{11-23}$$

11.6 二连杆机器人关节空间阻抗控制仿真

二连杆机器人初始时刻位姿如图 11-8 所示，$\theta_1=45°$，$\theta_2=-45°$，该机器人与前面章节的机器人类似，只是第二个连杆末端有一个圆锥体作为工具，方便与墙面接触。采用三次多项式直角坐标空间轨迹规划方法，使连杆末端工具在 2s 内，从 A 点（1.7071，0.7071）沿图中虚线直线运动到 B 点（1.72，0.3）。由于墙壁的存在，机器人将仅能沿壁面运动，连杆末端并不能严格按照位置指令从 A 点直线运动到 B 点，连杆末端工具将与壁面间产生接触压力。在这一过程中，主要采用关节空间的“PD+”阻抗控制，使机器人具有一定的“柔顺”特性，并调整两个关节的阻抗参数，使之表现出不同的性能，同时也给出了弱耦合阻抗控制的 Simulink 仿真模型。

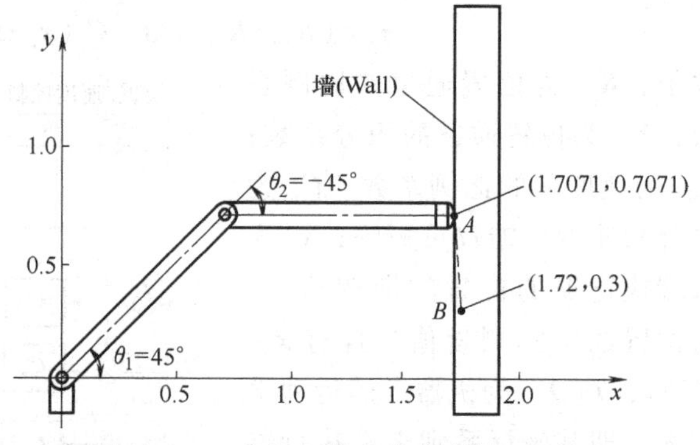

图 11-8 二连杆机器人关节空间阻抗控制

打开前面在 ADAMS 中建立的二连杆机器人模型，将其另存为 .TwoLinks_ ImpedanceControl.bin，在工具栏中选择 Bodies→RigidBody：Box，在视图区单击，建立一个刚性 Box，将其改名为“Wall”。修正在 Wall 模型和 ground 下自动生成的两个 MARKER 的位置和姿态值，最后双击 Wall 下的 BOX_1，在弹出的 Geometry Modify Shape Block 对话框中，修改 Diag Corner Coords（对角坐标）为“（0.2meter），（1.75meter），（0.6meter）”，最终建立一个长 0.2m，宽 0.6m，高 1.75m 的长方体来表征墙壁，如图 11-9 所示。

在 Wall 和 ground 之间添加一个固定副，并为两个旋转副赋初值，上述操作与前面例子相同，这里不再赘述。然后需要在 Link2 和 Wall 之间添加接触，在工具栏中选择 Forces→

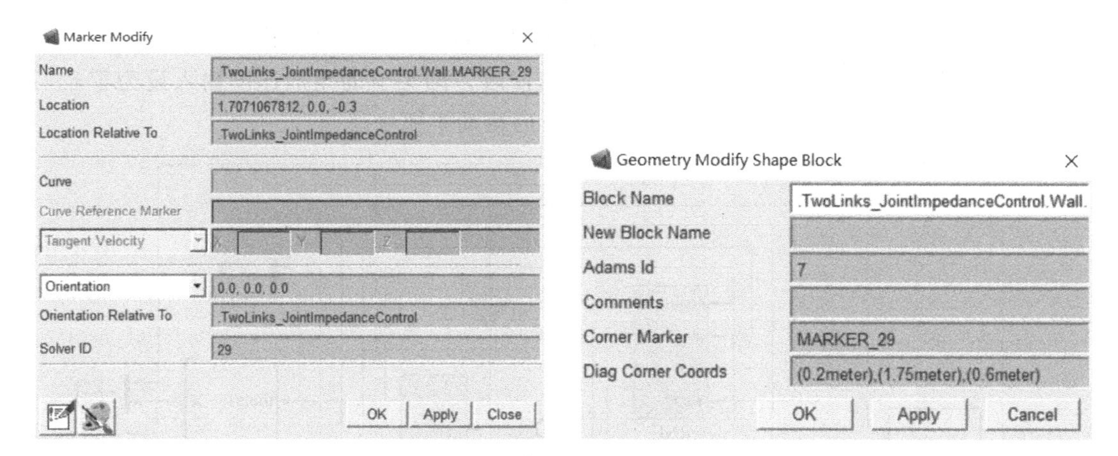

图 11-9 创建刚性 BOX 墙面

Create a Contact，Contact Type（接触类型）选择 Solid to Solid，I Solid（s）选择 Link 下的实体 SOLID2，J Solid（s）选择 Wall 下的实体 BOX_1，将 Stiffness（接触刚度）设为 1.0E+09，Damping（阻尼）设为 1.0E+06，Penetration Depth（穿透深度）设为 1.0E-06，还可以设置摩擦等选项（本例选择无摩擦），如图 11-10 所示。

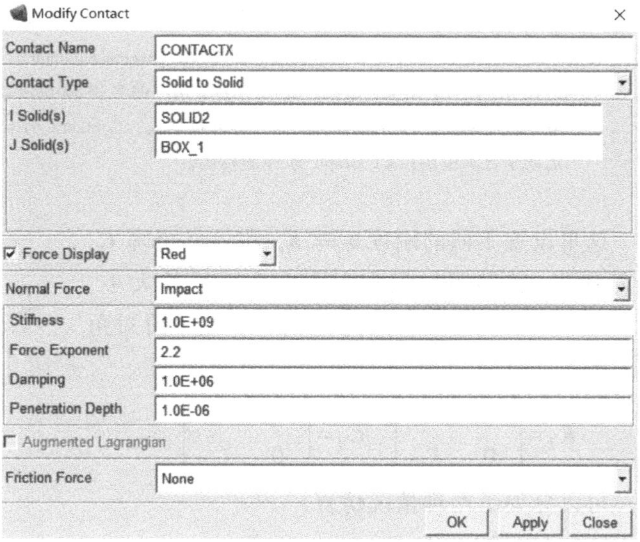

图 11-10 创建接触力

在原有系统变量和输入/输出对象的基础上，还需创建一个接触力的系统变量和输出变量。在工具栏中选择 Elements→Create a State Variable defined by an Algebraic Equation，名称设置为 ContactX，定义方式为实时表达式（Run-Time Expression），F（time，...）= 文本框中输入“CONTACT（CONTACTX，1，1，0）”，该函数的第 1 个参数为接触的名称；第 2 个参数代表返回接触力的对象，1 代表返回 J Solid；第 3 个参数是接触力的分量，1 代表 X 方向；第 4 个参数是参考系名称，0 代表全局参考系。更详细的说明可参考 ADAMS 帮助文件中 View Function Builder 部分。

最后，采用前述方法导出模型（由于本仿真中不需要两关节的角加速度，因此可以不将角加速度变量导出），双击生成的 .m 文件。文件自动由 MATLAB 打开，运行该文件，然后在命令窗口键入 adams_ sys，在自动打开的 Simulink 模型中，删除 S-Function 模型和 State-Space 模型，只保留 adams_ sub，并将其更名为 TwoLinksRobot。

最终搭建的“PD+”阻抗控制 Simulink 仿真模型如图 11-11 所示。模型中加入三次多项式直角坐标轨迹规划模块作为指令输入生成模块，起点和终点坐标分别设为（1.7071，0.7071）和（1.72，0.3），起点和终点的速度均设为 0，终止时间 t_f 设为 5s，如图 11-12 所示。为了实时计算式（11-8）中的 $\boldsymbol{C}(\boldsymbol{\theta},\dot{\boldsymbol{\theta}})\dot{\boldsymbol{\theta}}+\boldsymbol{G}(\boldsymbol{\theta})$ 部分（反馈线性化），模型中加入了基于递归牛顿欧拉法的逆向动力学模块（将其稍作修改，两关节的角加速度输入设为零）。最后，为了记录关节末端实际位置轨迹，添加了正向运动学模块。

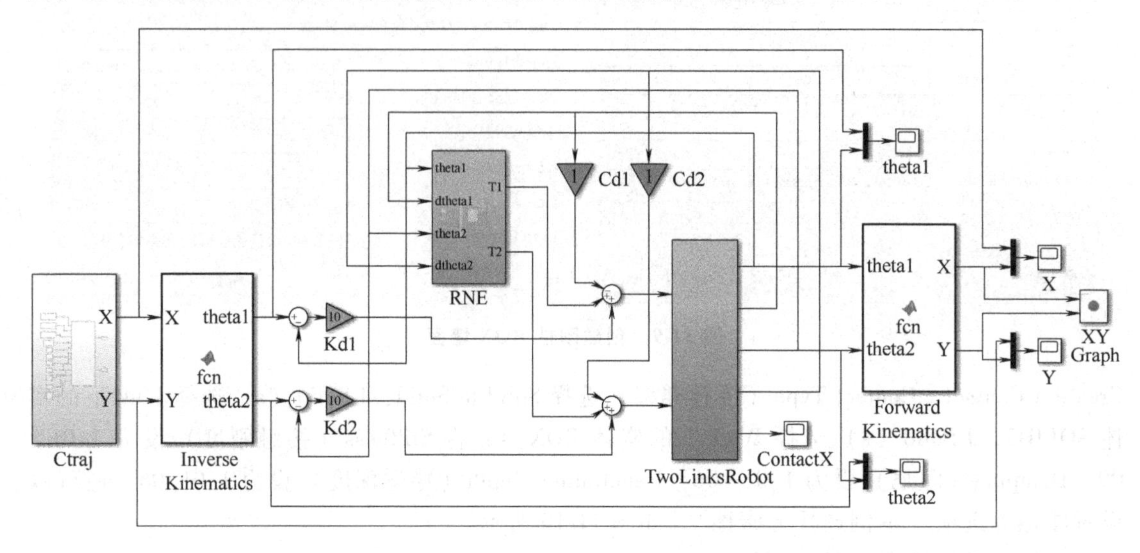

图 11-11　二关节机器人“PD+”阻抗控制 Simulink 仿真模型

注：Ctraj 为三次多项式直角坐标轨迹规划模块；Inverse Kinematics 为逆向运动学计算函数模块；Kd1、Kd2 分别为关节 1、关节 2 刚度系数；RNE 为基于递归的牛顿-欧拉法动力学计算模块；Cd1、Cd2 分别为关节 1、关节 2 阻尼系数；TwoLinksRobot 为二连杆机器人；ContactX 为 x 方向的法向接触力；Forward Kinematics 为正向运动学计算模块；XY Graph 为 xy 坐标图。

这里设置不同的刚度矩阵 $\boldsymbol{K}_d$ 和阻尼矩阵 $\boldsymbol{C}_d$ 来实现每一关节阻抗模型中刚度和阻尼的大小。由于是二关节机器人，因此 $\boldsymbol{K}_d$ 和 $\boldsymbol{C}_d$ 是 2 阶对角阵，即

$$\boldsymbol{K}_d=\begin{bmatrix}K_{d1} & 0\\ 0 & K_{d2}\end{bmatrix},\ \boldsymbol{C}_d=\begin{bmatrix}C_{d1} & 0\\ 0 & C_{d2}\end{bmatrix}$$

可以分如下两种情况仿真：

① $\boldsymbol{K}_d=\begin{bmatrix}10 & 0\\ 0 & 10\end{bmatrix}$，$\boldsymbol{C}_d=\begin{bmatrix}1 & 0\\ 0 & 1\end{bmatrix}$：两关节的刚度系数较小。

图 11-13 所示为实际轨迹与指令轨迹对比，图 11-14 所示为连杆末端与墙壁 X 方向接触力的变化。可以看出，由于壁面的存在，连杆末端并不能准确地跟随指令轨迹（图 11-13 中虚线），甚至在开始阶段与墙壁碰撞后还有稍许反弹，然后在墙面的约束下运动，同时产生与墙面不是很大的接触力，说明机器人表现得很“柔顺”。

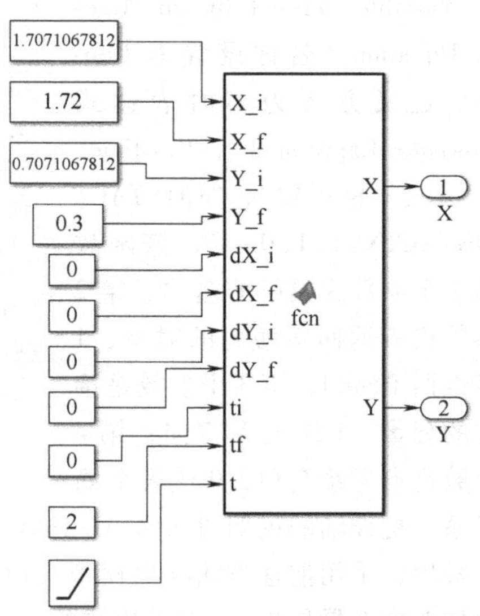

图 11-12　直角坐标轨迹规划模块设置

注：X_i 为 x 方向起始位置坐标；X_f 为 x 方向终止位置坐标；Y_i 为 y 方向起始位置坐标；Y_f 为 y 方向终止位置坐标；dX_i 为 x 方向起始速度大小；dX_f 为 x 方向终止速度大小；dY_i 为 y 方向起始速度大小；dY_f 为 y 方向终止速度大小；ti 为起始时间；tf 为终止时间；t 为时间序列。

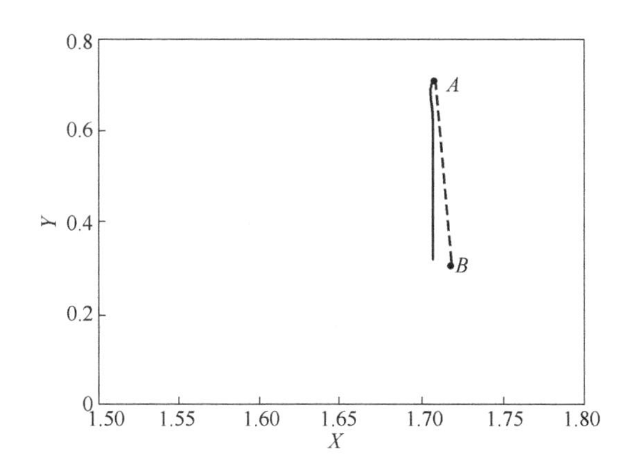

图 11-13 实际轨迹（实线）与指令轨迹（虚线）对比

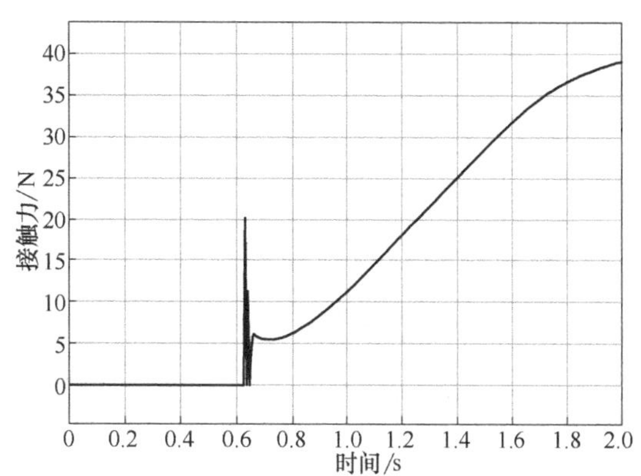

图 11-14 连杆末端工具与墙壁 *X* 方向接触力

② $\boldsymbol{K}_d=\begin{bmatrix}200 & 0\\ 0 & 200\end{bmatrix}$，$\boldsymbol{C}_d=\begin{bmatrix}1 & 0\\ 0 & 1\end{bmatrix}$：两关节的刚度系数较大。

图 11-15 所示为实际轨迹与指令轨迹对比，图 11-16 所示为连杆末端与墙壁 *X* 方向接触力的变化。可以看出，由于两关节刚度设置的较大，由于墙壁的存在，连杆末端工具虽也不能准确的跟随指令轨迹，无反弹，同时与墙面产生的接触力也远大于上一种情形，说明机器人表现得更“硬”。

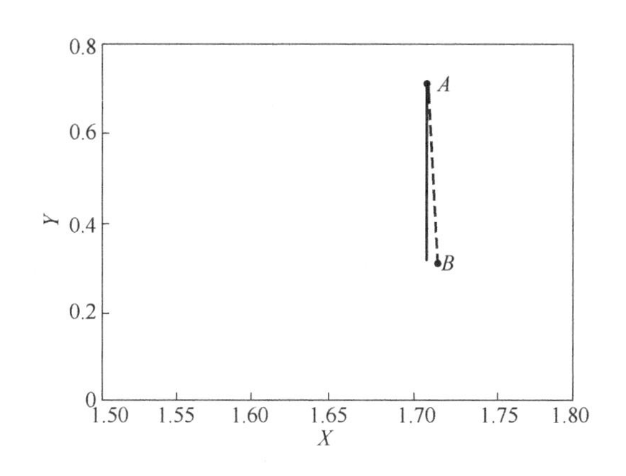

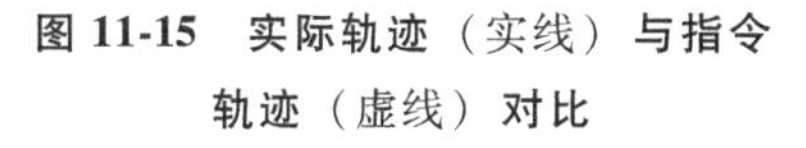
图 11-15 实际轨迹（实线）与指令轨迹（虚线）对比

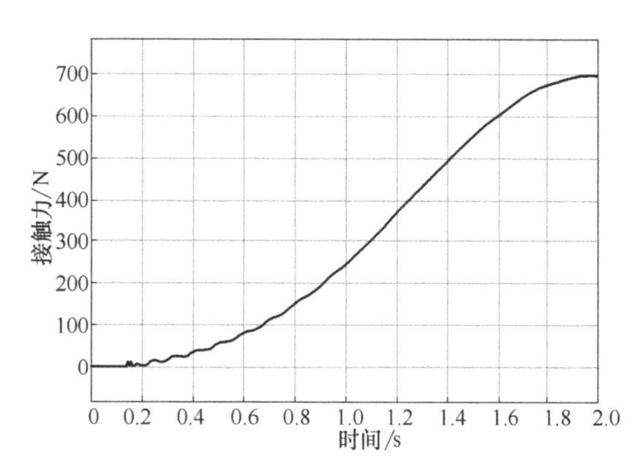

图 11-16 连杆末端工具与墙壁 *X* 方向接触力

可以试着改变一下阻尼的参数，看看结果有什么变化。

图 11-17 所示为第二种简化情形，即弱耦合阻抗控制时的 Simulink 仿真模型，读者可以自行搭建，对比一下两种简化模型仿真结果的差异，这里只给出了 $\boldsymbol{K}_d$ = [50 0; 0 50]，$\boldsymbol{C}_d$ = [1 0; 0 1] 时实际轨迹与指令轨迹对比、连杆末端工具与墙壁 *X* 方向接触力的变化曲线，如图 11-18 和图 11-19 所示。

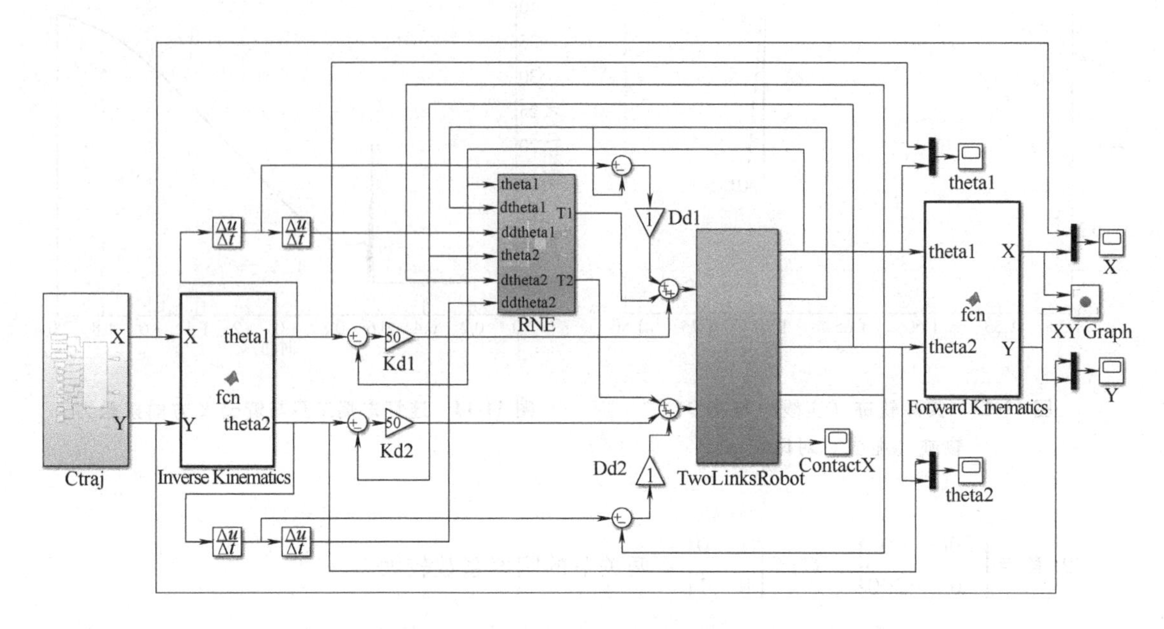

图 11-17　二关节机器人弱耦合阻抗控制 Simulink 仿真模型

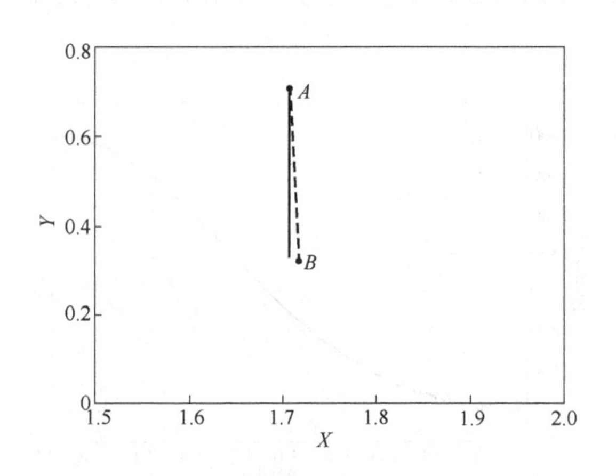

图 11-18　实际轨迹（实线）与指令轨迹（虚线）对比

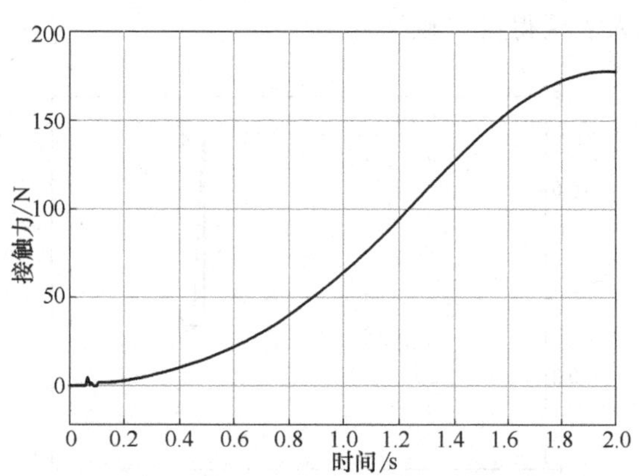

图 11-19　连杆末端工具与墙壁 X 方向接触力

11.7　二连杆机器人直角坐标空间阻抗控制仿真

同样采用上面的二连杆机器人的例子，指令轨迹为 2s 内从 A 点（1.7071，0.7071）运动到 B 点（1.72,0.3）。采用直角坐标空间的“PD+”阻抗控制，其 Simulink 仿真模型如图 11-20 所示。

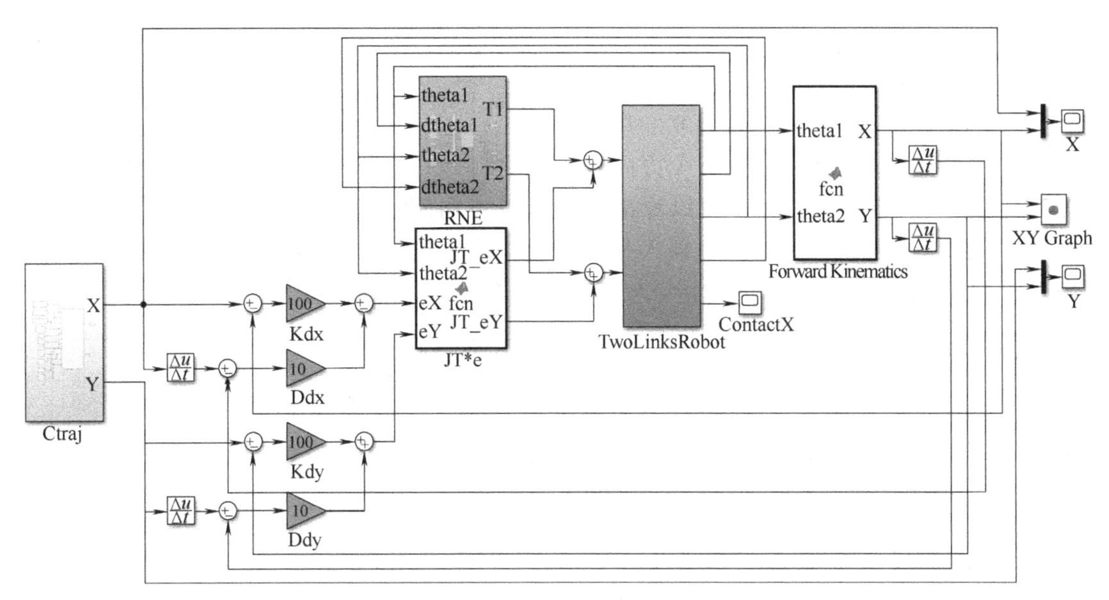

图 11-20 直角坐标空间“PD+”阻抗控制 Simulink 仿真模型

模型中 fcn 模块 JT * e 程序如下：

```
function [JT_eX,JT_eY]= fcn(theta1,theta2,eX,eY)
    % 两关节机器人雅可比矩阵计算
    theta1=theta1/180* pi;
    theta2=theta2/180* pi;
    L1=1.0;
    L2=1.0;
    J11=-L1* sin(theta1)-L2* sin(theta1+theta2);
    J12=-L2* sin(theta1+theta2);
    J21=L1* cos(theta1)+L2* cos(theta1+theta2);
    J22=L2* cos(theta1+theta2);
    J=[J11 J12;J21 J22];
    % 雅可比矩阵的转置
    JT=J.'  ;
    e=[eX;eY];
    JT_e=JT* e;
    JT_eX = JT_e(1,1);
    JT_eY = JT_e(2,1);
```

设置不同的刚度矩阵 $\boldsymbol{K}_d$ 和阻尼矩阵 $\boldsymbol{C}_d$ 来实现不同直角坐标方向上阻抗模型中刚度和阻尼的大小。由于只对平面内 X 和 Y 方向上的阻抗特性进行设计，因此 $\boldsymbol{K}_d$ 和 $\boldsymbol{C}_d$ 是 2 阶对角阵，即

$$\boldsymbol{K}_d=\begin{bmatrix}K_{dx} & 0\\ 0 & K_{dy}\end{bmatrix},\boldsymbol{C}_d=\begin{bmatrix}C_{dx} & 0\\ 0 & C_{dy}\end{bmatrix}$$

可以分如下两种情况仿真：

1）$\boldsymbol{K}_d=\begin{bmatrix}10000 & 0\\ 0 & 100\end{bmatrix}$，$\boldsymbol{C}_d=\begin{bmatrix}10 & 0\\ 0 & 10\end{bmatrix}$：$X$ 方向上刚度系数较大。

图 11-21～图 11-23 所示分别为 X 方向、Y 方向实际轨迹与指令轨迹对比，以及机器人末端工具与墙面的接触压力曲线。可以看出，由于 X 方向刚度较大，机器人末端工具紧贴壁面运动，说明机器人在 X 方向上机器人显得较硬，造成机器人末端工具与墙面的接触压力很高。图 11-22 显示跟随 Y 方向的指令较差，说明在 Y 方向显得更“柔顺”。

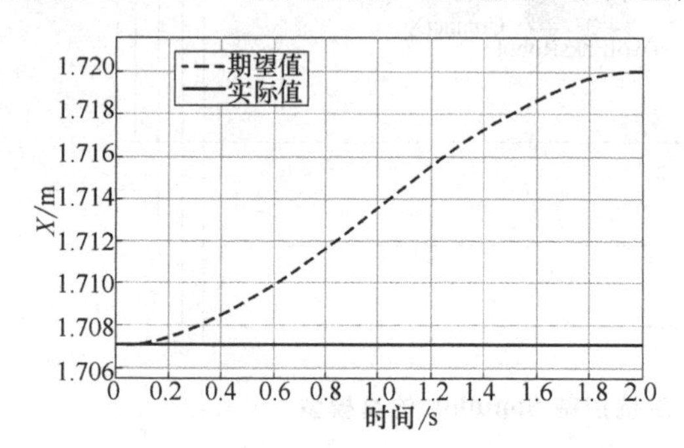

图 11-21　X 方向实际轨迹与指令轨迹对比

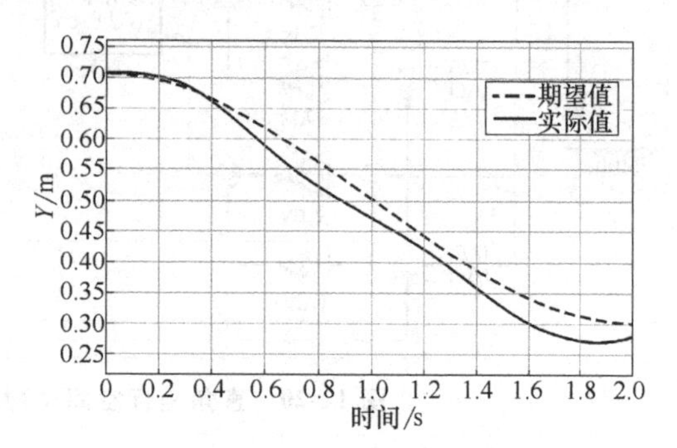

图 11-22　Y 方向实际轨迹与指令轨迹对比

2）$\boldsymbol{K}_d=\begin{bmatrix}100 & 0\\ 0 & 10000\end{bmatrix}$，$\boldsymbol{C}_d=\begin{bmatrix}10 & 0\\ 0 & 10\end{bmatrix}$：$Y$ 方向上刚度系数较大。

图 11-24～图 11-26 所示分别为 X 方向、Y 方向实际轨迹与指令轨迹对比，以及机器人末端工具与墙面的接触压力曲线。可以看出，由于 Y 方向刚度较大，机器人末端工具跟随 Y 方向的指令很好，说明机器人在 Y 方向上机器人显得“较硬”。图 11-24 说明机器人末端工具并没有紧贴壁面运动，除了与墙面的碰撞的瞬间外，与墙面的接触压力很小，说明机器人在 X 方向显得更“柔顺”。

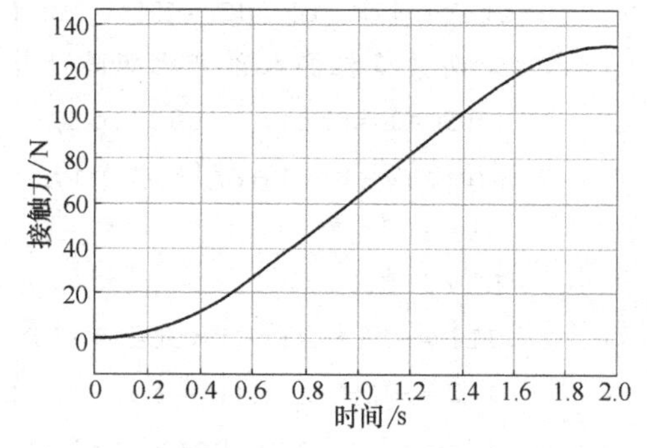

图 11-23　机器人末端工具与墙面的接触压力

读者可以试着修改指令轨迹或者阻抗模型的刚度和阻尼系数，重新仿真，看看结果有什么不同。

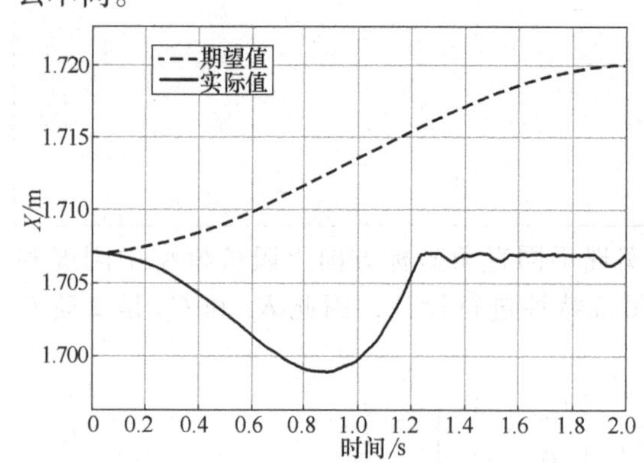

图 11-24　X 方向实际轨迹与指令轨迹对比

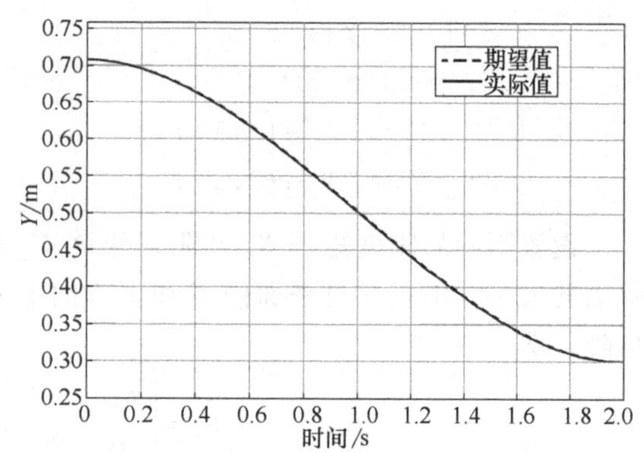

图 11-25　Y 方向实际轨迹与指令轨迹对比

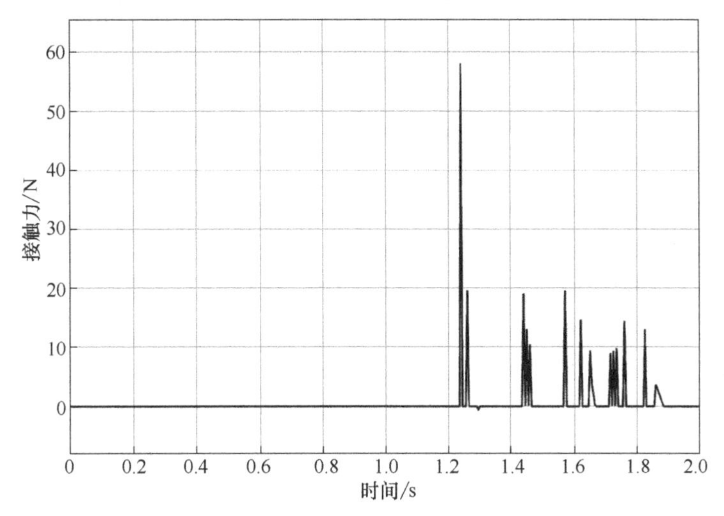

图 11-26　机器人末端工具与墙面的接触压力

11.8　二连杆机器人主动刚度控制仿真

同样采用上面的二连杆机器人的例子，机器人末端在5s内从A点（1.7071,0.7071）运动到B点（1.72,0），采用机器人主动刚度控制，使其在运动过程中在不同方向上表现出不同的刚度特性，其Simulink仿真模型如图11-27所示。

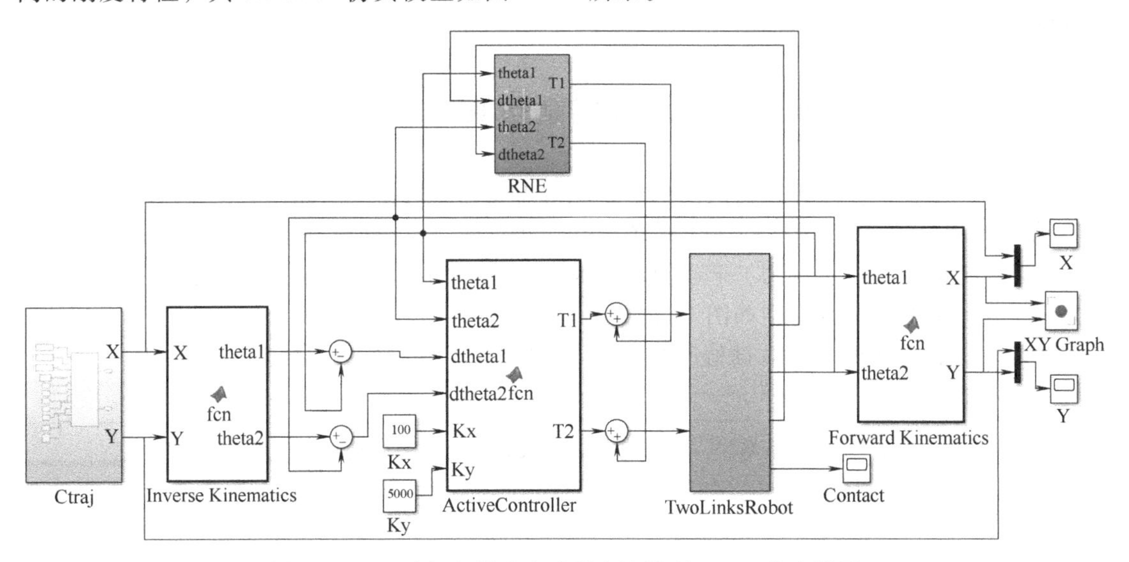

图 11-27　二连杆机器人主动刚度控制 Simulink 仿真模型

注：ActiveController为主动控制器。其他说明见图11-11注。

模型中fcn模块ActiveController的程序如下：

```
function [T1,T2]= fcn(theta1,theta2,dtheta1,dtheta2,Kx,Ky)
  theta1=theta1/180* pi;
```

```
    theta2=theta2/180* pi;
    dtheta1=dtheta1/180* pi;
    dtheta2=dtheta2/180* pi;
    L1=1.0;
    L2=1.0;
    % 二连杆机器人雅可比矩阵
    J11=-L1* sin(theta1)-L2* sin(theta1+theta2);
    J12=-L2* sin(theta1+theta2);
    J21=L1* cos(theta1)+L2* cos(theta1+theta2);
    J22=L2* cos(theta1+theta2);
    J=[J11 J12;J21 J22];
    JT=J.'  ;
    Kp=[Kx 0;0 Ky]; % 可修改零项以表征耦合作用
    dtheta=[dtheta1;dtheta2];
    % 主动刚度控制率
    Tau=JT* Kp* J* dtheta;
    T1 = Tau(1,1);
    T2 = Tau(2,1);
```

仿真的结果与机器人直角坐标空间“PD+”阻抗控制基本相同，读者可以结合着 ADAMS/View 中的动画，试着解释一下。

11.9 二连杆机器人力位置混合控制仿真

依然采用上面的二连杆机器人的例子，此时需要控制机器人末端工具紧贴墙壁运动，在 2s 内从 A 点（1.7071,0.7071）运动到 B 点（1.7071,0.3），同时在墙壁面上（由于忽略摩擦，所以不考虑 Y 方向上的力）产生 50N 的法向接触力，采用机器人上述的力位置混合控制方法，其 Simulink 仿真模型如图 11-28 所示。

按照点 A 和点 B 的坐标数据修改 Ctraj 模块中起点、终点参数。模型中 J* ddtheta 自定义模块的程序如下：

```
function [J_dq1,J_dq2]= fcn(theta1,theta2,dtheta1,dtheta2)
    % 两关节运动学正解
    theta1=theta1/180* pi;
    theta2=theta2/180* pi;
    dtheta1=dtheta1/180* pi;
    dtheta2=dtheta2/180* pi;
    dtheta=[dtheta1;dtheta2];
    L1=1.0;
    L2=1.0;
```

```
J11=-L1* sin(theta1)-L2* sin(theta1+theta2);
J12=-L2* sin(theta1+theta2);
J21=L1* cos(theta1)+L2* cos(theta1+theta2);
J22=L2* cos(theta1+theta2);
J=[J11 J12;J21 J22];
J_dtheta=J* dtheta;
J_dtheta1=J_dtheta(1,1);
J_dtheta2=J_dtheta(2,1);
```

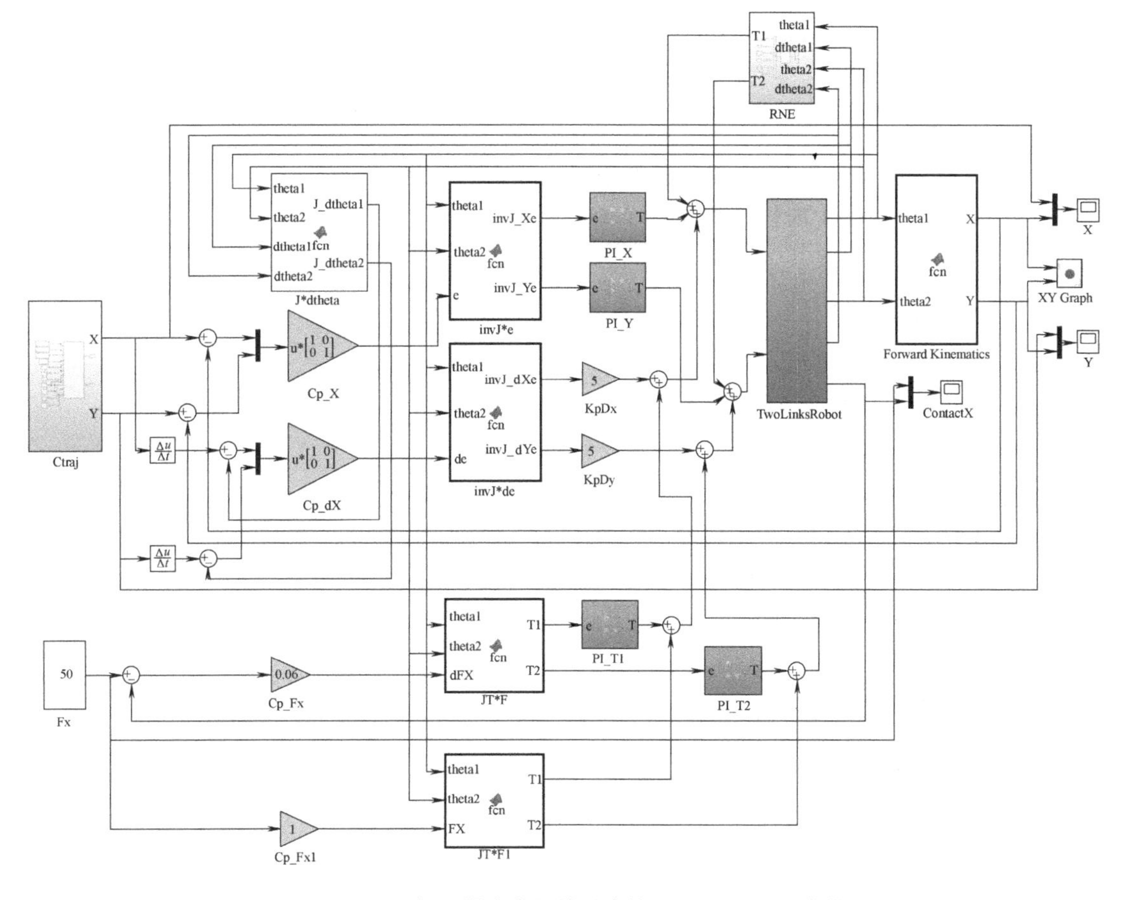

图 11-28　二连杆机器人力位置混合控制 Simulink 仿真模型

注：Cp_X 为位置反馈权重矩阵；Cp_dX 为速度反馈权重矩阵；Cp_Fx 和 Cp_Fx1 为力反馈权重矩阵（二者完全相同）；J 表示雅可比矩阵 JT 为雅可比矩阵的转置，invJ 为雅可比矩阵的逆；e 为误差，de 为误差的导数；FX 为 X 方向的力，dFX 为 X 方向的力的误差；PI_X 和 PI_Y 分别为 X 和 Y 方向 PI 控制器模块；PI_T1 和 PI_T2 为力矩 PI 控制器模块；KpDx 和 KpDy 分别为 X 方向和 Y 方向速度环比例系数。其他说明见图 11-11 注。

模型中 invJ * e 自定义模块的程序如下：

```
function [invJ_Xe,invJ_Ye]= fcn(theta1,theta2,e)
 % 两关节运动学正解
```

```
    theta1=theta1/180* pi;
    theta2=theta2/180* pi;
    L1=1.0;
    L2=1.0;
    J11=-L1* sin(theta1)-L2* sin(theta1+theta2);
    J12=-L2* sin(theta1+theta2);
    J21=L1* cos(theta1)+L2* cos(theta1+theta2);
    J22=L2* cos(theta1+theta2);
    J=[J11 J12;J21 J22];
    invJ_e=J\(e.'  );
    invJ_Xe = invJ_e(1,1);
    invJ_Ye = invJ_e(2,1);
```

invJ * de 模块与 invJ * e 模块程序基本相同，这里不再赘述。

模块 JT * F 及 JT * F1 的程序相同：

```
  function [T1,T2]= fcn(theta1,theta2,dFX)
    % 两关节运动学正解
    theta1=theta1/180* pi;
    theta2=theta2/180* pi;
    L1=1.0;
    L2=1.0;
    J11=-L1* sin(theta1)-L2* sin(theta1+theta2);
    J12=-L2* sin(theta1+theta2);
    J21=L1* cos(theta1)+L2* cos(theta1+theta2);
    J22=L2* cos(theta1+theta2);
    J=[J11 J12;J21 J22];
    dF=[dFX;0]; % Y方向的力为0
    T=J.'  * dF;
    T1 = T(1,1);
    T2 = T(2,1);
```

四个 PI 子模型均具有如图 11-29 所示的结构。

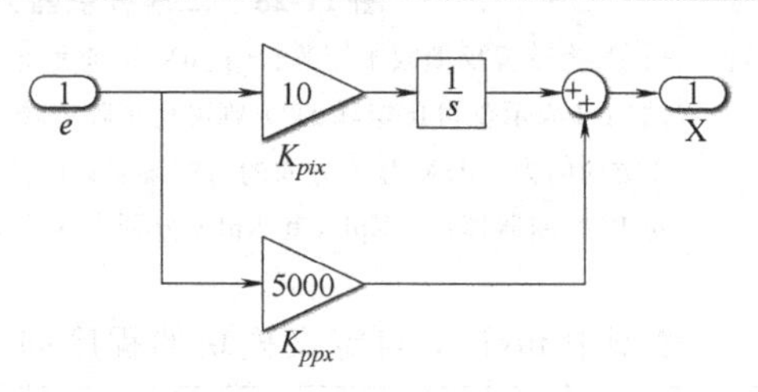

图 11-29　PI_X 子模型

机器人首先要有较为准确的跟随 X 方向和 Y 方向的位置指令，且两方向反馈权重相同，即 $\boldsymbol{C}_p=[1\ 0;\ 0\ 1]$，位置通道采用较大的比例增益，$K_{ppx}=K_{ppy}=5000$，积分常数 $K_{pix}=K_{piy}=10$。速度通道比例增益 $K_{vpx}=K_{vpy}=5$。

力通道的反馈权重对仿真结果的影响较大，太大会产生强烈振荡，太小则会使实际的接触力与力的期望值差距较大，这里设为 0.06。

力通道的比例增益 $K_{fp1}=K_{fp2}=10$，积分常数 $K_{fi1}=K_{fi2}=50$。

图 11-30～图 11-32 所示分别为 X 方向实际轨迹与指令轨迹对比、Y 方向实际轨迹与指令轨迹对比以及 X 方向实际接触力与指令接触力对比。可以看出，二连杆机器人末端工具不但准确跟随了 X 方向和 Y 方向位置指令，而且与墙面之间也产生了较为准确地接触力。

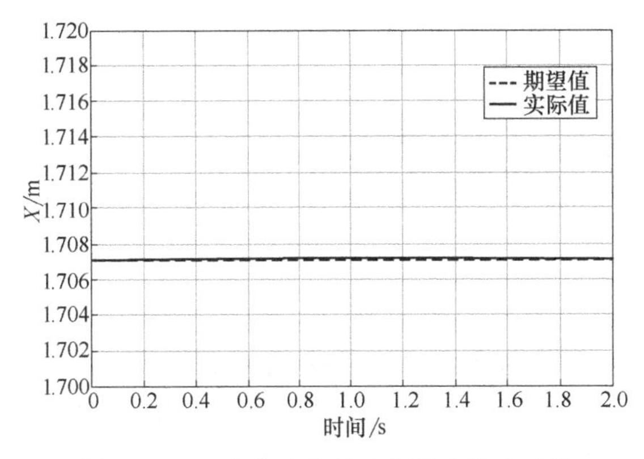

图 11-30　X 方向实际轨迹与指令轨迹对比

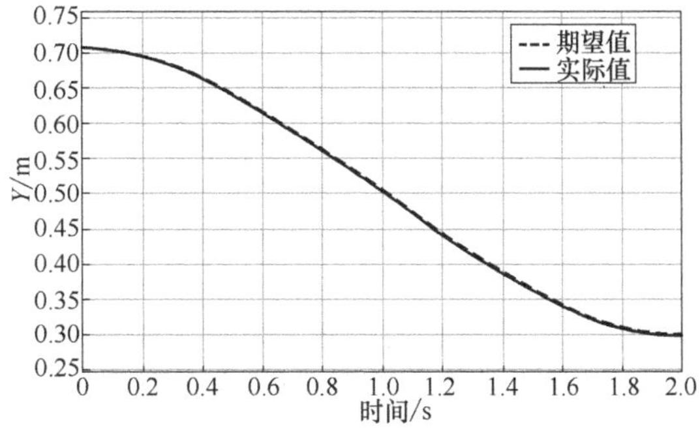

图 11-31　Y 方向实际轨迹与指令轨迹对比

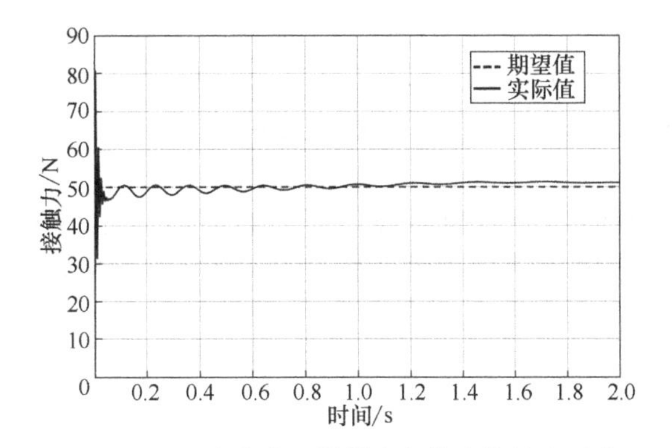

图 11-32　X 方向实际接触力与指令接触力对比

读者可以试着改变指令位置、各通道比例增益、积分常数、指令接触力、位置或力反馈权重等参数，重新进行仿真，并分析各参数对结果的影响。

第12章

机器人先进控制

前面章节所述的机器人控制主要是PD闭环反馈控制和基于机器人动力学模型的控制。PD控制易于实现，无须建模，但在增益设置不合理时很难保证受控的机器人具有良好的动态品质，且为了抵抗系统的非线性、时变以及各种干扰，一般需要较大的控制能量。基于机器人动力学模型的控制则需要精确的数学模型，然而，对于实际的机器人系统而言，得到其精确的动力学模型是很难的，建模时各种结构参数的不准确（连杆质量、长度、质心位置等）、各关节摩擦、关节或连杆柔性、检测误差以及各种干扰信号等不确定因素，都是引起模型误差的原因。因此，在设计实际的机器人控制系统时，必须考虑这些不确定因素的影响。

本章针对机器人动力学模型的不确定性，主要介绍基于现代控制理论的自适应控制和滑模控制。由于各种控制率的推导大都基于李雅普诺夫稳定性判据第二方法，因此有必要首先对该方法进行简要的介绍。

12.1 李雅普诺夫稳定性判据

系统的稳定性是相对系统的平衡状态而言的，自治系统的静止状态就是系统的平衡状态，对一个系统 $\dot{\boldsymbol{x}}=\boldsymbol{f}(\boldsymbol{x},t)$，若存在 $\boldsymbol{x}_e=0$，则该状态为平衡状态。若系统对于任意选定的实数 $\varepsilon>0$，都存在一个实数 $\delta>0$，当满足：

$$\|\boldsymbol{x}_0-\boldsymbol{x}_e\|\leqslant\delta \tag{12-1}$$

从任意 $\boldsymbol{x}_0$ 出发的解都满足

$$\|\boldsymbol{x}(t)-\boldsymbol{x}_e\|\leqslant\varepsilon \tag{12-2}$$

则称平衡态 $\boldsymbol{x}_e$ 为李雅普诺夫意义下的稳定，系统状态变量 $\boldsymbol{x}$ 的运动轨迹如图12-1a所示。若解最终收敛于平衡态 $\boldsymbol{x}_e$，则称为渐近稳定，如图12-1b所示。

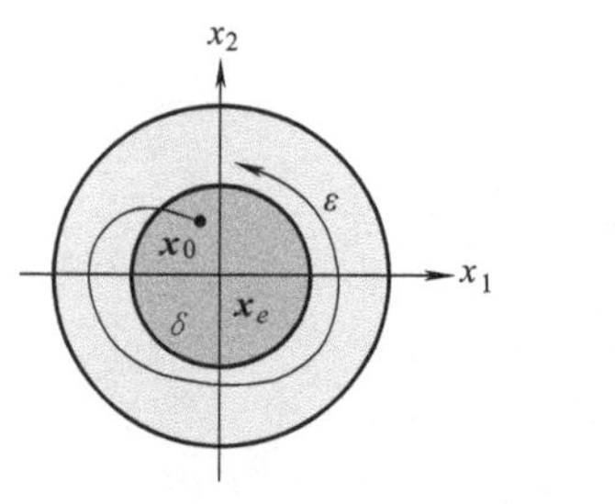

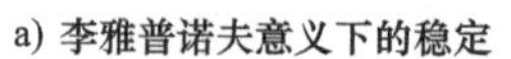
a) 李雅普诺夫意义下的稳定

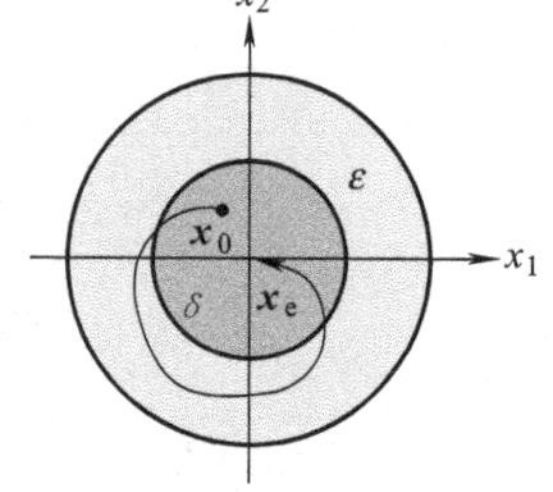

b) 渐近稳定

图12-1 李雅普诺夫意义下的稳定和渐近稳定

李雅普诺夫稳定性判据可分为第一方法和第二方法。第一方法是利用状态方程的解的特性来判定系统的稳定性，又称为间接法，该方法适用于线性定常、线性时变及可线性化的非线性系统。例如，线性系统 $\dot{\boldsymbol{x}}=\boldsymbol{A}\boldsymbol{x}$ 渐近稳定的充要条件是：系统矩阵 $\boldsymbol{A}$ 的全部特征值均位于复平面左半部，即 $\mathrm{Re}(\lambda_i)<0$，其中，λ_i 为矩阵 $\boldsymbol{A}$ 的特征值，$\mathrm{Re}(\lambda_i)$ 代表 λ_i 的实部。

第二方法的基本思路是利用李雅普诺夫函数直接对平衡状态的稳定性进行判断，无须求出系统状态方程的解，称为直接法。该方法是从能量衰减的角度来判定一个系统的稳定性，适用于任何系统。李雅普诺夫稳定性第二方法的关键是构造一个能量标量函数 $V(\boldsymbol{x})$，称李雅普诺夫函数，该函数有如下一些基本特征：

1）$V(\boldsymbol{x})$ 是状态变量 $\boldsymbol{x}$ 的函数。

2）$V(\boldsymbol{x})$ 是正定的，因为能量总大于0。

3）$V(\boldsymbol{x})$ 具有连续的一阶偏导数。

借助李雅普诺夫函数，李雅普诺夫稳定性判定第二方法可描述为：设描述系统状态方程为 $\dot{\boldsymbol{x}}=\boldsymbol{f}(\boldsymbol{x},t)$，其平衡状态满足 $\boldsymbol{f}(\boldsymbol{0},t)=0$，即把状态空间原点作为平衡状态。

1）若 $V(\boldsymbol{x})$ 正定，$\dot{V}(\boldsymbol{x})$ 负定，则原点是渐近稳定的。

2）若 $V(\boldsymbol{x})$ 正定，$\dot{V}(\boldsymbol{x})$ 半负定，且在非零状态不恒为0，则原点是渐近稳定的。

3）若 $V(\boldsymbol{x})$ 正定，$\dot{V}(\boldsymbol{x})$ 半负定，且在非零状态恒为0，则原点是李雅普诺夫意义下稳定的。

4）若 $V(\boldsymbol{x})$ 正定，$\dot{V}(\boldsymbol{x})$ 正定，则原点是不稳定的。

【例】 如图12-2所示的双质量块—弹簧—阻尼系统，其中 δ 为扰动输入，很明显，两质量块的零位是其平衡点，试利用李雅普诺夫稳定判据进行稳定性分析。

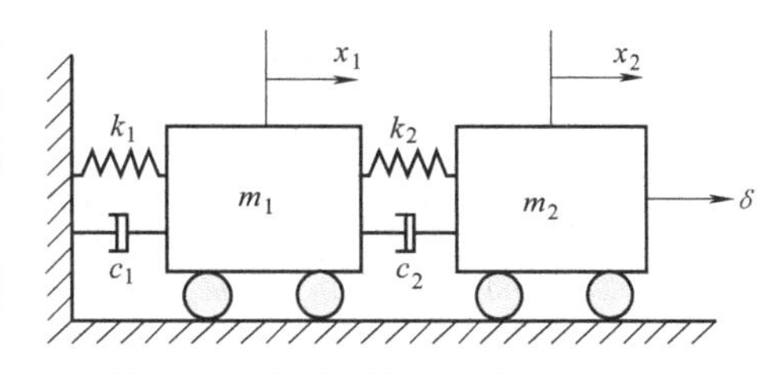

图12-2　双质量块—弹簧—阻尼系统

解： 对图12-2中的两个质量块分别利用牛顿第二定律，即

$$\begin{cases}m_1\ddot{x}_1=k_2(x_2-x_1)-k_1x_1-c_1\dot{x}_1\\ m_2\ddot{x}_2=-k_2(x_2-x_1)-c_2\dot{x}_2\end{cases}\tag{12-3}$$

选取状态变量：

$$\begin{cases}z_1=x_1\\ z_2=\dot{x}_1\\ z_3=x_2\\ z_4=\dot{x}_2\end{cases}\tag{12-4}$$

则状态方程为

$$\begin{cases}\dot{z}_1=\dot{x}_1=z_2\\ \dot{z}_2=\ddot{x}_1=\dfrac{1}{m_1}[k_2(z_3-z_1)-k_1z_1-c_1z_2]\\ \dot{z}_3=\dot{x}_2=z_4\\ \dot{z}_4=\ddot{x}_2=\dfrac{1}{m_2}[-k_2(z_3-z_1)-c_2z_4]\end{cases}\tag{12-5}$$

写成矩阵的形式为

$$\begin{bmatrix} \dot{z}_1 \\ \dot{z}_2 \\ \dot{z}_3 \\ \dot{z}_4 \end{bmatrix} = \begin{bmatrix} 0 & 1 & 0 & 0 \\ -\frac{(k_1+k_2)}{m_1} & -\frac{c_1}{m_1} & \frac{k_2}{m_1} & 0 \\ 0 & 0 & 0 & 1 \\ \frac{k_2}{m_2} & 0 & -\frac{k_2}{m_2} & -\frac{c_2}{m_2} \end{bmatrix} \begin{bmatrix} z_1 \\ z_2 \\ z_3 \\ z_4 \end{bmatrix} \tag{12-6}$$

式（12-6）等号右边第一个 4×4 矩阵称为系统矩阵。根据李雅普诺夫第一方法，可以通过系统矩阵的特征值实部是否小于 0 来判断该系统是不是稳定。现利用李雅普诺夫第二方法，根据能量守恒定律，构造如下李雅普诺夫函数：

$$V(z)=\frac{1}{2}m_1z_2^2+\frac{1}{2}m_2z_4^2+\frac{1}{2}k_1z_1^2+\frac{1}{2}k_2(z_3-z_1)^2 \tag{12-7}$$

则

$$\begin{aligned} \dot{V}(x) &= \frac{1}{2}m_1\times 2z_2\dot{z}_2+\frac{1}{2}m_2\times 2z_4\dot{z}_4+\frac{1}{2}k_1\times 2z_1\dot{z}_1+\frac{1}{2}k_2\times 2(z_3-z_1)(\dot{z}_3-\dot{z}_1) \\ &= m_1z_2\dot{z}_2+m_2z_4\dot{z}_4+k_1z_1\dot{z}_1+k_2(z_3-z_1)(\dot{z}_3-\dot{z}_1) \\ &= m_1z_2\left\{\frac{1}{m_1}[k_2(z_3-z_1)-k_1z_1-c_1z_2]\right\}+m_2z_4\left\{\frac{1}{m_2}[-k_2(z_3-z_1)-c_2z_4]\right\}+ \\ &\quad k_1z_1z_2+k_2(z_3-z_1)(z_4-z_2) \\ &= -c_1z_2^2-c_2z_4^2 \end{aligned} \tag{12-8}$$

由式（12-7）可知 $V(z)$ 是正定的，由式（12-8）可知 $\dot{V}(\boldsymbol{x})$ 是负定的，所以系统针对原点平衡态是渐近稳定的，也就是说，双质量—弹簧—阻尼系统在扰动 δ 的作用下，在有限的时间内仍会收敛到原点平衡态。

12.2 机器人自适应控制

12.2.1 机器人名义模型建立

n 关节机器人的动力学方程为

$$\boldsymbol{M}(\boldsymbol{\theta})\ddot{\boldsymbol{\theta}}+\boldsymbol{C}(\boldsymbol{\theta},\dot{\boldsymbol{\theta}})\dot{\boldsymbol{q}}+\boldsymbol{G}(\boldsymbol{\theta})=\boldsymbol{\tau} \tag{12-9}$$

式中，$\boldsymbol{M}(\boldsymbol{\theta})$ 为 $n\times n$ 阶正定惯性矩阵；$\boldsymbol{C}(\boldsymbol{\theta},\dot{\boldsymbol{\theta}})$ 为 $n\times n$ 阶科氏力向心力矩阵；$\boldsymbol{G}(\boldsymbol{\theta})$ 为 $n\times$ 1 阶重力矩阵。

如果模型精确并且关节的角度和角速度可测，可采用如下控制律：

$$\boldsymbol{\tau}=\boldsymbol{M}(\boldsymbol{\theta})(\ddot{\boldsymbol{\theta}}_d-\boldsymbol{K}_v\dot{\boldsymbol{e}}-\boldsymbol{K}_p\boldsymbol{e})+\boldsymbol{C}(\boldsymbol{\theta},\dot{\boldsymbol{\theta}})\dot{\boldsymbol{\theta}}+\boldsymbol{G}(\boldsymbol{\theta}) \tag{12-10}$$

式中，$\ddot{\boldsymbol{\theta}}_d$ 为理想角加速度；$\boldsymbol{e}(=\boldsymbol{\theta}-\boldsymbol{\theta}_d$，$\boldsymbol{\theta}_d$ 为理想角度）为角度误差；$\dot{\boldsymbol{e}}(=\dot{\boldsymbol{\theta}}-\dot{\boldsymbol{\theta}}_d$，$\dot{\boldsymbol{\theta}}_d$ 为理想角速度）为角速度误差。式（12-10）实际就是在第 10 章中介绍的一种基于机器人逆向动力学模型的控制。

将式（12-10）代入式（12-9）中可得

$$\ddot{\boldsymbol{e}}+\boldsymbol{K}_v\dot{\boldsymbol{e}}+\boldsymbol{K}_p\boldsymbol{e}=0 \tag{12-11}$$

由经典控制论中的劳斯判据可知，只要保证 $\boldsymbol{K}_p>0$，$\boldsymbol{K}_v>0$，就能使 $\boldsymbol{e}=\boldsymbol{\theta}-\boldsymbol{\theta}_d\rightarrow 0$，从而使机器人关节角度误差在有限的时间内收敛到 0，准确地跟踪轨迹。

然而，在实际的工程中，机器人精确的模型很难得到，只能建立带有误差的名义模型。若将机器人的名义模型表示为 $\boldsymbol{M}_0(\boldsymbol{\theta})$、$\boldsymbol{C}_0(\boldsymbol{\theta},\dot{\boldsymbol{\theta}})$ 和 $\boldsymbol{G}_0(\boldsymbol{\theta})$，那么式（12-10）的控制律为

$$\boldsymbol{\tau}=\boldsymbol{M}_0(\boldsymbol{\theta})(\ddot{\boldsymbol{\theta}}_d+\boldsymbol{K}_v\dot{\boldsymbol{e}}+\boldsymbol{K}_p\boldsymbol{e})+\boldsymbol{C}_0(\boldsymbol{\theta},\dot{\boldsymbol{\theta}})\dot{\boldsymbol{\theta}}+\boldsymbol{G}_0(\boldsymbol{\theta}) \tag{12-12}$$

将式（12-12）代入式（12-9）中，可得

$$\boldsymbol{M}(\boldsymbol{\theta})\ddot{\boldsymbol{\theta}}+\boldsymbol{C}(\boldsymbol{\theta},\dot{\boldsymbol{\theta}})\dot{\boldsymbol{\theta}}+\boldsymbol{G}(\boldsymbol{\theta})=\boldsymbol{M}_0(\boldsymbol{\theta})(\ddot{\boldsymbol{\theta}}_d+\boldsymbol{K}_v\dot{\boldsymbol{e}}+\boldsymbol{K}_p\boldsymbol{e})+\boldsymbol{C}_0(\boldsymbol{\theta},\dot{\boldsymbol{\theta}})\dot{\boldsymbol{\theta}}+\boldsymbol{G}_0(\boldsymbol{\theta}) \tag{12-13}$$

设 $\Delta\boldsymbol{M}=\boldsymbol{M}_0-\boldsymbol{M}$，$\Delta\boldsymbol{C}=\boldsymbol{C}_0-\boldsymbol{C}$，$\Delta\boldsymbol{G}=\boldsymbol{G}_0-\boldsymbol{G}$，则式（12-11）可表示为

$$\ddot{\boldsymbol{e}}+\boldsymbol{K}_v\dot{\boldsymbol{e}}+\boldsymbol{K}_p\boldsymbol{e}=\boldsymbol{M}_0^{-1}(\Delta\boldsymbol{M}\ddot{\boldsymbol{\theta}}+\Delta\boldsymbol{C}\dot{\boldsymbol{\theta}}+\Delta\boldsymbol{G}) \tag{12-14}$$

由于模型不确定性的存在，采用式（12-14）的控制率并不一定能使 $\boldsymbol{e}\rightarrow 0$，从而不能准确跟踪指令信号，需要对不确定部分进行逼近，取不确定部分的自适应控制补偿项为

$$\boldsymbol{f}(\boldsymbol{x})=\boldsymbol{M}_0^{-1}(\Delta\boldsymbol{M}\ddot{\boldsymbol{\theta}}+\Delta\boldsymbol{C}\dot{\boldsymbol{\theta}}+\Delta\boldsymbol{G}) \tag{12-15}$$

则修正后的控制律为

$$\boldsymbol{\tau}=\boldsymbol{M}_0(\boldsymbol{\theta})[\ddot{\boldsymbol{\theta}}_d-\boldsymbol{K}_v\dot{\boldsymbol{e}}-\boldsymbol{K}_p\boldsymbol{e}-\boldsymbol{f}(\boldsymbol{x})]+\boldsymbol{C}_0(\boldsymbol{\theta},\dot{\boldsymbol{\theta}})\dot{\boldsymbol{\theta}}+\boldsymbol{G}_0(\boldsymbol{\theta}) \tag{12-16}$$

将式（12-16）代入式（12-9）可以得到式（12-11），从而能使 $\boldsymbol{e}=\boldsymbol{\theta}-\boldsymbol{\theta}_d\rightarrow 0$。因此，问题的关键就是采用何种方法对不确定性部分 $\boldsymbol{f}(\boldsymbol{x})$ 进行逼近。

12.2.2　不确定部分的 RBF 神经网络逼近

RBF 神经网络又称径向基函数神经网络，是一种具有单隐层的三层神经网络，如图 12-3 所示。RBF 神经网络使用高斯基函数作为激活函数，是一种局部逼近的神经网络，已经证明 RBF 神经网络能够以任意精度逼近任意复杂的连续函数，那么就可以采用 RBF 神经网络来逼近机器人模型中的不确定性部分。

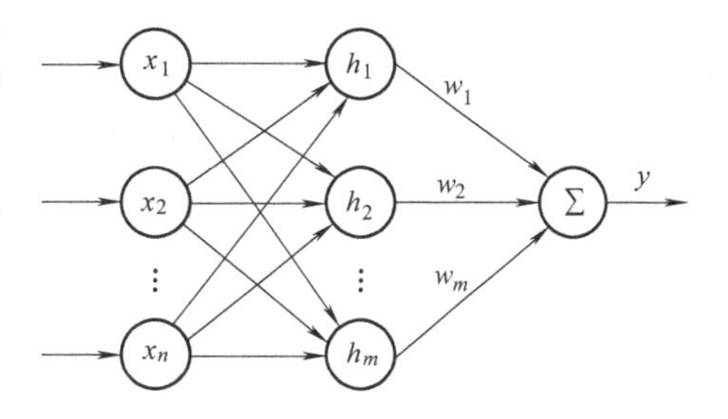

图 12-3　RBF 神经网络的结构

设 $\boldsymbol{X}=[x_1\quad x_2\quad\cdots\quad x_n]^{\mathrm{T}}$ 为 RBF 神经网络的输入向量，$\boldsymbol{B}=[b_1\quad b_2\quad\cdots\quad h_m]^{\mathrm{T}}$ 为 RBF 网络基函数宽度向量，$\boldsymbol{H}=[h_1\quad h_2\quad\cdots\quad h_n]^{\mathrm{T}}$ 为 RBF 神经网络的径向基向量，则有

$$h_j=\exp\left(-\frac{\|\boldsymbol{X}-\boldsymbol{c}_j\|^2}{2b_j^2}\right),\ j=1,2,\cdots,m \tag{12-17}$$

式中，网络第 j 个节点的中心矢量为 $\boldsymbol{c}_j=[c_{j1}\quad c_{j2}\quad\cdots\quad c_{jn}]^{\mathrm{T}}$。

设 $\boldsymbol{W}=[w_1\quad w_2\quad\cdots\quad w_m]^{\mathrm{T}}$ 为权值向量，则 RBF 神经网络的输出为

$$y=w_1h_1+w_2h_2+\cdots+w_mh_m \tag{12-18}$$

取 $\boldsymbol{\eta}$ 为理想神经网络的逼近误差，即

$$\boldsymbol{\eta}=\boldsymbol{f}(\boldsymbol{x})-\hat{\boldsymbol{f}}(\boldsymbol{x},\boldsymbol{W}^*) \tag{12-19}$$

式中，$\hat{\boldsymbol{f}}(\boldsymbol{x},\boldsymbol{W}^*)=\boldsymbol{W}^{*\mathrm{T}}\boldsymbol{H}$ 为理想逼近的神经网络输出，$\boldsymbol{W}^*$ 表示理想逼近的神经网络权值。

由于 $\boldsymbol{\eta}$ 有界，假设其界为 $\boldsymbol{\eta}_0$，那么有

$$\boldsymbol{\eta}_0=\sup\|\boldsymbol{f}(\boldsymbol{x})-\hat{\boldsymbol{f}}(\boldsymbol{x},\boldsymbol{W}^*)\| \tag{12-20}$$

12.2.3 控制器设计与分析

控制器的输出可分为两部分：

$$\boldsymbol{\tau}=\boldsymbol{\tau}_1+\boldsymbol{\tau}_2 \tag{12-21}$$

式中，$\boldsymbol{\tau}_1$ 为基于机器人名义模型的控制部分，$\boldsymbol{\tau}_2$ 为不确定性部分的自适应补偿控制部分，分别按下式计算：

$$\begin{cases}\boldsymbol{\tau}_1=\boldsymbol{M}_0(\boldsymbol{\theta})(\ddot{\boldsymbol{\theta}}_d-\boldsymbol{K}_v\dot{\boldsymbol{e}}-\boldsymbol{K}_p\boldsymbol{e})+\boldsymbol{C}_0(\boldsymbol{\theta},\dot{\boldsymbol{\theta}})\dot{\boldsymbol{\theta}}+\boldsymbol{G}_0(\boldsymbol{\theta})\\ \boldsymbol{\tau}_2=-\boldsymbol{M}_0(\boldsymbol{\theta})\hat{\boldsymbol{f}}(\boldsymbol{x},\boldsymbol{W})\end{cases} \tag{12-22}$$

将控制率代入式（12-21）中，可得

$$\boldsymbol{M}(\boldsymbol{\theta})\ddot{\boldsymbol{\theta}}+\boldsymbol{C}(\boldsymbol{\theta},\dot{\boldsymbol{\theta}})\dot{\boldsymbol{\theta}}+\boldsymbol{G}(\boldsymbol{\theta})=\boldsymbol{M}_0(\boldsymbol{\theta})(\boldsymbol{\theta}_d+\boldsymbol{K}_v\dot{\boldsymbol{e}}+\boldsymbol{K}_p\boldsymbol{e})+\boldsymbol{C}_0(\boldsymbol{\theta},\dot{\boldsymbol{\theta}})\dot{\boldsymbol{\theta}}+\boldsymbol{G}_0(\boldsymbol{\theta})-\boldsymbol{M}_0(\boldsymbol{\theta})\hat{\boldsymbol{f}}$$

用 $\boldsymbol{M}_0(\boldsymbol{\theta})\ddot{\boldsymbol{\theta}}+\boldsymbol{C}_0(\boldsymbol{\theta},\dot{\boldsymbol{\theta}})\dot{\boldsymbol{\theta}}+\boldsymbol{G}_0(\boldsymbol{\theta})$ 分别减去上式两边，可得

$$\Delta\boldsymbol{M}\ddot{\boldsymbol{\theta}}+\Delta\boldsymbol{C}\dot{\boldsymbol{\theta}}+\Delta\boldsymbol{G}=\boldsymbol{M}_0(\ddot{\boldsymbol{e}}+\boldsymbol{K}_v\dot{\boldsymbol{e}}+\boldsymbol{K}_p\boldsymbol{e}-\hat{\boldsymbol{f}})$$

即

$$\ddot{\boldsymbol{e}}+\boldsymbol{K}_v\dot{\boldsymbol{e}}+\boldsymbol{K}_p\boldsymbol{e}-\hat{\boldsymbol{f}}=\boldsymbol{M}_0^{-1}(\Delta\boldsymbol{M}\ddot{\boldsymbol{\theta}}+\Delta\boldsymbol{C}\dot{\boldsymbol{\theta}}+\Delta\boldsymbol{G})$$

取不确定部分的自适应控制补偿项为

$$\boldsymbol{f}(\boldsymbol{x})=\boldsymbol{M}_0^{-1}(\Delta\boldsymbol{M}\ddot{\boldsymbol{\theta}}+\Delta\boldsymbol{C}\dot{\boldsymbol{\theta}}+\Delta\boldsymbol{G})$$

则有

$$\ddot{\boldsymbol{e}}+\boldsymbol{K}_v\dot{\boldsymbol{e}}+\boldsymbol{K}_p\boldsymbol{e}+\hat{\boldsymbol{f}}(\boldsymbol{x},\boldsymbol{W})=\boldsymbol{f}(\boldsymbol{x})$$

将上式转化为状态方程的形式，取状态变量 $\boldsymbol{x}=[\boldsymbol{e},\ \dot{\boldsymbol{e}}]^{\mathrm{T}}$，则

$$\dot{\boldsymbol{x}}=\boldsymbol{A}\boldsymbol{x}+\boldsymbol{B}[\boldsymbol{f}(\boldsymbol{x})-\hat{\boldsymbol{f}}(\boldsymbol{x},\boldsymbol{W})] \tag{12-23}$$

式中：

$$\boldsymbol{A}=\begin{bmatrix}\boldsymbol{0} & \boldsymbol{I}\\ -\boldsymbol{K}_p & -\boldsymbol{K}_v\end{bmatrix},\boldsymbol{B}=\begin{bmatrix}\boldsymbol{0}\\ \boldsymbol{I}\end{bmatrix}$$

由于

$$\boldsymbol{f}(\boldsymbol{x})-\hat{\boldsymbol{f}}(\boldsymbol{x},\boldsymbol{W})=\boldsymbol{f}(\boldsymbol{x})-\hat{\boldsymbol{f}}(\boldsymbol{x},\boldsymbol{W}^*)+\hat{\boldsymbol{f}}(\boldsymbol{x},\boldsymbol{W}^*)-\hat{\boldsymbol{f}}(\boldsymbol{x},\boldsymbol{W})=\boldsymbol{\eta}+\boldsymbol{W}^{*\mathrm{T}}\boldsymbol{H}-\hat{\boldsymbol{W}}^{\mathrm{T}}\boldsymbol{H}=\boldsymbol{\eta}+\widetilde{\boldsymbol{W}}^{\mathrm{T}}\boldsymbol{H}$$

式中，$\widetilde{\boldsymbol{W}}=\hat{\boldsymbol{W}}-\boldsymbol{W}^*$，$\hat{\boldsymbol{W}}$ 为 $\boldsymbol{W}^*$ 的估计值，则式可改写为

$$\dot{\boldsymbol{x}}=\boldsymbol{A}\boldsymbol{x}+\boldsymbol{B}[\boldsymbol{\eta}-\widetilde{\boldsymbol{f}}(\boldsymbol{x},\boldsymbol{W})] \tag{12-24}$$

定义李雅普诺夫函数为

$$V(\boldsymbol{x})=\frac{1}{2}\boldsymbol{x}^{\mathrm{T}}\boldsymbol{P}\boldsymbol{x}+\frac{1}{2\gamma}\|\widetilde{\boldsymbol{W}}\|^2 \tag{12-25}$$

式中，$\gamma>0$，矩阵 $\boldsymbol{P}$ 为对称正定矩阵，且满足如下李雅普诺夫方程 $\boldsymbol{P}\boldsymbol{A}+\boldsymbol{A}^{\mathrm{T}}\boldsymbol{P}=-\boldsymbol{Q}$，$\boldsymbol{Q}>0$。

由于$\|\widetilde{\boldsymbol{W}}\|^2=\mathrm{tr}(\widetilde{\boldsymbol{W}}^{\mathrm{T}}\widetilde{\boldsymbol{W}})$，$\mathrm{tr}(\cdot)$ 为矩阵的迹，则有

$$\begin{aligned}\dot{V}(\boldsymbol{x})&=\frac{1}{2}(\dot{\boldsymbol{x}}^{\mathrm{T}}\boldsymbol{P}\boldsymbol{x}+\boldsymbol{x}^{\mathrm{T}}\boldsymbol{P}\dot{\boldsymbol{x}})+\frac{1}{2\gamma}\mathrm{tr}(\dot{\widetilde{\boldsymbol{W}}}^{\mathrm{T}}\cdot\widetilde{\boldsymbol{W}}+\widetilde{\boldsymbol{W}}^{\mathrm{T}}\cdot\dot{\widetilde{\boldsymbol{W}}})\\&=\frac{1}{2}\{[\boldsymbol{x}^{\mathrm{T}}\boldsymbol{A}^{\mathrm{T}}+(\boldsymbol{\eta}-\widetilde{\boldsymbol{W}}^{\mathrm{T}}\boldsymbol{H})^{\mathrm{T}}\boldsymbol{B}^{\mathrm{T}}]\boldsymbol{P}\boldsymbol{x}+\boldsymbol{x}^{\mathrm{T}}\boldsymbol{P}[\boldsymbol{A}\boldsymbol{x}+\boldsymbol{B}(\boldsymbol{\eta}-\widetilde{\boldsymbol{W}}^{\mathrm{T}}\boldsymbol{H})]\}+\frac{1}{\gamma}\mathrm{tr}(\dot{\widetilde{\boldsymbol{W}}}^{\mathrm{T}}\widetilde{\boldsymbol{W}})\\&=\frac{1}{2}[\boldsymbol{x}^{\mathrm{T}}(\boldsymbol{P}\boldsymbol{A}+\boldsymbol{A}^{\mathrm{T}}\boldsymbol{P})\boldsymbol{x}+(-\boldsymbol{x}^{\mathrm{T}}\boldsymbol{P}\boldsymbol{B}\widetilde{\boldsymbol{W}}^{\mathrm{T}}\boldsymbol{H}+\boldsymbol{\eta}\boldsymbol{x}^{\mathrm{T}}\boldsymbol{P}\boldsymbol{B}-\boldsymbol{H}^{\mathrm{T}}\widetilde{\boldsymbol{W}}\boldsymbol{B}^{\mathrm{T}}\boldsymbol{P}\boldsymbol{x}+\boldsymbol{\eta}\boldsymbol{B}^{\mathrm{T}}\boldsymbol{P}\boldsymbol{x})]+\frac{1}{\gamma}\mathrm{tr}(\dot{\widetilde{\boldsymbol{W}}}^{\mathrm{T}}\widetilde{\boldsymbol{W}})\\&=-\frac{1}{2}\boldsymbol{x}^{\mathrm{T}}\boldsymbol{Q}\boldsymbol{x}-\boldsymbol{H}^{\mathrm{T}}\widetilde{\boldsymbol{W}}\boldsymbol{B}^{\mathrm{T}}\boldsymbol{P}\boldsymbol{x}+\boldsymbol{\eta}\boldsymbol{B}^{\mathrm{T}}\boldsymbol{P}\boldsymbol{x}+\frac{1}{\gamma}\mathrm{tr}(\dot{\widetilde{\boldsymbol{W}}}^{\mathrm{T}}\widetilde{\boldsymbol{W}})\end{aligned} \tag{12-26}$$

注意到 $\boldsymbol{H}^{\mathrm{T}}\widetilde{\boldsymbol{W}}\boldsymbol{B}^{\mathrm{T}}\boldsymbol{P}\boldsymbol{x}=\boldsymbol{x}^{\mathrm{T}}\boldsymbol{P}\boldsymbol{B}\widetilde{\boldsymbol{W}}^{\mathrm{T}}\boldsymbol{H}$，$\boldsymbol{\eta}\boldsymbol{B}^{\mathrm{T}}\boldsymbol{P}\boldsymbol{x}=\boldsymbol{\eta}\boldsymbol{x}^{\mathrm{T}}\boldsymbol{P}\boldsymbol{B}$。

利用矩阵迹的性质：$\mathrm{tr}(\boldsymbol{X}\boldsymbol{Y}^{\mathrm{T}})=\boldsymbol{Y}^{\mathrm{T}}\boldsymbol{X}$，$\boldsymbol{X}$ 和 $\boldsymbol{Y}$ 均为 n 维列向量，有

$$(\boldsymbol{H}^{\mathrm{T}}\widetilde{\boldsymbol{W}})\cdot(\boldsymbol{B}^{\mathrm{T}}\boldsymbol{P}\boldsymbol{x})=\mathrm{tr}(\boldsymbol{B}^{\mathrm{T}}\boldsymbol{P}\boldsymbol{x}\cdot\boldsymbol{H}^{\mathrm{T}}\widetilde{\boldsymbol{W}}) \tag{12-27}$$

所以有

$$\dot{V}(\boldsymbol{x})=-\frac{1}{2}\boldsymbol{x}^{\mathrm{T}}\boldsymbol{Q}\boldsymbol{x}+\boldsymbol{\eta}\boldsymbol{B}^{\mathrm{T}}\boldsymbol{P}\boldsymbol{x}+\frac{1}{\gamma}\mathrm{tr}(\dot{\widetilde{\boldsymbol{W}}}^{\mathrm{T}}\widetilde{\boldsymbol{W}}-\gamma\boldsymbol{B}^{\mathrm{T}}\boldsymbol{P}\boldsymbol{x}\boldsymbol{H}^{\mathrm{T}}\widetilde{\boldsymbol{W}}) \tag{12-28}$$

由式（12-28），可以设计如下自适应率：

$$\dot{\hat{\boldsymbol{W}}}^{\mathrm{T}}=\gamma\boldsymbol{B}^{\mathrm{T}}\boldsymbol{P}\boldsymbol{x}\boldsymbol{H}^{\mathrm{T}}$$

即

$$\dot{\hat{\boldsymbol{W}}}=\gamma\boldsymbol{H}\boldsymbol{x}^{\mathrm{T}}\boldsymbol{P}^{\mathrm{T}}\boldsymbol{B}=\gamma\boldsymbol{H}\boldsymbol{x}^{\mathrm{T}}\boldsymbol{P}\boldsymbol{B} \tag{12-29}$$

由于 $\dot{\widetilde{\boldsymbol{W}}}=\dot{\hat{\boldsymbol{W}}}$，那么

$$\dot{V}(\boldsymbol{x})=-\frac{1}{2}\boldsymbol{x}^{\mathrm{T}}\boldsymbol{Q}\boldsymbol{x}+\eta\boldsymbol{B}^{\mathrm{T}}\boldsymbol{P}\boldsymbol{x} \tag{12-30}$$

由于

$$\|\boldsymbol{\eta}\|\leqslant\boldsymbol{\eta}_0,\|\boldsymbol{B}\|=1$$

设 $\lambda_{\min}(\boldsymbol{Q})$ 为矩阵 $\boldsymbol{Q}$ 特征值的最小值，$\lambda_{\max}(\boldsymbol{P})$ 为矩阵 $\boldsymbol{P}$ 特征值的最大值，则有

$$\begin{aligned}\dot{V}(\boldsymbol{x})&\leqslant-\frac{1}{2}\lambda_{\min}(\boldsymbol{Q})\|\boldsymbol{x}\|^2+\boldsymbol{\eta}_0\lambda_{\max}(\boldsymbol{P})\|\boldsymbol{x}\|=\\&-\frac{1}{2}\|\boldsymbol{x}\|[\lambda_{\min}(\boldsymbol{Q})\|\boldsymbol{x}\|-2\boldsymbol{\eta}_0\lambda_{\max}(\boldsymbol{P})]\end{aligned} \tag{12-31}$$

要使 $\dot{V}(\boldsymbol{x})<0$，需要 $\lambda_{\min}(\boldsymbol{Q})\geqslant\dfrac{2\lambda_{\max}(\boldsymbol{P})}{\|\boldsymbol{x}\|}\boldsymbol{\eta}_0$，即 $\boldsymbol{x}$ 的收敛半径为

$$\|\boldsymbol{x}\|=\frac{2\lambda_{\max}(\boldsymbol{P})}{\lambda_{\min}(\boldsymbol{Q})}\boldsymbol{\eta}_0 \tag{12-32}$$

由此可见，当 $\boldsymbol{Q}$ 的特征值越大，$\boldsymbol{P}$ 的特征值越小，神经网络建模误差的上界 $\boldsymbol{\eta}_0$ 越小时，$\boldsymbol{x}$ 的收敛半径越小，跟踪效果越好。

12.2.4 二连杆机械臂 RBF 神经网络的自适应控制仿真

采用第 2 章生成的二连杆仿真模型，两关节均期望在 1s 内由 0°转动 45°，初始和终止

的角速度均为 0。采用三次多项式轨迹规划方法，可以得到期望的关节转角、角速度和角加速度函数。假设无法获得该机械臂的精确动力学模型，模型的不确定性约为 10%，采用 RBF 神经网络来逼近模型不确定性产生的关节转矩，在 MATLAB/Simulink 中建立的仿真模型如图 12-4 所示。

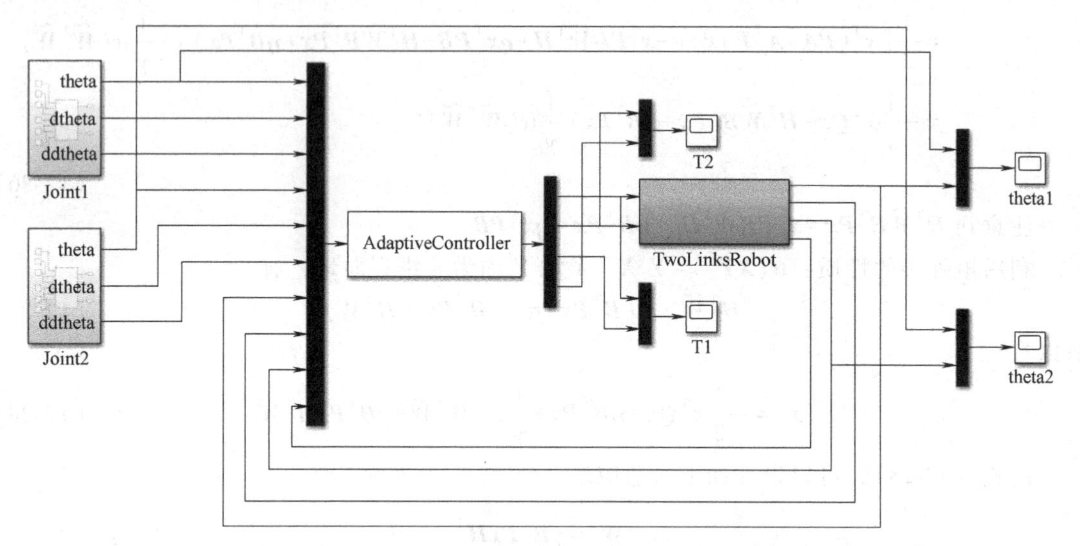

图 12-4 基于 RBF 神经网络的二连杆机械臂自适应控制仿真模型

注：Joint1、Joint2 分别为关节 1、关节 2 轨迹规划模块；AdaptiveController 为自适应控制器；TwoLinksRobot 为二连杆机器人。

模型中 S-Function 模块 AdaptiveController 的程序如下：

```
function [sys,x0,str,ts] = AdaptiveController(t,x,u,flag)
  switch flag
    case 0
    [sys,x0,str,ts]=mdlInitializeSizes;
    case 1
    sys=mdlDerivatives(t,x,u);
    case 3
    sys=mdlOutputs(t,x,u);
    case {2,4,9}
    sys=[];
    otherwise
    error(['Unhandled flag = ',num2str(flag)]);
  end

function [sys,x0,str,ts]=mdlInitializeSizes
  global c b kv kp
  sizes = simsizes;
```

```
  sizes.NumContStates = 10;
  sizes.NumDiscStates = 0;
  sizes.NumOutputs = 4;
  sizes.NumInputs = 10;
  sizes.DirFeedthrough = 1;
  sizes.NumSampleTimes = 1;
  sys = simsizes(sizes);
  % 网络权值初始值
  x0 = 0.1* ones(1,10);
  str = [];
  ts = [0 0];
  % 中心矢量
  c=1* ones(4,5);
  % 基函数宽度向量
  b=20* ones(5,1);
  kp=[20 0;
  0 20];
  kv=[10 0;
  0 10];

function sys=mdlDerivatives(~,x,u)
  global c b kv kp
  A=[zeros(2) eye(2);
  -kp -kv];
  B=[0 0;0 0;1 0;0 1];
  Q=[50 0 0 0;
  0 50 0 0;
  0 0 50 0;
  0 0 0 50];
  % 计算出 A 和 Q 对应的 P 矩阵
  P=lyap(A',Q);
  theta_r1=u(1)/180* pi;
  dtheta_r1=u(2)/180* pi;
  ddtheta_r1=u(3)/180* pi;
  theta_r2=u(4)/180* pi;
  dtheta_r2=u(5)/180* pi;
  ddtheta_r2=u(6)/180* pi;
```

```
  theta1=u(7)/180* pi;
  dtheta1=u(8)/180* pi;
  theta2=u(9)/180* pi;
  dtheta2=u(10)/180* pi;
  e1=theta1-theta_r1;
  e2=theta2-theta_r2;
  de1=dtheta1-dtheta_r1;
  de2=dtheta2-dtheta_r2;
  % 矩阵权值
  W=[x(1) x(2) x(3) x(4) x(5);x(6) x(7) x(8) x(9) x(10)]';
  xi=[e1;e2;de1;de2];
  h=zeros(5,1);
  for j=1:1:5
    h(j)=exp(-norm(xi-c(:,j))^2/(2* b(j)* b(j)));
  end
  % 自适应率
  gama=20;
  S=gama* h* xi'* P* B;
  S=S';
  % 更新权值
  for i=1:1:5
    sys(i)=S(1,i);
    sys(i+5)=S(2,i);
  end

function sys=mdlOutputs(t,x,u)
  global c b kv kp
  theta_r1=u(1)/180* pi;
  dtheta_r1=u(2)/180* pi;
  ddtheta_r1=u(3)/180* pi;
  theta_r2=u(4)/180* pi;
  dtheta_r2=u(5)/180* pi;
  ddtheta_r2=u(6)/180* pi;

  theta1=u(7)/180* pi;
  dtheta1=u(8)/180* pi;
  theta2=u(9)/180* pi;
  dtheta2=u(10)/180* pi;
```

```
dtheta=[dtheta1;dtheta2];
ddtheta=[ddtheta_r1;ddtheta_r2];
e1=theta1-theta_r1;
e2=theta2-theta_r2;
de1=dtheta1-dtheta_r1;
de2=dtheta2-dtheta_r2;
e=[e1;e2];
de=[de1;de2];
% 模型参数
m1=5.1963;
m2=5.1963;
l1=1.0;
l2=1.0;
a=m2* l1^2+1/3* m2* l2^2;
q01=1/3* m1* l1^2;
q02=1/2* m2* l1* l2;
g=9.8;
% 精确动力学模型
M=[a+q01+2* q02* cos(theta2) q01+q02* cos(theta2);
q01+q02* cos(theta2) q01];
C = [ - q02 * dtheta2 * sin ( theta2 ) - q02 * (dtheta1 + dtheta2 )
* sin(theta2);
q02* dtheta1* sin(theta2) 0];
G=[(1/2* m1+m2)* g* l1* cos(theta1)+1/2* m2* l2* g* cos(theta1+
theta2);
1/2* m2* g* l2* cos(theta1+theta2)];
% 名义模型:10% 不确定性
M0=1.1* M;
C0=1.1* C;
G0=1.1* G;
% 基于名义模型控制转矩
torque_nominal=M0* (ddtheta-kv* de-kp* e)+C0* dq+G0;
xi=[e1;e2;de1;de2];
h=zeros(5,1);
for j=1:1:5
  h(j)=exp(-norm(xi-c(:,j))^2/(2* b(j)* b(j)));
end
W=[x(1) x(2) x(3) x(4) x(5);x(6) x(7) x(8) x(9) x(10)]';
```

```
fn=W'* h;
% 针对模型不确定性的转矩神经网络逼近
torque_RBF=-M0* fn;
% 总转矩
Torque_total=torque_nominal+torque_RBF;
% 只有基于名义模型控制转矩
% torque_total=torque_nominal;
sys(1)=torque_total(1);
sys(2)=torque_total(2);
sys(3)=torque_RBF(1);
sys(4)=torque_RBF(2);
```

图 12-5 和图 12-6 所示为两关节角度曲线对比，图 12-7 和图 12-8 所示为两关节控制转矩曲线。由这些图可以看出，尽管模型有 10%的不确定性误差，但基于 RBF 神经网络较好地逼近了消除不确定性需要的附加控制转矩（图 12-7 和图 12-8 中虚线），两关节角度较好地跟踪了指令信号。

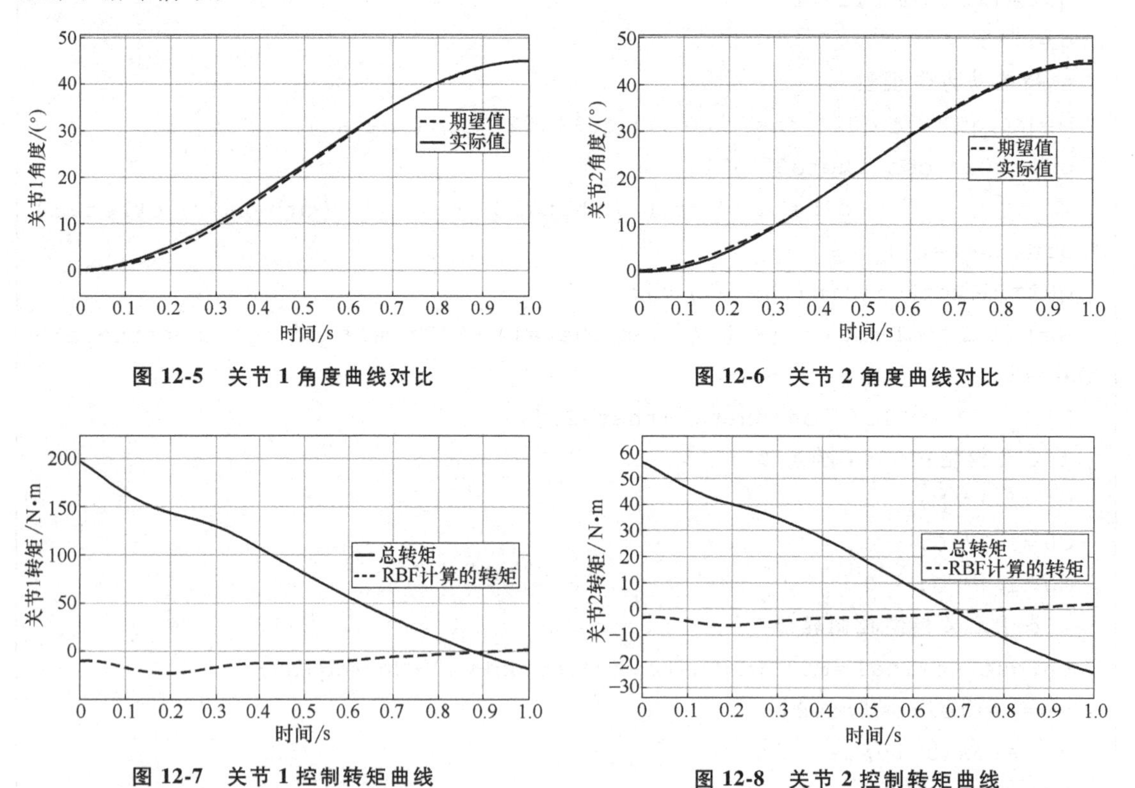

图 12-5　关节 1 角度曲线对比

图 12-6　关节 2 角度曲线对比

图 12-7　关节 1 控制转矩曲线

图 12-8　关节 2 控制转矩曲线

基于 RBF 神经网络的机器人自适应控制虽然能得到较好的轨迹追踪效果，但由 12.2.2 节可以看出，在设计 RBF 神经网络时，将其中心矢量 $\boldsymbol{c}$ 和基函数宽度向量 $\boldsymbol{b}$ 设为常数，在控制过程中只更新网络的权值 W，这样就对中心矢量 $\boldsymbol{c}$ 和基函数宽度向量 $\boldsymbol{b}$ 值的设置提出了较高的要求，如果设置的不合理，拟合效果将变得很差。读者可以试着修改程序中的中心矢量和基函数宽度向量的值，重新仿真以观察不同中心矢量和基函数宽度向量的值对追踪结果的影响。

12.3 机器人滑模变结构控制

滑模控制理论（sliding mode control，SMC）是一种建立在现代控制理论基础上的控制理论，系统变量的滑模运动分为趋近运动和滑模运动，趋近运动将状态变量“拉取”到滑模面上来，而滑模运动则使系统状态变量沿着滑模面运动。滑模控制的一个优势是无视外部扰动和不确定参数，采用一种比较“暴力”的方式达到控制的目的。

12.3.1 机器人滑模控制的基本原理

以单连杆机器人为例，假设系统误差为 e，其中 $e=\theta_d-\theta$，那么 $\dot{e}=\dot{\theta}_d-\dot{\theta}$，控制的目标是在有限长的时间内使 $e\to0$，$\dot{e}\to0$，从而使系统能够准确地跟踪转角指令和角速度指令。可以设计误差跟踪函数，即滑模面函数为

$$s(x)=cx_1+x_2 \tag{12-33}$$

式中，$x_1=e$，$x_2=\dot{e}$，$c>0$。

当 $s=0$ 时，有 $cx_1+x_2=0$，由于 $x_2=\dot{e}=\dot{x}_1$，所以有

$$cx_1+\dot{x}_1=0 \tag{12-34}$$

式（12-34）的解为 $x_1=x_1(0)e^{-ct}$，即当 $t\to\infty$，系统的角度跟踪误差 $x_1=e\to0$，且收敛速度取决于 c；当 $x_1\to0$ 时，也有 $x_2=\dot{x}_1=-cx_1(0)e^{-ct}\to0$。因此，只要能控制误差跟踪函数 s 在有限时间内 $s\to0$，即可自动实现 $e\to0$。所以只要保证该滑模面（即 $s=0$）存在，同时选择合适的趋近率 $\dot{s}$，保证将系统误差变量拉到滑模面上，即可保证机器人的跟踪误差在有限时间内趋向于零。系统变量的趋近运动和滑模运动如图 12-9 所示。

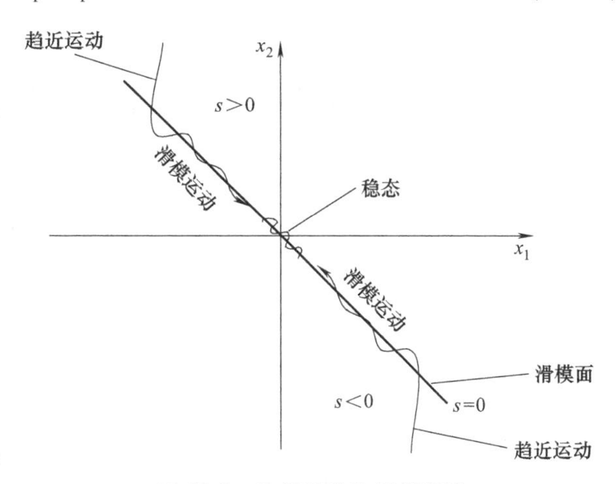

图 12-9 趋近运动和滑模运动

趋近率的设计需借助于李雅普诺夫稳定性理论，定义李雅普诺夫函数：

$$V(s)=\frac{1}{2}s^2 \tag{12-35}$$

要使 s 在有限时间内 $s\to0$，则需 $\dot{V}(s)=s\dot{s}<0$。常见的趋近率如下：

1）等速趋近率：

$$\dot{s}=-\varepsilon\,\mathrm{sgn}(s),\varepsilon>0 \tag{12-36}$$

式中，常数 ε 表征系统变量趋向滑模面 $s=0$ 的速率，ε 越大趋近速度越快，ε 越小趋近速度

越慢；$\mathrm{sgn}(s)$ 是符号函数，它具有如图 12-10 所示的结构。由于该函数在正负间切换，控制作用在 ε 较大时将引起较大的抖动；为了减小控制作用的抖动，可以用饱和函数 $\mathrm{sat}(s)$ 来代替符号函数，如图 12-11 所示。

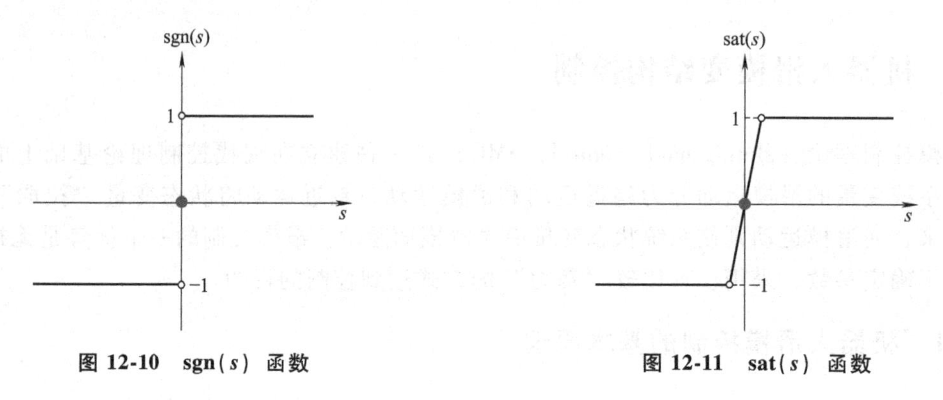

图 12-10 sgn(s) 函数　　图 12-11 sat(s) 函数

2）指数趋近率：

$$\dot{s}=-\varepsilon\mathrm{sgn}(s)-ks,\varepsilon>0,k>0 \tag{12-37}$$

式中，$\dot{s}=-ks$ 是指数项，其解为 $s=s(0)e^{-kt}$。指数趋近项的存在可以缩短趋近时间，但单纯的指数趋近并不能使系统变量在有限的时间内到达滑模面，也就不存在滑模运动，所以还是要增加一个等速趋近项 $\dot{s}=-\varepsilon\mathrm{sgn}(s)$，使 s 接近零时，趋近率是 ε 而不是零，从而确保在有限时间内到达滑模面，而为了减少趋近时间的同时削弱抖动，应在增大 k 的同时减小 ε。

3）幂次趋近率：

$$\dot{s}=-\varepsilon|s|^{\alpha}\mathrm{sgn}(s),\varepsilon>0,0<\alpha<1 \tag{12-38}$$

12.3.2 基于名义模型的二连杆机器人滑模控制率设计

二连杆机器人的名义动力学模型为

$$\boldsymbol{M}_0(\boldsymbol{\theta})\ddot{\boldsymbol{\theta}}+\boldsymbol{C}_0(\boldsymbol{\theta},\dot{\boldsymbol{\theta}})\dot{\boldsymbol{\theta}}+\boldsymbol{G}_0(\boldsymbol{\theta})=\boldsymbol{\tau} \tag{12-39}$$

而实际的、包含不确定性的模型为

$$(\boldsymbol{M}_0+\Delta\boldsymbol{M})\ddot{\boldsymbol{\theta}}+(\boldsymbol{C}_0+\Delta\boldsymbol{C})\dot{\boldsymbol{\theta}}+\boldsymbol{G}_0+\Delta\boldsymbol{G}=\boldsymbol{\tau}+\Delta\boldsymbol{\tau} \tag{12-40}$$

将所有的不确定性因素视为外界扰动 $\boldsymbol{f}$，则有

$$\boldsymbol{M}_0(\boldsymbol{\theta})\ddot{\boldsymbol{\theta}}+\boldsymbol{C}_0(\boldsymbol{\theta},\dot{\boldsymbol{\theta}})\dot{\boldsymbol{\theta}}+\boldsymbol{G}_0(\boldsymbol{\theta})=\boldsymbol{\tau}+\boldsymbol{f} \tag{12-41}$$

式中，$\boldsymbol{f}=\Delta\boldsymbol{\tau}-\Delta\boldsymbol{M}\ddot{\boldsymbol{\theta}}-\Delta\boldsymbol{C}\dot{\boldsymbol{\theta}}-\Delta\boldsymbol{G}$。

设系统的误差为：$\boldsymbol{e}=[e_1\quad e_2]^{\mathrm{T}}$，其中 $e_1=\theta_{1d}-\theta_1$，$e_2=\theta_{2d}-\theta_2$，那么有 $\dot{\boldsymbol{e}}=[\dot{e}_1\quad \dot{e}_2]^{\mathrm{T}}$，其中 $\dot{e}_1=\dot{\theta}_{1d}-\dot{\theta}_1$，$\dot{e}_2=\dot{\theta}_{2d}-\dot{\theta}_2$，设计滑模函数：

$$\boldsymbol{s}=\boldsymbol{c}\boldsymbol{e}+\dot{\boldsymbol{e}}=\begin{bmatrix}c_1e_1+\dot{e}_1\\c_2e_2+\dot{e}_2\end{bmatrix} \tag{12-42}$$

式中，$\boldsymbol{c}=\begin{bmatrix}c_1&0\\0&c_2\end{bmatrix}$，则趋近率 $\dot{\boldsymbol{s}}$ 为

$$\dot{\boldsymbol{s}}=\boldsymbol{c}\dot{\boldsymbol{e}}+\ddot{\boldsymbol{e}}=\begin{bmatrix}c_1\dot{e}_1+\ddot{e}_1\\c_2\dot{e}_2+\ddot{e}_2\end{bmatrix}=\begin{bmatrix}c_1\dot{e}_1\\c_2\dot{e}_2\end{bmatrix}+\begin{bmatrix}\ddot{e}_1\\\ddot{e}_2\end{bmatrix}=\begin{bmatrix}c_1\dot{e}_1\\c_2\dot{e}_2\end{bmatrix}+\begin{bmatrix}\ddot{\theta}_{1d}\\\ddot{\theta}_{2d}\end{bmatrix}-\begin{bmatrix}\ddot{\theta}_1\\\ddot{\theta}_2\end{bmatrix}$$
$$=\begin{bmatrix}c_1\dot{e}_1\\c_2\dot{e}_2\end{bmatrix}+\begin{bmatrix}\ddot{\theta}_{1d}\\\ddot{\theta}_{2d}\end{bmatrix}-\boldsymbol{M}_0^{-1}(\boldsymbol{\tau}+\boldsymbol{f}-\boldsymbol{C}_0\dot{\boldsymbol{\theta}}-\boldsymbol{G}_0) \tag{12-43}$$

若采用式（12-36）的等速趋近率，那么结合式（12-43），控制率为

$$\boldsymbol{\tau}=\boldsymbol{M}_0\left(\begin{bmatrix}c_1\dot{e}_1\\c_2\dot{e}_2\end{bmatrix}+\begin{bmatrix}\ddot{\theta}_{1d}\\\ddot{\theta}_{2d}\end{bmatrix}+\varepsilon\mathrm{sgn}(\boldsymbol{s})\right)+\boldsymbol{C}_0\dot{\boldsymbol{\theta}}+\boldsymbol{G}_0 \tag{12-44}$$

若采用式（12-37）的指数趋近率，那么控制率为

$$\boldsymbol{\tau}=\boldsymbol{M}_0\left(\begin{bmatrix}c_1\dot{e}_1\\c_2\dot{e}_2\end{bmatrix}+\begin{bmatrix}\ddot{\theta}_{1d}\\\ddot{\theta}_{2d}\end{bmatrix}+\varepsilon\mathrm{sgn}(\boldsymbol{s})+\boldsymbol{k}\boldsymbol{s}\right)+\boldsymbol{C}_0\dot{\boldsymbol{\theta}}+\boldsymbol{G}_0 \tag{12-45}$$

若采用式（12-38）的幂次趋近率，那么控制率为

$$\boldsymbol{\tau}=\boldsymbol{M}_0\left(\begin{bmatrix}c_1\dot{e}_1\\c_2\dot{e}_2\end{bmatrix}+\begin{bmatrix}\ddot{\theta}_{1d}\\\ddot{\theta}_{2d}\end{bmatrix}+\boldsymbol{\varepsilon}\,|\boldsymbol{s}|^{\alpha}\mathrm{sgn}(\boldsymbol{s})\right)+\boldsymbol{C}_0\dot{\boldsymbol{\theta}}+\boldsymbol{G}_0 \tag{12-46}$$

式（12-44）~式（12-46）中的符号函数 $\mathrm{sgn}(\boldsymbol{s})$ 可以采用饱和函数 $\mathrm{sat}(\boldsymbol{s})$ 来代替，以减小抖振。

12.3.3 二连杆机械臂滑模控制仿真

依然采用 12.2.4 节中的二连杆机器人 ADAMS 仿真模型，两关节均期望在 1s 内由 0°转动 45°，初始和终止的角速度均为 0。采用三次多项式轨迹规划方法，可以得到期望的关节转角、角速度和角加速度函数，模型的不确定性为±20%。采用滑模控制策略产生关节控制转矩，在 MATLAB/Simulink 中建立的仿真模型如图 12-12 所示。

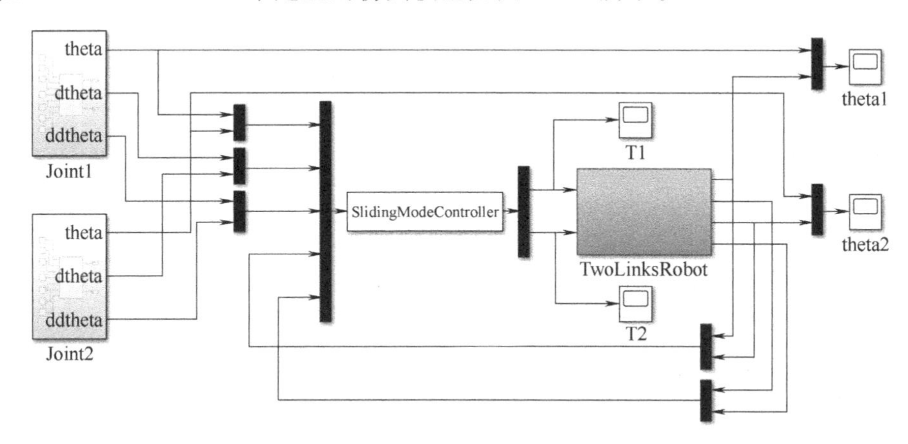

图 12-12 二连杆机械臂滑模控制仿真模型

注：SlidingModeController 为滑模控制器。其他说明见图 12-4 注。

模型中 S-Function 模块 SlidingModeController 的程序如下：

```
function [sys,x0,str,ts] = SlidingModeController(t,x,u,flag)
  switch flag
  case 0
  [sys,x0,str,ts]=mdlInitializeSizes;
  case 3
  sys=mdlOutputs(t,x,u);
  case {1,2,4,9}
  sys=[];
  otherwise
  error(['Unhandled flag = ',num2str(flag)]);
  end
function [sys,x0,str,ts]=mdlInitializeSizes
  sizes = simsizes;
  sizes.NumContStates = 0;
  sizes.NumDiscStates = 0;
  sizes.NumOutputs = 2;
  sizes.NumInputs = 10;
  sizes.DirFeedthrough = 1;
  sizes.NumSampleTimes = 1;
  sys = simsizes(sizes);
  x0 = [];
  str = [];
  ts = [0 0];
function sys=mdlOutputs(~,~,u)
  % 输入变量,角度转换为弧度
  theta_r1=u(1)/180* pi;
  theta_r2=u(2)/180* pi;
  dtheta_r1=u(3)/180* pi;
  dtheta_r2=u(4)/180* pi;
  ddtheta_r1=u(5)/180* pi;
  ddtheta_r2=u(6)/180* pi;
  theta1=u(7)/180* pi;
  theta2=u(8)/180* pi;
  dtheta1=u(9)/180* pi;
  dtheta2=u(10)/180* pi;
  % q=[q1;q2];
  dtheta=[dtheta1;dtheta2];
```

```
ddtheta_r=[ddtheta_r1;ddtheta_r2];
% 精确动力学参数
m1=5.19635;
m2=5.19635;
L1=1.0;
L2=1.0;
J00=m2* L1^2+1/3* m2* L2^2;
J01=1/3* m1* L1^2;
J02=1/2* m2* L1* L2;
g=9.8065;
% 精确动力学模型
M=[J00+J01+2* J02* cos(theta2) J01+J02* cos(theta2);
J01+J02* cos(theta2) J01];
C = [- J02 * dtheta2 * sin (theta2) - J02 * (dtheta1 + dtheta2)
* sin(theta2);
J02* dtheta1* sin(theta2) 0];
G=[(1/2* m1+m2)* g* L1* cos(theta1)+1/2* m2* L2* g* cos(theta1+
theta2);
1/2* m2* g* L2* cos(theta1+theta2)];
% 不确定性动力学模型,±20% 随机
M0=(0.8+0.4* rand)* M;
C0=(0.8+0.4* rand)* C;
G0=(0.8+0.4* rand)* G;
e1=theta_r1-theta1;
e2=theta_r2-theta2;
e=[e1;e2];
de1=dtheta_r1-dtheta1;
de2=dtheta_r2-dtheta2;
dot_e=[de1;de2];
% 滑模面设计
c=[10 0;0 10];
s=c* e+dot_e;
Mode=2;
if Mode==1
  % 等速趋近率
  eps=[10 0;0 10]; % eps 越大,趋近速率越快,抖动越剧烈
  Torque=M0* (eps* sign(s)+c* dot_e+ddtheta_r)+C0* dtheta+G0;
elseif Mode==2
```

```
    % 指数趋近率
    eps=[5 0;0 5];k=[10 0;0 10];% eps 适当减小以防抖动过大
    % 以饱和函数 sat 代替符号函数 sign
    Torque=M0* (eps* sat(s,0.05)'+k* s+ddtheta_r+c* dot_e)+C0* dtheta+G0;
  elseif Mode==3
    % 幂次趋近率
    eps=[5 0;0 5];alpha=0.5;
    Torque=M0* (eps* (s'* s)^(0.5* alpha)* sign(s)+c* dot_e+ddtheta_r)
+C0* dtheta+G0;
  elseif Mode==4
    % 基于名义动力学模型的前馈+反馈,追踪效果不如滑模控制
    kp=[50 0;0 50];kv=[10 0;0 10];
    Torque=kp* e+kv* dot_e+M0* ddtheta_r+C0* dtheta+G0;
  end
  sys(1)=Torque(1);
  sys(2)=Torque(2);
% 自定义饱和函数
function N=sat(s,delta)
  k=1/delta;
  for i=1:1:length(s)
    if abs(s(i))<=delta
      N(i)=k* s(i);
    else
      N(i)=sign(s(i));
    end
  end
```

图 12-13、图 12-14 所示为采用等速趋近率的滑模控制时（Mode=1），两关节的角度跟踪曲线，可以看出，实际轨迹与期望轨迹符合得很好，说明追踪误差很小。而从图 12-15、图 12-16 可以看出，两关节的控制转矩具有强烈的、反复交替的、高频抖振的特征，系统状

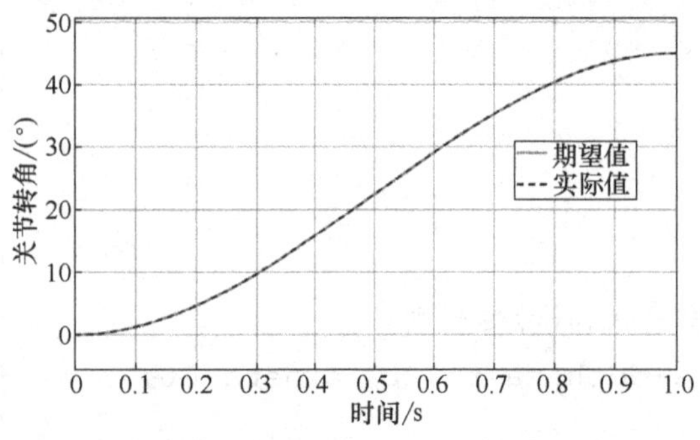

图 12-13　关节 1 角度曲线对比（采用等速趋近率）

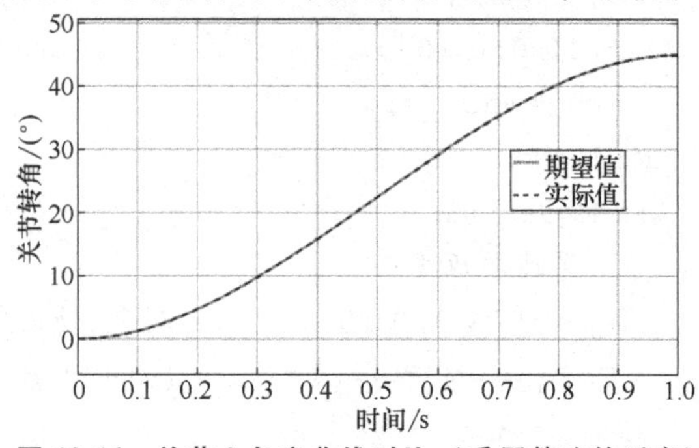

图 12-14　关节 2 角度曲线对比（采用等速趋近率）

态（追踪误差）在所选取的滑模面附近来回颤动。这样的控制信号在实际的控制中很难实现，而且高频的抖振还会加剧机械的磨损，造成零部件过早的失效。前面提到，可以采用饱和函数代替符号函数来降低抖振，其效果如图 12-17、图 12-18 所示。

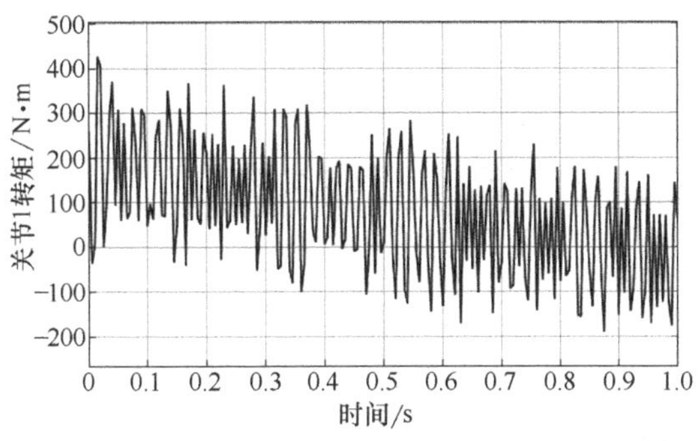

图 12-15　关节 1 控制转矩曲线（采用等速趋近率）

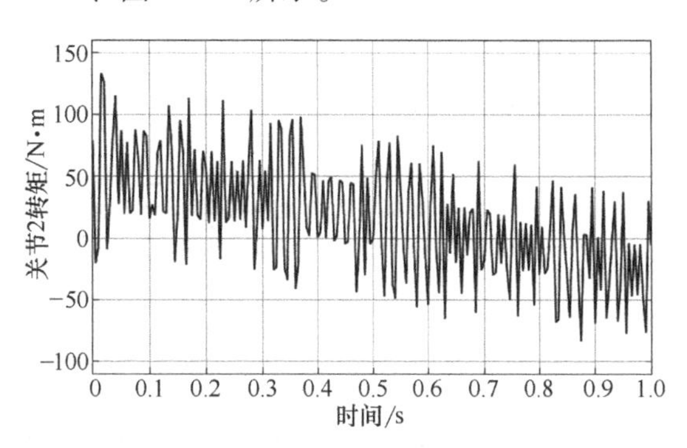

图 12-16　关节 2 控制转矩曲线（采用等速趋近率）

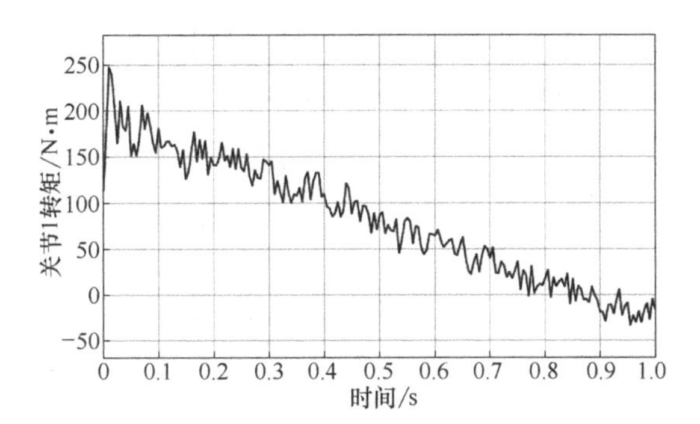

图 12-17　关节 1 控制转矩曲线（采用指数趋近率并用饱和函数代替符号函数）

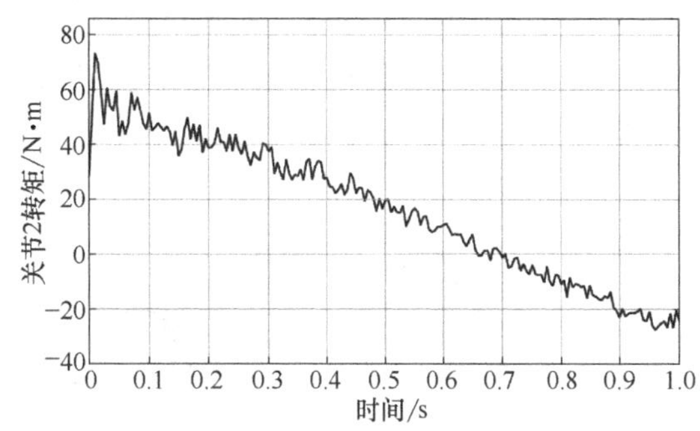

图 12-18　关节 2 控制转矩曲线（采用指数趋近率并用饱和函数代替符号函数）

读者可以试着修改程序中 Mode（Mode = 2：指数趋近率；Mode = 3：幂次趋近率；Mode=4：基于名义动力学模型的前馈+反馈），来比较不同趋近率下机器人系统角度追踪效果以及所产生的控制转矩。同时，可以修改 c_1、c_2、ε、k、α 的值，观察不同参数值对控制结果的影响。

第13章 基于视觉的机器人控制

视觉伺服的任务是使用从图像中提取的视觉特征，控制机器人末端执行器相对于目标的位姿。如图 13-1 所示，相机可以安装在机器人上，随机器人运动，或者固定在周围环境中。图 13-1a 所示结构是相机安装在机器人的末端执行器上，用以观察目标，这称为 eye-in-hand。图 13-1b 所示结构有相机固定在周围环境的一个点上，同时观测目标和机器人的末端执行器，这称为 eye-to-hand。在本书中，将只讨论相机在机器人上，即 eye-in-hand 的情况。

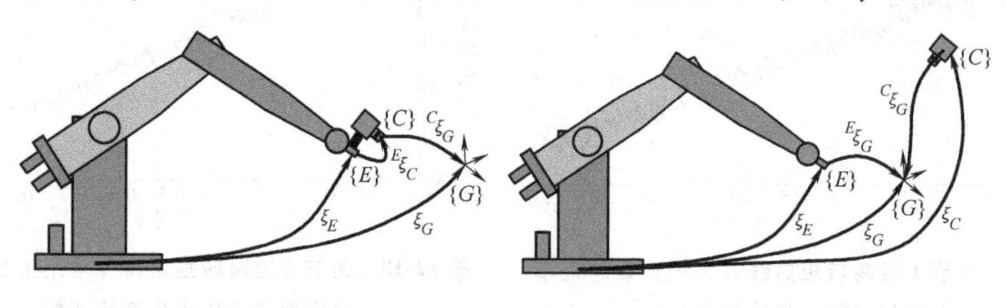

图 13-1　视觉伺服的结构和相关的坐标系：末端执行器 {E}、相机 {C} 和目标 {G}

一般来说，有两种不同的视觉伺服控制方法：基于位置的视觉伺服（PBVS）和基于图像的视觉伺服（IBVS）。基于位置的视觉伺服，其反馈信号在三维任务空间（SE3）中以直角坐标形式定义，如图 13-2a 所示。其基本原理是：通过对观察到的视觉特征、已标定的相机和一个已知的目标几何模型，来确定目标相对于相机的位姿（注意：这里的目标位姿指是机械臂末端的期望位姿），然后由机械手当前位姿与目标位姿之差，进行轨迹规划并计算

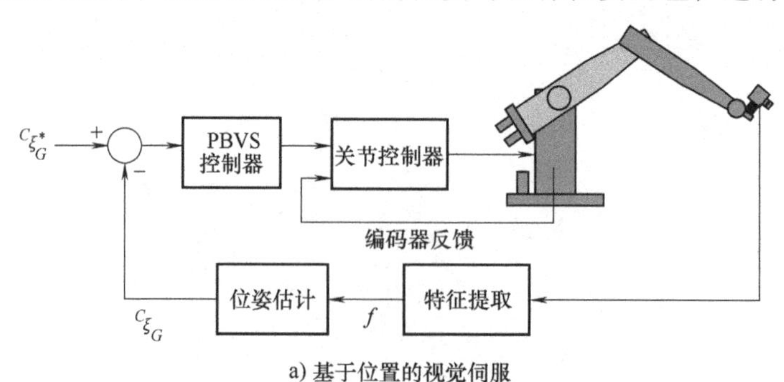

图 13-2　两种不同类型的视觉伺服系统

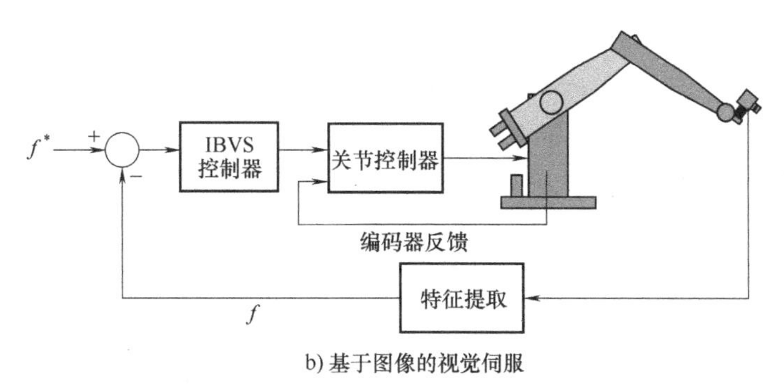

b) 基于图像的视觉伺服

图 13-2 两种不同类型的视觉伺服系统（续）

控制量，驱动机械臂向目标运动，最终实现定位、抓取功能。基于图像的视觉伺服，如图13-2b 所示，省略了机械臂位姿估计的步骤，其误差信号直接用图像特征来定义图像平面坐标的函数。其基本原理是：由该误差信号计算出控制量，并将其变换到机器人运动空间中去，从而驱动机械手向目标运动，完成伺服任务。

13.1 基于位置的视觉伺服

基于位置的视觉伺服系统中，目标相对于相机的位姿 ${}^{C}\xi_G$ 是估计值。位姿估计需要知道目标几何形状、相机的内在参数和观察到的图像平面特征。位姿之间的关系如图 13-3 所示。指定了相对于目标的期望相对位姿 ${}^{C^*}\xi_G$，并希望能够确定相机从初始位姿 ξ_C 到期望位姿 ξ_C^* 的运动，其中从 ξ_C 到 ξ_C^* 称为 ξ_Δ。目标的实际位姿 ξ_Δ 是不知道的。根据位姿体系，可以写出：

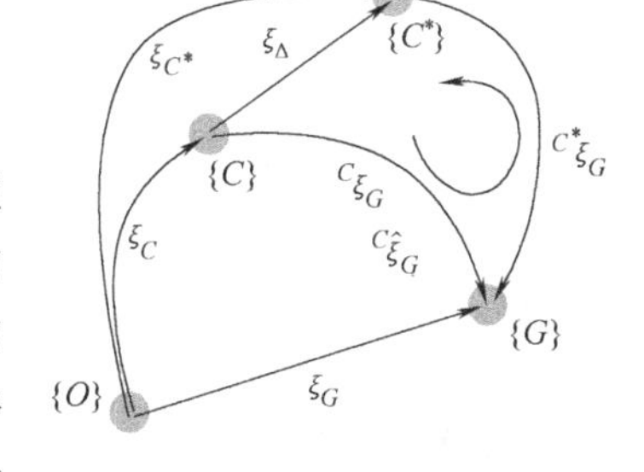

图 13-3 基于位置的视觉伺服示例的相对位姿体系

注：坐标系 {C} 是当前的相机位姿，坐标系 {C^*} 是期望的相机位姿。

$$\xi_\Delta \oplus {}^{C^*}\xi_G = {}^{C}\hat{\xi}_G$$

式中，${}^{C}\hat{\xi}_G$ 是目标相对于相机的估计位姿。把上式重新整理为

$$\xi_\Delta = {}^{C}\hat{\xi}_G \oplus {}^{C^*}\xi_G$$

它就是要求去到达期望相对位姿的相机运动。位姿的变化可能是相当大的，所以不要指望这个运动能一步到位，而是先移动到一个接近 {C^*} 的点，该点位姿由下式定义：

$$\xi_C\langle k+1\rangle = \xi_C\langle k\rangle \oplus \lambda\xi_\Delta\langle k\rangle$$

它是所需平移和旋转总量的一部分，其中 $\lambda \in (0, 1)$。

基于位置的视觉伺服控制系统的定位精度在很大程度上依赖于目标位姿的估计精度，但位姿计算与手眼系统参数标定有关，因此要保证这一估计过程的准确度是十分困难的。在某些情况下，基于位置的控制对标定参数误差十分敏感。

这里使用 Peter Coke 的机器人工具箱和机器视觉工具箱来仿真 puma560 六轴机械臂的基于位置的视觉伺服过程，其主要 MATLAB 代码如下：

```
% 定义 Puma 560 机械臂的 DH 参数
L(1) = Link([0 0 0 pi/2 0]);
```

```
L(2) = Link([0 0 0.4318 0 0]);
L(3) = Link([0 0.15005 0 -pi/2 0]);
L(4) = Link([0 0.4318 0 pi/2 0]);
L(5) = Link([0 0 0 -pi/2 0]);
L(6) = Link([0 0 0 0 0]);
robot = SerialLink(L, 'name', 'Puma 560');

% 定义相机内参
focal_length = 800; % 焦距
px_size = 1.5e-5; % 像素尺寸
resolution = [640, 480]; % 图像分辨率
% 定义相机参数
camera = CentralCamera('focal', focal_length, 'pixel', px_size, 'resolu-
tion', resolution);

% 定义相机在机器人末端的位姿
Tc0 = SE3(0, 0, 0.1) * SE3.rpy(0, 0, pi); % 假设相机位于末端执行器前方 10cm
处并旋转 180 度
robot.tool = Tc0.T; % 将 SE3 对象转换为 4×4 矩阵

% 定义目标位置
target_world = [0.5, 0.2, 0.5]; % 目标点在世界坐标系中的位置

% 初始关节角度
q0 = [0, 0, 0, 0, 0, 0]; % 选择一个稍微偏离目标的初始关节角度
robot.plot(q0);

% 计算目标在初始相机坐标系中的位置
Tc = robot.fkine(q0) * Tc0.T; % 初始相机位姿
target_cam = inv(Tc) * [target_world'; 1]; % 将目标位置转换到相机坐标系

% 计算期望的机器人末端执行器的位姿
desired_end_effector_pose = SE3(target_world) * SE3.rpy(0, 0, 0);

% 输出初始调试信息
disp('Initial camera pose (Tc):');
disp(Tc);
disp('Target in initial camera coordinates (target_cam):');
```

```
disp(target_cam);
disp('Desired end-effector pose:');
disp(desired_end_effector_pose.T);

% 伺服增益
lambda = 0.1; % 调整伺服增益
% 最大迭代次数
max_iter = 100; % 增加最大迭代次数

% 视觉伺服循环
q = q0; % 初始关节角度

% 初始化用于存储末端执行器位置的变量
trajectory = [];

for j = 1:max_iter

  % 计算当前机械臂的位姿
  q = q + 0.0005* rand(1, 6);
  current_end_effector_pose = robot.fkine(q);

  % 记录当前末端执行器位置
  trajectory = [trajectory; transl(current_end_effector_pose)'];

  % 计算位置误差
  e_pos = transl(desired_end_effector_pose)'-transl(current_end_effec-
tor_pose);
  % 计算当前相机姿态的旋转矩阵
  R_current = current_end_effector_pose(1:3,1:3);
  R_desired = desired_end_effector_pose.R;
  % 计算姿态误差 (旋转矩阵的对数映射)
  e_ori = tr2rpy(R_desired * R_current');
  % 合并位置误差和姿态误差
  e = [e_pos; e_ori'];
  % 输出调试信息
  disp(['Iteration: ', num2str(j)]);
  disp('Current joint angles (q):');
  disp(q);
```

```
  disp('Current end-effector pose (Tc):');
  disp(current_end_effector_pose(1:3,1:3));
  disp('Position error (e_pos):');
  disp(e_pos);
  disp('Orientation error (e_ori):');
  disp(e_ori);
  disp('Total error (e):');
  disp(e);
  % 计算雅可比矩阵
  J = robot.jacob0(q);
  % 计算关节速度
  dq = lambda * pinv(J) * e;
  % 限制关节速度
  dq = max(min(dq, 0.1), -0.1);
  % 输出关节速度调试信息
  disp('Joint velocity (dq):');
  disp(dq');
  % 更新关节角度
  q = q + dq';
  % 更新机器人位置
  robot.animate(q);
  pause(0.1);
  % 检查是否收敛
  if norm(e) < 1e-2
    disp('Converged');
    break;
  end
end

disp('视觉伺服完成');
% 绘制末端执行器轨迹
figure;
plot3(trajectory(:,1), trajectory(:,2), trajectory(:,3), 'b-', 'Line-
Width', 2);
hold on;
plot3(target_world(1), target_world(2), target_world(3), 'ro', 'Marker-
Size', 10, 'LineWidth', 2);
xlabel('X');
```

```
ylabel('Y');
zlabel('Z');
title('末端执行器的轨迹');
grid on;
legend('实际轨迹', '目标点');
```

仿真的结果如图 13-4 所示。

细心的读者会发现，上述代码中关键部分为基于视觉对当前机械臂的位姿进行估计，为了方便，仅加入了一个较小的随机误差：

```
    % 计算当前机械臂的位姿
    q = q + 0.0005* rand(1, 6);
```

而实际中要复杂得多，须采用图像处理、机器学习、深度学习等多方面的技术，才能够较好的辨识出当前机械臂的实际位姿。

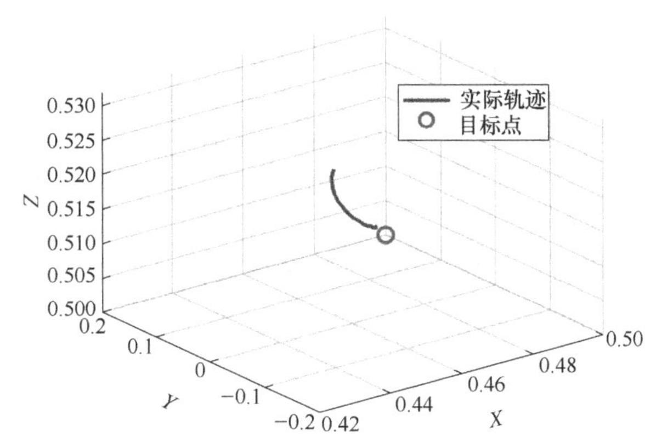

图 13-4 puma560 机械臂基于位置的视觉伺服仿真结果

13.2 基于图像的视觉伺服

基于图像的视觉伺服从根本上与基于位置的视觉伺服不同，它不对目标的相对位姿进行估计，而是将图像特征参数的变化同机器人位姿变化联系起来。基于图像的视觉伺服必须计算图像雅可比矩阵及其逆矩阵，其本质上是把伺服控制任务放在图像特征参数空间中进行描述和控制。

基于图像的视觉伺服系统的定位精度对摄像机标定误差不敏感，与基于位置的视觉伺服相比，计算量较少，对于 eye-in-hand 构型的机器人视觉伺服系统，在存在图像量化误差、摄像机标定误差和图像噪声的情况下，基于图像的视觉伺服要比基于位置的视觉伺服有更好的定位与跟踪效果。

考虑一个相机在世界坐标系中以刚体速度 $\boldsymbol{v}=(\boldsymbol{v}, \boldsymbol{\omega})$ 移动，并观察一个世界坐标系中的空间点 P，该点相对于相机的坐标是 $\boldsymbol{P}=(X, Y, Z)$。这个点相对于相机坐标系的运动速度是：

$$\dot{\boldsymbol{P}} = -\boldsymbol{\omega} \times \boldsymbol{P} - \boldsymbol{v} \tag{13-1}$$

可以写成标量形式：

$$\begin{cases} \dot{X} = Y\omega_z - Z\omega_y - v_x \\ \dot{Y} = Z\omega_x - X\omega_z - v_y \\ \dot{Z} = X\omega_y - Y\omega_x - v_z \end{cases} \tag{13-2}$$

对于归一化坐标，透视投影方程为

$$x = \frac{X}{Z},\ y = \frac{Y}{Z}$$

使用商的求导法则，上式的时间导数为

$$\dot{x} = \frac{\dot{X}Z - X\dot{Z}}{Z^2},\ \dot{y} = \frac{\dot{Y}Z - Y\dot{Z}}{Z^2}$$

结合式（13-2），将上式写成矩阵形式：

$$\begin{pmatrix} \dot{x} \\ \dot{y} \end{pmatrix} = \begin{pmatrix} -\frac{1}{Z} & 0 & \frac{x}{Z} & xy & -(1+x^2) & y \\ 0 & -\frac{1}{Z} & \frac{y}{Z} & 1+y^2 & -xy & -x \end{pmatrix} \begin{pmatrix} v_x \\ v_y \\ v_z \\ \omega_x \\ \omega_y \\ \omega_z \end{pmatrix} \tag{13-3}$$

上式把相机速度与归一化图像坐标形式的特征速度联系在一起。

归一化图像平面坐标与像素坐标的关系可以表示为

$$u = \frac{f}{\rho_u}x + u_0,\ v = \frac{f}{\rho_v}y + v_0$$

重新整理后得

$$x = \frac{\rho_u}{f}\bar{u},\ y = \frac{\rho_v}{f}\bar{v} \tag{13-4}$$

式中，$\bar{u} = u - u_0$ 和 $\bar{v} = v - v_0$ 是相对于主点的像素坐标。上式的时间导数为

$$\dot{x} = \frac{\rho_u}{f}\dot{\bar{u}},\ \dot{y} = \frac{\rho_v}{f}\dot{\bar{v}} \tag{13-5}$$

然后把式（13-4）和式（13-5）代入式（13-3）得

$$\begin{pmatrix} \dot{\bar{u}} \\ \dot{\bar{v}} \end{pmatrix} = \begin{pmatrix} -\frac{f}{\rho_u Z} & 0 & \frac{\bar{u}}{Z} & \frac{\rho_u \bar{u}\bar{v}}{f} & -\frac{f^2 + \rho_u^2 \bar{u}^2}{\rho_u f} & \bar{v} \\ 0 & -\frac{f}{\rho_v Z} & \frac{\bar{v}}{Z} & \frac{f^2 + \rho_v^2 \bar{v}^2}{\rho_v f} & -\frac{\rho_v \bar{u}\bar{v}}{f} & -\bar{u} \end{pmatrix} \begin{pmatrix} v_x \\ v_y \\ v_z \\ \omega_x \\ \omega_y \\ \omega_z \end{pmatrix} \tag{13-6}$$

上式是用相对于主点的像素坐标表示的。可以把它写成更简洁的矩阵形式：

$$\dot{\boldsymbol{p}}=\boldsymbol{J}_p\boldsymbol{\upsilon} \tag{13-7}$$

式中，$\boldsymbol{J}_p$ 即为针对一个特征点的2×6图像雅克比矩阵。

图像雅克比矩阵完全不依赖于空间点的世界坐标 X 或 Y，只与图像平面上的坐标 (u, v) 有关。然而，它的前三列依赖于该空间点的深度 Z，并反映出这样一个事实：对于相机的平移运动，图像平面的速度与深度成反比。图像雅克比矩阵的秩为2，因此存在一个四维的零空间。零空间中包含了一组空间速度向量，它们单独地或以线性组合方式使得图像中没有运动。

相比于相机运动时点是如何在图像平面中移动，经常遇到的情况是它的逆问题：为了使图像点以期望的速度运动，需要什么样的相机运动。例如，对于三个点 $\{(u_i, v_i), i=1\cdots3\}$，相应的速度为 $\{(\dot{u}_i, \dot{v}_i)\}$，可以对式（13-7）求逆，得出所需的相机速度。

$$\boldsymbol{\upsilon}=\begin{pmatrix}\boldsymbol{J}_{p_1}\\ \boldsymbol{J}_{p_2}\\ \boldsymbol{J}_{p_3}\end{pmatrix}^{-1}\begin{pmatrix}\dot{u}_1\\ \dot{v}_1\\ \dot{u}_2\\ \dot{v}_2\\ \dot{u}_3\\ \dot{v}_3\end{pmatrix} \tag{13-8}$$

给定特征速度，可以计算出所需的相机运动，而要确定特征速度，最简单的策略是设计一个简单的线性控制器：

$$\dot{\boldsymbol{p}}^*=\lambda(\boldsymbol{p}^*-\boldsymbol{p}) \tag{13-9}$$

它将驱动特征点朝它们在图像平面上的期望值 $\boldsymbol{p}^*$ 运动。联立式（13-8）可得

$$\boldsymbol{\upsilon}=\begin{pmatrix}\boldsymbol{J}_{p_1}\\ \boldsymbol{J}_{p_2}\\ \boldsymbol{J}_{p_3}\end{pmatrix}^{-1}(\boldsymbol{p}^*-\boldsymbol{p})$$

该控制器将驱动摄像头使特征点移向图像中期望的位置，该过程都是根据图像平面上测量数据计算的。

对于一般的自由度 $n<3$ 的情况，可将所有特征的雅克比堆叠，并使用广义逆求出相机的运动：

$$\boldsymbol{\upsilon}=\begin{pmatrix}\boldsymbol{J}_{p_1}\\ \boldsymbol{J}_{p_2}\\ \boldsymbol{J}_{p_3}\end{pmatrix}^{+}(\boldsymbol{p}^*-\boldsymbol{p}) \tag{13-10}$$

注意，有可能指定的一组特征点速度是不一致的，因此能够产生所需图像运动的相机运动则不存在。在这种情况下，广义逆可以找到一个解，它使得特征速度误差的范数最小。

对于 $n\geqslant3$ 的情况，如果这些点接近重合或共线，那么矩阵就呈现病态条件数。在实际应用中，这意味着某些相机运动只会引起非常小的图像运动，运动具有低的可感知性。可感知性和可操作性的概念非常相似，因此将采取类似方法对它进行标准化。考虑一个具有单位

大小的相机空间速度：

$$v^{\mathrm{T}}v=1$$

从式（13-7）可以写出用广义逆表达的相机速度：

$$v=\boldsymbol{J}_p^{+}\dot{\boldsymbol{p}}$$

将上式代入前面的单位速度表达式，得

$$\dot{\boldsymbol{p}}^{\mathrm{T}}\boldsymbol{J}_p^{+\mathrm{T}}\boldsymbol{J}_p^{+}\dot{\boldsymbol{p}}=1$$

$$\dot{\boldsymbol{p}}^{\mathrm{T}}(\boldsymbol{J}_p\boldsymbol{J}_p^{\mathrm{T}})^{-1}\dot{\boldsymbol{p}}=1$$

它是在点速度空间中的一个椭球方程。$\boldsymbol{J}_p\boldsymbol{J}_p^{\mathrm{T}}$ 的特征向量定义了椭球的主轴，$\boldsymbol{J}_p$ 的奇异值为半径。最大与最小半径之比由 $\boldsymbol{J}_p$ 的条件数给出，代表了特征运动的各向异性。如果该比值很高，就表明一些点在响应某些相机运动时的运动速度较低。如果不想堆叠所有特征点的雅可比矩阵，可选择其中三个进行堆叠，得到一个具有最佳条件数的正方形矩阵，然后对它求逆。

这里依然以 puma560 六轴机器人为例，进行基于图像的视觉伺服过程，其主要 MATLAB 代码如下：

```
% 初始化机械臂和相机参数
mdl_puma560; % 加载 Puma560 机器人模型
robot = p560;
camera = CentralCamera('focal', 0.015, 'pixel', 10e-6, ...
'resolution', [1024 1024], 'centre', [512 512]);

% 定义目标特征点(世界坐标系中的三维点)
pStar_world = [0.5, 0.5, 1]; % 单个目标特征点 (X* , Y* , Z* )

% 初始化机械臂的初始位姿
q0 = [0, -pi/4, pi/4, 0, pi/4, 0]; % 机械臂初始关节位置
robot.plot(q0);

% 控制参数
lambda = 0.1; % 控制增益
epsilon = 1e-4; % 误差容限
max_iterations = 500; % 最大迭代次数
update_interval = 10; % 每隔 10 次循环更新一次图像

% 轨迹记录初始化
end_effector_trajectory = [];
image_point_trajectory = [];

% IBVS 控制循环
```

```
iteration = 0; % 初始化循环计数
while iteration < max_iterations
% 获取当前图像中的特征点
T = robot.fkine(q0);
p_current_world_homogeneous = [pStar_world, 1]'; % 齐次坐标表示
p_current_camera_homogeneous = inv(T) * p_current_world_homogeneous;
% 将世界坐标系中的点转换到相机坐标系
p_current_camera = p_current_camera_homogeneous(1:3)'; % 去掉齐次坐标的
一部分
p = camera.project(p_current_camera'); % 将相机坐标系中的点投影到图像平
面上
% 记录轨迹
end_effector_position = transl(T); % 获取末端执行器位置
end_effector_trajectory = [end_effector_trajectory; end_effector_po-
sition']; % 末端执行器位置
image_point_trajectory = [image_point_trajectory; p(:)']; % 图像特征点
位置
% 计算图像误差
pStar_image = camera.project(pStar_world'); % 将目标特征点投影到图像平
面上
e = pStar_image(:) - p(:);
% 打印调试信息
disp(['Iteration: ', num2str(iteration)]);
disp(['Image Error: ', num2str(e')]);
disp(['Current Image Points: ', num2str(p')]);
disp(['Desired Image Points: ', num2str(pStar_image')]);
% 检查误差是否在容限内
if norm(e) < epsilon
disp('已达到目标位置');
break;
end
% 计算图像雅可比矩阵
J_img = camera.visjac_p(p, p_current_camera(3));
% 计算特征点在图像平面上的速度
v = lambda * e(:);
% 计算摄像头在 3D 空间中的速度
vc = pinv(J_img) * v; % 使用图像雅可比矩阵的伪逆计算摄像头在 3D 空间中的速度
% 计算新的关节速度
```

```
J_robot = robot.jacob0(q0); % 获取当前关节位置下的机械臂雅可比矩阵
q_dot = pinv(J_robot) * vc; % 使用机械臂雅可比矩阵的伪逆计算关节速度
% 更新关节位置
q0 = q0 + q_dot'; % 更新关节位置
% 平滑关节角度变化(简单的平滑滤波器)
alpha = 0.1;
q0 = (1 - alpha) * q0 + alpha * (q0 + q_dot');
% 更新机械臂位置
if mod(iteration, update_interval) == 0
robot.animate(q0);
end
iteration = iteration + 1; % 更新循环计数
end

% 检查是否达到最大迭代次数
if iteration >= max_iterations
disp('达到最大迭代次数,未能完全收敛到目标位置');
end

% 绘制图像平面上的特征点轨迹
figure;
plot(image_point_trajectory(:,1), image_point_trajectory(:,2), 'b-',
'LineWidth', 2);
hold on;
plot(image_point_trajectory(1,1), image_point_trajectory(1,2), 'go',
'MarkerSize', 10, 'LineWidth', 2); % 起点
plot(image_point_trajectory(end,1), image_point_trajectory(end,2),
'ro', 'MarkerSize', 10, 'LineWidth', 2); % 终点
plot(pStar_image(1), pStar_image(2), 'k*', 'MarkerSize', 10, 'LineWidth',
2); % 目标特征点
xlabel('u');
ylabel('v');
title('图像特征点轨迹');
legend('轨迹', '起点', '终点', '目标特征点');
grid on;
axis equal;
```

仿真的结果如图 13-5 所示。

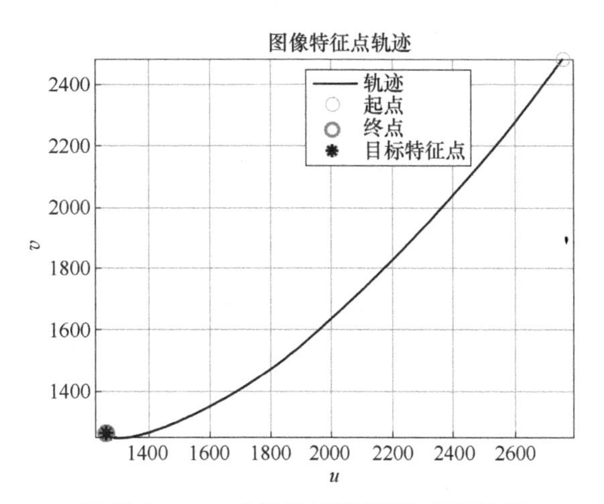

图 13-5　puma560 机械臂 IBVS 仿真结果

第14章 机器人高级应用

机器人正在各行各业获得广泛应用。本章介绍了机器人的高级应用场景，以双臂协作机器人和人形机器人为典型案例进行分析，并给出了相关仿真案例；最后分析了机器人在增材制造领域的应用，提出增材制造与机器人技术的结合，将带来机器人设计和制造的极大创新，正在催生了一系列创新应用。

14.1 双臂协作机器人建模仿真

14.1.1 双臂协作机器人简介

双臂协作机器人的核心是双臂多关节结构和机器人操作系统。双臂协作机器人每条臂都有高灵活性的 7 个自由度，比单臂协作机器人有更高的灵活性和可操作性，通过双臂配合作业，能够模仿人类双臂运动执行多种操作，包括装配、焊接、涂装、拆卸和其他工作任务。随着技术的进步，双臂协作机器人产生了许多功能性的变化，使其成为现代工业中的主要生产工具之一，已经成为制造业中的重要组成部分，广泛应用于汽车、航空航天、医疗、3C 电子、物流、塑料、玻璃、金属加工等领域，如图 14-1 所示。

图 14-1 双臂机器人应用场景

（1）在制造业中的应用 随着工业自动化程度的提高，越来越多的企业开始采用双臂协作机器人来完成各种生产任务，不仅能完成简单的任务，如搬运物品、组装零件等，还可以完成复杂的任务，如焊接、喷涂等。例如，ABB公司的YuMi机器人就是一款双臂协作机器人，它能够与人类并肩工作，共同完成装配、检测等任务。

（2）在医疗领域中的应用 随着医疗技术的不断发展，越来越多的医疗机构开始使用双臂协作机器人来辅助医生完成手术操作。双臂协作机器人能帮助医生进行高精度手术，减小手术风险；同时操作方式也非常便捷，并可以通过远程操作来实现手术。这种方式不仅保证手术的安全性，还降低了手术的时间和成本。

（3）在服务行业中的应用 随着人口老龄化的不断加剧，越来越多的老年人需要得到服务人员的帮助。但是，人工服务人员的数量是有限的。双臂协作机器人可以作为人工服务人员的辅助工具，帮助老年人完成日常生活中的各种活动，如帮助老年人清洗衣物、打扫卫生等。这不仅解决了服务人员数量不足的问题，还可提高老年人的生活质量。

（4）在教育领域中的应用 随着在线教育的兴起，越来越多的学生需要通过网络进行学习。但是，在线教育也存在着一些问题，例如学生与教师之间的互动和沟通不够顺畅。双臂协作机器人可以作为一种在线教育工具，帮助学生和教师更好地沟通交流；还能通过远程控制进行操作，实现远程演示、互动问答等教育活动，让学生更好地理解和掌握知识。

（5）在空间在轨装配领域中的应用 随着空间站以及未来大型航天器系统在轨建造与维护的需求日益迫切，空间双臂机器人模拟人类手臂的灵活性，能够帮助人类开展在轨装配、在轨建造和在轨维护等操作任务。此外，空间机器人要求具有对非合作卫星的在轨捕获能力，双臂空间机器人与单臂空间机器人相比，在这方面显然更具有优势。双臂空间机器人具有更大的负载能力及更好的运动稳定性，是未来空间机器人发展的重要方向。

总之，双臂协作机器人将成为现代社会中不可或缺的一部分，被广泛应用于各种领域。未来随着双臂协作机器人技术的不断发展，将有更多的创新和新的应用领域出现，为人类社会带来更多的便利和福利。

14.1.2 双臂机器人仿真案例

基于MATLAB软件的机器人工具箱是由来自昆士兰科技大学的Peter Corke教授开发的，被广泛用于机器人进行仿真（主要是串联机器人）。该工具箱支持机器人一些基本算法的功能，例如三维坐标中的方向表示，运动学、动力学模型和轨迹生成。

使用该工具箱建立双臂模型和腰关节模型，最后将两个单机械臂组合到腰关节上。如图14-2所示，腰关节连杆坐标系就是基坐标系 $x_0y_0z_0$，肩关节坐标系 $x_2y_2z_2$ 就是单臂机器人的基坐标系。从肩关节坐标系开始建立单臂的DH坐标系，也可以认为是单独的腰关节连杆坐标系+单臂的DH坐标系。需要注意的是，建立整体DH坐标系时腰关节与肩关节之间需要加 $-\pi/2$ 角度偏置，目的是将机械臂垂下。图14-2中的虚线 x_2 即为不加偏置的肩关节坐标系，实线 x_2 即为加了偏置角度后的肩关节坐标系，d=肩宽/2。双臂机器人修正的D-H参数表见表14-1。

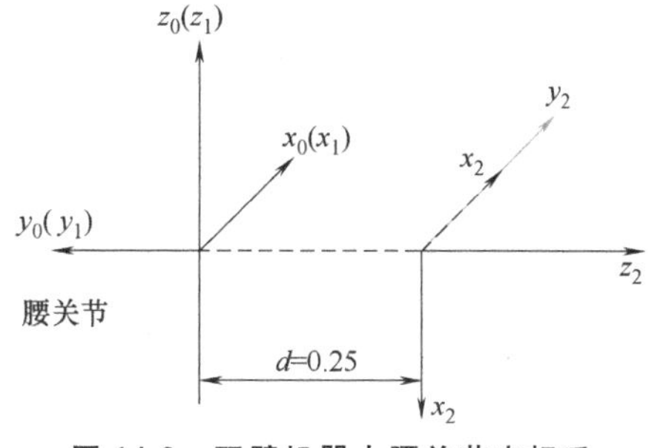

图14-2 双臂机器人腰关节坐标系

表 14-1 双臂机器人修正的 D-H 参数表

连杆名称	θ	d/mm	a/mm	α/rad	Offset①/rad
左肩偏转连杆	θ_1^L	-72.0	150.0	0	$-\pi/2$
左肩俯仰连杆	θ_2^L	0	22.0	$\pi/2$	$\pi/2$
左肘俯仰连杆	θ_3^L	0	285.0	0	0
左腔横滚连杆	θ_4^L	220.0	3.5	$-\pi/2$	0
右肩偏转连杆	θ_1^R	-72.0	-150.0	0	$-\pi/2$
右肩俯仰连杆	θ_2^R	0	22.0	$\pi/2$	$\pi/2$
右肘俯仰连杆	θ_3^R	0	285.0	0	0
右腕横滚连杆	θ_4^R	220.0	3.5	$-\pi/2$	0

① 偏置角。

生成双臂协作机器人的 MATLAB 代码如下：

```
clear all;
clc;
L(1)=Link([0    -0.072    0.150    0    0  pi/2  ],'modified');
% 关节 1 这里的最后一个量偏置
L(2)=Link([0    0       0.022    pi/2    0    -pi/2  ],'modified');
L(3)=Link([0    0       0.285      0      0     -pi/2 ],'modified');
L(4)=Link([0    0.22    0.0035  -pi/2   0      0 ],'modified');
% L(5)=Link([0    0       0          -pi/2  0     ],'modified');
% L(6)=Link([0    0       0          pi/2   0     ],'modified');
p560L=SerialLink(L,'name','LEFT');
p560L.tool=[0 -1 0 0;
            1  0 0 0;
            0  0 1 0 ;
            0  0 0 1;];
R(1)=Link([0    -0.072    -0.15    0    0  pi/2  ],'modified');
% 关节 1 这里的最后一个量偏置
R(2)=Link([0    0        0.022    pi/2  0   -pi/2  ],'modified');
R(3)=Link([0    0        0.285     0     0   -pi/2 ],'modified');
R(4)=Link([0    0.22     0.0035   -pi/2    0    0 ],'modified');
% R(5)=Link([0    0        0         -pi/2      0      ],'modified');
% R(6)=Link([0    0        0          pi/2      0      ],'modified');
p560R=SerialLink(R,'name','RIGHT');
p560R.tool=[0 -1 0 0;
            1 0 0 0;
            0 0 1 0 ;
            0 0 0 1;];
```

```
platform=SerialLink([0 0 0 0],'name','platform','modified');% 虚拟腰
部关节
platform.base=[1 0 0 0;
              0 1 0 0;
              0 0 1 0 ;
              0 0 0 1;]; % 基座高度
pR=SerialLink([platform,p560R],'name','R'); % 单独右臂模型,加装底座
pR.display();
view(3)
hold on
grid on
axis([-1.5, 1.5, -1.5, 1.5, -1.0, 1.5])
pR.plot([0 pi/4 pi/4 0 0]) % 第一个量固定为 0,目的是为了模拟腰关节,左
臂下同
hold on
pL=SerialLink([platform,p560L],'name','L'); % 单独左臂模型,加装底座
pL.display();
pL.plot([0 -pi/4 pi/4 0  0])
hold on
```

生成的双臂协作机器人如图 14-3 所示。

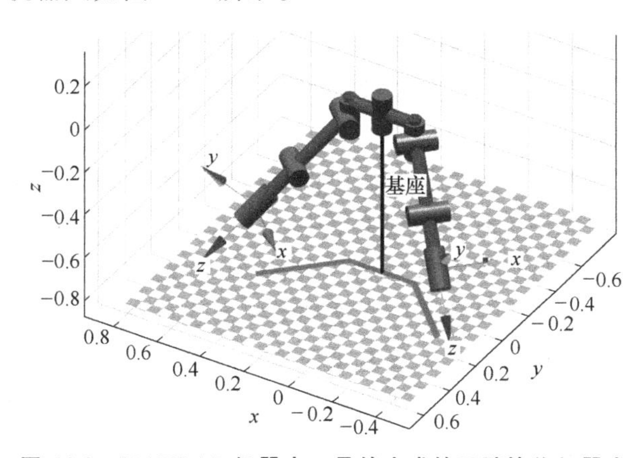

图 14-3 MATLAB 机器人工具箱生成的双臂协作机器人

14.2 人形机器人建模仿真

14.2.1 人形机器人简介

人形机器人是一种利用人工智能和机器人技术制造的具有类似人类外观和行为的机器

人。它们通常拥有与人类相似的身体结构，包括四肢、头部和躯干等部分，并能够执行一些基本的人类动作，如图 14-4 所示。这些机器人通常被设计为能够与人类进行交互，并在人类生产和生活中扮演着重要角色。

现在人形机器人的发展已经成为一个非常热门的领域，它们在人类生产和生活中扮演着越来越重要的角色。人形机器人的应用领域十分广泛，涵盖了工业生产、医疗健康、家庭服务、航空航天等多个领域。

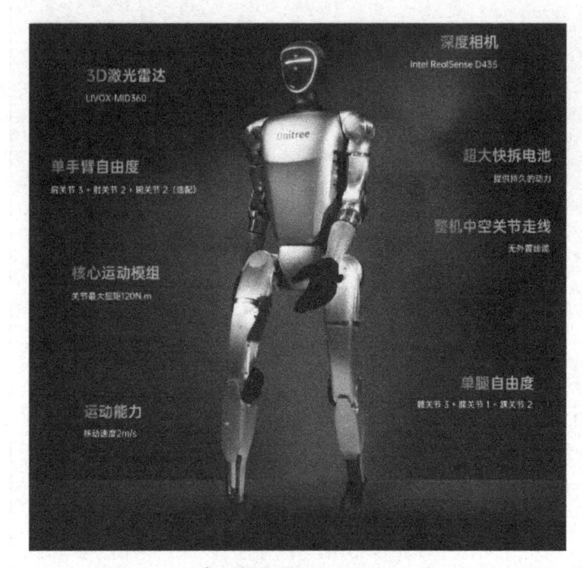

宇树机器人Unitree G1

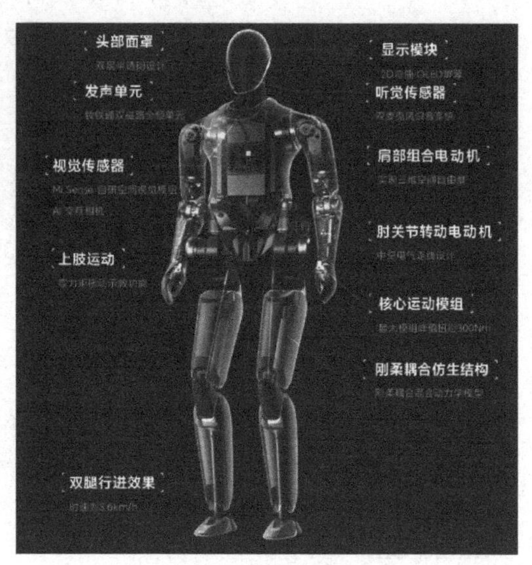

小米机器人Cyberone

图 14-4　人形机器人

在制造业领域，人形机器人已经能够胜任一些生产线上的搬运、装配和检测等生产任务。例如，特斯拉公司的 Optimus 人形机器人的端到端神经网络经过训练，能够对特斯拉工厂的电池单元进行准确分装。

在医疗健康领域，人形机器人已经开始协助医生进行手术和康复训练。例如，达芬奇手术机器人系统，已经广泛应用于各种微创手术中，提高了手术的精确度和效率。

在家庭服务领域，人形机器人已经成为人类的得力助手。例如，日本的 Pepper 机器人不仅具备自然语言交互和情感识别能力，还能够为家庭成员提供陪伴和娱乐服务。

在航空航天领域，人形机器人也发挥着重要作用。例如，NASA 的 Robonaut 2 机器人就是一款专为太空环境设计的人形机器人，它能够协助宇航员完成一些危险或繁重的任务。

人形机器人的发展离不开一系列核心技术的支持，主要包括：机器人运动学和动力学、人工智能与机器学习、传感器与感知技术、先进机电技术与控制技术。这些技术不仅使得机器人能够模仿人类的动作和行为，还赋予了它们更高的智能和自主性。随着以大模型为代表的新一代人工智能技术的不断进步和应用领域的拓展，人形机器人的未来发展前景广阔。

14.2.2　人形机器人仿真案例

本部分采用 MATLAB 的 Robotics System Toolbox 工具箱来进行人形机器人的仿真。Robotics System Toolbox 为设计、仿真、测试和部署操作臂与移动机器人应用提供了工具和算法。对于操作臂，该工具箱包含了使用刚体树表示形式的碰撞检查、路径规划、轨迹生成、正向和反向运动学以及动力学的算法。对于移动机器人，该工具箱提供了用于映射、定位、路径规划、路径跟随和移动控制的算法。利用该工具箱，可以构建机器人测试场景，并使用提供的参考示例来验证常见机器人应用。它还包括商用工业机器人模型库，读者可以导入、可视化、仿真这些模型，并与参考应用结合使用。

其 MATLAB 代码如下：

```
% 创建NAO机器人
robot = importrobot('nao.urdf'); % 假设NAO机器人的URDF文件
% 显示机器人模型
figure;
show(robot);
title('NAO Robot');
% 设置初始配置
initialConfig = homeConfiguration(robot);
show(robot, initialConfig);
title('NAO Robot Initial Configuration');
% 定义关节轨迹(简单的抬腿动作)
numSteps = 100;
time = linspace(0, 10, numSteps);
% 定义目标关节配置
targetConfig = initialConfig;
targetConfig(3).JointPosition = pi/4; % 右腿关节
targetConfig(5).JointPosition = -pi/4; % 左腿关节
% 创建关节轨迹
q = zeros(numSteps, numel(initialConfig));
for i = 1:numel(initialConfig)
q(:, i) = linspace(initialConfig(i).JointPosition, targetConfig
(i).JointPosition, numSteps);
end
% 仿真机器人动作
figure;
for i = 1:numSteps
% 更新关节配置
config = initialConfig;
for j = 1:numel(config)
config(j).JointPosition = q(i, j);
end
% 显示机器人配置
```

```
    show(robot, config);
    title('NAO Robot Simulation');
    drawnow;
    % 暂停一段时间以实现动画效果
    pause(0.1);
    end
```

其中的 URDF（unified robot description format）文件为 NAO 机器人的标准化机器人描述格式，是一种用于描述机器人及其部分结构、关节、自由度等的 XML 格式文件。

NAO 机器人初始构型和仿真后（一条腿抬起）的结果如图 14-5 所示。

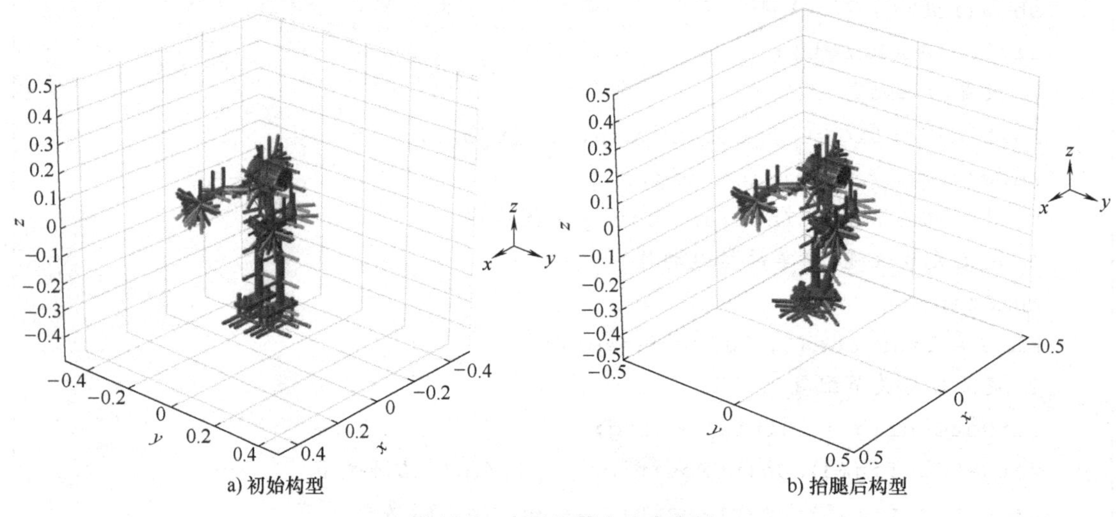

a) 初始构型　　b) 抬腿后构型

图 14-5　人形机器人仿真案例

14.3　机器人与增材制造技术

增材制造（additive manufacturing，AM），是以三维数字模型为基础，将材料通过分层制造、逐层叠加的方式制造出实体零件的新兴制造技术。相对于传统的减材制造，增材制造是一种“自下而上”材料累加的制造方法。自 20 世纪 80 年代末以来，增材制造技术逐步发展，其间也被称为“材料累加制造”“快速原型”“分层制造”“3D 打印技术”。名称各异的叫法分别从不同侧面表达了该制造技术的特点。目前，增材制造技术的成形材料包含了金属、非金属、复合材料、生物材料，甚至是生命材料，成形工艺能量源包括激光、电子束、特殊波长光源、电弧、电阻、超声以及以上能量源的组合，成形尺寸从微纳米元器件到几十米以上大型航空结构件。

机器人技术和增材制造具有天然的契合性。利用机器人高度灵活性、精准性、多功能性、能够完成运动路径的特点，将增材制造打印头安装在机器人手臂末端，将变成增材制造装备，如图 14-6 所示。传统 3D 打印垂直逐层打印的特点，需要额外打印许多支撑结构，用于抵消重力对悬空材料的影响，而采用多自由度机器人 3D 打印技术，可以在打印过程中改变打印方向，能够实现部分模型的无支撑打印。另外，机器人打印机外加移动导轨的工作范围将突破了固有尺寸限制，可以说，机器人集成系统是大型复杂3D打印、维修、包覆和功能添加的理想选择。

目前，集成工业机器人的增材制造装备所用工艺主要有定向能量沉积工艺、复合材料铺缠工艺、材料挤出成形工艺等。

图 14-6 机器人增材制造装备案例

14.3.1 金属定向能量沉积

金属定向能量沉积（directed energy deposition，DED）是增材制造（AM）工艺的一个分支。在该工艺中，粉末或金属丝形式的原料被输送到同时聚焦激光束、电子束或等离子/电弧等能量源的基板上，从而形成一个小熔池并逐层连续沉积材料。机器人在金属定向能量沉积领域的应用如图14-7所示。

电弧熔丝增材制造技术（wire arc additive manufacture，WAAM）是定向能量沉积（DED）工艺的一种。该工艺是指以电弧为载能束，通过送丝系统输送金属丝材连续进行逐层堆焊的成形技术。机器人电弧熔丝增材制造装备除了机器人软硬件系统外，其数字化控制系统主要包括3D模型几何数据输入、成形宽度、高度变化、工艺过程控制算法、数据分层切片处理、路径和工艺参数控制、成形策略规划等，其基本成形硬件系统应包括成形热源、送丝系统及运动执行机构等。机器人一般用于运动执行机构。图14-8所示为双机器人电弧熔丝增材制造系统。该系统由CMT焊接电源、机器人、工件变位装置、打印软件和智能调控系统等部分组成，配备焊接相机、热成像仪等监测器件。针对大型零件，采用多机器人协同的增材制造技术将是重点发展方向，需要解决多机器人层内沉积路径的分配与调度算法等技术问题。

机器人激光熔覆送粉工艺和机器人激光熔覆送丝工艺也是定向能量沉积（DED）工艺的一种。以往，两种工艺基本上处于并行关系，各自分别发展。2020年以来，机器人+粉末

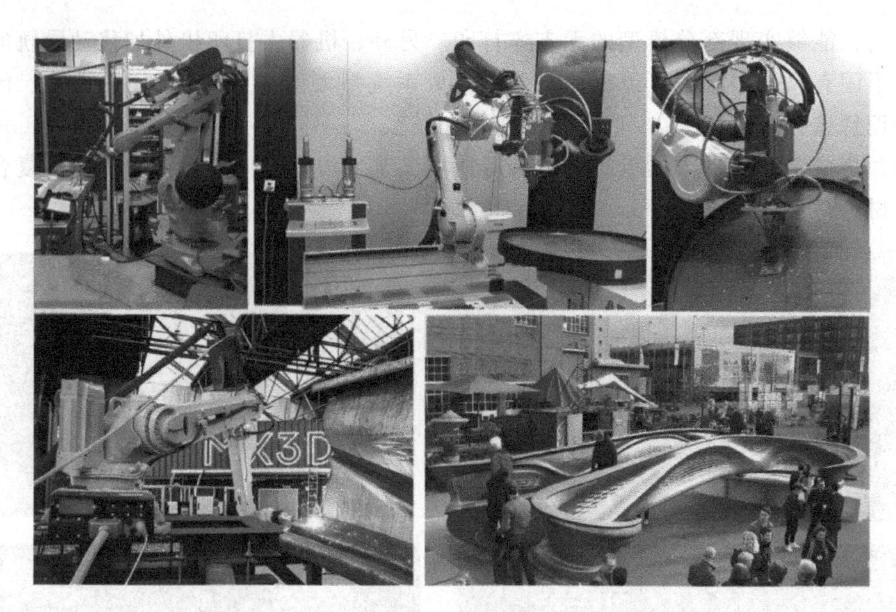

图 14-7 机器人在金属定向能量沉积领域的应用

注：上面左图为机器人电弧熔丝系统，其余两图为机器人激光粉末沉积系统；
下面左图为金属 3D 打印桥梁建设过程，右图为机器人打印的金属桥梁。

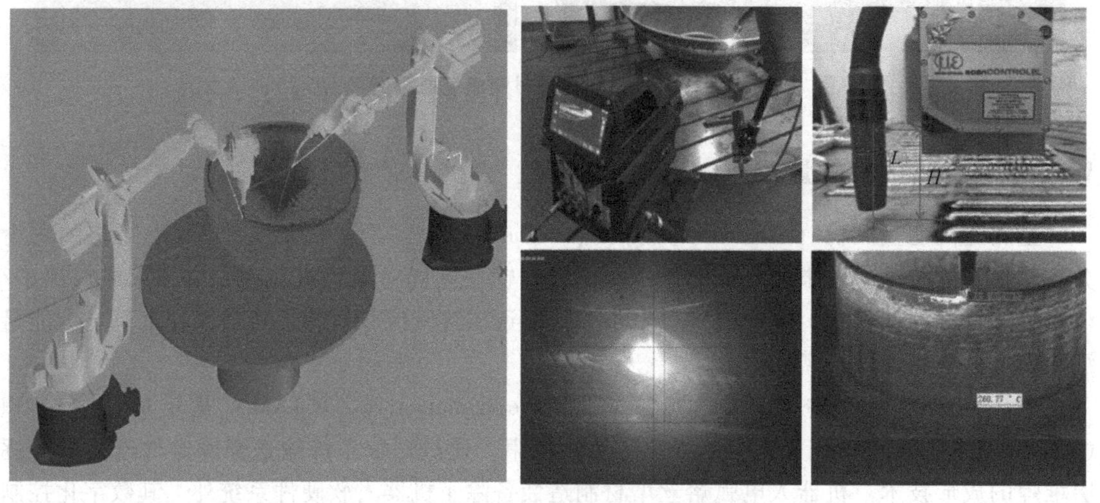

图 14-8 双机器人电弧熔丝增材制造系统

材料激光沉积/金属丝激光沉积的混合成形工艺已验证了具备可行性。西安交通大学开发了激光同轴熔丝送粉一体化打印机，兼顾激光送粉和激光熔丝工艺优点，材料通过多光束打印头的中心轴进给，线材和粉末材料输送占据独立通道，允许在粉末和线材同时沉积的过程中进行切换或双模式送料，如图 14-9 所示。2020 年，德国联邦教育与研究部（BMBF）的 ProLMD 资助项目证明了机器人+粉末材料激光沉积/金属丝激光沉积的可行性，如图 14-10 所示。

截至 2020 年 12 月，美国相对论公司（Relativity）建造了世界上当时最大的机器人金属 3D 打印机，完成了多机器人协同打印火箭储箱，如图 14-11 所示。凭借一种全新的、自上而下的3D打印生产方法，该公司采用机器人3D打印为航空航天创造了一个新的技术平台。美国相对论公司拥有若干台可以打印4~6m，甚至9m的“Stargate”（星际之门）的机器人3D打印机，可同时打印第一级和第二级火箭以及整流罩。2020年底，国家增材制造创新中心采用多机器人电弧熔丝协同送丝工艺，并与机床减材技术相配合，制成了世界上首件10m级高强铝合金重型运载火箭连接环样件，如图14-12所示。

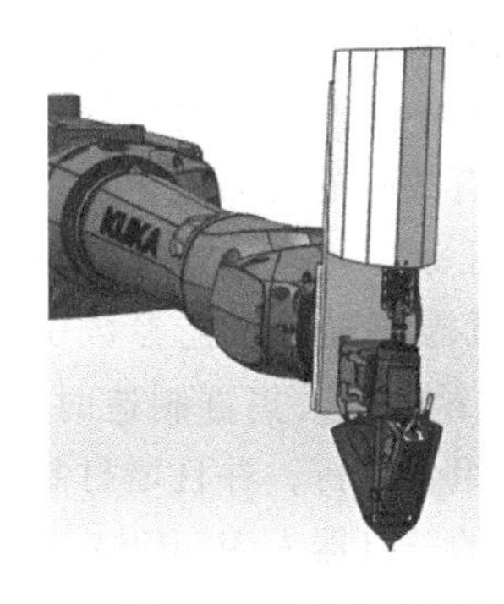

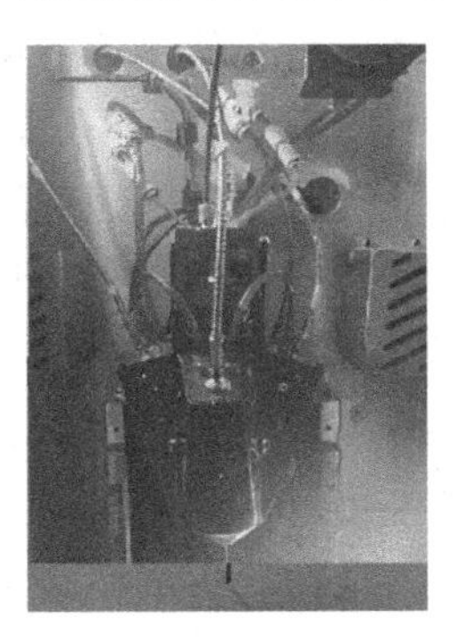

图14-9　激光同轴熔丝送粉一体化打印机

图14-10　机器人+粉末材料激光沉积/金属丝激光沉积

图14-11　多机器人协同打印火箭储箱

图14-12　多机器人协同打印10m级火箭连接环

开发新型多机器人和机器智能技术，可提高单机器人增材制造大型结构的工艺效率、可靠性和沉积量，这也避免了单个机器人系统固有的单点故障，使其更加可靠。当然，同步增加机器人和打印头数量也会带来新的问题，比如延长设备装调时间、增加路径规划的复杂性，同时增加了碰撞的可能性。尽管先进的计算机辅助制造（CAM）软件可以规划轨迹避免碰撞，然而，太多的机器人将使得沉积路径的预处理规划变得不切实际，它需要考虑机器人之间碰撞和不确定性故障，因为引入更多的机器人将会使碰撞避免的轨迹复杂化。这些因素增加了 CAM 软件的计算负载和处理时间，也会阻碍生产率。若是某一台机器人因为处理故障停机，就需要其他机器人等待直到恢复所有故障，或者考虑移除有故障的机器人，这就要求 CAM 软件重新规划轨迹，具备动态创建剩余在轨机器人的打印任务，并将其分配给每个机器人的能力。为了确保任务分配有效，并保持增材制造质量，就需要进行工艺参数优化、打印头可靠性与热管理或其他材料管理。一般来讲，多机器人或者机器人集群制造时，该系统的设计应确保每个机器人打印模块的任务都可以由任何机器人组合执行，并且增材制造任务应能够实时重新分配。这些概念已经在美国橡树岭国家实验室的三机器人 MedUSA 系统上进行了演示，如图 14-13 所示，MedUSA 系统由三个六自由度 ABB IRB 4600 机器人组成，机器人围绕工作台在圆周上等距分布，所有机器人都由一个 ABB IRC5 单元控制。工作

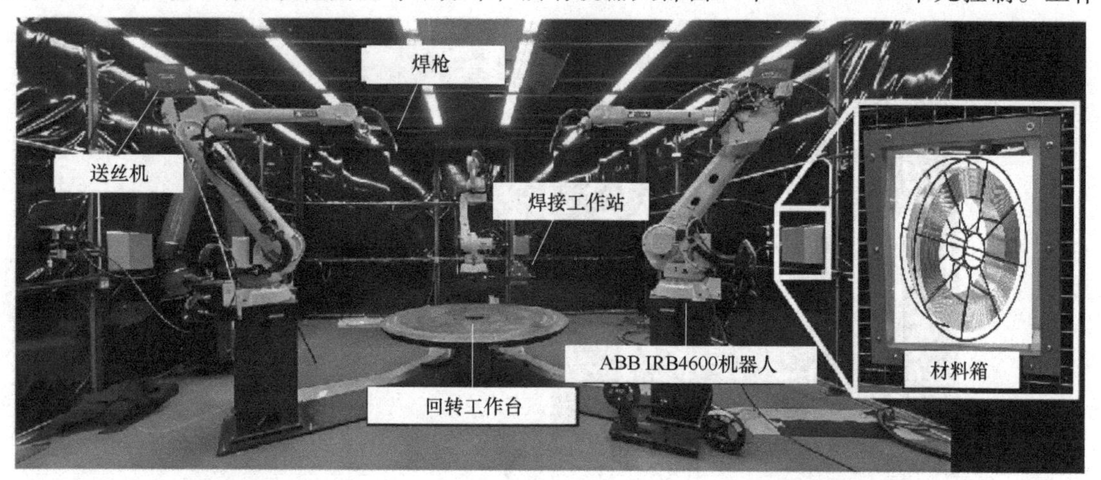

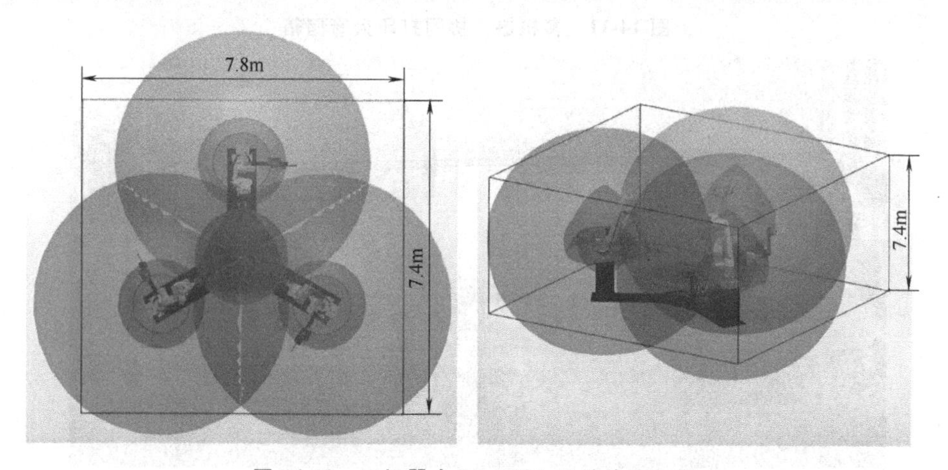

图 14-13　三机器人 MedUSA 系统协同打印

台是一个直径 2.25m 的圆形焊接盘，其运动由 ABB MID 1000 电动机和齿轮箱驱动。该系统围护结构的包络尺寸如图 14-13 所示。

14.3.2　机器人非金属增材制造装备

典型的机器人非金属增材制造装备之一，就是机器人自动铺丝机。机器人自动铺丝机一般采用六自由度机器人作为自动铺丝机的机械运动执行载体，利用机器人驱动纤维增强复合材料自动铺丝头，在控制系统设定的路径规划下，完成复合材料零件的制造。它能够提高自动铺丝机的柔性，增加铺放动作的灵活性，可适用于中小型复杂型面的复合材料构件的制造。

机器人复合材料自动铺丝机主要应用于飞机复合材料零件制造装备，如图 14-14 所示。根据平台主体与铺设模式的不同，机器人铺设可以分为单机器人模块化铺设、多机器人协同铺设和可移动机器人自动化铺设三种类型。对于多机器人铺设模式，在空客 A350 旗舰机型上已经采用了双机器人铺设碳纤维增强复合材料机翼部件，生产率得到显著提高。目前，双机器人铺设模式已经是具备投入生产应用的较为成熟的解决方案，而更多机器人铺设方法则仍须进一步开发与优化。多机器人协同铺设技术将随着机器人相关交叉技术的成熟得到解决。多机器人协同铺设模式将有望成为倍速提高生产率的有效方法。

图 14-14　机器人式自动铺丝机案例

利用机器人驱动非金属材料挤出 3D 打印头，便构成了一种典型的机器人非金属增材制造装备。图 14-15 所示为一种连续纤维复合材料 3D 打印机原理图和实物图，该 3D 打印机包括六自由度工业机械人、连续纤维复合材料挤出 3D 打印头和双自由度打印平台。利用该机器人非金属增材制造装备可以实现大尺寸多自由度复杂曲面的连续纤维打印。

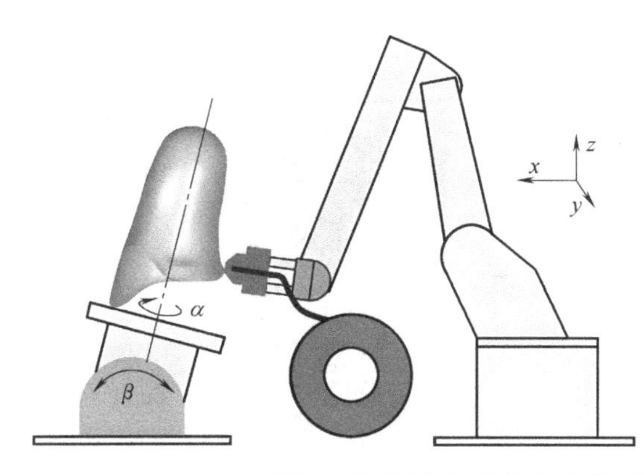

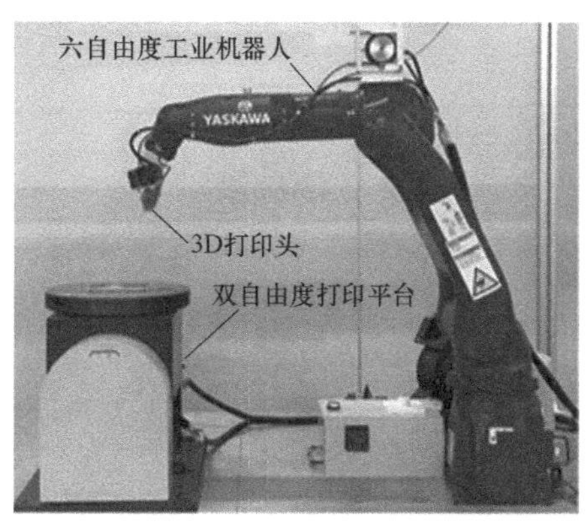

图 14-15　连续纤维复合材料 3D 打印机原理图和实物图

利用机器人多自由度3D打印系统可打印复合材料结构，如图14-16所示，机器人3D打印机为具有正弦层形状的挤压成形 z 方向增强方法提供了潜力。该方法甚至可以实现对3D打印复合材料各向异性的控制。

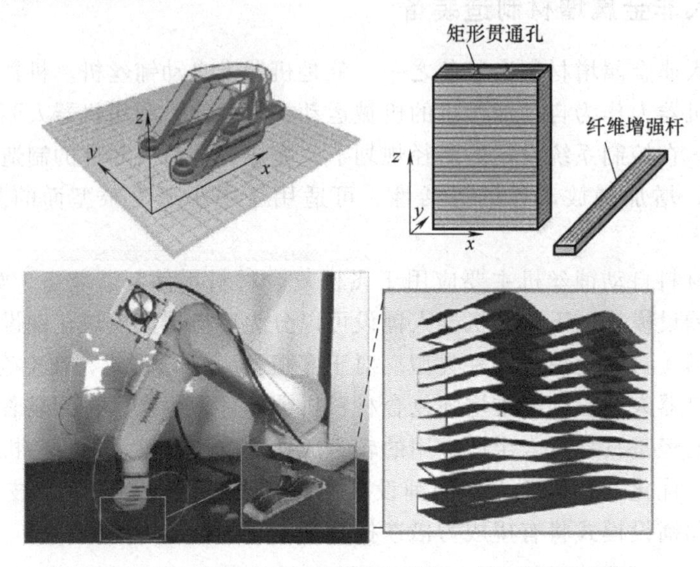

图 14-16　机器人 3D 打印复合材料 z 方向增强方法

基于熔融沉积成形（FDM）工艺，利用四个机器人进行塑料挤出的多机器人协同3D打印如图14-17所示。多机器人3D打印系统由一台上位机、一个通信接口和四个机械臂（Dobot 2.0版）组成，机械臂带有用于挤出塑料丝的末端效应器。上位机并行向机器人控制器

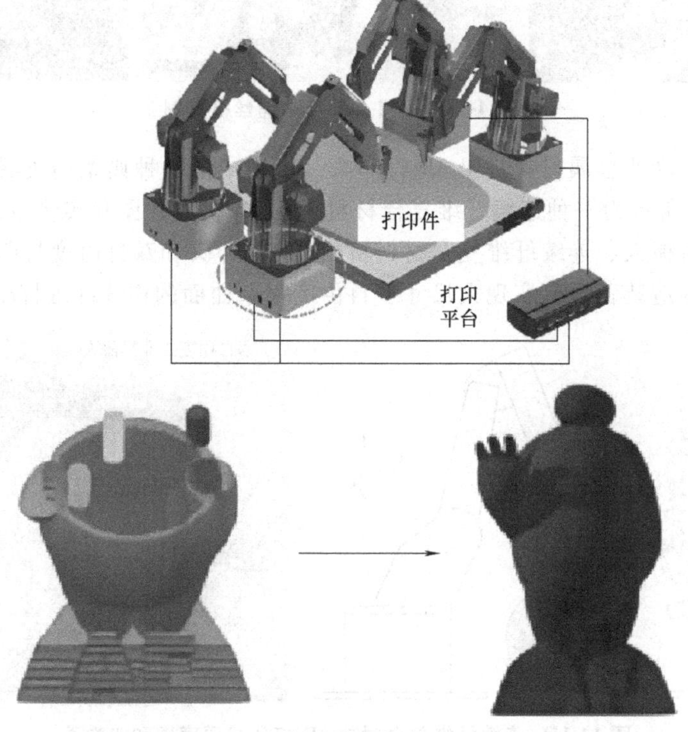

图 14-17　多机器人协同 3D 打印

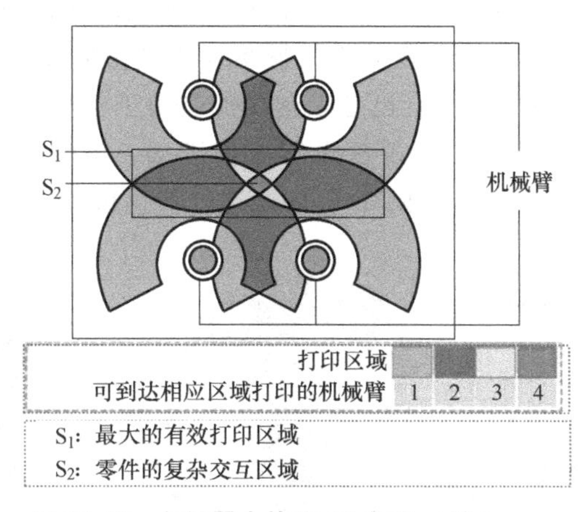

图 14-17　多机器人协同 3D 打印（续）

发送指令，可编程控制器实时实现步进电动机的运动及其末端执行器的运动功能。上位机和机器人控制器之间的数据交互依赖于串行通信接口。通过上位机直接控制多个机器人，而不增加冗余的硬件设备，整个系统变得更简单，可以在普通打印机器人的帮助下快速完成协同打印系统的开发。

机器人与增材制造技术的结合不仅仅是将机器人 3D 打印机用于直接生产，还体现在智能产线和制造过程的全流程中。某公司研发了包括全新的模块化 3D 打印系统 Figure 4、多种新材料、全新的 3D 打印管理软件，以及由这三者构成的全新未来制造概念：在工厂里，机器人将与 3D 打印机协同作业，为所有行业提供一体化和端到端的制造服务。如图 14-18 所示，Figure 4 系统采用了光固化（SLA）技术和机械臂，不仅能大幅简化产品的 3D 打印流程，令其不需要任何其他工具的参与就从最初的数字 3D 模型变为最终的零件实体，而且可轻松整合产品的多种后处理工艺，比如喷涂等。目前，利用机器人对增材制造工作过程和零件进行存取、检测、抛光、搬运、打包和装箱等，正在集成应用于生产线现场。

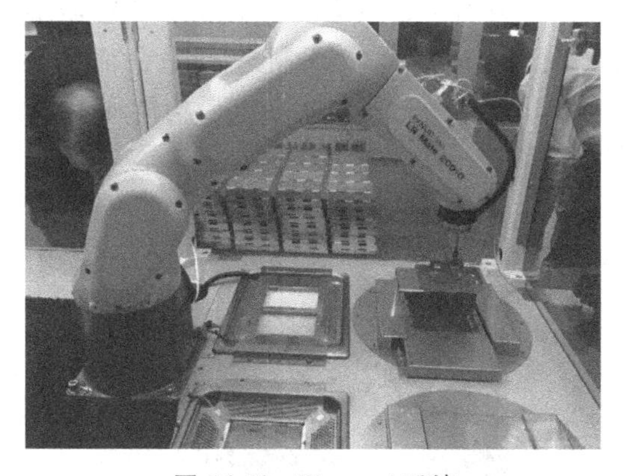

图 14-18　Figure 4 系统

14.3.3　增材制造助力机器人技术创新

增材制造与机器人技术的结合，带来了机器人设计和制造的极大创新，正在催生了一系列创新应用，推动了制造业、科研、教育等多个领域的进步。例如：基于 3D 打印技术的机器人多材料、多部件的集成设计，仿生设计，拓扑优化+点阵晶格填充的轻量化结构设计；可以用多材料打印同一个零件，如把金属、陶瓷复合在一起，具有金属陶瓷的两种特性；可以为机器人提供高效换热结构，增材制造可以用于制造含有复杂随形冷却管道的换热器，提高热交换效率；利用 3D 打印技术开发新的机器人材料，实现机器人材料—结构—功能一体化制造；利用 3D 打印进行新设计机器人的快速验证，也可以用于多品种、小批量的机器人生产。可以说，在多数制造业和机器人领域，3D 打印技术正以革命性的方式重塑制造流程，实现从定制化机器人零件和外壳到功能性机械系统的快速制造。

将机器人技术与 3D 打印相结合已越来越多地应用于新型机器人开发和研制过程中。目前，已利用 3D 打印技术制作了各式各样的仿生机械、仿生动物、仿生昆虫和飞行器等。图 14-19 所示为波士顿动力公司利用 3D 打印制造的仿生机器人部件。

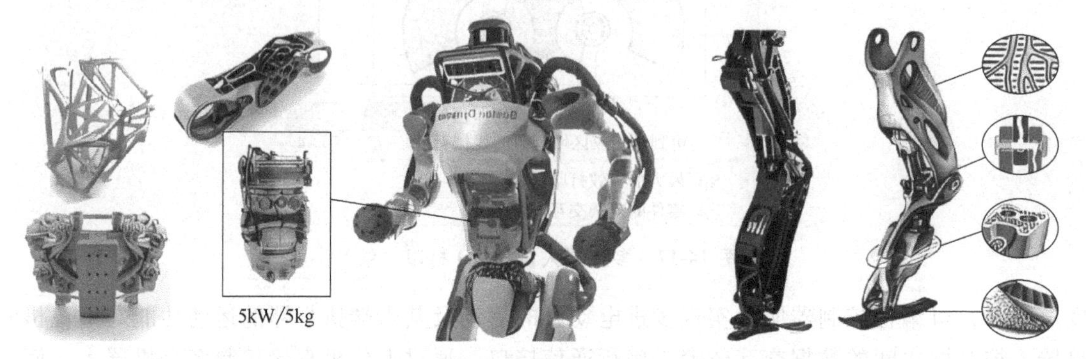

图 14-19　利用 3D 打印制造的仿生机器人

通过将机器人技术与 3D 打印相结合，研究人员制造了一只多材料肌腱驱动的灵巧手。如图 14-20 所示，该驱动手集成了传感器垫和气动信号线，使其能感知接触并实施精确抓握。此外，研究人员还制造了一台流体驱动步行机器人，以及类似心脏的流体泵，如图 14-21 所示。这些技术和成果均体现了 3D 打印在创建机器人复杂内部结构和功能装置方面的突破。

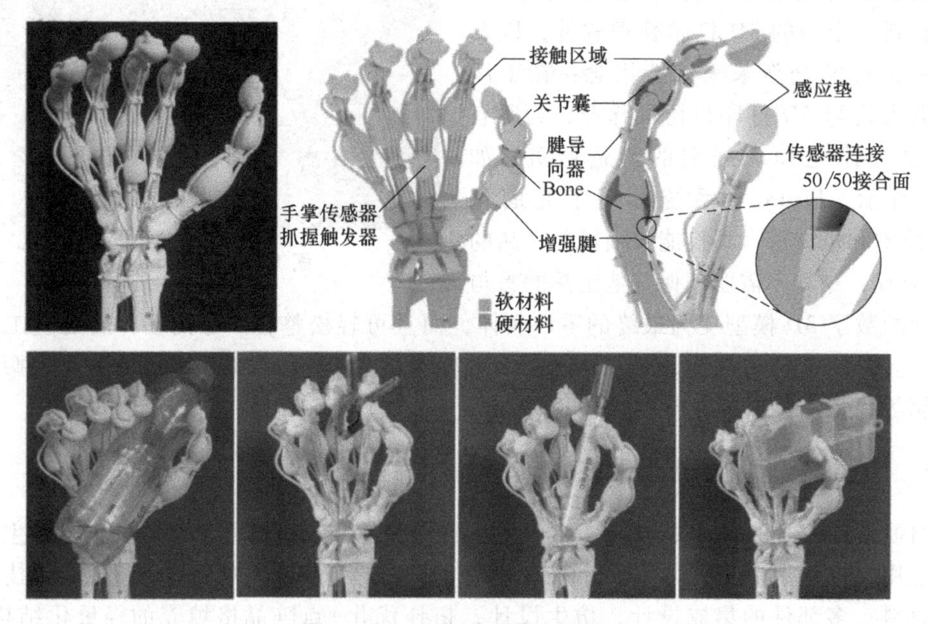

图 14-20　3D 打印机器人驱动手

此外，增材制造技术与机器人的结合还促进了软体机器人、柔性机器人等领域的发展。利用 3D 打印机可以制造集成感知运动、压力、触觉和温度的柔性机器人。这些由柔性材料制成、模仿生物柔软结构和运动方式的机器人，可用于需要细微操作或在狭窄空间工作的场合。未来，随着人类对生命结构及运动机制理解的加深，研究者有望利用 3D 打印技术制造出更为复杂的类人机器人。

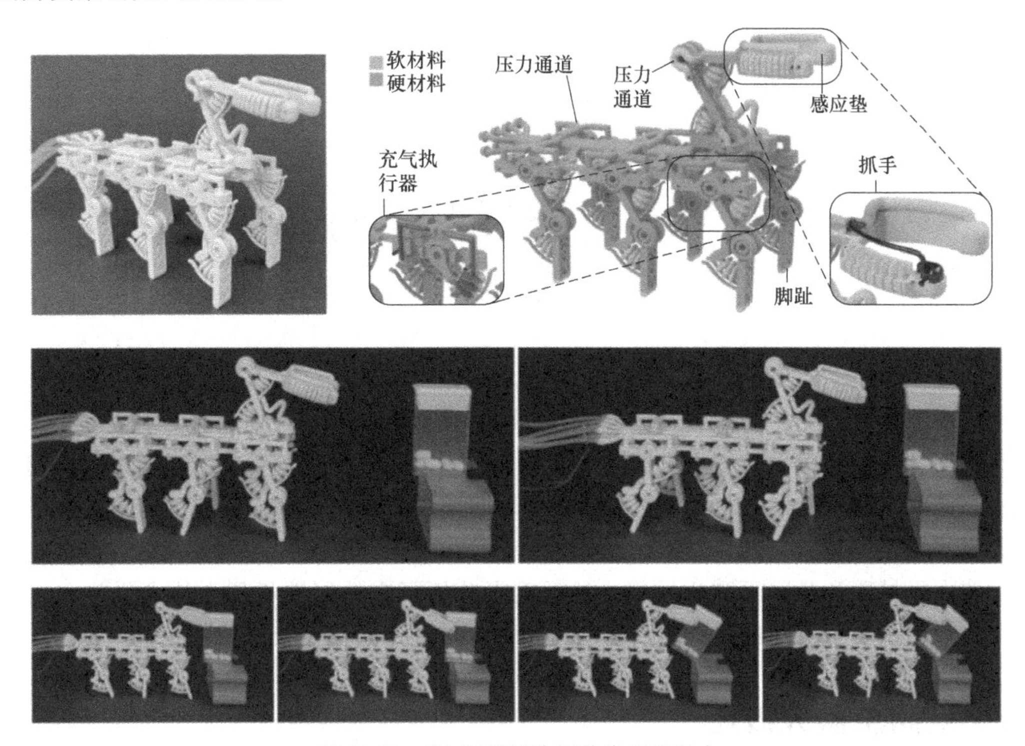

图 14-21 3D 打印流体驱动步行机器人

第15章

空间机器人

空间机器人正在成为是人类开展可持续空间探索和空间开发计划的重要组成部分。空间环境和地面环境差别很大，空间机器人工作在微重力、高真空、超低温、强辐射、照明差的环境中，因此，空间机器人与地面机器人的要求也必然不相同，有它自身的特点。本章首先介绍了空间机器人定义、分类、工作环境，接着分析了国内外空间机器人发展状态，主要介绍了加拿大机械臂和我国天和机械臂，然后重点分析了在轨制造机器人技术优势和发展现状，最后介绍了一个空间机器人仿真案例，简要分析了空间机器人的技术展望。

15.1 空间机器人概述

15.1.1 空间机器人定义

利用空间机器人实现空间服务、组装和制造能力，将成为确保和维持未来太空经济的关键推动因素，这是发展空间机器人的主要动力之一。

空间机器人是用于协助人类甚至代替人类在空间环境中进行科学试验、出舱操作、空间探测、空间制造、空间服务以及空间资源开发等活动的特种机器人。

根据工作环境的差异，可将空间机器人技术研究领域主要分为两个：在轨活动机器人和行星活动机器人。在轨活动机器人主要是指在空间站轨道舱内外，协作或者代替航天员自主或者独立执行特定任务的机器人，如各类空间机械臂系统；还有一些在卫星上或空间基础设施上执行特定任务的机器人，比如对卫星进行抓取、补充燃料、维修、服务（部分更换）、在轨制造、在轨装配、在轨建造等应用的机器人。行星活动机器人系统一般通过在星表移动和操作，完成行星探测任务，未来的作业对象将会扩展到行星表面的山丘、溶洞、海洋等环境。

在小行星、彗星等应用场景中，由于具有微重力的星表环境，可能会模糊在轨服务机器人和行星机器人两者之间的区别。

当前，用于太空探索和开发的在轨空间机器人系统蓬勃发展，其中最突出和最有代表性技术成就是空间机械臂，主要是在国际空间站的加拿大机械臂和中国空间站的天和机械臂等。

15.1.2 空间机器人的分类

根据空间机器人所处的位置来划分，可以分为：低轨道空间机器人（离地面 300~500km 高的地球旋转轨道）、静止轨道空间机器人（离地面约 36000km 的静止卫星用轨道）、月球空间机器人（在月球表面进行勘探工作）、行星空间机器人（主要指对火星、金星、木星等行星进行探测）。

根据在航天器舱内外来划分，可以分为：舱内活动机器人和舱外活动机器人。

根据人的操作位置来划分，可以分为：地上操纵机器人（从地面站控制操作）、舱内操纵机器人（从航天器内部通过直视或操作台进行控制操作）和舱外操纵机器人（舱外控制操作）。

根据功能和形式来划分，可以分为：自由飞行空间机器人、机器人卫星、空间试验用机器人、在轨制造与装配机器人、在轨组装和维护机器人、月球勘探机器人、月球建造机器人以及行星勘探机器人等。

根据控制方式来划分，可以分为：主从式遥控机械手、遥控机器人和智能自主机器人。

哈尔滨工业大学、中国工程院刘宏院士团队曾整理了各个国家代表性的空间机器人项目，如图 15-1 所示。其中加拿大、美国、德国、日本、中国等已经实施了在国际空间站（ISS）和中国空间站（CSS）内外以及卫星上进行的在轨服务空间机器人项目。

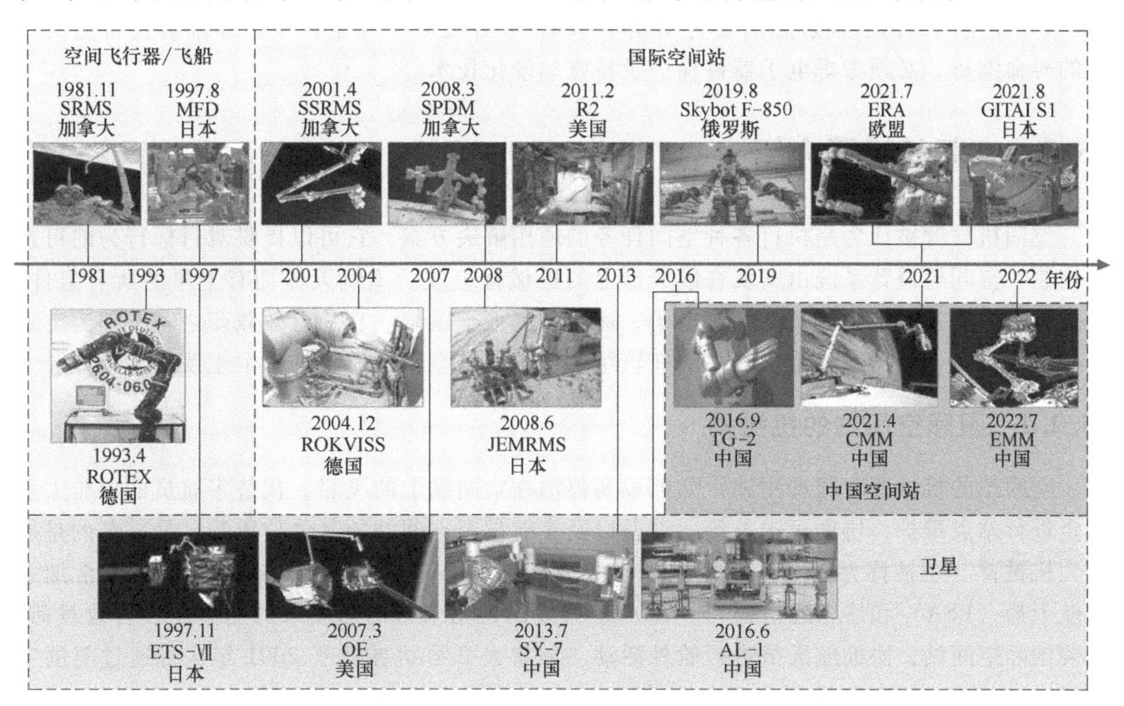

图 15-1 国际上代表性空间机器人项目

15.1.3 空间机器人的工作环境

空间机器人自身须经历火箭发射的强冲击后，能够在高真空、大温差、强辐射、微/低重力、复杂光照等空间极端环境条件下，自主或协同航天员长时间执行地外空间作业和服务。在空间在轨环境下，物体处于失重条件的漂浮状态，给太空机器人操作带来种种困难，空间视觉识别以及视觉与手爪的配合较地面更加困难。

在空间微重力/无重力的环境下，当机械臂运动时，会对载体产生反作用力和力矩，从而改变载体的位置和姿态，即空间机器人的机械臂和载体之间存在着运动学和动力学耦合问题。如果不考虑这种力学耦合问题，而依然采用地面固定基座机器人的运动控制技术，空间机器人就无法完成预定的操作任务。研究空间机器人，首先要解决的是如何考虑这种因素，建立相互作用的运动学、动力学模型及运动控制算法。因此，空间高真空、微重力/无重力、强辐射等环境条件对空间机器人设计提出了更高的要求。

1）真空和热环境。在真空环境中仅有热辐射条件，缺乏热传导和对流将是空间机器人技术的一个不小的阻碍，必须考虑机器人的热控设计和可靠性问题。在真空状态下，还须考虑任何涉及材料热加工工艺的冷却问题，如空间增材制造和焊接过程，以使结构以理想的方式对机器人进行冷却与热防护。

2）在高真空环境下，只有特殊挑选的材料才可正常使用，且需特殊的润滑方式，如干润滑等。适宜无刷直流电动机进行电交换，避免一些特定的传感原理失效，如超声波探测等问题。

3）在微重力环境下，物体的动力学效应将发生改变，要求物体的加减速度平滑，运动速度降低，并提高传动效率。

4）在空间站内的辐射总剂量为10000Gy/a，并存在质子和重粒子。强辐射使得相关材料的寿命缩短，必须考虑电子器件保护及特殊的硬化技术。

15.2 空间机械臂介绍

空间机械臂被认为是执行各种空间任务的通用解决方案，它可以提供对目标行为的可预测控制。空间机械臂系统由安装在航天器上的机械臂组成。该航天器拥有卫星的所有组件，如推进器，姿态确定和控制系统，电子、遥测和其他子系统。它的有效载荷之一，即为空间机械臂。卫星、仪器或整个空间站的在轨组装和维护是空间机械臂的一个主要应用领域。

15.2.1 国际空间站的机械臂

空间站的机械臂有很多用途，如抓取要停泊在空间站上的飞船，代替宇航员的出舱太空行走进行站点维护，协助运送补给、设备以及宇航员至空间站的其他位置等。最著名的是加拿大机械臂（也被称为空间站遥控操纵系统或简称SSRMS），如图15-2所示。它是由加拿大航天局（CSA）和遥感通信公司（MDA）开发的，用来帮助捕获来的船员舱和有效载荷，组装国际空间站，协助航天员进行舱外活动。加拿大2号机械臂于2001年4月通过美国宇航局（NASA）的SIS-100号航天飞机任务运到了国际空间站上，这只机械臂有7个关节，总长为17.6m，总质量为1.8t，直径为35cm。在太空的失重环境下，可以移动质量达116t的物体（在地球重力环境中，它连自己的一个关节都举不起来）。由于加拿大2号机械臂几乎不可能在遇到故障后返回地球维修，因此，它的每一个部件都被设计成可以在太空中完成替换。

国际空间站加拿大2号机械臂，有时候可能简称为“加拿大臂”。需要说明的是，“加

a) 机械臂抓取了一艘货运龙飞船　b) 机械臂抓着标准天鹅座货运飞船　c) 机械臂抓着宇航员开展空间活动

图 15-2　国际空间站上的加拿大机械臂在协助维护、对接、捕获有效载荷和舱外活动

拿大臂”其实是一个不太准确的描述。加拿大研制的太空机械臂，即加拿大机械臂一共有三种，分别是：加拿大 1 号机械臂、加拿大 2 号机械臂和加拿大 3 号机械臂，如图 15-3 所示。其中，加拿大 1 号机械臂安装在美国宇航局的航天飞机上，加拿大 2 号机械臂就是常见的安装在国际空间站上的，而加拿大 3 号机械臂还没造出来，未来准备用在名为“网关”的月球轨道空间站上。

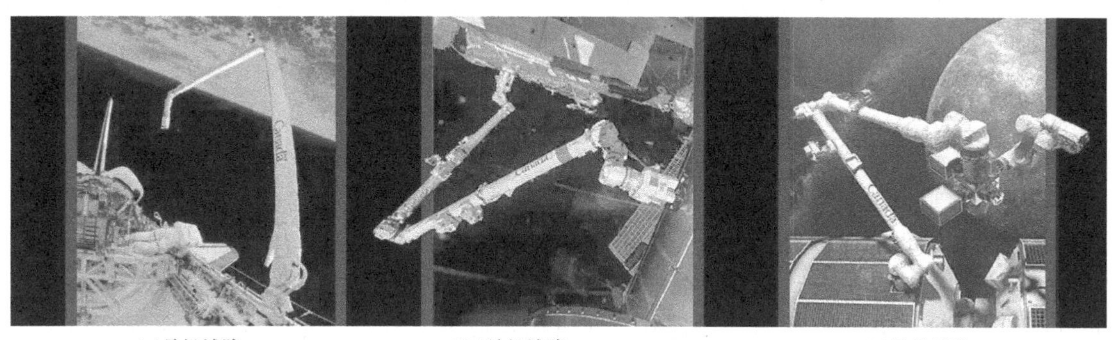

a) 1号机械臂　b) 2号机械臂　c) 3号机械臂

图 15-3　加拿大机械臂

一个不太为人所知的是 Dextre（也被称为特殊目的灵巧操作器或简称 SPDM），它是一个与加拿大 2 号机械臂一起的两臂远程操作机器人，是国际空间站上的移动服务系统（MBS）的一部分。如图 15-4 所示，Dextre 机器人能以腰部为轴心转动，它拥有长达 3m 的手臂，每只手臂有 7 个关节，它的手（其实就是夹子）安装了内置管钳子、摄像机和灯。只有一只手臂能偶尔移动，以保持机器人稳定，避免两条手臂碰撞。Dextre 机器人没有脸，也没有腿，长长的手臂看上去与人形臂有着天壤之别。国际空间站宇航员能够控制 Dextre 机器人工作，地面的飞行控制人员也可以这样做。Dextre 机器人有时会安装到空间站机械臂末端，还能自行“骑”到空间站机械臂的轨道滑动。

美国宇航局曾于 2020 年 10 月 19—22 日，操控加拿大 Dextre 灵巧机器人首次双臂并用完成了在轨机器人补加任务三代系统（robotic refueling mission，RRM3），再次验证了连接软

图 15-4 空间机器人 Dextre

管、传输低温流体（用作冷却剂、推进剂或用于轨道生命保障系统）的关键技术。操作过程中，机器人系统将一根 11ft（约 3.35m）长的软管连接到指定的低温流体管路端口，同时使用检查工具验证软管连接。这标志着 Dextre 第一次双臂都有工具来完成 RRM3 操作。RRM3 提供了未来服务于航天器的软管连接和机器人工具，以及代表需要推进剂的卫星管路系统。这些技术具有延长航天器寿命并促进对月球和火星探索的作用。

即使 Dextre 机器人适于国际空间站维护工作，但宇航员与之相比工作效率更高，速度更快。至于维修哈勃望远镜，Dextre 机器人也不能与宇航员维修者相提并论，因为它缺乏对发动机精妙的控制能力，还不能对突然间冒出来的问题做出思考并找出解决之策。截至目前，Dextre 机器人仍是由人控制的机器人，还不是人工智能自主操作。

15.2.2 中国空间站的机械臂

我国非常重视空间机器人系统的研制，在我国载人航天空间站建设了大型、中型两套空间机械臂系统，也利用载人飞行器开展了空间机器人相关技术的在轨验证。2013 年，我国首个空间机器人成功发射，并圆满完成各项任务；2015 年，我国自主研发首个全自由度空间机器人系统；2016 年，天宫二号搭载空间机械臂通过人机协同完成多次在轨维修和装配任务。

目前空间站机械臂作为我国同类航天产品中复杂度最高、规模最大、控制精度最高的空间智能机械系统，是我国航天事业发展的新领域之一。在中国“天宫”空间站上，总共有 2 个巨型机械臂，分别位于“天和号”核心舱和“问天号”实验舱。另外，在核心舱的节点舱，还安装有转位机械臂。在各舱体外侧，还有多个“目标适配器”，用来实现机械臂的舱外爬行功能。中国空间站核心舱首个机械臂名为天和机械臂。该机械臂是我国首个可长期在太空轨道运行的机械臂，它由两根臂杆组成，对应着人体的大臂和小臂，如图 15-5 所示。

天和机械臂两根臂杆的展开长度可达 10.2m，可实现联合动作或单根臂杆的独立工作。该机械臂采用了“肩 3+肘 1+腕 3”的配置方案，即肩部设置了 3 个关节，肘部设置了 1 个关节，腕部设置了 3 个关节，一共 7 个关节，每个关节对应 1 个自由度。特别是，其肩部关节与腕部关节配置完全相同，两端的活动功能一致。在 3 个肩关节、1 个肘关节和 3 个腕关节的配合下，机械臂是可以头尾互换的。除了灵活之外，天合机械臂的运动精度也很高，在

图 15-5 中国空间站天和机械臂

执行任务时机械臂的移动精度可以精确到毫米级，这是连人类的手臂都难以达到的。同时，机械臂的肩部与腕部各有一个末端执行器，通过末端执行器与舱体表面的目标适配器进行对接。与此同时，中国航天机构在空间站三大舱段外表面均配置了大量的适配器，机械臂通过与其对接和分离，同时配合各关节的联合运动，就能实现在空间站舱体表面自主爬行功能，能自行选择合适的转位基座实现舱外爬行，开展自我移位和安装活动。图 15-6 所示为天和机械臂的组成及其在轨工作示意图。

此外，天和机械臂有一套视觉监视系统，在肩部、腕部、肘部各有 1 台视觉相机。其中肩部与腕部视觉相机能对舱外状态进行监视，并能对舱表状态进行检查。因此，天和机械臂具备多项强大的功能，能承担着舱段转位、悬停飞行器捕获和辅助对接、舱外货物搬运、航天员出舱活动、舱外状态检查以及空间环境试验平台照料等重要任务。

在天和机械臂研制过程中，我国科研团队在关键技术、原材料选用、制造工艺、适应空间站环境的长寿命设计等方面均做出了巨大的突破和创新，使我国成为世界上第三个掌握大型空间机械臂核心技术的国家，全部核心部件实现国产化，并形成了多项国家空间机器人行业标准，引领空间智能装备的中国制造之路。

除了“天和号”核心舱舱外的大臂，中国空间站“问天号”实验舱上还有一个 5.5m 长的问天机械臂，它可以和天和机械臂组成一个总长达 15m 的机械臂，最大载质量可达 25t。

这两条机械臂与世界上其他国家的机械臂比起来，在移动精度、抓取货物能力等方面，只能说各有优缺点。目前，国际上抓取能力最大的是加拿大 2 号机械臂，它长度为 17.6m，质量为 1.497t，却能转移 167t 的质量。与加拿大 2 号机械臂相比，天和机械臂最大只能抓取 25t 的物体，但是自重只有 738kg，综合起来对适配器强度的要求要低得多（加拿大 2 号机械臂长度为 17m，质量为 116t）。最关键的是，天和机械臂还能像长臂猿一样爬行，这样的好处就是，问天机械臂的活动范围可以是一个球形，没有它够不到的地方。国际空间站的加拿大 2 号机械臂却是固定在空间站接口的。也就是说，我国研制的机械臂以更短的总长，更小的质量，却做到了功能更强、更加灵活、更加精准的水平，位置精度可以达到 45mm，综合性能达到世界领先水平。

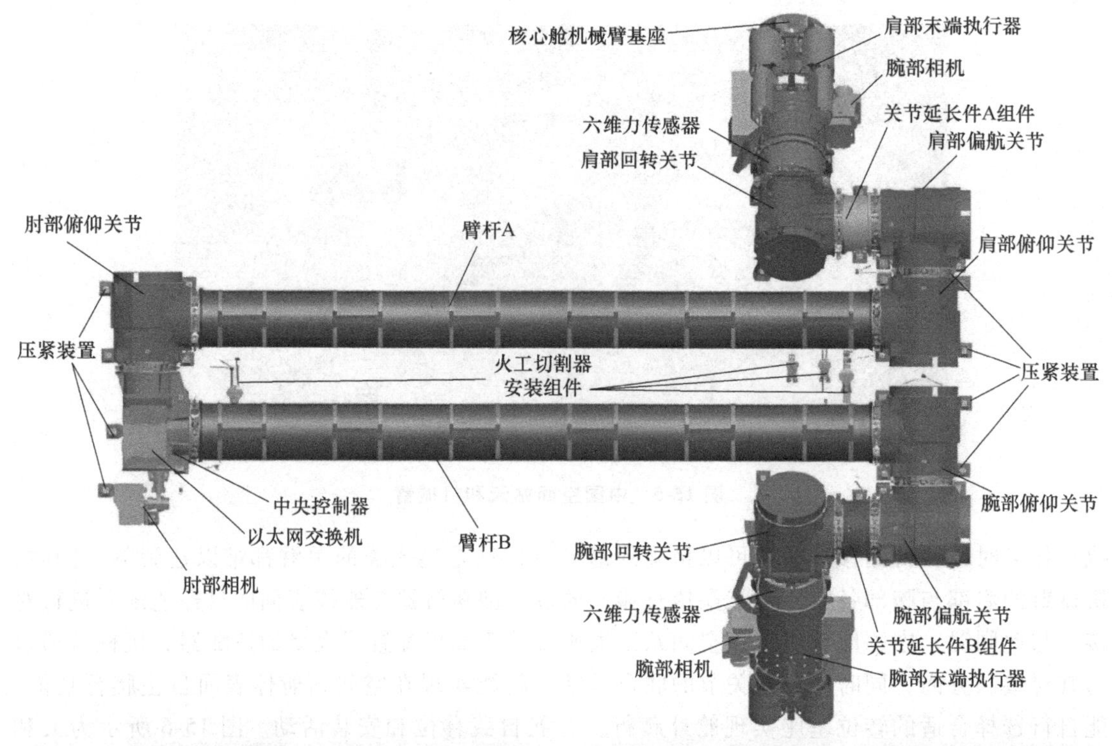

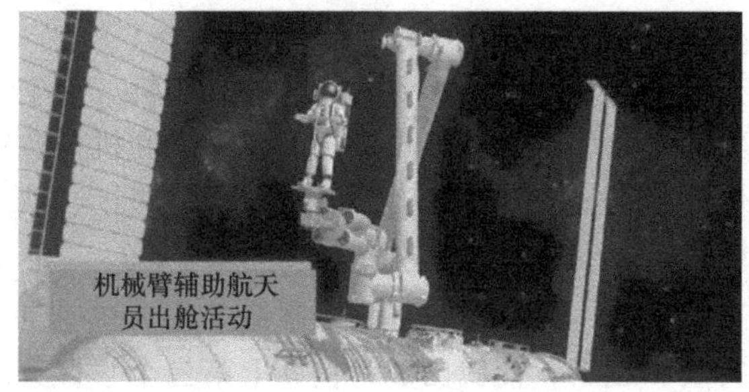

图 15-6　天和机械臂组成及其在轨工作示意图

与此同时，我国研究人员在月球和火星探测计划中，研发了行星采样机械臂。其中，嫦娥五号和六号的月球采样机械臂有两根类似人手臂大小的臂杆，小臂杆上安装了摄像头，机械臂末端的两侧有两个类似铲子或带钩状的铁锹采集器。该机械臂安装在着陆器的顶板上，展开共有 4.3m 长，如图 15-7 所示。月球采样机械臂攻克了月面无人自主采样与样品抓取转移、大负载/高精度/轻量化设计、复杂光照背景高精度视觉测量、地月大延时协同控制技术

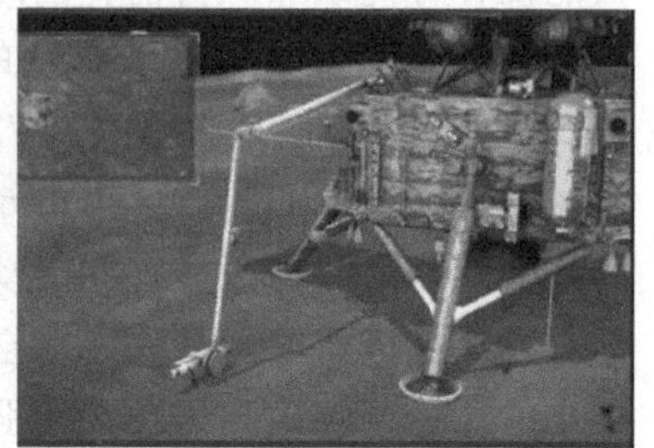

图 15-7　嫦娥五号月球采样机械臂

等空间机器人技术领域难题，机械臂携带了一个“末端采样器”，兼具了挖取、铲挖、抓取三种功能。对于颗粒细小的月壤可直接挖取，对于较小的石块则可以铲挖。此外，它还可以抓取更大尺寸的石块。该机械臂是我国首个实际工程应用的空间智能机械臂。

15.2.3 其他空间机器人

空间机器人的一个直接用途是通过卫星在轨服务（OOS）来维护空间资产。空间机器人还可用于对卫星或者空间基础设施进行补充燃料、维修、服务（部分更换）、在轨制造、在轨装配、在轨建造、重新入轨或退役的操作。

在减少碎片、使小行星偏转、采集小行星样本、修复或给在轨系统加燃料等方面，最方便的就是开发和使用各种自主空间操纵器机器人系统。

目前，在地球同步赤道轨道（GEO）上挤满了大量卫星。空间领域参与者的一个主要担忧是，让停用的卫星不受控制地留在地球轨道上可能产生的破坏性影响。太空碎片会造成级联碰撞灾难，威胁航天器和卫星的安全。世界各地的研究人员开始提出合适的方法来捕捉、操纵或处理这些轨道物体，其中一种减缓方法是机器人用网捕捉碎片或用绳索拖拽碎片。与此同时，其他研究人员也在致力于为在轨卫星提供服务、加油和维修，以使旧卫星能继续运行。该任务首先在日本的工程测试卫星（engineering test satellite，ETS-Ⅶ）上进行了试验，如图 15-8a 所示。此外，随着人们对观测、研究、采样，甚至采矿小行星的兴趣日益增长，研究人员提出发展深空探测自主机器人系统。如图 15-8b、c 所示，日本航天局在

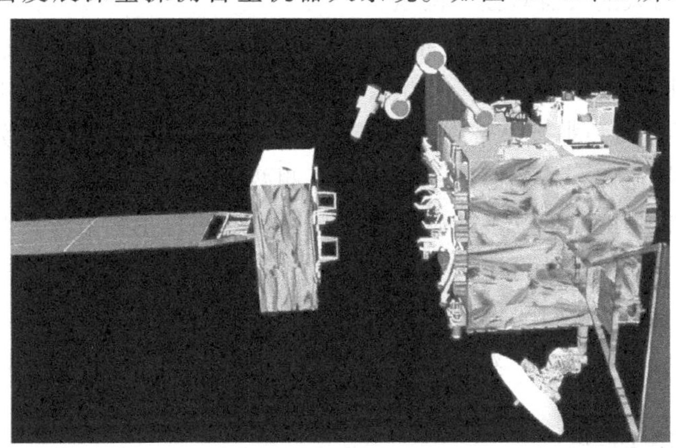

a) ETS-Ⅶ

b) Hayabusa-1

c) Hayabusa-2

图 15-8 日本的卫星机器人

Hayabusa-1 和 Hayabusa-2 任务中，在空间环境下成功地使用了机器人小行星采样器。

奥西里斯-REx（OSIRIS-Rex，见图 15-9）任务是美国 NASA 的首个小行星采样返回任务。奥西里斯-REx 是一个空间机器人，其任务是前往近地小行星贝努（Bennu），通过机器人手臂收集样本。

图 15-9 “奥西里斯-REx”机器人采样示意图

美国 NASA“小行星重定向任务（ARM）”的第一个任务是利用机械臂抓取深空的非合作小行星巨石并将其留在绕月轨道，待航天员前往研究。它结合了传统的机器人和载人探索任务的规划过程。这里讲的是非合作目标，而不是合作目标，它是一个空间物体，不是主动控制，以方便机器人航天器对接和操纵。

2022 年 4 月，中国国家航天局宣布新的行星探测工程获得批复，这是继“天问一号”首次火星探测任务圆满完成后，我国开始着手实施小行星探测任务。该工程准备实施近地小行星 2016HO3 取样返回和小行星带中的主带彗星 311P 环绕探测任务，实现近地小行星的绕飞探测、附着和取样返回，希望通过一次发射探测两类目标实现三种探测模式。

此外，小行星也可能对地球上的生命构成威胁。利用自主解决方案对具有潜在破坏性的小行星进行在轨操纵或偏转的行星防御机制，已成为空间机器人另一个主要研究领域。这些方法包括：采用离子束使小行星偏离轨道；采用一个巨大的引力牵引器，即利用相互引力来操纵小行星的轨道；通过镜子、太阳光羽和控制与物体的碰撞使小行星偏离其轨道。

15.3 在轨制造机器人

不断提升人类在地外空间的生存与活动能力是未来航天探索的核心主题之一。在人类空间活动进行中，装备、材料的补给是一个关键的问题。然而，目前传统地面制造之后进行上行补给的方式，由于其运载能力和运载空间受限、成本高、周期久、难度大等问题，极大地限制了世界各国进行广泛的太空探索活动，尤其是空间站及空间大型太阳能电池板结构所需的大型结构杆件必须在地面进行分段制造，然后携带到太空中进行组装，极大限制了大型空间结构的建造实施。

受限于航天运载能力，要想突破这一制约需要考虑新的策略，在轨制造和装配技术被提出，如图 15-10 所示，各国正抓紧实施相关探索研究。在轨制造将直接从改变材料需求的角度来解决这一问题，而在轨组装技术则是从分散航天运力的角度解决这一问题。无论是在轨制造和在轨装配，其实施往往依赖于空间机器人技术等做支撑，因而可以视为是空间机器人技术在空间领域的综合应用之一。

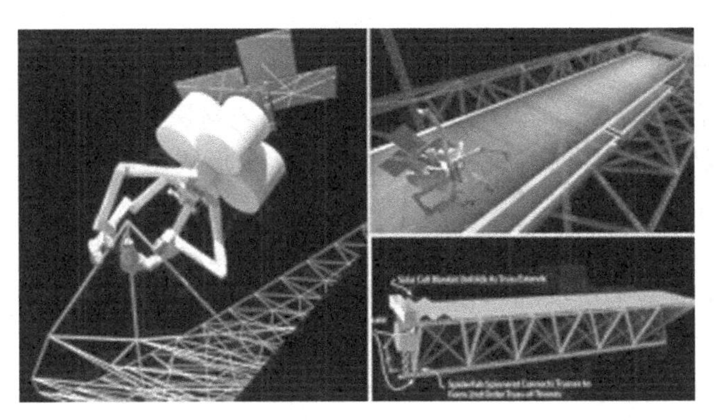

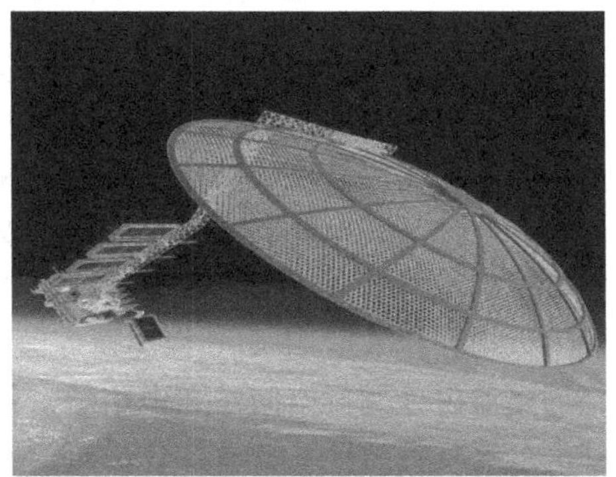

图 15-10 空间机器人在轨制造和装配示意图

15.3.1 在轨制造机器人优势

在空间装配中，空间机器人不仅可以完成单调、烦琐和危险的操作，提高工作效率和安全性，还能够避免人工操作中的误差和误操作。更重要的是，新发展的智能空间机器人将可以自主完成任务，降低了人工干预的成本。在轨制造大型结构时，空间机器人需要相对于正在构造的结构机动，并将原材料移动至指定区域。此外，机器人还需要能够操纵结构元件并准确定向定位。因此，与地面机器人类似，空间机器人也需要配备高度灵巧的机械臂，以实现预期的操控动作。

空间制造技术主要是指使用空间机器人或航天器自身携带的原材料或者地外资源在太空环境中进行功能性零部件制造的技术。由于其材料利用率高、短流程工艺、高度数字化和柔性化制造等特点，将在未来在轨制造与维修、原位资源开发等增强空间资源利用方面起到关键作用。在轨制造和装配技术有如下优点：

首先，当前太空发射的航天器尺寸仍然受到整流罩尺寸的限制，而太空在轨制造和装配技术的发展，将允许在轨制造更大尺寸的结构，有助于建造太空太阳能发电厂、大型通信天线、用于科学任务的大型望远镜，甚至更大的空间站。

其次，直接在太空中建造大型结构比从地球发射更高效、更划算。从地球发射大型结构须将载荷的结构强度设计和制造的足够强，才能抵抗火箭发射时的强烈冲击和振动，而这势必增加航天器的质量，导致发射成本高昂。而通过在太空中建造这些结构，可以用更少的材料制造，使制造过程更容易、更便宜。

空间在轨增材制造技术属于在轨制造技术的一种重要形式。在轨增材制造为航天器在轨制造、替换零件提供坚实的技术支撑，拓展航天器的寿命，节约重复发射的成本，将有助于实现航天材料的太空再循环利用潜力。与此同时，它将有效解决未来空间超大型系统建设的难题，为超大型空间结构的在轨建设和维护提供有效手段。

然而，有别于地面常规的大气环境或气氛保护环境，空间增材制造面临一个高真空、高低温交变［如向阳一面温度达到 100 ℃以上，背阴一面温度差处于±(100~200)℃之间］、微重力等极端环境。如何面向太空环境实现金属和非金属材料的增材制造，成为空间制造领域的重要的科学问题和工程难题。

15.3.2 在轨制造机器人技术现状

利用机器人进行在轨制造则可以追溯到1993年，德国科学家通过地面操作空间机器人完成预定任务，随后美国、俄罗斯、中国、日本、加拿大也进行了相关研究与探索。机器人的主要形式经历了从单机械臂到双机械臂再到目前多机械臂的发展，任务形式也从在轨捕获、在轨维修，发展到在轨制造和组装，即机器人在轨增材制造。

空间增材制造技术已成为国际上学术研究前沿和热点之一。美国宇航局（NASA）、欧洲航天局（ESA）、中国和俄罗斯等国家的学术组织和科研机构积极开展相关研究，先后在空间站舱内（国际空间站和中国新一代载人航天器），利用FDM增材制造设备开展了热塑性高分子材料和纤维增强复合材料的空间实验，并开展了大型空间结构的增材制造实验规划。例如，美国太空制造公司2010年提出“太空建筑师”构想，发展在轨“即需即造即装配”技术。2015年，NASA启动“大型结构系统太空装配”项目，旨在实现大型模块化结构系统在太空中的自动装配、服务保障、翻新、重构以及再利用。NASA联合美国太空制造公司研发“多功能太空机器人精确制造与装配系统”，即“太空建筑师”项目。该项目将开发集增材制造和装配功能于一体的空间机器人，配备一台增材制造设备和一条六自由度机械臂，将其安装在国际空间站外部分离舱。在这种理念指导下，将构建一种太空制造与装配设施，未来仅需将增材制造所需的原材料和某些高价值部件（如传感器、电子元器件和电池）发送至太空，增材制造设备根据地面上传的设计数据，将预先运至太空的聚合物和金属等原材料制成构件；“太空建筑师”机械臂将构件和传感器、电子元器件、电池等预先运至太空的成品零部件装配成所需产品。

增材制造设备一般采用熔融沉积成形工艺或立体光固化成形工艺制备聚合物，在制造过程中加压，提高层间结合强度，避免材料在微重力环境下“漂浮”，提高构件性能；采用金属沉积成形工艺制备金属构件，通过在成形过程中局部加热减少温度梯度造成的热变形影响。2014年，首次在国际空间站验证微重力环境下的增材制造技术，并于2016年实现商业应用。2017年1月，“太空建筑师”在微重力环境下验证了电路基底制造和即时装配成电子设备的技术，初步验证电子设备”即造即装配“能力；2017年6月，在地面模拟热真空环境下制造出85cm长的多聚合物材质横梁；2017年8月，利用机械臂装配出30多米长的结构件，初步具备大型结构件“即造即装配”能力。相关机器人在轨制造和装配演示如图15-11、图15-12所示。

2020年11月，美国宇航局（NASA）发布了“在轨服务、组装与制造”（On-Orbit Servicing, Assembly and Manufacturing, OSAM）国家倡议。OSAM旨在在政府、工业界和学术界之间建立伙伴关系，推进卫星服务和空间组装技术的发展。NASA规划有两个OSAM项目：OSAM-1和OSAM-2。

OSAM-1任务包括两个方面：一是在轨组装制造技术验证。OSAM-1上将加装空间基础设施灵巧机器人（SPIDER），SPIDER包括一个轻巧的5m机械臂。SPIDER将组装七个单元以形成一个具备功能的3m长的Ka波段通信天线，验证在轨组装能力。同时，OSAM-1上将加装10m轻质复合梁制造装置，以验证在轨制造能力。二是与近地轨道卫星陆地卫星7（Landsat 7）会合、对接、加注，为Landsat 7提供服务和燃料补给，以延长其寿命。

图 15-11 空间机器人演示在轨增材制造实现大型航天器构建

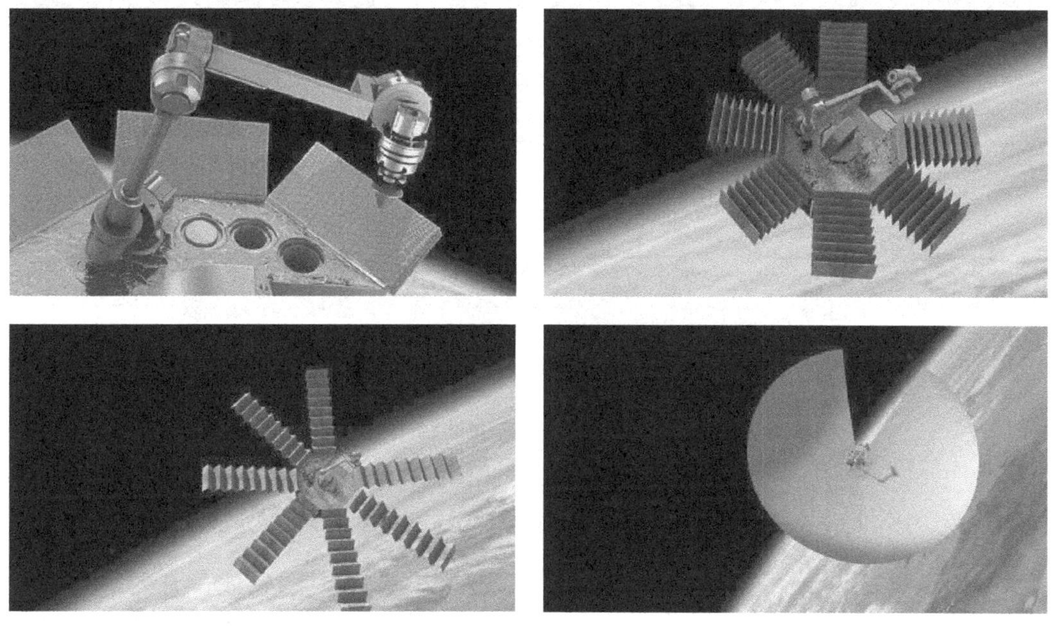

图 15-12 空间机器人演示在轨增材制造

OSAM-2（原为 Archinaut One 计划）将演示使用增材制造技术在太空中建造大型结构。OSAM-2 由 Redwire 公司承制（原 Made In Space 公司），技术演示将建造两个横梁，并利用机器人操作部署太阳能电池阵列。OSAM-2 部署并定位在轨道上后，所携带的 1 台 3D 打印机开始工作，当第一个横梁打印出来后，太阳能电池阵列将从航天器上展开，在机械臂完成 33ft（10m）的横梁并将其锁定到位后，机械臂将重新定位打印机，然后打印机将从航天器的另一侧打印 20ft（6m）的横梁。

空间机器人的在轨制造和装配如图 15-13 所示。

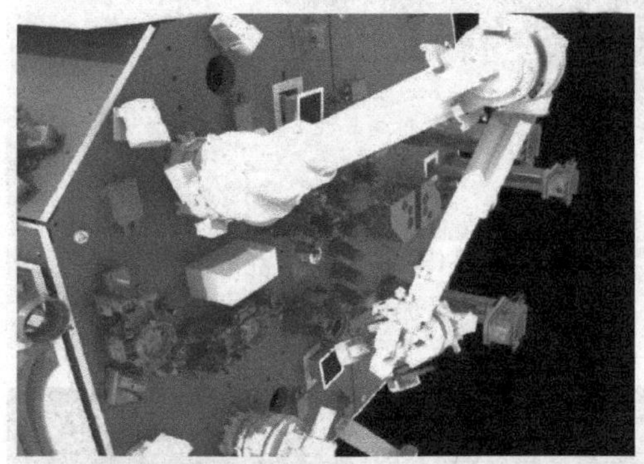

a) OSAM-1机械臂抓取在轨卫星并加注燃料示意图

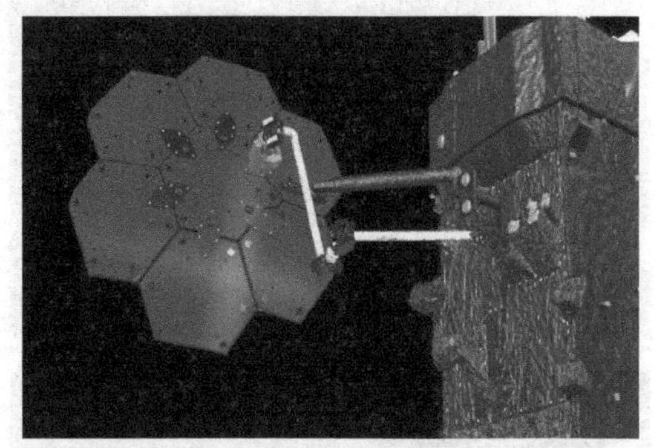

b) OSAM-1机械臂在轨组装通信天线及制造航天器结构件示意图

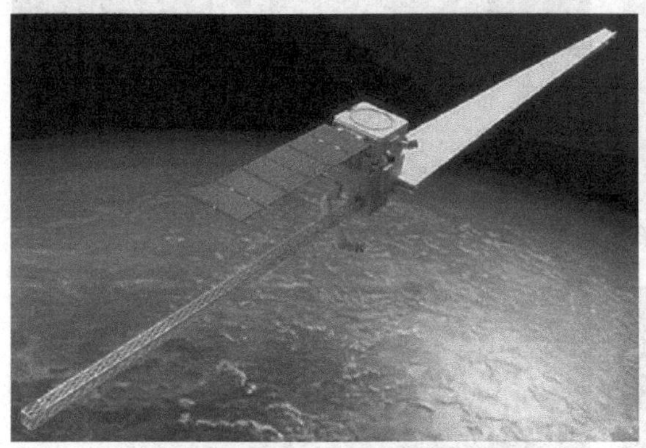

c) OSAM-1机械臂抓取在轨卫星并加注燃料

d) 空中客车公司设想的“太空工厂”概念图

e) OSAM-2的目标打印件

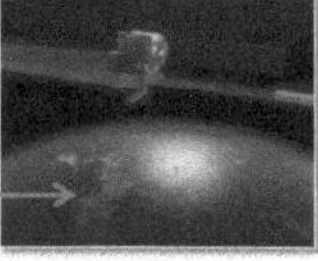
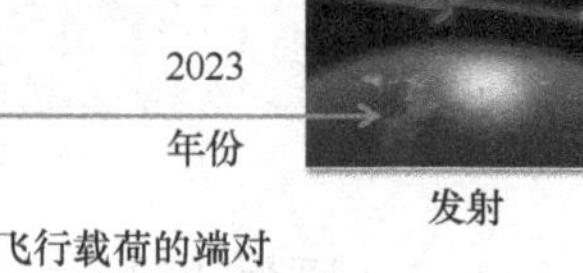

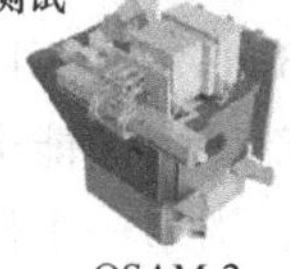

f) OSAM-2规划的时间节点

图 15-13　空间机器人的在轨制造和装配

考虑到塑料等材料不耐空间原子氧、紫外线环境的侵蚀作用，空间站等航天基地维护所需的工具以及空间结构耐久性零件大部分为金属制品。开展空间金属增材制造技术，对未来空间在轨制造的研究意义重大。

当前，国内外机构关于空间金属增材制造技术，无论是面向舱内还是舱外仍处于探索阶段。金属增材制造技术种类繁多，可根据所采用的热源以及材料类型进行划分。金属增材制造技术采用的能量源主要分为激光、电子束、电弧、电阻以及超声波等，采用电子束和激光作为热源，受到更多的关注。美国 NASA 应用小型电子束成形装备（EBF3），在抛物线飞机中开展了微重力环境下的电子束金属沉积增材制造实验。尽管电子束成形的能量密度高，但是成形零件精度较低，零件成形后需要经过复杂的后处理工艺。激光具有较高的能量密度，相比电子束成形工艺，其成形零件精度高，便于进行自动化控制，基本不受太空环境的影响且对外部环境的要求较低，既可实现太空舱外制造，也可实现舱内制造。采用激光成形，所沉积的原始材料主要包括丝材以及粉材两种。然而，在太空微重力环境下，自由状态的金属粉末会悬浮在空中。这会导致送粉和粉末床两类工艺方式在太空环境下难以顺利成形，且安全性较低，不便进行管理，故粉末材料一般情况下不用于太空环境下成形。2018 年以来，科学家基于 SLM 工艺，采用一种气体流辅助的粉末沉积技术应对微重力的挑战，通过了两次失重飞行测试，证明了粉末床熔化工艺在太空制造金属部件的可行性。美国太空制造公司开展多材料太空 3D 打印设备“Vulcan 制造系统”研究，该系统采用增材减材复合工艺，将制造兼顾金属（如钛和铝）、聚合物零件，目标是可在空间站和在轨航天器有限的功率约束下制造金属零部件。由于空间微重力的影响，相比金属粉末存储困难和造成潜在污染问题，金属丝材是通过送丝机构等部件刚性递送至熔池区域，几乎不受微重力影响，且丝材有更高的材料使用效率、更低的成本，而且更加环保、更加安全。因此，以丝材作为沉积材料的激光熔丝增材制造（laser wire additive manufacturing，LWAM）技术可作为实现空间金属增材制造的有效方法。2024 年 6 月，欧洲航天局（ESA）在国际空间站舱内环境进行了激光熔丝金属 3D 打印测试，正在进一步扩展至在轨打印完整的金属部件。

空间机器人和空间制造装备将成为空间在轨增材制造的关键。近年来，西安交通大学与中国航天科技集团合作，面向空间构件在轨 3D 打印重大工程应用需求，重点围绕复合材料和金属 3D 打印技术开展了在太空制造领域的应用探索。非金属太空制造团队开展了微重力、高真空复合材料 3D 打印在轨试验，研制了短纤维/连续复合材料 3D 打印空间打印机样机，其中连续纤维 3D 打印在 2020 年 5 月搭载我国新一代载人飞船完成了国际首次连续纤维太空 3D 打印试验，完成了长达 42.3m 连续桁架结构的地面验证，甚至可以打印更长尺寸。正在开发的机器人在轨制造装备，即采用具有增材制造功能的多臂机器人，利用碳纤维等材料建造桁架子结构，并将这些子结构组装成为大型系统。2021 年底，金属太空制造团队搭建了地面模拟空间环境实验台，研究了适应于舱外高真空、微重力及高低温等极端环境的金属增材制造原理样机，开展了低功率金属熔丝增材制造原理试验，掌握了多种金属材料的多种成形加工方式，成形了高质量、大长径比的薄壁圆筒件、变径圆锥样件等，为在轨金属增材制造打下基础。在轨增材制造技术研究如图 15-14 所示。

目前，在轨制造主要通过真空增材制造设备或机器人实现。国内外各个研究机构通过在

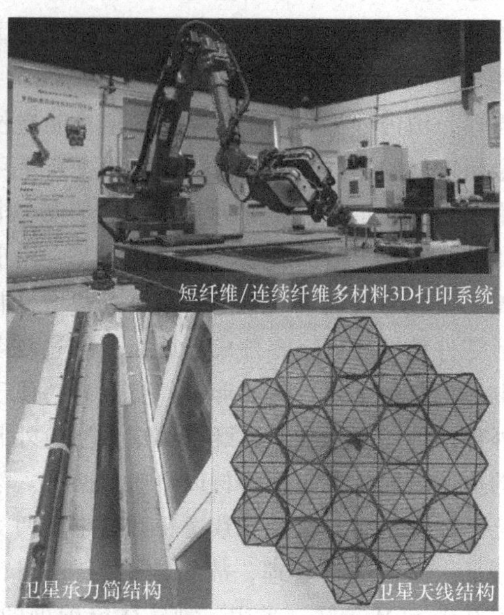

a) 复合材料在轨增材制造技术研究

b) 低功率金属熔丝在轨环境增材制造试验

图 15-14　在轨增材制造技术研究

“空间站”上的增材制造试验，空间在轨增材制造已经被普遍证实可行，正在计划进行空间制造和装配的系统在轨技术验证和技术成熟度提升。相信在不久的将来，空间机器人和空间制造装备配合，将会具备空间制造、装配、更换零部件等复杂任务能力。

15.4 空间机器人建模仿真案例

ETS-Ⅶ是日本宇宙航空研究开发机构（JAXA）的一颗卫星，主要用于验证空间机器人技术，如图 15-15 所示。Spacedyn 是一个用于仿真和分析空间机器人系统的 MATLAB 工具箱，它特别适用于处理在零重力环境下的动力学和控制问题。本节使用 Spacedyn 工具箱来仿真 TS-Ⅶ空间机器人。

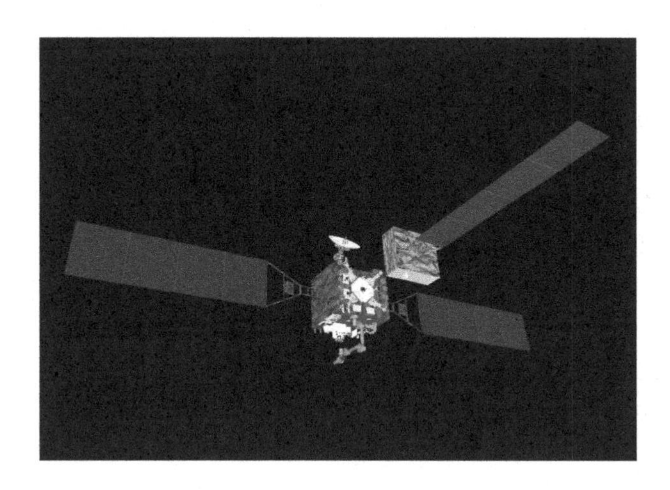

图 15-15 ETS-Ⅶ

首先，需要定义 ETS-Ⅶ的机械参数，包括其各个部分的质量、惯性张量、关节信息等：

```
% 定义 ETS-VII 参数
robot = struct();
robot.n = 2; % 关节数量
robot.mass = [100, 20, 20]; % 质量,假设三个部分:基体和两个连杆
robot.inertia = {eye(3), eye(3)* 0.1, eye(3) * 0.1}; % 惯性张量
robot.length = [1, 0.5, 0.5]; % 连杆长度
robot.joint = {'revolute', 'revolute'}; % 关节类型
robot.homeConfig = [0; 0]; % 关节初始配置
```

设计控制算法，并进行仿真，这里以简单的 PD 控制器为例：

```
% PD 控制器参数
Kp = 10; % 比例增益
Kd = 2; % 微分增益
% 仿真参数
dt = 0.01; % 时间步长
t_end = 10; % 仿真结束时间
```

```
time = 0:dt:t_end;
% 初始状态
q = robot.homeConfig; % 关节角
qd = zeros(robot.n, 1); % 关节速度
q_desired = [pi/4; -pi/4]; % 期望关节角
% 仿真主循环
for t = time
    % 计算关节力矩
    tau = -Kp * (q - q_desired) - Kd * qd;
    % 计算动力学
    [qdd, wrench] = dyn_eq(robot, q, qd, tau);
    % 更新状态
    q = q + qd * dt;
    qd = qd + qdd * dt;
    % 可视化
    visualize_robot(robot, q);
    % 暂停以实现实时仿真效果
    pause(dt);
end
```

定义动力学方程计算函数，利用牛顿-欧拉方程或拉格朗日方法：

```
function [qdd, wrench] = dyn_eq(robot, q, qd, tau)
    % 动力学方程求解
    % q: 关节角
    % qd: 关节速度
    % tau: 关节力矩
    % qdd: 关节加速度
    % wrench: 力和力矩
    % 获取机器人参数
    n = robot.n;
    qdd = zeros(n, 1);
    wrench = zeros(6, 1);
    % 使用 Spacedyn 工具箱计算动力学
    % 示例使用牛顿-欧拉方法
    [qdd, wrench] = NE_Dynamics(robot, q, qd, tau);
end

function [qdd, wrench] = NE_Dynamics(robot, q, qd, tau)
```

```
    % 使用牛顿-欧拉方法计算动力学
    % 这是一个简化示例,实际需要更复杂的计算
    n = robot.n;
    qdd = zeros(n, 1);
    wrench = zeros(6, 1);
    % 简化的动力学计算(实际情况需更复杂的实现)
    for i = 1:n
    qdd(i) = (tau(i) - qd(i) * 0.1) / (robot.link(i).mass * ro-
bot.link(i).length^2); % 假设简化的惯性矩
    end
end
```

定义 visualize_robot( )是可视化函数，用于显示机器人状态：

```
function visualize_robot(robot, q)
    % 可视化 ETS-VII 机器人
    % q: 关节角
    figure(1);
    clf;
    hold on;
    axis equal;
    % 机器人基体
    plot([0, 0], [0, -robot.length(1)], 'k-', 'LineWidth', 2);
    % 连杆 1
    x1 = robot.length(1) * sin(q(1));
    y1 = -robot.length(1) * cos(q(1));
    plot([0, x1], [0, y1], 'r-', 'LineWidth', 2);
    % 连杆 2
    x2 = x1 + robot.length(2) * sin(q(1) + q(2));
    y2 = y1 - robot.length(2) * cos(q(1) + q(2));
    plot([x1, x2], [y1, y2], 'b-', 'LineWidth', 2);
    % 绘制关节
    plot(x1, y1, 'ko', 'MarkerSize', 10, 'MarkerFaceColor', 'k');
    plot(x2, y2, 'ko', 'MarkerSize', 10, 'MarkerFaceColor', 'k');
    hold off;
    drawnow;
end
```

15.5 空间机器人技术展望

空间机器人是建立在多学科前沿研究基础上的交叉融合与集成创新，是深度融合多学科先进技术的前沿机器人科学。空间机器人基本涵盖机械、电子信息、数学、物理、材料等多个基础学科，还与机器人、控制、电气、航空宇航、空间科学、通信、传感、计算机等技术深度交叉融合，同时横跨高端制造、精密测量、新材料、空间应用、航天等领域。随着空间机器人技术的不断进步，利用空间机器人系统自主完成复杂、危险的在轨任务已成为国内外航天机构的研究热点。近年来，国内外空间机器人技术发展迅猛，我国空间机器人技术正在迎头赶上。我国空间站的建设和不断完善，为我国空间机器人技术提供了良好的试验和应用平台，将显著增强我国空间机器人技术创新和在轨服务能力。

在未来的深空探索、在轨维护、空间制造、行星资源开发等各项航天任务中，空间机器人作为核心装备，将会发挥不可替代的重要作用。发展机器人技术及其高级应用，仍然需要前瞻规划，加紧实施面向航天任务需求及其应用的空间机器人发展战略。

参考文献

[1] 克雷格. 机器人学导论（原书第4版）[M]. 贠超，王伟，译. 北京：机械工业出版社，2018.

[2] 斯庞，哈钦森，维德雅萨加. 机器人建模和控制（原书第2版）[M]. 贾振中，徐静，付成龙，译. 北京：机械工业出版社，2023.

[3] 蔡自兴. 机器人学基础 [M]. 2版. 北京：机械工业出版社，2015.

[4] OGATAK. 现代控制工程（原书第5版） [M]. 卢伯英，佟明安，译. 北京：电子工业出版社，2017.

[5] 刘金琨. 机器人控制系统的设计与MATLAB仿真 [M]. 北京：清华大学出版社，2008.

[6] 贾扎尔. 应用机器人学：运动学、动力学与控制技术 [M]. 周高峰，等译. 北京：机械工业出版社，2018.

[7] 李献，骆志伟. 精通MATLAB/Simulink系统仿真 [M]. 北京：清华大学出版社，2015.

[8] MOGHADDAM B M，CHHABRA R. On the guidance，navigation and control of in-orbit space robotic missions：A survey and prospective vision [J]. Acta Astronautica，2021，184（1）：70-100.

[9] MA Boyu，JIANG Zainan，LIU Yang，et al. Advances in Space Robots for On-Orbit Servicing：A Comprehensive Review [J]. Advanced Intelligent Systems，2023，5（8）：2200397.

[10] GAO Y，CHIEN S. Review on space robotics：Toward top-level science through space exploration [J]. Science Robotics，2017，2（7）：1-11.

[11] 王磊，卢秉恒. 我国增材制造技术与产业发展研究 [J]. 中国工程科学，2022，24（4）：202-211.

[12] 胡忠华. 面向在轨服务的刚柔混合双臂空间机器人协同规划及控制 [D]. 哈尔滨：哈尔滨工业大学，2022.

[13] 梁斌，徐文福. 空间机器人：建模、规划与控制 [M]. 北京：清华大学出版社，2017.

[14] 朱力，李团结，宁宇铭，等. 腿臂融合型在轨装配机器人运动建模与步态规划 [J]. 中国空间科学技术，2023，43（1）：100-108.

[15] 孟光，韩亮亮，张崇峰. 空间机器人研究进展及技术挑战 [J]. 航空学报，2021，42（1）：1-25.

[16] 赵亮亮，李雪皑，赵京东，等. 面向航天器自主维护的空间机器人发展战略研究 [J]. 中国工程科学，2024，26（1）：149-159.

[17] 刘宏，李志奇，刘伊威，等. 天宫二号机械手关键技术及在轨试验 [J]. 中国科学（技术科学），2018，48（12）：1313-1320.

[18] TIAN X Y，TODOROKI A，LIU T F，et al. 3D Printing of Continuous Fiber Reinforced Polymer Composites：Development，Application，and Prospective [J]. Chinese Journal of Mechanical Engineering（Additive Manufacturing Frontiers），2022，1（1）：100016.

[19] ARBOGAST A，NYCZ A，NOAKES M W，et al. Strategies for a scalable multi-robot large scale wire arc additive manufacturing system [J]. Additive Manufacturing Letters，2024，8：100183.

[20] SHEN Hongyao，PAN Lingnan，QIAN Jun. Research on Large-scale Additive Manufacturing Based on Multi-robot Collaboration Technology [J]. Additive Manufacturing，2019，30：100906.

[21] BUCHNER T J K，ROGLER S，WEIRICH S，et al. Vision-controlled jetting for composite systems and robots [J]. Nature，2023，623：522-530.

[22] CONRAD S，TEICHMANN J，AUTH P，et al. 3D-printed digital pneumatic logic for the control of soft robotic actuators [J/OL]. Science Robotics，2024，9（86）：1-10（2024-01-31）[2024-05-31]. https：//www. science. org/doi/epdf/10. 1126/scirobotics. adh4060. Doi：10. 1126/scirobotics. adh4060.

[23] GLICK P E，BALARAM J B，DAVIDSON M R，et al. The role of low-cost robots in the future of spaceflight [J/OL]. Science Robotics，2024，9（91）：1-2（2024-06-19） [2024-07-20]. https：//www. science. org/doi/epdf/10. 1126/scirobotics. adl1995. DOI：10. 1126/scirobotics. adl1995.